AF292828

Lichtwellenleiter in Sensorik und
optischer Nachrichtentechnik

Springer

Berlin
Heidelberg
New York
Barcelona
Budapest
Hongkong
London
Mailand
Paris
Santa Clara
Singapur
Tokio

Wolfgang Bludau

Lichtwellenleiter in Sensorik und optischer Nachrichtentechnik

Mit 154 Abbildungen

Springer

Prof. Dr. rer. nat. Wolfgang Bludau
Fachhochschule Lübeck
Fachbereich Angewandte Naturwissenschaften
Stephensonstraße 3
23562 Lübeck

ISBN-13:978-3-642-72067-3   e-ISBN-13:978-3-642-72066-6
DOI: 10.1007/978-3-642-72066-6

Die Deutsche Bibliothek - Cip-Einheitsaufnahme
Bludau, Wolfgang: Lichtwellenleiter in Sensorik und optischer Nachrichtentechnik /
Wolfgang Bludau.-
Berlin ; Heidelberg ; New York ; Barcelona ; Budapest ; Hongkong ; London ; Mailand ;
Paris ; Santa Clara ; Singapur ; Tokio: Springer, 1998
  (VDI-Buch)
  ISBN-13:978-3-642-72067-3

Herstellung: ProduServ GmbH Verlagsservice, Berlin
Satz: Reproduktionsfertige Vorlage vom Autor
Umschlaggestaltung: Struve & Partner, Heidelberg
SPIN: 10567363   68/3020 - 5 4 3 2 1 0 - Gedruckt auf säurefreiem Papier

Vorwort

Während die Fortleitung hochfrequenter elektromagnetischer Wellen über elektrische Kabel und Leitungen eine seit langem etablierte Technik ist, wird die Übertragung von Lichtwellen über geeignete *Lichtwellenleiter* (LWL) noch immer als etwas Besonderes betrachtet. Dabei bietet die Lichtwellenleitung eine Vielzahl höchst unterschiedlicher technischer Einsatzmöglichkeiten. Sie reicht von der Beleuchtungstechnik zur Nachrichtenübermittlung, von der Energieübertragung zur optischen Sensorik. In allen Einsatzfeldern liefert sie Lösungen, die mit anderen Techniken nicht oder nicht in dieser Qualität zu erreichen sind.

Dieses Buch soll dazu beitragen, das Interesse an der neuen Technologie zu fördern. Es bespricht die Theorie der Lichtwellenführung und stellt als wichtigste Anwendungsfelder gleichberechtigt die Grundkonzepte der optischen Übertragungstechnik und der optischen Sensorik vor. In beiden Gebieten werden jeweils die Vorzüge der neuen Technik herausgearbeitet, aber auch ihre Randbedingungen und Grenzen besprochen, soweit sie mit dem LWL selbst verknüpft sind.

In dem Buch wird sehr darauf geachtet, daß man weder Experte für Nachrichtentechnik sein muß, um die Ausführungen zur optischen Nachrichtenübermittlung zu verstehen, noch muß man in Meßtechnik spezialisiert sein, um den Kapiteln zur LWL-Sensorik folgen zu können. Es genügen allgemeine physikalische Grundkenntnisse und Grundkenntnisse in Elektrotechnik. Jedem Themenkreis ist eine Einführung vorangestellt, in der die wichtigsten fachspezifischen Grundlagen erarbeitet werden. Dies gilt auch für den Theorieteil: in einem einführenden Kapitel werden die Grundzüge der Wellenlehre allgemein und der Wellenoptik insbesondere besprochen, soweit sie für das Verständnis der Lichtausbreitung in LWL wichtig sind. Fast 150 Abbildungen und Tabellen veranschaulichen die Ausführungen. In einem Anhang sind spezielle Rechenverfahren, Materialdaten oder Beschreibungen zusammengefaßt, die zwar zur Herleitung der Ergebnisse benötigt werden, die aber im eigentlichen Textteil den Fluß der Darstellung über Gebühr aufhalten würden.

In allen Abschnitten wird versucht, die Inhalte so exakt wie nur möglich zu präsentieren. Leider ist das ohne solides mathematisches Fundament nicht erreichbar. Es werden aber keine Mathematikkenntnisse vorausgesetzt, die das üblicherweise an einer Technischen Fachhochschule gelehrte Maß übersteigen; notfalls wird auf die theoretische Ableitung verzichtet und das gewünschte Ergebnis nur plausibel gemacht.

Bei der Fülle der Themen einerseits und dem begrenzten zur Verfügung stehenden Platz andererseits waren Beschränkungen unumgänglich. Von vornherein wurde auf eine selbst kurze Besprechung der optoelektronischen Komponenten zur Lichterzeugung (Laser, LED) und Lichtdetektion (pin-Photodiode, APD) verzichtet, obwohl kein LWL-System ohne sie auskommen kann. Aber auch aus dem verbliebenen Stoff mußte eine – subjektive – Auswahl getroffen werden. Ich habe mich dabei von dem Gedanken leiten lassen, daß es in einem einführenden Buch besser ist, wenige Gebiete breit darzustellen, als viele Varianten und Möglichkeiten knapp anzusprechen. Mancher Leser wird deshalb das eine oder andere Thema vermissen. Er möge bedenken: auch mir ist es schwergefallen, speziell diese Fragestellung nicht aufzunehmen.

Das Buch wendet sich an mehrere Benutzerkreise: es soll einsetzbar sein als Lehrbuch für Studierende mittlerer Semester an Fachhochschulen und Universitäten, die im Zuge ihrer Ausbildung einen ersten Eindruck von den faszinierenden Möglichkeiten der LWL-Technik erhalten möchten. Es soll darüberhinaus geeignet sein als einführender Text für bereits im Berufsleben stehende Ingenieure und Physiker, die sich im Selbststudium mit der neuen Technologie vertraut machen wollen. Und nicht zuletzt soll es als Nachschlagewerk dienen für alle, die sich zu neuartigen anwendungsbezogenen Entwicklungen mit Lichtwellenleitern anregen lassen wollen.

Ich bedanke mich bei allen, die mir bei der Arbeit an diesem Buch behilflich waren. An erster Stelle ist hier meine Familie zu nennen, sie mußte lange Zeit einen kaum ansprechbaren Ehemann und Vater ertragen. Mein Dank gilt weiter meinen Kollegen und Mitarbeitern; sie haben mit mir diskutiert, mir unermüdlich bei meinem Kampf mit dem Textverarbeitungssystem geholfen und viele Arbeiten von mir ferngehalten, die mich sonst am Schreiben gehindert hätten. Und schließlich danke ich dem Springer-Verlag für die gute Zusammenarbeit.

Reinfeld, im Januar 1998

Wolfgang Bludau

Inhaltsverzeichnis

Verzeichnis der verwendeten Formelzeichen, Symbole und Abkürzungen

Vorbemerkungen:

1. Bei der Vielzahl der vorgestellen Themen ließ es sich nicht vermeiden, daß Formelbuchstaben in unterschiedlicher Bedeutung verwendet werden. Dies gilt um so mehr, als es mir nicht sinnvoll erschien, etablierte Bezeichnungen durch unübliche Symbole zu ersetzen. Es wurde aber darauf geachtet, daß innerhalb einer Themengruppe ein Fomelzeichen nur in *einer* Bedeutung eingesetzt wird, um Verwechslungen auszuschließen.
2. Viele der Formelzeichen werden durch Indices weiter spezifiziert. Häufig handelt es sich dabei um „sprechende" Indices, die sich selbst erklären; beispielsweise ist n_{Glas} die Brechzahl n von Glas. Solche Formelzeichen sind nachfolgend nicht immer eigens aufgeführt. Das gilt auch, wenn durch Indices oder Beistriche lediglich auf unterschiedliche Positionen hingewiesen wird. Beispiel: I_1 und I_2 sind die Ströme der Detektoren 1 und 2.
3. Die Änderung einer physikalischen Größe oder die Differenz zweier gleichartiger Größen wird mit einem vorangestellten Δ oder δ angegeben (z.B. ist Δn die Änderung der Brechzahl n, $\delta\Phi^{Meß}$ gibt die Verschiebung einer Meßphase $\Phi^{Meß}$ an). Diese Differenzformelzeichen sind unten nicht aufgenommen.
4. Manche Formelzeichen werden nur eingesetzt, um eine Textstelle kurz fassen zu können. Sie sind an der Verwendungsstelle erklärt und werden im weiteren Verlauf nicht mehr gebraucht. Solche Zeichen wurden in der Liste nicht berücksichtigt.
5. Die Nummer am Zeilenende gibt die Seite oder die Seiten an, auf der das Zeichen erstmals in benutzt, näher erläutert oder definiert wird.

Mathematische Symbolik

$\bar{a}$	Mittelwert von a
$\underline{a}$	komplexer Zeiger der reellen Größe a
a^*	konjugiert-komplexer Wert zu a
$\hat{a}$	Amplitude der periodischen Größe a
$\mathbf{a}$	allgemeine Bezeichnung für einen Vektor oder eine Matrix (Fettdruck)
a_x, a_y, a_z	kartesische Komponenten des Vektors $\mathbf{a}$
a_r, a_ϕ, a_z	Zylinderkomponenten des Vektors $\mathbf{a}$

$a = |\mathbf{a}|$	Betrag des Vektors $\mathbf{a}$	
$\underline{\mathbf{a}}^*$	Vektor, dessen Komponenten die Konjugiert-Komplexen von $\underline{\mathbf{a}}$ sind	
$\mathbf{a \cdot b}$	Skalarprodukt der Vektoren $\mathbf{a}$ und $\mathbf{b}$	
$\mathbf{a \times b}$	Vektorprodukt der Vektoren $\mathbf{a}$ und $\mathbf{b}$	
j	imaginäre Einheit, $j = \sqrt{-1}$	
$\arg(\underline{a})$	Argument der komplexen Zahl $\underline{a}$	
$\exp(x)$	Exponentialfunktion, $\exp(x) \equiv e^x$	
$J_\nu(x)$	Besselfunktion 1. Art und ν-ter Ordnung	77, 279
$N_\nu(x)$	Besselfunktion 2. Art und ν-ter Ordnung	77
$I_\nu(x)$	modifizierte Besselfunktion 1. Art und ν-ter Ordnung	77
$K_\nu(x)$	modifizierte Besselfunktion 2. Art und ν-ter Ordnung	77

Physikalische Naturkonstanten

c	Vakuum-Lichtgeschwindigkeit, $c = 2{,}998 \cdot 10^8$ m/s	
ε_0	absolute Dielektrizitätskonstante, $\varepsilon_0 = 8{,}854 \cdot 10^{-12}$ As/(Vm)	
μ_0	absolute Permeabilitätskonstante, $\mu_0 = 1{,}357 \cdot 10^{-6}$ Vs/(Am)	

Formelzeichen

A	Fläche	15, 289
A_N	numerische Apertur	49
$\hat{A}(f_m)$	modulationsfrequenzabhängige Amplitude	102
a	Radius des Faserkerns	28
$a(x,y,z,t)$	sich wellenhaft fortpflanzende Größe	1
$a(z,\lambda)$	Dämpfungsmaß	115
$a_{b,\nu\mu}$	Dämpfungsmaß einer Biegestelle für den Modus $LP_{\nu\mu}$	123
a_i, a_e	Dämpfungsmaß für intrinsische (i), extrinsische (e) Verluste	116
a_k	Sellmeier-Koeffizienten für Glas	297
B	normierte Ausbreitungskonstante	80
B_C	Koeffizient der zirkularen Polarisationsanisotropie	318
B_{C0}	zirkularer Eigen-Anisotropiekoeffizient einer Einmodenfaser	233
B_L	Koeffizient der linearen Polarisationsanisotropie	316
B_{L0}	linearer Eigen-Anisotropiekoeffizient einer Einmodenfaser	233
B_{LWL}	3-dB-Übertragungsbandbreite des LWL	175
B_{Sig}	Basisbandbreite des Analogsignales g(t)	99
$\mathbf{B}$	magnetische Verschiebungsflußdichte (magn.Induktion)	69
BER	Bitfehlerrate	187
C_b	Materialkenngröße zur induz. Doppelbrechung durch Biegen	242
C_F	Materialkenngröße zur induz. Doppelbrechung durch Querkraft	242
C_T	Temperaturkoeffizient der Bragg-Periode	227
C_C	Koeffizient des Polarisationsübersprechens	238

C_ε	Dehnungskoeffizient der Bragg-Periode	227
C_σ	elastooptische Konstante für Quarzglas	211, 241
c	Vakuum-Lichtgeschwindigkeit	17
$c_1, \ldots, c_5$	Koeffizienten in theoretischen Dämpfungsmaßen	119. 120, 123
c_ν	allgemeine Bezeichnung für Fourier-Entwicklungskoeffizienten	279
D	Einwirkungslänge der Wirkgröße (beim Sensor)	206, 243
D	Elektrodenlänge (beim integriert-optischen Phasenmodulator)	278
$\mathbf{D}$	elektrische Verschiebungsflußdichte	69
D_1, D_2	Laufzeitanteile im Parabelprofil	144
d	Elektrodenabstand	278
E	elektrische Feldstärke (Betrag)	212, 278
$\tilde{E}$	Amplitude eines elektrischen Feldanteils	53
$\hat{E}$	Amplitude eines elektrischen Feldanteils	10, 73
$\mathbf{E}(x,y,z,t)$	elektrische Feldstärke einer elektromagnetischen Welle	10, 69
$\mathbf{E}_T$	Transversalanteil der elektrischen Feldstärke $\mathbf{E}$	11, 303
$E^{(+)}, E^{(-)}$	elektrische Felder von Supermoden	322
e	Achsenverhältnis der Ellipsenachsen	235
$\mathbf{e}$	Einheitsvektor in Laufrichtung einer Welle	2
$\mathbf{e}_{in}, \mathbf{e}_r, \mathbf{e}_t$	Laufrichtungsvektor der einfallenden, reflektierten, transmittierten Welle	53, 62
$\mathbf{F}$	Kraft	242, 250
$F(\phi)$	Azimutalfunktion des LP-Modenfeldes	75
f	Frequenz	2
$f(r)$	Profilfunktion	28
f_m	Modulationsfrequenz	99
f_{Tr}	Trägerfrequenz	99
G	Materialkenngröße zur induz. Doppelbrechung durch Verdrillen	242
$G(f_m)$	Amplitudenspektrum des analogen Zeitsignales g(t)	99
G_0	Balancefehler eines Zweistrahlinterferometers	258
g	Profilexponent	28
$g(t)$	Zeitverlauf eines Analogsignales	99
g_{opt}	optimaler Wert des Profilexponenten g	138, 146
H	magnetische Feldstärke (Betrag)	9, 241, 249
$\mathbf{H}(x,y,z,t)$	magnetische Feldstärke einer elektromagnetischen Welle	9; 69
$\mathbf{H}_T$	Transversalanteil der magnetischen Feldstärke $\mathbf{H}$	12
$\underline{H}(f_m)$	(komplexe) Modulationsübertragungsfunktion (Basisband-Frequenzantwort)	174
h	Koeffizient der Polarisationsmodenkopplung	238
$h(t)$	Pulsantwortfunktion (Leistungs-Impulsantwort)	162

n_{links}, n_{rechts}	Brechzahlen der linkszirkularen bzw. rechtszirkularen Polarisation in einem zirkularen Retarder	318
n_S	Brechzahl im Startpunkt einer geometrischen Lichtbahn	39
n_1, n_2	Brechzahl des Faserkerns (1) bzw. Fasermantels (2)	28
n_3	Brechzahl des Substrates, des Superstrates oder der Primärbeschichtung	31, 216
n_{g1}, n_{g2}	Gruppenbrechzahl des Faserkerns (1) bzw. Fasermantels (2)	140
$n^{(x)}$, $n^{(y)}$	Brechzahlen der x- und y-Feldkomponenten einer optischen Welle in einem linear anisotropen Medium	309
P	allgemeine Bezeichnung für optische Leistung	15
$P(\alpha)$	Jones-Matrix des Linearpolarisators	314
$\hat{P}_{out}^{min}(f_m)$	minimale Leistungsamplitude am LWL-Ausgang bei der Modulationsfrequenz f_m	184
P_{in}, P_r, P_t	optische Leistung im einlaufenden (in), reflektierten (r), transmittierten (t) Strahl	36
$P_{K,\nu\mu}$	Leistungsanteil im Kern beim Modus $LP_{\nu\mu}$	125
$P_{M,\nu\mu}$	Leistungsanteil im Mantel beim Modus $LP_{\nu\mu}$	125
$p(\lambda)$	Profildispersionsparameter	140, 299
q	Proportionalitätsfaktor	219
$q_{\nu\mu}$	Hilfsgröße zur Beschreibung von Makrokrümmungsverlusten	123
R	Kreisradius	286
R	Bitrate	100
$R(r)$	Radialfunktion des LP-Modenfeldes	75
R_b	Biegeradius einer Biegestelle	123, 242
R_C	zirkulare Retardierung (zirk. Doppelbrechung, zirk. Anisotropie)	318
R_L	lineare Retardierung (lin. Doppelbrechung, lin. Anisotropie)	315
R_{LWL}	über den LWL maximal übertragbare Bitrate (Grenz-Bitrate)	189
$R_{\nu\mu}$	Eindringtiefe des Modenfeldes des Modus $LP_{\nu\mu}$ in den Mantel	123
r	Radialkoordinate	45, 72, 75
r	Ortsvektor zu dem Punkt mit den kartesischen Koordinaten x,y,z bzw. den Zylinderkoordinaten r,ϕ,z	1
r_{KM}	Gesamtradius (Kern+Mantel) einer Faser	
r_S	Radialkoordinate des Startpunktes einer geometrischen Lichtbahn	47
r_{31}, r_{33}	elektooptische Koeffizienten	279, 329
$S(x,y,z)$	Intensität (genauer: Zeitmittelwert der Intensität)	15
$S_{LP01}(r)$	Radialverteilung der Intensität im Modus LP_{01}	90, 92
S/N	Signal-Rausch-Verhältnis	106
$s(x,y,z,t)$	Poynting-Vektor	15
s_0	Steigung der Dispersionskurve	165

T	Gesamtlaufzeit längs eines Weges (Phasenlaufzeit)	133
T	Periodendauer einer Welle	2
T_{coh}	Kohärenzzeit	21
T_g	Gruppenlaufzeit	139
$T_{g,\nu\mu}$	Gruppenlaufzeit des Modus $LP_{\nu\mu}$	139
T_{Takt}	Taktzeit	100
t	allgemeine Bezeichnung für Zeit	1
t_{cw}, t_{ccw}	Umlaufzeit bei Umlauf im Uhrzeigersinn (cw) bzw. gegen den Uhrzeigersinn (ccw)	286
u	Bahngeschwindigkeit der Rotationsbewegung	285
u	normierte Phasenkonstante	76
u	allgemeine Bezeichnung für eine elektrische Spannung	202, 271
$u_=, u_p, u_d$	elektrische Spannungen in Auswerteschaltungen	203, 271
$V, \tilde{V}$	interferometrischer Kontrast	257, 269
V	Verdet-Konstante	241, 249
V	Strukturparameter (normierte Frequenz) eines LWL	80
$V_{c,11}$	Grenzwert des Strukturparameters beim Übergang von der Einmodigkeit zur Mehrmodigkeit	91, 95
$V_{c,\nu\mu}$	cutoff-Wert des Strukturparameters für den Modus $LP_{\nu\mu}$	90, 91
V_{eff}	effektive Verdet-Konstante	252
V_i	Intensitätskontrast	257
V_{pol}	Polarisationskontrast	257
V_{coh}	Kohärenzkontrast	257, 261
V'	V-Wert des Nulldurchgangs des Dispersionsfaktors ξ für den Modus LP_{01}	153
v	Phasengeschwindigkeit einer Welle	2, 5
v_{cw}, v_{ccw}	Phasengeschwindigkeit bei Umlauf im Uhrzeigersinn (cw) bzw. gegen den Uhrzeigersinn (ccw)	286
v_{links}, v_{rechts}	Phasengeschwindigkeiten der linkszirkularen bzw. rechtszirkularen Polarisation in einem zirkularen Retarder	317
v_{eff}	effektive Phasengeschwindigkeit	54, 85
$v_{eff,\mu}$	effektive Phasengeschwindigkeit des Modus mit Zählindex μ	54
$v^{(x)}, v^{(y)}$	Phasengeschwindigkeiten der x- und y-Feldkomponenten einer optischen Welle in einem linear anisotropen Medium	303
v_g	Gruppengeschwindigkeit einer Welle	8, 20
W	allgemeine Bezeichnung für die Wirkgröße beim Sensor	225
W_g	Energie der Halbleiter-Bandlücke	131
$W_{out}^{min}(R)$	Mindestenergie eines Pulses am Faserende innehalb eines Zeittaktes bei der Bitrate R	188
w	Windungsdichte einer Spule	251
w	normierte Phasenkonstante	76

w_{FWHM}	Halbwertsbreite eines Pulses	301
w_{rms}	effektive Breite (rms-Breite) eines Pulses	301
w_λ	rms-Linienbreite einer spektral verteilten Lichtquelle	22, 302
w_0	Modenfeldradius (Gauß'scher Fleckradius)	92, 95
$w_{1/e}$	1/e-Breite eines Pulses	301
x	kartesische Koordinate	1
x	Eingangsgröße eines Sensors	191
x_S	x-Koordinate des Startpunktes einer geometrischen Lichtbahn	39
y	kartesische Koordinate	1
y	Ausgangsgröße eines Sensors	191
z	Zentrum eines Pulses	302
$\mathbf{Z}(R_C)$	Jones-Matrix des zirkularen Retarders	318
z	kartesische Koordinate; insbesondere: Lichtlaufrichtung	1
z_S	z-Koordinate des Startpunktes einer geometrischen Lichtbahn	39
α	Proportionalitätsfaktor für die Umrechnung einer Piezospannung in eine Phasenverschiebung	272
α	allgemeine Bezeichnung für einen Drehwinkel	304, 314
$\alpha(\lambda)$	Dämpfungsbelag (längenbezogenes Dämpfungsmaß)	117
α_{IR}	Dämpfungsbelag für Infrarotabsorption	119
α_R	Dämpfungsbelag für Rayleigh-Streuung	120
α_K, α_M	Dämpfungsbelag im Kern (K) und Mantel (M)	125
$\alpha_{\nu\mu}$	Dämpfungsbelag für den Modus $LP_{\nu\mu}$	125
β	Ausbreitungskonstante einer Welle	5, 73
$\beta^{(x)}$, $\beta^{(y)}$	Ausbreitungskonstanten der x- und y-Feldkomponenten einer optischen Welle in einem linear anisotropen Medium	303
$\Gamma_{\nu\mu}$	Laufzeitfaktor des Modus $LP_{\nu\mu}$	140
γ	Faserlängenexponent	172
γ, γ'	Richtungswinkel	35
γ_{grenz}	Grenzwinkel der Totalreflexion	36
γ_S	Richtungswinkel im Startpunkt einer geometrischen Lichtbahn	39, 41
γ_μ	Richtungswinkel des Modus mit Modenzählindex μ	59
Δ	normierte Brechzahldifferenz	40, 299
ε	Richtungswinkel	35
ε	Empfindlichkeit eines Sensors	191
ε_r	relative Dielektrizitätskonstante	15, 69

σ_{chrom}	Pulsverbreiterung infolge chromatischer Dispersion	164, 165
σ_{mod}	Pulsverbreiterung infolge Modendispersion	164, 168
τ	Zeitverschiebung	291
τ	Mittelungszeit bei der Intensitätsberechnung	15
τ_{in}, τ_{out}	effektive Pulsbreite am Fasereingang (in) bzw. -ausgang (out)	163
Φ	Phase einer Welle	3
Φ_{cw}, Φ_{ccw}	Phase bei Umlauf im Uhrzeigersinn (cw) bzw. im Gegen-uhrzeigersinn (ccw)	284
$\varphi, \tilde{\varphi}$	Nullphasenwinkel	2
ϕ	Azimutwinkel bei Zylinderkoordinaten bzw. Polarkoordinaten	72, 75
ϕ_m	Nullphase des Modulationssignales	99
χ	Konzentration	219
Ψ_0	durch den Balancefehler G_0 verursachter Phasenfehler	258
$\psi(t)$	zeitvariable Phasenverschiebung	279
$\hat{\psi}$	Scheitelwert der zeitvariablen Phasenverschiebung	279
ψ_m	Nullphase des Modulationsbeitrages mit der Mod.Frequenz f_m	102
ψ_S	Nullphase bei der Bahnkurve einer geometrischen Lichtbahn im Parabelprofil	43
Ω	Drehrate	289
ω	Kreisfrequenz einer Welle	1
ω_m	Modulationskreisfrequenz	279

Abkürzungen

APD	Avalanche Photo Diode (Photodiodenart)
ASK	Amplitude Shift Keying (Modulationsart)
BER	Bit Error Rate (Bitfehlerrate)
ccw	counter-clockwise (im Gegenuhrzeigersinn)
cw	clockwise (im Uhrzeigersinn)
Cytop	cyclic transparent optical polymer (Plastikmaterial für LWL)
dB	deziBel
DBR	Distributed Bragg Reflector (Lasertyp)
DFB	Distributed Feedback (Lasertyp)
E-Welle	Alternativname zu TE
EH	hybride Welle
E/O	Wandler elektrisch $\rightarrow$ optisch
FP	Fabry-Perot (Lasertyp)
FWHM	Full Width at Half Maximum (Halbwertsbreite)
GI	Gradientenindex

H-Welle	Alternativname zu TM
HCS	Hard Cladded Silica (Fasertyp)
HE	hybride Welle
HiBi	High Birefringence (Faser mit hoher linearer Eigendoppelbrechung)
IO	Integriert-Optisch
LED	Light Emitting Diode
LoBi	Low Birefringence (Faser mit geringer linearer Eigendoppelbrechung)
LP	Linear Polarisiert (Modusbezeichnung)
LWL	Lichtwellenleiter
O/E	Wandler optisch $\rightarrow$ elektrisch
OTDR	Optical Time Domain Reflectometry (Meßverfahren)
PANDA	Polarization Maintaining AND Absorption Reduced (Fasertyp)
PCM	Pulse Code Modulation (Modulationsart)
PCS	Plastic Cladded Silica (Fasertyp)
pin	Halbleiter-Schichtenfolge; hier als Synonym für einen Photodiodentyp benutzt
PMMA	Polymethylmethacrylat („Plexiglas")
PMMA-d8	deuteriertes PMMA
PMF	Polarization Maintaining Fiber (Fasertyp)
POF	Plastic Optical Fiber (Fasertyp)
PZT	Polykristallines Zirkonat-Titanat (Piezokeramik)
rms	root mean square (Effektivwert)
SELFOC®	self focusing optical lens (Stablinse nach dem Gradientenindexprinzip; Handelsname der Nippon Sheet Glass Corporation)
SI	Stufenindex
S/N	Signal-to-Noise Ratio (Signal-Rausch-Verhältnis)
SOP	State of Polarization (Polarisationszustand)
TE	Transversal Elektrisch
TEM	Transversal Elektrisch und Magnetisch
TM	Transversal Magnetisch

1 Optische Wellen

Die Naturerscheinungen, die von der Physik unter der Bezeichnung *Optik* zusammengefaßt werden, liefern widersprüchliche Aussagen über die Natur des Phänomens „Licht". Viele Experimente lassen sich nur verstehen, wenn man das Licht als einen Fluß fiktiver Teilchen, den *Photonen* auffaßt. Demgegenüber werden Beobachtungen wie Interferenz- und Beugungserscheinungen als Beweis für eine Wellennatur des Lichtes angesehen. Die theoretische Physik versucht, mit der *Quantenelektrodynamik* beide Modellvorstellungen zu vereinigen, jedoch ist die Quantenelektrodynamik ein sehr komplexes und mathematisch äußerst anspruchsvolles Fachgebiet. Für die Experimentalphysik ist es völlig ausreichend, die Erzeugung und Auslöschung von Licht im Teilchenmodell und die Fortpflanzung von Licht im Wellenmodell zu beschreiben.

In diesem Buch beschäftigen wir uns mit der Fortleitung von Licht unter speziellen Ausbreitungsbedingungen. Es ist deshalb sinnvoll, das Buch einzuleiten mit der mathematischen Beschreibung elektromagnetischer und hier insbesondere optischer Wellen.

1.1 Einige Grundbegriffe der Wellenlehre

1.1.1 Ebene harmonische Wellen

Eine sich im dreidimensionalen Raum ausbreitende ebene harmonische Welle wird mathematisch beschrieben durch

$$a(x,y,z,t) = \hat{a}(x,y,z)\cos\left[\omega t - \tfrac{\omega}{v}\mathbf{e}\cdot\mathbf{r} + \varphi\right] . \tag{1.1}$$

In Gl. (1.1) sind

a	diejenige physikalische Größe, die sich als Welle fortpflanzt
$\mathbf{r} = \begin{pmatrix} x \\ y \\ z \end{pmatrix}$	Ortsvektor zu dem Ortspunkt mit den kartesischen Koordinaten (x,y,z). An diesem Punkt wird die Welle beobachtet
t	Beobachtungszeitpunkt
a(x,y,z,t)	Momentanwert der Welle am Ort (x,y,z) zum Zeitpunkt t

$\hat{a}(x,y,z)$	Amplitude der Welle am Ort (x,y,z)
$\mathbf{e}$	Vektor der Länge 1, der in die Laufrichtung der Welle zeigt
ω	Kreisfrequenz der Welle, mit der Frequenz f verknüpft durch $\omega = 2\pi f$. $T = 2\pi/\omega$ ist die Periodendauer der Welle
v	Phasengeschwindigkeit der Welle (Betrag); Genaueres hierzu weiter unten
φ	Nullphase

Die Größen $\hat{a}$, ω und v sind stets positiv, φ kann positiv oder negativ sein.

In der Literatur ist alternativ zu Gl. (1.1) auch

$$a(x,y,z,t) = \hat{a}(x,y,z)\cos\left[\tfrac{\omega}{v}\mathbf{e}\cdot\mathbf{r} - \omega t + \tilde{\varphi}\right]$$

zu finden. Wegen $\cos(\alpha) = \cos(-\alpha)$ unterscheiden sich beide Ansätze lediglich im Vorzeichen der Nullphasenlage: $\varphi = -\tilde{\varphi}$. Beide Formulierungen beschreiben eine ebene Welle, die sich in die durch $\mathbf{e}$ gegebene Richtung ausbreitet, sie sind in dieser Hinsicht völlig gleichwertig. Es gibt allerdings Welleneigenschaften wie z.B. die Polarisation elektromagnetischer Wellen, zu deren mathematischer Erfassung auch das Vorzeichen der Nullphasenlage beiträgt. Sobald deshalb die Polarisation mitberücksichtigt werden muß, ist streng darauf zu achten, welcher der beiden obigen Ansätze der Wellenbeschreibung zugrundegelegt wurde. In diesem Buch benutzen wir grundsätzlich die Schreibweise nach Gl. (1.1).

Die Schreibweise vereinfacht sich sehr, wenn wir das Koordinatensystem so drehen, daß die Welle in eine der Koordinatenrichtungen, z.B. die (+z)-Richtung läuft. Der Richtungsvektor $\mathbf{e}$ dieser Laufrichtung ist $\mathbf{e} = \begin{pmatrix} 0 \\ 0 \\ 1 \end{pmatrix}$, und mit $\mathbf{r} = \begin{pmatrix} x \\ y \\ z \end{pmatrix}$

wird $\mathbf{e}\cdot\mathbf{r} = z$. Wir gehen zusätzlich davon aus, daß die Welle beim Weiterlaufen weder verstärkt noch abgeschwächt wird, und daß sich die Welle quer zu ihrer Ausbreitungsrichtung, also in der (xy)-Ebene, weder aufweitet noch zusammenzieht. Dadurch erzwingen wir, daß sich die Wellenamplitude $\hat{a}$ in Laufrichtung **nicht** ändert, sie kann allenfalls noch von x und y abhängen. Gleichung (1.1) geht über in

$$a(x,y,z,t) = \hat{a}(x,y)\cos\left[\omega t - \tfrac{\omega}{v}z + \varphi\right] . \qquad (1.2)$$

Diese Notation verführt zu der Vorstellung, daß eine so angegebene Welle nur auf der z-Achse beobachtbar ist. Dies ist falsch: die Welle ist weiterhin in allen Punkten des dreidimensionalen Raumes wahrnehmbar, die Gleichung sagt lediglich aus, daß von den drei Koordinaten (x,y,z) eines Beobachtungspunktes nur die z-Koordinate das Wellenverhalten bestimmt. Ebenso ist es falsch, anzunehmen, daß die Welle im Koordinatenursprung entsteht. In der Wellenbeschreibung nach Gl. (1.1) oder Gl. (1.2) tritt weder der Entstehungsort noch der Entstehungszeitpunkt auf, die Welle ist jederzeit in jedem Punkt des Raumes vorhanden.

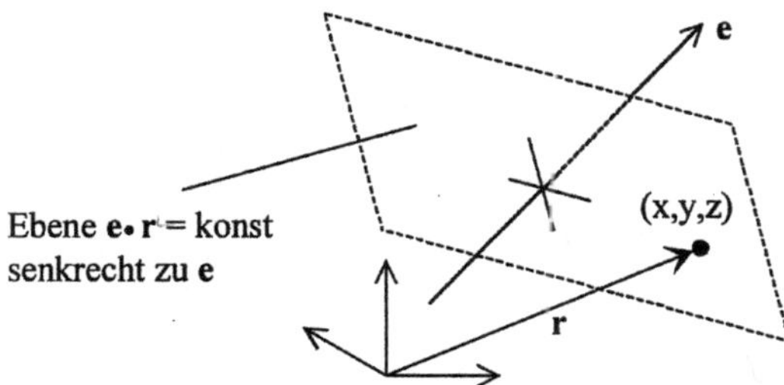

Abb. 1.1. Zur Erläuterung der Phasenebene. In allen Punkten (x,y,z) einer auf dem Ausbreitungsrichtungsvektor **e** senkrecht stehenden Ebene hat die Welle zum Zeitpunkt t_0 dieselbe Phase Φ_0

An einem beliebigen Punkt des Raumes, beschrieben durch den Ortsvektor r_0, äußert sich die Welle als eine Schwingung $a(t) = \hat{a}_0 \cdot \cos(\omega t + \psi_0)$. Amplitude $\hat{a}_0$ und Nullphase ψ_0 der Schwingung werden durch die Lage r_0 des Beobachtungspunktes festgelegt.

1.1.2
Phase einer Welle; Phasenänderung längs einer Wegstrecke und innerhalb einer Zeitspanne

Durch die Periodizität der harmonischen Funktion kann ein- und derselbe Momentanwert a gleichzeitig an verschiedenen Orten auftreten; ebenso kann am gleichen Ort zu verschiedenen Zeiten derselbe Wert für a vorliegen. Der Momentanwert $a(x,y,z,t)$ ist deshalb nicht eindeutig, er ist ungeeignet zur Charakterisierung der Wellenausbreitung. Man eliminiert die Mehrdeutigkeit, indem man statt des Momentanwertes die *Phase* $\Phi(x,y,z,t)$ der Welle betrachtet. Φ wird definiert durch

$$\Phi(x,y,z,t) := \omega t - \frac{\omega}{v} e \cdot r + \varphi \ . \tag{1.3}$$

Die Wellenphase ändert sich zeitlich und örtlich., sie hat zu einem beliebigen, aber festen Zeitpunkt $t = t_0$ in jedem Raumpunkt einen eindeutigen Wert bzw. in einem beliebigen, aber festen Raumpunkt $r = r_0$ zu jedem Zeitpunkt einen eindeutigen Wert. Wir weisen nun Φ einen festen Zahlenwert Φ_0 zu und fragen nach denjenigen Raumpunkten **r**, in denen zu dem festen Zeitpunkt $t = t_0$ eben dieser Phasenwert Φ_0 besteht. Durch Einsetzen finden wir

$$e \cdot r = \frac{\omega t_0 + \varphi - \Phi_0}{\omega / v} \ . \tag{1.4}$$

In Gl. (1.4) ergibt die rechte Seite einen festen Zahlenwert, eine Konstante, so daß wir Gl. (1.4) auch schreiben können als $e \cdot r = $ konstant. Mathematisch erfaßt

$\mathbf{e} \cdot \mathbf{r}$ = konstant alle Punkte derjenigen Ebene (s. Abb. 1.1), die einerseits auf der durch $\mathbf{e}$ bezeichneten Ausbreitungsrichtung senkrecht steht und in der andererseits der spezielle Punkt liegt, zu dem der Ortsvektor $\mathbf{r}$ weist. Folglich hat zum Zeitpunkt t_0 die Phase in allen Punkten dieser Ebene senkrecht zur Ausbreitungsrichtung denselben Wert Φ_0. Deshalb wird eine durch Gl. (1.1) beschriebene Welle als *ebene Welle* bezeichnet, die Ebene selbst heißt *Phasenebene*. Der Nullphasenwinkel φ stellt sich jetzt als die Wellenphase zum Zeitpunkt $t = 0$ in der durch den Koordinatenursprung $\mathbf{r} = 0$ gehenden Phasenebene dar: $\Phi(\mathbf{r} = 0, t = 0) = \varphi$.

Auch hier vereinfachen wir die mathematische Darstellung wieder dadurch, daß wir die Welle in $(+z)$-Richtung laufen lassen. Gl. (1.3) geht über in

$$\Phi(z,t) := \omega t - \frac{\omega}{v} z + \varphi \ . \tag{1.5}$$

$\Phi(z,t)$ gibt die Wellenphase in allen Punkten einer durch z gehenden (xy)-Ebene zum Zeitpunkt t an. In zwei verschiedenen (xy)-Ebenen durch z_1 und z_2 hat die Welle zu irgendeinem Zeitpunkt t die Phasen $\Phi_1 = \Phi(z_1,t)$ und $\Phi_2 = \Phi(z_2,t)$ und damit zu jedem Zeitpunkt den Phasenunterschied

$$\Phi_2 - \Phi_1 = \left(\omega t - \frac{\omega}{v} z_2 + \varphi \right) - \left(\omega t - \frac{\omega}{v} z_2 + \varphi \right) = -\frac{\omega}{v} \left(z_2 - z_1 \right) \ .$$

Diese Aussage wird üblicherweise formuliert als: die Phase einer ebenen Welle ändert sich längs einer Wegstrecke $\delta z = (z_2 - z_1)$ um

$$\delta\Phi = -\frac{\omega}{v} \delta z \ . \tag{1.6}$$

Analog hierzu erhalten wir: wenn an einem beliebigen, aber festen Ort die Wellenphase zum Zeitpunkt t_1 den Wert Φ_1 hat, dann hat sie an demselben Ort zu einem anderen Zeitpunkt t_2 den Wert Φ_2: innerhalb der Zeitspanne $\delta t = (t_2 - t_1)$ ändert sich an jedem Ort die Phase um

$$\delta\Phi = \Phi_2 - \Phi_1 = \left(\omega t_1 - \frac{\omega}{v} z + \varphi \right) - \left(\omega t_2 - \frac{\omega}{v} z + \varphi \right) = \omega \, (t_2 - t_1) = \omega \, \delta t \ .$$

$$\tag{1.7}$$

1.1.3
Phasengeschwindigkeit und Ausbreitungskonstante

Die Phase einer Welle ändert sich zeitlich und örtlich. Wenn die Wellenphase in einer Ebene z_1 zum Zeitpunkt t_1 den Wert Φ_0 hat, dann hat sie **diesen** Wert zu einem anderen Zeitpunkt t_2 in einer anderen Ebene z_2. Die Wellenphase benötigt also zum Zurücklegen der Strecke $(z_2 - z_1)$ die Zeitspanne $(t_2 - t_1)$, d.h. sie legt diese Strecke mit einer *Phasengeschwindigkeit* $|(z_2 - z_1)/(t_2 - t_1)|$ zurück. Die Durchrechnung ergibt wegen $\Phi_0 = \omega t_1 - \frac{\omega}{v} z_1 + \varphi = \omega t_2 - \frac{\omega}{v} z_2 + \varphi$:

$$\left| \frac{z_2 - z_1}{t_2 - t_1} \right| = \frac{\delta z}{\delta t} = v \ . \tag{1.8}$$

Aus diesem Grund wurde die eingangs in Gl. (1.1) eingeführte Geschwindigkeit als „Phasengeschwindigkeit" bezeichnet. Das gleiche Ergebnis erhält man, wenn man die Welle in eine beliebige Richtung e laufen läßt. Zu beachten ist, daß v stets ein positiver Wert ist, also nur den *Betrag* der Geschwindigkeit erfaßt; die Ausbreitungs*richtung* wird weiterhin durch e beschrieben.

Wodurch wird der (Betrag der) Phasengeschwindigkeit festgelegt? Die Wellenphysik stellt fest, daß zwei grundsätzlich unterschiedliche Phänomene Einfluß auf die Phasengeschwindigkeit haben:

- die Eigenschaften der Materie, in der sich die Welle fortpflanzt
- jede Art von Wellenführung, die die Welle hindert, sich *frei* auszubreiten. (z.B. Führung auf einer Leitung). Mit der Führung ist in der Praxis immer auch eine Einschränkung der Welle auf eine zur gewünschten Führungsrichtung senkrecht stehende kleine Querschnittsfläche verbunden.

Formal können wir schreiben:

$$v = v(\text{Materialeigenschaften, Zwangsbedingungen der Wellenführung})$$

Die Phasengeschwindigkeit einer Welle, die sich *frei* in Materie ausbreiten kann, ist nur von den Materialeigenschaften abhängig. Wenn diese Welle zusätzlichen Zwangsbedingungen unterworfen wird, sie z.B. längs einer Leitung geführt wird, dann ändert sich dadurch auch ihre Phasengeschwindigkeit. Häufig bezeichnet man **diese** Geschwindigkeit als *effektive Phasengeschwindigkeit* und reserviert das einfache „Phasengeschwindigkeit" (ohne schmückendes Beiwort) für die Ausbreitung einer freien, nicht geführten Welle in dieser Materie. Wir übernehmen diese Sprachregelung, aber nur dann, wenn wir betonen wollen, daß auch die Zwangseinflüsse der Wellenführung bei der Phasenausbreitung mitberücksichtigt wurden.

Sowohl die Materialeigenschaften als auch die auf der Zwangsführung beruhenden Einflüsse ändern sich mit der (Kreis)Frequenz der Welle. Damit wird letztlich v frequenzabhängig, $v = v(\omega)$. Da die Kreisfrequenz der Welle mit ihrem Entstehungsvorgang festgelegt wird, folgt daraus: wenn sich längs ihres Ausbreitungspfades die Ausbreitungsbedingungen ändern, so bleibt die (Kreis)Frequenz der Welle erhalten, aber es ändert sich ihre Phasengeschwindigkeit.

Mit der Phasengeschwindigkeit $v(\omega)$ und der Kreisfrequenz ω definieren wir als weitere Kenngröße der Welle ihre *Ausbreitungskonstante* β:

$$\beta = \frac{\omega}{v} \qquad \text{genauer:} \qquad \beta(\omega) = \frac{\omega}{v(\omega)} \ . \tag{1.9}$$

Mit Gl. (1.9) schreiben wir Gl. (1.1) um in

$$a(x, y, z, t) = \hat{a}(x, y, z) \cos\left[\omega t - \beta\, e \cdot r + \varphi\right] \ . \tag{1.10}$$

1.1.4
Wellenlänge

Als *Wellenlänge* bezeichnet man diejenige Wegstrecke $\delta z|_{\delta\Phi=2\pi}$, längs der sich die Phase dem Betrage nach um $\delta\Phi = 2\pi$ ändert. Durch Einsetzen in Gl. (1.3) erhält man sofort

$$\text{Wellenlänge} := \delta z\Big|_{\delta\Phi=2\pi} = 2\pi\,\frac{v(\omega)}{\omega}\ . \tag{1.11a}$$

Mit Gl. (1.9) wurde die Ausbreitungskonstante $\beta = \omega/v$ eingeführt. Die Wellenlänge einer Welle kann deshalb auch geschrieben werden als

$$\text{Wellenlänge} = \frac{2\pi}{\text{Ausbreitungskonstante}}\ . \tag{1.11b}$$

Weil die Phasengeschwindigkeit v je nach Materie (und je nach den Bedingungen der Zwangsführung) einen anderen Wert hat, ist die Wellenlänge keine Erhaltungsgröße, sondern je nach Medium unterschiedlich: tritt eine Welle in ein anderes Medium mit anderer Phasengeschwindigkeit über, so ändert sich **nicht** die Frequenz der Welle, wohl aber deren Wellenlänge! Aus diesem Grunde wurde in Gl. (1.11) die Wellenlänge bewußt nicht mit einem eigenen Formelbuchstaben bezeichnet. Erst in Abschn. 1.2.6 wird ein eigener Formelbuchstabe für die Wellenlänge eingeführt werden.

1.1.5
Wellengruppen und Gruppengeschwindigkeit

In der Wellenbeschreibung nach Gl. (1.1) bzw. Gl. (1.2) ist die Amplitude â der Welle zeitlich konstant. Abbildung 1.2 zeigt als Funktion der Zeit eine Welle an einem festen Beobachtungspunkt (also eine Schwingung) mit der Kreisfrequenz ω_0. Als Besonderheit variiert im rechten Teilbild die Amplitude mit der Zeit, deutlich zu erkennen in dem zeitlichen Auf und Ab der „Hüllkurve" über den Schwingungsamplituden. Die Amplitudenschwankungen erfolgen dabei langsam im Vergleich zur Periodendauer $T = 2\pi/\omega_0$ der unterlegten Welle, anderenfalls kann man keine Hüllkurve mehr erkennen. Die genaue mathematische Analyse ergibt, daß Abb. 1.2 nicht das Resultat einer Einzelwelle mit der Kreisfreqenz ω_0 ist. Vielmehr handelt es sich hier um eine ganze *Gruppe* von Wellen, deren Überlagerung gerade den in der Abbildung dargestellten Zeitverlauf liefert. Alle Mitglieder der Wellengruppe laufen in dieselbe Richtung, sie unterscheiden sich aber in ihrer Kreisfrequenz. Abbildung 1.3 demonstriert die Ausformung einer zeitveränderlichen Hüllkurve als Superposition von nur zwei Wellen mit zwei unterschiedlichen, aber eng benachbarten Kreisfrequenzen. Im oberen Teilbild ist der Zeitverlauf der beiden Einzelschwingungen aufgetragen, im unteren Teilbild die Überlagerung. Man erkennt deutlich die Ausformung der Hüllkurve. In der Regel sind an der Überlagerung unendlich viele Wellen mit Kreisfrequenzen ω

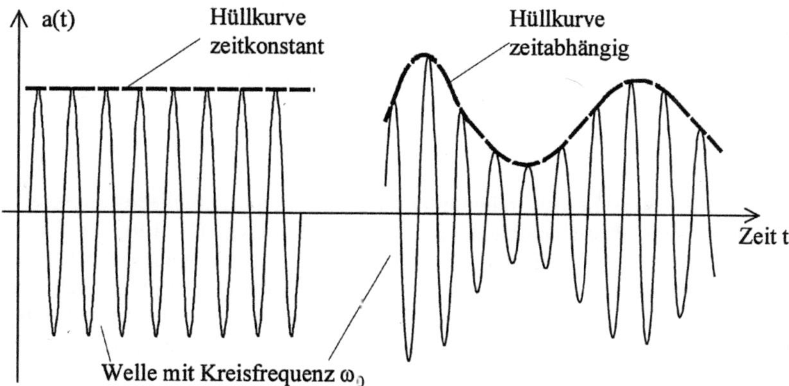

Abb. 1.2. Wellen mit zeitkonstanter (links) und zeitvariabler (rechts) Amplitude. Das Amplitudenverhalten definiert eine Hüllkurve.

aus einem Frequenzbereich zwischen Ω_1 und Ω_2 beteiligt. Die Amplituden und Nullphasenlagen der Gruppenmitglieder bestimmen die sich ergebende Hüllkurvenform, die Kreisfrequenz ω_0 der unterlegten Welle liegt innerhalb des Frequenzbandes $|\,\Omega_2 - \Omega_1\,|$.

Nach den Aussagen von Abschn. 1.1.3 ist die Phasengeschwindigkeit v einer Welle abhängig von deren Kreisfrequenz: $v = v(\omega)$. Jede an der Überlagerung beteiligte Welle hat nach Voraussetzung ihre eigene Kreisfrequenz und breitet sich deshalb mit einer eigenen Geschwindigkeit aus. Alle Wellen laufen in dieselbe Richtung, damit wird auch die Hüllkurve in diese Richtung mitgetragen. Es ist aber nicht von vornherein klar, mit welcher Geschwindigkeit sich die Hüllkurve bewegt. In Abb. 1.3 wird vorgeführt, daß die Hüllkurvengeschwindigkeit mit keiner der beiden Phasengeschwindigkeiten der beitragenden Wellen übereinstimmt. Dazu wurde das Zeitverhalten an zwei hintereinanderliegenden Beobachtungspunkten bzw. Beobachtungsebenen z_1 und z_2 berechnet. Man sieht, wie die Hüllkurve einen bestimmten Phasenwert in z_2 zu einem späteren Zeitpunkt erreicht als in z_1. Zur Verdeutlichung ist in jedem Einzelbild ein Punkt mit irgendeiner Phase markiert, die Punkte gleicher Phase sind durch Geraden miteinander verbunden. Die Steigung dieser Geraden ist ein Maß für die jeweiligen Ausbreitungsgeschwindigkeiten: je steiler die Gerade, desto weniger Zeit benötigte die Phase, um vom Ort z_1 zum Ort z_2 zu gelangen, desto größer also die Phasengeschwindigkeit. In dem in Abb. 1.3 skizzierten Beispiel bewegt sich die Hüllkurve viel langsamer als jede der Einzelwellen, die Gruppengeschwindigkeit ist deutlich geringer als die Phasengeschwindigkeit der beiden Gruppenmitglieder. Grundsätzlich ist auch das Gegenteil möglich, die Gruppengeschwindigkeit kann höher sein als die Einzel-Phasengeschwindigkeiten. Man bezeichnet die Geschwindigkeit der Hüllkurve als *Gruppengeschwindigkeit* v_g der Wellengruppe.

Die Wellenlehre zeigt: wenn zum Aufbau der Hüllkurve alle Wellen mit Kreisfrequenzen ω zwischen Ω_1 und Ω_2 beteiligt sind, und wenn zusätzlich das gruppenbildende Frequenzband $|\Omega_2 - \Omega_1|$ schmal ist, dann ist

$$v_g = \frac{1}{d\beta/d\omega} = \frac{d\omega}{d\beta} \ . \tag{1.12}$$

Darin ist $\beta = \beta(\omega)$ die Ausbreitungskonstante des Gruppenmitgliedes mit Kreisfrequenz ω bzw. Phasengeschwindigkeit $v(\omega) = \omega/\beta(\omega)$, vgl. Gl. (1.9). Die Forderung nach einem nur schmalen Frequenzband hat den mathematischen Hintergrund: im Frequenzintervall $\Omega_1 \leq \omega \leq \Omega_2$ soll der exakte Verlauf $\beta(\omega)$ durch eine Gerade approximiert werden können, das gelingt natürlich um so besser, je kleiner das Intervall ist. Die Differentiation $d\omega/d\beta = 1/[d\beta/d\omega]$ liefert unter dieser Voraussetzung eine Konstante, die Rechnung Gl. (1.12) ergibt einen eindeutigen Zahlenwert für v_g, und es spielt keine Rolle, an welcher Stelle innerhalb des Inter-

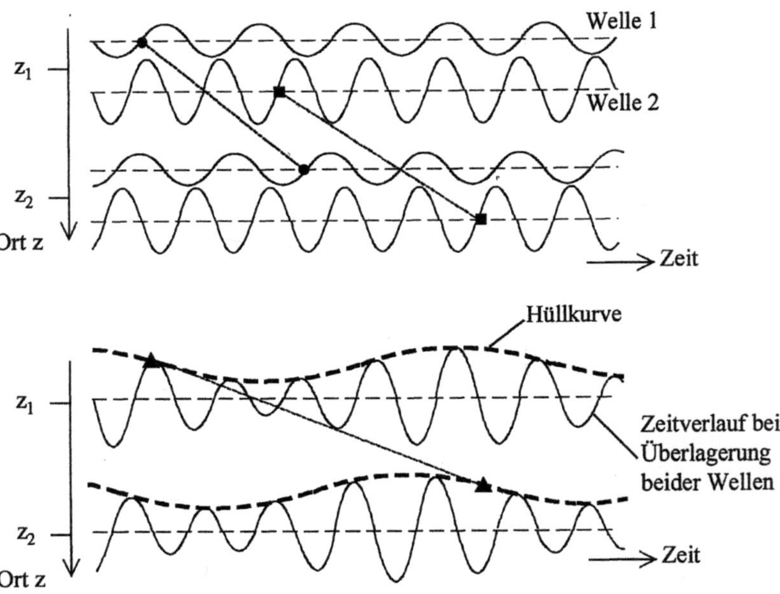

Abb. 1.3. Verdeutlichung der Gruppengeschwindigkeit. Oberes Teilbild: Beobachtung zweier Wellen mit unterschiedlicher (Kreis)frequenz. Unteres Teilbild: Überlagerung der Wellen, Ausbildung einer Hüllkurve. Dargestellt ist in beiden Teilbildern das Verhalten der Welle bzw. Überlagerung an 2 Orten z_1, z_2 als Funktion der Zeit, jeweils im gleichen Maßstab. Die eingezeichneten Geraden verbinden Punkte gleicher Phase miteinander. Die Steigungen dieser Geraden sind ein Maß für die Phasengeschwindigkeiten v_1, v_2 der Teilwellen bzw. der Phasengeschwindigkeit v_g der Hüllkurve, d.h. der Gruppengeschwindigkeit.

valls die Ableitung berechnet wird.

Wir ersetzen in Gl. (1.12) mit Hilfe von Gl. (1.9) die Ausbreitungskonstante β durch die Phasengeschwindigkeit v und erhalten

$$v_g = \frac{d\omega}{d\beta} = \frac{d\omega}{dv}\frac{dv}{d\beta} = \frac{v^2}{v - \omega\left[dv/d\omega\right]} \,. \tag{1.13}$$

Aus diesem Ergebnis entnimmt man sofort: Gruppengeschwindigkeit und Phasengeschwindigkeit unterscheiden sich dann, wenn die Phasengeschwindigkeit frequenzabhängig ist, mathematisch: $dv/d\omega \neq 0$ ist, physikalisch: wenn *Dispersion* vorliegt. Die Gruppengeschwindigkeit kann dabei größer oder kleiner als die Phasengeschwindigkeit werden.

Die Kenntnis der Gruppengeschwindigkeit und ihre Berechnung mit Gl. (1.12) ist für die Thematik dieses Buches von erheblicher Bedeutung. Wir werden in Kap. 6 sehen, daß bei der optischen Direktübertragung die zu übertragende Information in Hüllkurvenschwankungen einer Lichtwelle umgesetzt wird. Es ist deshalb wichtig, zu wissen, mit welcher Geschwindigkeit sich eine Hüllkurve fortpflanzt.

Zu bemerken ist noch: nach der Speziellen Relativitätstheorie ist die Vakuumlichtgeschwindigkeit c (s. hierzu Absch. 1.2.6) die obere Grenze für diejenige Geschwindigkeit, mit der Energie oder Information transportiert wird. Deshalb ist die Gruppengeschwindigkeit als Informationstransportgeschwindigkeit stets kleiner als die Lichtgeschwindigkeit: $v_g < c$. Für die Phasengeschwindigkeit muß das nicht der Fall sein, denn die Phasengeschwindigkeit ist eine rein geometrisch definierte Größe: $v > c$ ist kein Widerspruch zur Relativitätstheorie!

1.2
Elektromagnetische Wellen

1.2.1
Mathematische Beschreibung

In einer elektromagnetischen Welle breiten sich elektrische und magnetische Vektorfelder gemeinsam in Form einer Welle im Raum aus. Zur mathematischen Formulierung charakterisieren wir die Felder durch ihre Feldstärken $E(x,y,z,t)$ und $H(x,y,z,t)$. Die Schreibweise besagt (s. Abb. 1.4): in einem Beobachtungspunkt mit den kartesischen Koordinaten x,y,z bestehen zu der Zeit t ein elektrisches Feld **E** und ein magnetisches Feld **H**. Die Feldstärken sind $E = |\mathbf{E}|$ bzw. $H = |\mathbf{H}|$, die Feldvektoren weisen in die durch **E**/E und **H**/H beschriebenen Richtungen. Beide Felder sind über die Maxwell'schen Gleichungen miteinander verknüpft, ihre Feldgrößen können nicht getrennt voneinander betrachtet werden. Als Folge der Verknüpfung stehen das elektrische und das magnetische Feld stets senkrecht aufeinander: $\mathbf{E} \perp \mathbf{H}$. Beide Felder wandern zusammen in eine durch den Vektor **e** mit $|\mathbf{e}| = 1$ angezeigte Richtung. Kennt man deshalb das Raum-Zeit-Verhalten

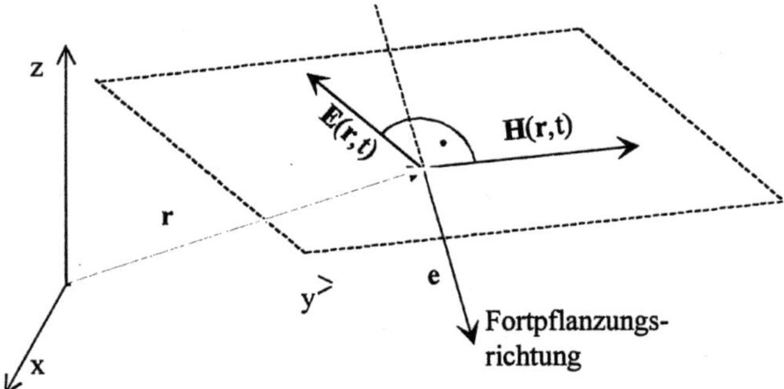

Abb. 1.4.   Elektrisches Feld **E** und magnetisches Feld **H** stehen senkrecht aufeinander, aber nicht unbedingt senkrecht auf dem Ausbreitungsvektor **e**

einer der beiden Feldgrößen, so liefert die Maxwell-Koppelung automatisch auch den raum-zeitlichen Verlauf der jeweils anderen Größe.

Wegen ihres Vektorcharakters kann **E** (entsprechendes gilt für **H**) in jedem Beobachtungspunkt in drei Komponenten zerlegt werden, z.B. in kartesische Komponenten E_x, E_y und E_z, s. linkes Teilbild in Abb. 1.5. Wir beschreiben die Einzelkomponenten E_x, E_y, E_z jeweils durch eine ebene harmonische, mit der Phasengeschwindigkeit v in Richtung **e** laufende Welle mit der Frequenz f bzw. Kreisfrequenz $\omega = 2\pi \cdot f$, der Nullphasenlage φ und den Amplituden $\hat{E}_x$, $\hat{E}_y$, $\hat{E}_z$. Das räumlich-zeitliche Verhalten einer solchen Welle wird mathematisch erfaßt durch

$$E_x(x,y,z,t) = \hat{E}_x(x,y,z)\cos\left[\omega t - \tfrac{\omega}{v}\mathbf{e}\cdot\mathbf{r} + \varphi\right]$$
$$E_y(x,y,z,t) = \hat{E}_y(x,y,z)\cos\left[\omega t - \tfrac{\omega}{v}\mathbf{e}\cdot\mathbf{r} + \varphi\right] \qquad (1.14a)$$
$$E_z(x,y,z,t) = \hat{E}_z(x,y,z)\cos\left[\omega t - \tfrac{\omega}{v}\mathbf{e}\cdot\mathbf{r} + \varphi\right]$$

bzw. in vektorieller Notation

$$\mathbf{E}(x,y,z,t) = \hat{\mathbf{E}}(x,y,z)\cos\left[\omega t - \tfrac{\omega}{v}\mathbf{e}\cdot\mathbf{r} + \varphi\right] . \qquad (1.14b)$$

Zur Vereinfachung der Schreibweise drehen wir das Koordinatensystem wieder so, daß die Welle in die (+z)-Richtung läuft. Dadurch wird $\mathbf{e}\cdot\mathbf{r} = z$. Weiterhin fordern wir, daß die Welle beim Weiterlaufen weder verstärkt noch abgeschwächt wird, und daß sich die Welle quer zu ihrer Ausbreitungsrichtung weder aufweitet noch zusammenzieht. Hiermit erzwingen wir, daß sich die Amplituden $\hat{E}_x$, $\hat{E}_y$, $\hat{E}_z$ in Laufrichtung nicht ändern und nur noch von den Koordinaten x,y abhängen:

$$\hat{E}_x(x,y,z) \xrightarrow{\text{geht über in}} \hat{E}_x(x,y)$$

Entsprechendes für $\hat{E}_y$ und $\hat{E}_z$. Zusammen mit der in Gl. (1.9) definierten Ausbreitungskonstanten β der Welle können wir Gl. (1.14b) jetzt umformulieren zu

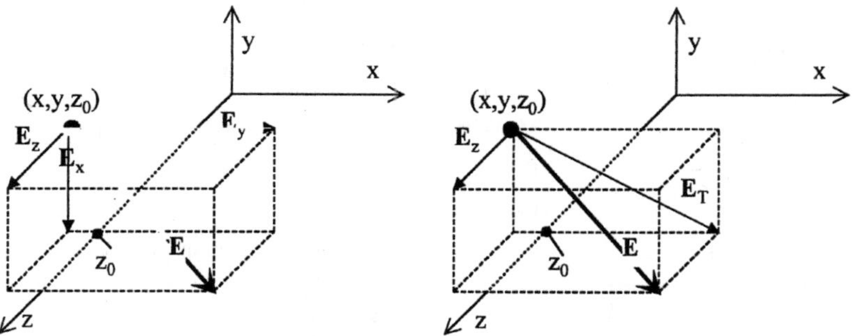

Abb. 1.5. Zerlegung des Feldvektors **E** in seine kartesichen Komponenten E_x, E_y, E_z (linkes Teilbild) bzw. in seine transversalen (E_T) und longitudinalen (E_z) Anteile bei Wellenausbreitung in (+z)-Richtung (rechtes Teilbild)

$$E(x,y,z,t) = \hat{E}(x,y)\cos\left(\omega t - \beta z + \varphi\right) \; . \tag{1.15}$$

Mit dieser Schreibweise werden wir im Weiteren bevorzugt arbeiten. Die Beschreibung ist allerdings nur korrekt, wenn die drei Vektorkomponenten von **E** die *gleiche* Nullphasenlage φ und die *gleiche* Ausbreitungskonstante β bzw. Phasengeschwindigkeit v sehen. Bei elektromagnetischenWellen ist das nicht unbedingt der Fall. Auf die damit verbundenen Besonderheiten gehen wir in den Anhängen A3 und A4 ausführlich ein.

1.2.2
Transversale und longitudinale Feldanteile; Wellenbezeichnungen

Gleichung (1.15) schließt nicht aus, daß der Feldvektor **E** eine Komponente E_z in Laufrichtung der Welle hat. Man bezeichnet diese Komponente als *Longitudinalkomponente*, die Komponenten E_x und E_y als *Transversalkomponenten* (Komponenten senkrecht zur Ausbreitungsrichtung). Der Vektor E_T faßt die Transversalanteile zusammen (s. rechtes Teilbild in Abb. 1.5):

$$E = \underbrace{E_x + E_y}_{E_T} + E_z \tag{1.16}$$

mit

$$E_T = E_T(x,y,z,t) = \begin{pmatrix} \hat{E}_x(x,y)\cos(\omega t - \beta z + \varphi) \\ \hat{E}_y(x,y)\cos(\omega t - \beta z + \varphi) \end{pmatrix} \; . \tag{1.17}$$

Gleiches gilt für das magnetische Feld, auch dessen Feldvektor **H** besitzt eine Longitudinalkomponente H_z und die Transversalkomponenten H_x und H_y. Es

Tabelle 1.1. Namensbezeichnung elektromagnetischer Wellen nach ihren Longitudinalkomponenten

Longitudinalkomponente	Name	Alternativname
$\hat{E}_z \neq 0$, $\hat{H}_z \equiv 0$	TM-Welle	E-Welle
$\hat{E}_z \equiv 0$, $\hat{H}_z \neq 0$	TE-Welle	H-Welle
$\hat{E}_z \equiv 0$, $\hat{H}_z \equiv 0$	TEM-Welle	
$\hat{E}_z \neq 0$, $\hat{H}_z \neq 0$		EH-Welle, HE-Welle

stellt sich die Frage: haben in einer elektromagnetische Welle die Felder **E** und **H**
überhaupt Longitudinalkomponenten, oder ist nicht vielmehr eine elektromagnetische Welle eine reine Transversalwelle mit $\mathbf{E}_z = \mathbf{H}_z \equiv 0$?

Die theoretische Elektrotechnik zeigt: es gibt durchaus Wellen, die *keine* Longitudinalkomponenten besitzen. Dazu gehören alle freien Wellen, die sich ungestört ausbreiten und keinerlei Zwangsbedingungen unterworfen sind. Wenn allerdings die Welle geführt oder durch irgendwelche Maßnahmen quer zu ihrer Ausbreitungsrichtung eingeschränkt wird, dann können die Wellenfelder sehr wohl
auch Longitudinalkomponenten entwickeln. Je nachdem, ob eines – und wenn ja:
welches – der Felder eine Longitudinalkomponente besitzt, wird diese Wellenform mit einem besonderen Namen bezeichnet. In Tabelle 1.1 sind diese Zuord-
nungen angegeben (für eine Ausbreitung in z-Richtung).

Die Bezeichnungen *TM-Welle* bzw. *TE-Welle*[1] weisen darauf hin, daß das mag-
netische Feld (M) bzw. das elektrische Feld (E) transversal (T) ist, also keine
Komponente in Ausbreitungsrichtung hat. *TEM-Wellen* sind demzufolge Wellen,
in denen sowohl das elektrische wie das magnetische Feld exakt senkrecht zur
Laufrichtung stehen; solche Wellen werden auch *transversale* Wellen genannt.
Die Alternativnamen *E-Welle* bzw. *H-Welle* sagen aus, daß das E-Feld bzw. das
H-Feld eine Longitudinalkomponente besitzt. Konsequenterweise haben in *EH-
Wellen* und *HE-Wellen* beide Felder Logitudinalkomponenten. Für diese Wellen
wird auch die Bezeichnung *hybride Wellen* verwendet.

Bei allen Ausbreitungsvorgängen, bei denen die Welle auf einen bestimmten
Raumbereich begrenzt oder zwangsgeführt wird, müssen wir zunächst davon ausgehen, daß die Wellenfelder auch Longitudinalkomponenten haben. Allerdings ist
meist $\hat{E}_z^2 \ll \left(\hat{E}_x^2 + \hat{E}_y^2\right) = \hat{E}_T^2$ bzw. $\hat{H}_z^2 \ll \left(\hat{H}_x^2 + \hat{H}_y^2\right) = \hat{H}_T^2$, die Transversalkomponenten dominieren bei weitem: die Wellen sind „nahezu" transversal.

---

[1] Die Bezeichnungen TE und TM werden auch bei der Reflexion von Wellen zur Beschreibung der Polarisationsverhältnisse benutzt. Der Namensgebungsansatz ist hier ein
grundsätzlich anderer. Für die Wellenausbreitung in einem Wellenleiter ergeben sich
keine Widersprüche zwischen den beiden Nomenklaturansätzen.

1.2.3
Polarisation

Wir gehen in Folgendem aus von einer in (+z)-Richtung laufenden Welle mit dem Transversalfeld E_T. An einem festen Ort ändert der Vektor E_T im Laufe der Zeit streng periodisch seinen Betrag und/oder seine Richtung, die Spitze des Vektors E_T durchläuft an dem festen Beobachtungsort als Funktion der Zeit eine wohldefinierte geometrische Figur. Diese Eigenschaft des elektischen Feldvektors der Welle wird mit dem Begriff *Polarisation* charakterisiert, die Wellen werden nach der Umlauffigur und ihrem Durchlaufsinn in verschiedene *Polarisationsformen* (*Polarisationszustände, states of polarization*, SOP) eingeteilt. In Anhang A3 leiten wir die möglichen Polarisationsformen mathematisch her und geben eine Reihe von Formelsätzen an, die die Polarisationseigenschaften der Welle beschreiben. An dieser Stelle sollen nur die Ergebnisse angeführt werden. Man bezeichnet eine Welle als

- *linear polarisiert*, wenn als Funktion der Zeit die Spitze des Vektors E_T sich längs einer Geraden bewegt, d.h. wenn E_T dem Betrage nach periodisch zu- und abnimmt, aber seine Richtung in der (xy)-Ebene beibehält.
- *elliptisch polarisiert*, wenn als Funktion der Zeit die Spitze des Vektors E_T auf einer in der (xy)-Ebene liegenden Ellipse umläuft.
- *zirkular polarisiert*, wenn als Funktion der Zeit die Spitze des Vektors E_T auf einem in der (xy)-Ebene liegenden Kreis umläuft (Sonderfall der elliptischen Polarisation)

Speziell bei der elliptischen und der zirkularen Polarisation durchfährt der Endpunkt des Vektors $E_T(t)$ die Figur in einem definierten Umlaufsinn, aus dem eine Einteilung der elliptisch bzw. zirkular polarisierten Wellen hervorgeht. Die nachfolgende Aufstellung verknüpft die Namensgebung mit der Bewegung von E_T; der Bezeichnung liegt zugrunde, daß man am Beobachtungsort der Welle entgegenblickt:

der Vektor E_T bewegt sich mit zunehmender Zeit	Bewegung aus Beobachtersicht	Bezeichnung
im Gegenuhrzeigersinn	linksdrehend	*linkselliptisch (linkszirkular)* polarisiert
im Uhrzeigersinn	rechtsdrehend	*rechtselliptisch (rechtszirkular)* polarisiert

Warnung: die Namen „linksdrehend" und „rechtsdrehend" sind verwirrend. Man erhält den angesprochenen Umlaufsinn nur, wenn man der Welle **entgegen**blickt. Blickt man **in** Laufrichtung, so läuft eine linkselliptisch polarisierte Welle im Uhrzeigersinn um, ist aus der Sicht des Betrachters dann eigentlich rechtsdrehend.

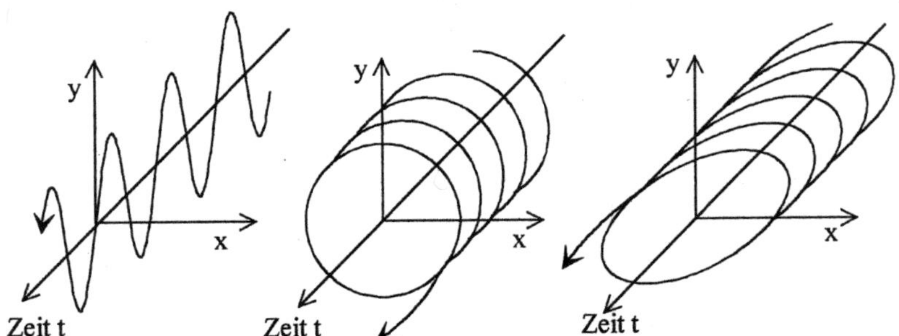

Abb. 1.6.   Bahnkurve der Spitze des transversalen elektrischen Feldstärkevektors am festen Ort als Funktion der Zeit, Blickrichtung der Welle entgegen. Links: Polarisation linear in y-Richtung; Mitte: Polarisation rechtszirkular. Rechts: Polarisation linkselliptisch.

Die möglichen Polarisationsformen einer Welle verdeutlicht Abb. 1.6. Sie zeigt die Bewegung des elektrischen Feldstärkevektors E_T an einem festen Ort als Funktion der Zeit. Die Blickrichtung ist der Welle entgegen.

Der Polarisationszustand ist eine *lokale* Eigenschaft der Welle. Es kann durchaus sein, daß sich der SOP in Laufrichtung der Welle ändert: ein- und dieselbe Welle, die in der Ebene z_1 z.B. linear polarisiert ist, kann in einer Ebene z_2 linkszirkular und in einer Ebene z_3 rechtselliptisch polarisiert sein. Auf diese Besonderheit wird in den Anhängen A3 und A4 näher eingegangen, wir nutzen sie in den in Abschn. 13.4 und Kap. 15 vorgestellten polarimetrischen Sensoren.

Eine Welle kann aber auch in verschiedenen Punkten (x,y) ein- und derselben Transversalebene, also in Beobachtungspunkten mit gleichem z-Koordinatenwert unterschiedlich polarisiert sein. Bei der Herleitung der möglichen Wellenformen in Lichtwellenleitern (Kap. 5) werden wir diese Eigenschaft berücksichtigen müssen. Wenn die Polarisationsform in jedem Punkt der Beobachtungsebene (x,y,z) dieselbe ist, dann nennt man die Welle *einheitlich* polarisiert.

Für die Anwendung von besonderem Interesse ist, daß jeder beliebige Polarisationszustand zerlegt werden kann in eine Überlagerung bzw. gebildet werden kann aus einer Überlagerung zweier *Basispolarisationen.* Darunter versteht man

- zwei aufeinander senkrecht stehende lineare Polarisationen, oder
- zwei entgegengesetzt umlaufende zirkulare Polarisationen.

Es genügt deshalb, das Ausbreitungsverhalten von Wellen für zwei aufeinander senkrecht stehende lineare Polarisationen oder alternativ für die beiden entgegengesetzt umlaufenden zirkularen Polarisationen zu bestimmen; daraus kann das Verhalten bei beliebiger Polarisation abgeleitet werden. Die beiden alternativen Beschreibungsmöglichkeiten sind mathematisch gleichwertig; welche der beiden eingesetzt werden sollte, ist eine Frage der physikalischen Zweckmäßigkeit.

Es ist durchaus möglich, daß an einem festen Beobachtungspunkt der Feldvektor E_T als Funktion der Zeit keine definierte Figur durchläuft, sondern statistisch regellos schwankt. Derartige Wellen heißen *unpolarisiert*. Physikalisch gesehen sind unpolarisierte Wellen eine statistisch schwankende Überlagerung von polarisierten Wellen, so daß der resultierende Feldvektor kein definiertes Zeitverhalten mehr ausbilden kann.

1.2.4
Intensität und Leistung

Eine jede sich ausbreitende Welle transportiert Energie. Zur Kennzeichnung des Energieflusses wird ein Energieflußvektor s eingeführt. Die Wellenenergie fließt in die durch s angezeigte Richtung, der Betrag von s ist die Energie, die je Zeiteinheit durch ein zu s senkrecht stehendes Flächenelement hindurchgetragen wird. Die Dimension von s ist demnach Energie/(Zeit·Fläche) = Leistung/Fläche. Speziell bei elektromagnetischen Wellen wird s auch als *Poynting-Vektor* bezeichnet und durch Vektormultiplkation aus den Wellenfeldern **E** und **H** berechnet:

$$s(x, y, z, t) = \mathbf{E}(x, y, z, t) \times \mathbf{H}(x, y, z, t) \ . \tag{1.18}$$

Gleichung (1.18) gibt den *Momentanwert* des Energieflusses am Ort (x,y,z) nach Betrag und Richtung an. Am festen Ort oszilliert s zeitlich mit der Periode T/2 bzw. der Kreisfrequenz 2ω, s. Abb. 1.7. Durch zeitliche Mittelung über eine Zeitspanne $\tau \gg T$ erhalten wir die (lokale) *Intensität* S der Welle. S gibt die Energie an, die am Ort (x,y,z) in die durch s beschriebene Richtung durch ein Flächenelement hindurchfließt; S hat dieselbe Dimension wie s:[1]

$$S(x, y, z) = \frac{1}{\tau} \int_{t}^{t+\tau} \left| s(x, y, z, t) \right| dt \tag{1.19}$$

Aus S bestimmen wir durch Flächenintegration die Leistung P, die von der optischen Welle durch eine zu s senkrechten Fläche A hindurchtransportiert wird:

$$P = \int_{\text{Fläche A}} S \, dA \tag{1.20}$$

Aus Gl. (1.18) folgt, daß s immer senkrecht auf **E** und **H** steht. In den rein transversalen TEM-Wellen wiederum zeigen **E** wie **H** orthogonal zur Ausbreitungsrichtung **e**. Damit muß s in die Ausbreitungsrichtung der Welle weisen: rein transversale Wellen transportieren Energie nur in Laufrichtung der Welle. Umgekehrt ist es durchaus möglich, daß Wellen, die Feldkomponenten in Ausbreitungsrich-

---

[1] Genaugenommen sind die hier verwendeten Bezeichnungen nicht ganz korrekt. Die strenge Physik benutzt bereits für die Größe |s| nach Gl. (1.18) den Namen „Intensität" und nennt das mit Gl. (1.19) berechnete S den „Zeitmittelwert der Intensität". Diese Bezeichnung ist schwerfällig, deshalb wird hier – auch in Anlehnung an die etwas laxere Laborsprechweise – das zeitlich gemittelte S als „Intensität" betitelt.

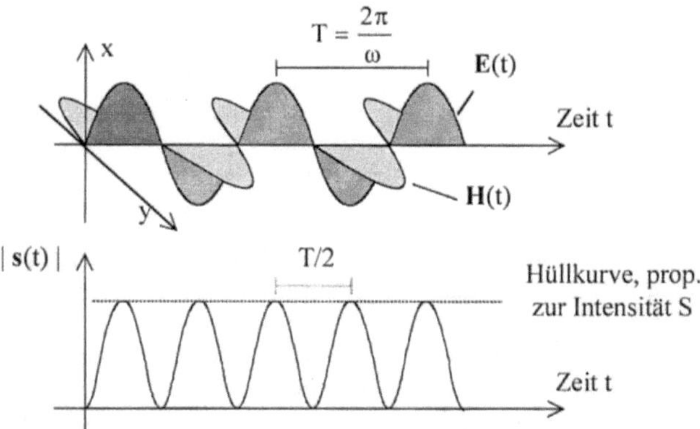

Abb. 1.7.   Momentanwert |s(t)| und Zeitmittelwert (Intensität) S des Energieflusses. Der Zeitmittelwert ist proportional zur Hüllkurve über die Momentanwerte

tung haben (s. Tabelle 1.1.), Energie auch in andere als die Ausbreitungsrichtung transportieren. Wir werden eine solche Situation in Abschn. 5.1.5 kennenlernen.

Die Berechnung der Intensität mit Gl. (1.18) ist mühsam. Da die Felder **E** und **H** über die Maxwell-Gleichungen miteinander verknüpft sind, kann man die Intensität auch aus dem elektrischen Feld allein oder alternativ aus dem magnetischen Feld allein erhalten; üblicherweise wird das elektrische Feld herangezogen. Noch stärker vereinfacht sich die Berechnung, wenn die Welle rein transversal ist, d.h. $\mathbf{E} \equiv \mathbf{E}_T$ ist. Man gelangt so zu

$$S = \kappa \left| \hat{\mathbf{E}}_T \right|^2 \qquad \text{mit } \kappa = \frac{1}{2}\sqrt{\frac{\varepsilon_0\,\varepsilon_r}{\mu_0\,\mu_r}} \ . \tag{1.21}$$

ε_0 und ε_r sind die absolute und relative Dielektrizitätskonstante, μ_0 und μ_r absolute und relative Permeabilitätskonstante. Für eine sich in (+z)-Richtung bewegende TEM-Welle ergibt dies

$$S(x,y) = \kappa \left[\hat{E}_x^2(x,y) + \hat{E}_y^2(x,y) \right] . \tag{1.22}$$

In der Praxis ist bei den meisten nicht-transversalen Wellen die Longitudinalkomponente sehr klein; dann läßt sich deren Intensität ebenfalls mit Gl. (1.22) angeben. Für genauere Analysen muß allerdings auf die exakte Definition Gl. (1.18) zurückgegriffen werden.

In obiger Darstellung sind S und P zeitunabhängige Größen. Dies ist nur richtig, solange die Wellenamplituden zeitlich konstant bleiben; unser Basisansatz Gl. (1.14) sieht zeitliche Schwankungen von $\hat{\mathbf{E}}$ nicht vor. Bei sich ändernden Amplituden (dann liegt nach Abschn. 1.1.5 keine Einzelwelle, sondern eine Wellengruppe vor) wird auch die Intensität am Beobachtungsort sowie die Leistung zeitabhängig sein. Wir beschränken uns auf Vorgänge, bei denen die Amplituden nur sehr langsam schwanken gemessen an der Mittelungszeitspanne τ. Über die Zeitdauer einer Mittelung nach Gl. (1.19) hinweg (in der meßtechnischen Praxis ist τ die *Ansprechzeit* des Intensitätsmeßgerätes) können sie als konstant betrachtet werden. Dann gilt ebenfalls wieder Gl. (1.22), und aus den sich jetzt (langsam) ändernden Amplituden resultiert eine im gleichen Zeitmuster variierende Intensität. Anschaulich wird die zeitveränderliche Intensität repräsentiert durch das Zeitverhalten der Hüllkurve von $|s|$, sie bewegt sich mit Gruppengeschwindigkeit in Wellenausbreitungsrichtung.

1.2.5
Komplexe Notation

Viele Rechnungen können stark vereinfacht werden, wenn man die reellen harmonischen Funktionen durch Exponentialfunktionen mit komplexem Argument ersetzt:

$$\cos(\omega t - \beta\, e \cdot r + \varphi) \quad \xrightarrow{\text{wird ersetzt durch}} \quad \exp\left[j(\omega t - \beta\, e \cdot r + \varphi)\right]$$

Die reale Welle $E(x,y,z,t)$ wird hierdurch zum Realteil einer komplexen Welle $\underline{E}(x,y,z,t)$: $E(x,y,z,t) = Re\{\underline{E}(x,y,z,t)\}$. Man führt mit diesen komplexen Wellen alle notwendigen Rechnungen durch, insbesondere kann man Wellen durch Addition der zugeordneten komplexen Felder überlagern. Das Resultat wird wieder eine komplexe Welle sein. Durch Realteilbildung bestimmt man daraus das reelle Ergebnis.

Besonders elegant wird mit der komplexen Notation die Intensität S einer in z-Richtung laufenden transversalen optischen Welle. Man kann leicht nachrechnen, daß

$$S(x,y) = \kappa \cdot \left|\hat{\underline{E}}_T(x,y)\right|^2 = \kappa \cdot \left|\underline{E}_T(x,y,z,t)\right|^2 . \tag{1.23}$$

1.2.6
Freie Wellenausbreitung in Vakuum

Eine Besonderheit elektromagnetischer Wellen ist, daß sie sich auch in Vakuum fortpflanzen können. Die (Phasen)geschwindigkeit bei der freien Ausbreitung in Vakuum ist die *Lichtgeschwindigkeit*; es ist üblich, sie mit dem Formelbuchstaben c zu notieren: $v_{Vakuum} \equiv c$. Aus den Maxwell'schen Gleichungen ergibt sich

$$c = \frac{1}{\sqrt{\varepsilon_0\, \mu_0}} . \tag{1.24}$$

In Gl. (1.24) sind ε_0 und μ_0 die absolute Dielektrizitätskonstante bzw. Permeabilitätskonstante. Zahlenmäßig hat c den Wert $c = 2{,}998 \cdot 10^8$ m/s; für alle praktischen

Belange ist es ausreichend, mit $c = 3 \cdot 10^8$ m/s zu rechnen. Die Lichtgeschwindigkeit c ist eine Fundamentalkonstante und als solche unabhängig von der Frequenz der Welle: $c \neq c(\omega)$.

Setzen wir in Gl. (1.9) für v die Lichtgeschwindigkeit ein, dann erhalten wir die Ausbreitungskonstante β_{Vakuum} bei der ungestörten Ausbreitung in Vakuum. β_{Vakuum} wird *Wellenzahl* (genauer: Kreiswellenzahl) genannt und bekommt einen eigenen Formelbuchstaben k:

$$\beta_{\text{Vakuum}} \equiv k \tag{1.25}$$

Ebenso geben wir jetzt der Wellenlänge in Vakuum einen eigenen Formelbuchstaben λ und erhalten aus Gl. (1.11) und Gl. (1.9):

$$\lambda \overset{(1.11)}{=} 2\pi \frac{c}{\omega} \overset{(1.9)}{=} 2\pi \frac{c}{c\,\beta_{\text{Vakuum}}} = \frac{2\pi}{k} \qquad \Leftrightarrow \qquad k = \frac{2\pi}{\lambda} \tag{1.26}$$

bzw.

$$c = \frac{\omega}{k} = \frac{2\pi f}{2\pi / \lambda} = \lambda f \; . \tag{1.27}$$

1.3
Licht als elektromagnetische Welle

1.3.1
Frequenzmäßige Einordnung

Viele Experimente zeigen, daß Lichtwellen elektromagnetische Wellen sind, die sich von anderen elektromagnetischen Wellen wie Radiowellen oder Röntgenwellen nur in der Frequenz unterscheiden. In Abb. 1.8 sind die optischen Wellen in das Spektrum aller elektromagnetischen Wellen eingeordnet. Danach wird eine elektromagnetische Welle mit einer Frequenz zwischen 0,3 THz und 3000 THz als „optische Strahlung" bezeichnet. Ein Ausschnitt aus dem optischen Frequenzspektrum wird vom menschlichen Auge wahrgenommen; dieser Ausschnitt reicht von 385 THz (rot) bis 790 THz (violett). Optische Strahlung aus diesem Bereich heißt „Licht". Um sprachliche Schwerfälligkeit zu vermeiden, wird in diesem Buch auch die optische Strahlung im an das sichtbare Licht angrenzenden nahen Infrarotbereich *Licht* genannt.

An dieser Stelle ist anzumerken: bei der Erzeugung einer Welle wird deren Frequenz festgelegt. Die Frequenz ist eine Erhaltungsgröße, d.h. sie ändert sich nicht, wenn die Welle von einem Medium in ein anderes Medium übertritt oder irgendwelchen Zwangsführungen unterworfen wird. Die Frequenz ist deshalb ein unabhängiges Kennzeichen einer Welle, und es wäre vernünftig, auch eine optische Welle ausschließlich durch Angabe ihrer Frequenz zu charakterisieren. Es

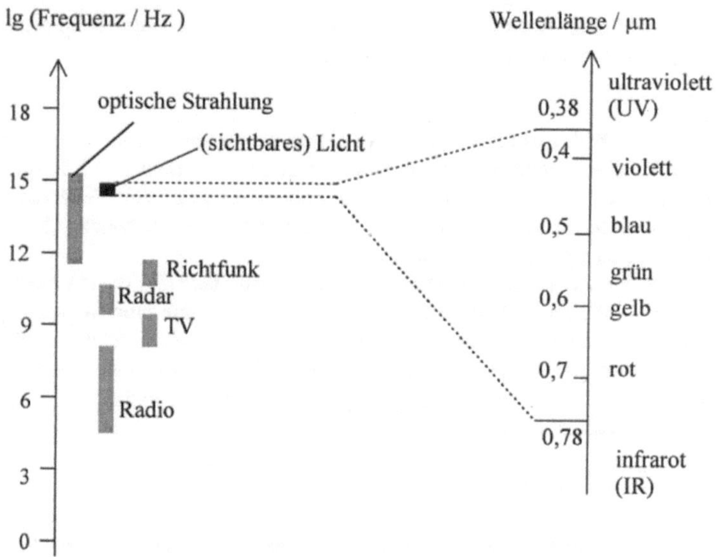

Abb. 1.8. Frequenzspektrum elektromagnetischer Wellen

hat sich aber eingebürgert, für eine optische Welle nicht deren Frequenz, sondern ihre *Wellenlänge* λ *bei der Ausbreitung in Vakuum* (!) anzugeben. Gemäß dieser Konvention bilden die elektromagnetischen Wellen mit Vakuumwellenlängen zwischen 0,1 μm und 1000 μm die „optische Strahlung", und das „Licht" umfaßt das sichtbare Spektrum mit Vakuumwellenlängen zwischen 0,38 μm und 0,78 μm.

1.3.2
Phasengeschwindigkeit in Materie, Brechungsindex

In Abschn. 1.1.2 wurde ausgeführt, daß sich die Phasengeschwindigkeit einer elektromagnetischen Welle und damit auch einer optischen Welle ändert, wenn die Welle sich nicht mehr frei im Vakuum ausbreiten kann. In der Optik wird speziell der Unterschied zwischen den Phasengeschwindigkeiten bei freier Ausbreitung in Materie und bei freier Ausbreitung in Vakuum übertragen auf die sog. *Brechzahl* (Brechungsindex) n der Materie, definiert durch

$$v = c/n \,. \tag{1.28}$$

Die Brechzahl ist eine Materialeigenschaft; die Maxwell'schen Gleichungen führen n auf die relative Dielektrizität ε_r und die relative Permeabilität μ_r der Materie zurück:

$$n = \sqrt{\varepsilon_r \, \mu_r} \approx \sqrt{\varepsilon_r} \,. \tag{1.29}$$

Da ε_r frequenzabhängig ist, sind auch n (und damit über die Materialabhängigkeit der Phasengeschwindigkeit auch v) frequenzabhängig:

$$n = n(\omega) \qquad \Rightarrow \qquad v = v(\omega) \ . \tag{1.30}$$

Es ist aber in der Optik nicht üblich, n als Funktion von ω anzugeben; vielmehr trägt man den Brechungsindex als Funktion von λ auf: $n = n(\lambda)$ (beachte: λ ist die *Vakuum*wellenlänge!). Die Abbildung A1.1 im Anhang A1 zeigt die Wellenlängenabhängigkeit (den „spektralen Verlauf") der Brechzahl von Quarzglas (SiO_2) sowie von Quarzglas mit GeO_2-Beimischung.

Eine sich frei im Vakuum ausbreitende Welle hat nach Gl. (1.25) die Ausbreitungskonstante (Vakuum-Wellenzahl) $\beta_{Vakuum} = k$. Die Ausbreitungskonstante einer ohne jede Führung und transversale Eingrenzung in Materie laufenden optischen Welle nennen wir *Material-Wellenzahl* und führen wieder einen eigenen Formalbuchstaben k^* für sie ein: $\beta_{frei\ in\ Materie} = k^*$. Für k^* erhalten wir aus Gl. (1.9), Gl. (1.26) und Gl. (1.28):

$$k^* = \frac{\omega}{v} = \frac{\omega}{c/n} = \frac{\omega}{c}n = kn = \frac{2\pi}{\lambda}n \ . \tag{1.31}$$

Ebenso hat die Welle in Materie eine andere Wellenlänge λ^* als in Vakuum. Materialwellenlänge λ^* und Vakuumwellenlänge λ sind miteinander verknüpft durch

$$\lambda^* = \lambda/n \ . \tag{1.32}$$

1.3.3
Gruppengeschwindigkeit in Materie, Gruppenbrechungsindex

Die in der Lichtwellenleitertechnik eingesetzten optischen Detektoren sind Leistungsdetektoren, ihr momentanes Ausgangssignal ist proportional zur momentan empfangenen optischen Leistung P(t). Durch zeitliche Variation der Leistung kann eine Nachricht übertragen werden. Für die Übertragung wichtig ist deshalb die Kenntnis der Geschwindigkeit, mit der von einer Welle optische Leistung übertragen wird bzw. mit der sich Leistungsänderungen fortpflanzen. Wir werden in Kap. 6 sehen, daß Leistungsvariationen zustandekommen durch Überlagerung vieler Wellen zu einer Wellengruppe. Folglich pflanzen sich Leistungsänderungen mit Gruppengeschwindigkeit v_g fort. Für v_g wurde Gl. (1.12) angegeben. Da üblicherweise eine optische Welle durch ihre (Vakuum)Wellenlänge λ und nicht durch ihre Kreisfrequenz ω beschrieben wird, formen wir Gl. (1.12) um in

$$v_g = \frac{d\omega}{d\beta} = \frac{d\omega}{d\lambda} \cdot \frac{d\lambda}{d\beta} = -\frac{2\pi c}{\lambda^2} \frac{1}{\left[d\beta/d\lambda\right]}$$
$$= \frac{v^2}{v + \lambda\left[dv/d\lambda\right]} \tag{1.33}$$

In dieser Schreibweise ist offengehalten, aus welchem physikalischen Grund die

Phasengeschwindigkeit wellenlängenabhängig ist. Im Sonderfall der freien Wellenausbreitung in Materie ist $v(\lambda)$ durch den wellenlängenabhängigen Brechungsindex $n(\lambda)$ der Materie bestimmt. Wir können die Differentiation $dv/d\lambda$ durch eine Differentiation $dn/d\lambda$ ersetzen und erhalten die Gruppengeschwindigkeit einer Lichtwelle in Materie zu

$$v_g = \frac{c}{n(\lambda) - \lambda\left[d\,n/d\,\lambda\right]} \cdot \qquad (1.34)$$

Formal hat Gl. (1.34) dieselbe Gestalt wie Gl. (1.28). Deshalb definiert die Optik einen *Gruppenbrechungsindex* n_g durch

$$n_g(\lambda) := n(\lambda) - \lambda\frac{d\,n}{d\,\lambda} , \qquad (1.35)$$

so daß jetzt in Analogie zu Gl. (1.28) geschrieben werden kann:

$$v_g = c/n_g . \qquad (1.36)$$

In Abb. A1.1 im Anhang A1 ist auch der spektrale Verlauf der Gruppenbrechzahl von Quarzglas sowie von GeO_2-dotiertem Quarzglas eingetragen.

1.3.4
Kohärenz realer optischer Wellen

Die Wellengleichungen Gl. (1.1) und alle davon abgeleiteten Gleichungen gehen von der stillschweigenden Annahme aus, daß die charakteristischen Wellenparameter Frequenz ω, Phasengeschwindigkeit v und Nullphasenwinkel φ innerhalb der Beobachtungszeit einer Welle und innerhalb des Beobachtungsgebietes immer und überall denselben Wert haben. Anschaulich bedeutet dies, daß der Wellenzug sowohl im Raum wie in der Zeit unendlich ausgedehnt ist. Das von einer realen Lichtquelle emittierte Licht ist dagegen keinen unendlich langen Wellenzug; nach einer Zeitspanne T_{coh} endet der Emissionsvorgang, und ein neuer Emissionsvorgang setzt ein. Bildlich betrachtet bricht der Wellenzug ab, es beginnt ein neuer Wellenzug, der insbesondere eine andere Nullphasenlage φ hat als der vorangegangene Wellenzug. Jeweils nach der Zeitspanne T_{coh} ändert sich so die Nullphasenlage der Welle statistisch unregelmäßig.

Die Zeitspanne T_{coh} heißt *Kohärenzzeit* der Lichtwelle, die geometrische Länge des Wellenzuges heißt *Kohärenzlänge* L_{coh}. Beide Kenngrößen sind über die Lichtgeschwindigkeit c miteinander verbunden:

$$L_{coh} = c \cdot T_{coh} . \qquad (1.37)$$

L_{coh} und T_{coh} sind verknüpft mit den spektralen Eigenschaften der Lichtquelle. Reale Lichtquellen sind keine monochromatischen Quellen, die nur eine einzige singuläre Frequenz emittieren (bei Lichtquellen sagt man „monochromatisch" statt „monofrequent"). Sie emittieren vielmehr stets ein Frequenzband (Spektrum), das

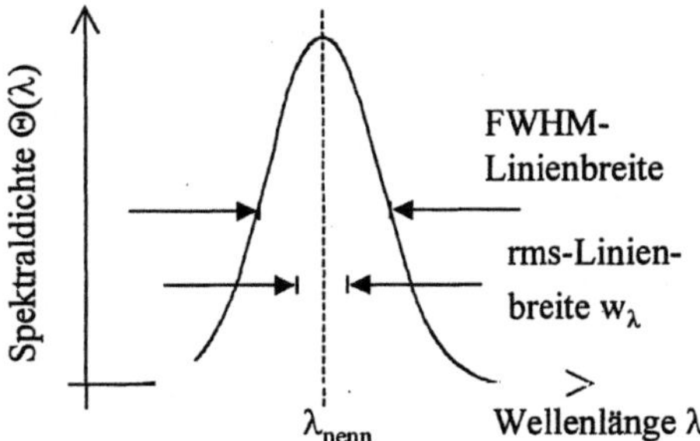

Abb. 1.9. Spektrale Linienform und Nennwellenlänge einer optischen Quelle. In Anhang A2 werden die mathematischen Vorschriften zur Berechnung der FWHM-Linienbreite sowie der rms-Linienbreite w_λ angegeben. Der Integralwert $\int_0^\infty \Theta(\lambda)\,d\lambda$ ist ein Maß für die optische Leistung der Emission.

um eine zentrale Wellenlänge herum angeordnet ist. Eine andere Ausdrucksweise hierfür ist: reale Lichtquellen sind *polychromatisch* mit einer endlichen spektralen Breite. In Abb. 1.9 ist der Spektraldichteverlauf (Intensität pro Wellenlängenintervall) einer realen Lichtquelle aufgetragen.

Die *Nennwellenlänge* λ_{nenn} ist die Wellenlänge, die als Emissionswellenlänge der Lichtquelle z.B. in einem Datenblatt genannt wird, die spektrale Breite ist die *Linienbreite* der optischen Welle. Für beide Kenngrößen existieren mehrere sich voneinander unterscheidende Definitionen. Wir benutzen in diesem Buch vorwiegend die sog. *rms-Linienbreite* w_λ. Im Anhang A2 werden die mathematischen Vorschriften angegeben, wie Nennwellenlänge und rms-Linienbreite aus dem in Abb. 1.9 dargestellten Spektraldichteverlauf $\Theta(\lambda)$ berechnet werden.

Mit diesen Angaben können wir Kohärenzzeit und Kohärenzlänge abschätzen durch

$$L_{coh} \approx \frac{\lambda_{nenn}^2}{w_\lambda} \qquad \text{und} \qquad T_{coh} \approx \frac{1}{c}\frac{\lambda_{nenn}^2}{w_\lambda} \ . \tag{1.38}$$

Tabelle 1.2. Spektrale Linienbreiten w_λ, Kohärenzlängen L_{coh} und Kohärenzzeiten T_{coh}

Lichtquelle	w_λ/nm	L_{coh}/m	T_{coh}/ps
LED	50	$2 \cdot 10^{-5}$	0,07
Super-LED	10	$1 \cdot 10^{-4}$	0,33
FP-Laser	3	$3 \cdot 10^{-4}$	1
DBR-, DFB-Laser	10^{-4}	10	33000

Tabelle 1.2 gibt Anhaltswerte für die Kohärenzzeiten und Kohärenzlängen einiger in der LWL-Technik üblicher Lichtquellen (jeweil bei $\lambda_{nenn} = 1\ \mu m$). Die Kohärenzeigenschaften einer Lichtquelle bestimmen, ob diese Quelle als Sender in interferometrischen Aufbauten einsetzbar ist. Wir werden in Kap. 17 auf diese Problematik näher eingehen.

1.3.5
Strahlenmodell der Lichtausbreitung

Ein reales Wellenfeld ist senkrecht zur Ausbreitungsrichtung nicht unendlich ausgedehnt, sondern stets auf ein endlich großes Gebiet beschränkt. Bei vielen optischen Vorgängen ist die Wellenlänge der verwendeten Strahlung klein gegen den Durchmesser dieses Gebietes. In diesen Fällen genügt die Annahme, daß das Licht sich in Form von unendlich dünnen „Strahlen" ausbreitet: wir erreichen den Grenzfall der *Strahlenoptik* bzw. der *geometrischen Optik*. Es muß aber unbedingt darauf hingewiesen werden, daß die Strahlenoptik nur Teilaspekte der Lichtausbreitung korrekt wiedergeben kann; eine vollständige Analyse kann auf eine Beschreibung im Wellenbild nicht verzichten. Beispielsweise lassen sich zwar die geometrischen Zusammenhänge bei der Reflexion und der Brechung des Lichtes an ausgedehnten Grenzflächen mit strahlenoptischen Methoden ausreichend genau erfassen, jedoch gehen Details verloren. Formal ergibt sich das Strahlenbild als Grenzfall des Wellenbildes für $\lambda \rightarrow 0$.

2 Lichtwellenleiter

2.1
Dielektrische Wellenleiter

Als *Wellenleiter* bezeichnet man alle Strukturen, an die elektromagnetische Wellen gebunden werden können, so daß die Welle entlang eines beliebig vorgegebenen Pfades von einem Raumpunkt zu einem anderen übertragen wird. Dabei ist es unerheblich, aus welchem Material oder aus welchen Materialien der Wellenleiter aufgebaut ist; wesentlich ist lediglich, daß die Wellenenergie nur längs des Wellenleiters und nicht senkrecht dazu fließt. Zur Wellenführung sind folglich alle Strukturen geeignet, die das elektromagnetische Feld auf eine zur gewünschten Führungsrichtung senkrecht stehende kleine Querschnittsfläche konzentrieren. Wenn schließlich noch dieser von den Wellenfeldern belegte Querschnittsbereich aus möglichst verlustfreiem Material besteht, dann kann die Welle ohne große Dämpfung über weite Strecken geführt werden.

Am einfachsten läßt sich der Querausdehnungsbereich der Felder durch Anordnungen mit geschlossenen Wänden aus elektrisch leitendem Material unter Kontrolle halten. Sehr gute Wellenleiter sind deshalb die in der Hochfrequenztechnik eingesetzten Koaxleitungen (zwei koaxial zueinander angeordnete Metallgeflechte) oder die in der Radartechnik verwendeten Hohlleiter (Metallrohre mit rundem oder rechteckförmigem Querschnitt).

In Wellenleitern mit metallischen Wänden fließen in den Wänden elektrische Ströme, die Ohm'sche und induktive Verluste erleiden. Mit wachsender Frequenz steigen die Verluste infolge des Skineffektes stark an. Ab etwa einigen hundert GHz sind sie so groß, daß nur noch sehr kurze Strecken überbrückt werden können. Bei noch höheren Frequenzen ist überhaupt keine Übertragung über technisch sinnvolle Entfernungen mehr möglich.

Es ist offenkundig, wie der Wellenleiteraufbau abzuändern ist, um auch in diesem Frequenzbereich noch elektromagnetische Wellen über anwendungsrelevante Strecken führen zu können: die Wellenleiter mit Metallwänden müssen ersetzt werden durch *dielektrische Wellenleiter*, die ausschließlich aus dielektrischen Materialien bestehen. Herstellungs- und materialtechnisch gelingt der Bau für elektromagnetische Wellen im optischen Frequenzbereich. Solche Wellenleiter werden pauschal *Lichtwellenleiter*, LWL, genannt, obwohl die von ihnen geführte Strahlung nicht notwendigerweise Licht im engeren Wortsinn (s. Abschn. 1.3.1) ist.

Die in diesem Buch besprochenen Lichtwellenleiter haben eine Gemeinsamkeit: sie sind *indexgeführte* Lichtwellenleiter. In indexgeführten LWL beruht die Lichtleitung darauf, daß eine Leiterbahn mit beliebiger Querschnittsform aus einem massiven dielektrischen, optisch hochtransparenten Material allseitig eingebettet ist in eine ebenfalls dielektrische Umgebung mit **kleinerem** Brechungsindex. Grundsätzlich sind auch andere Leitungsprinzipen möglich, z.B. nutzen gewinngeführten Laser ortsabhängige Dämpfungsprofile zur Lichtführung aus. Solche Führungsprinzipien werden hier nicht untersucht.

Lichtwellenleiter werden eingeteilt in *LWL in Faserform* und in *integriert-optische LWL*. Das Einsatzgebiet der Faser-LWL reicht von der Energieübertragung bei z.B. medizintherapeutisch relevanten Wellenlängen über die optische Nachrichtenübertragung bis zur Verwendung als Sensor für eine Vielzahl mechanischer, thermischer, elektrischer, magnetischer, chemischer Parameter. Ihnen gegenüber stehen die integriert-optischen LWL. In dieser Technik werden spezielle passive und aktive Einzelkomponenten wie Koppler, Verzweiger, Modulatoren, aber auch ganze Baugruppen wie Schaltmatrizen, Interferometer, monolithisch mit elektronischen Komponenten integrierte Schaltkreise hergestellt. In den nachfolgenden Abschnitten dieses Kapitels wird der Aufbau, das Typenspektrum und die Namensgebung der Lichtwellenleiter vorgestellt.

2.2
Lichtwellenleiter in Faserform

Faser-LWL (s. Abb. 2.1) sind drahtartige Strukturen aus zwei Komponenten: ein innerer Faser*kern* („core"), wird umschlossen von einem äußeren Faser*mantel* („cladding"). Weder Kern noch Mantel müssen einen kreisförmigen Querschnitt haben; speziell in der Sensortechnik werden vielfach auch Faser-LWL mit z.B. ellipsenförmigem Kernquerschnitt eingesetzt. Wir besprechen hier aber zunächst nur Fasern mit kreisförmigem Kern, der koaxial in den ebenfalls kreisförmigen Mantel eingebettet ist, und stellen die übrigen Fasertypen bis zum Kap. 15 zurück.

Kern und Mantel bestehen aus optisch hochtransparentem Material, wobei die Brechzahl des Faserkerns höher ist als die Mantelbrechzahl.

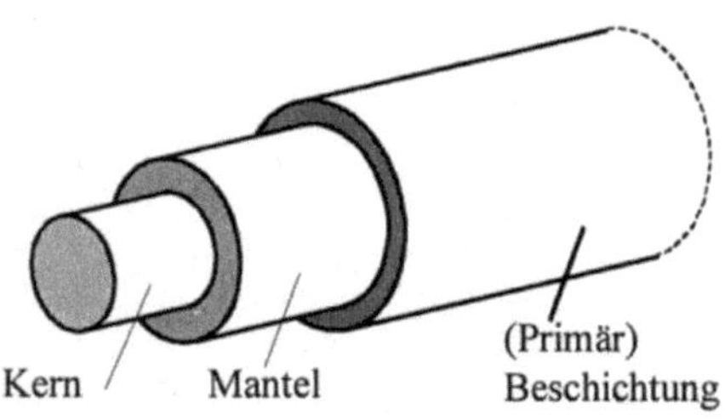

Abb. 2.1. Aufbau eines Faser-Lichtwellenleiters

Tabelle 2.1. Namenskürzel und Materialzusammensetzung von Faser-LWL

Namenskürzel	Kernmaterial	Mantelmaterial
Glasfaser	Quarzglas	Quarzglas
PCS-Faser (plastic cladded silica)	Quarzglas	Silikonharz
HCS-Faser (hard cladded silica)	Quarzglas	Hartpolymer
POF-Faser (polymer optical fiber)	Plexiglas (PMMA)	Fluoriniertes Polymer

In den *Glasfasern* sind sowohl Kern wie Mantel beide aus hochreinem Glas. Derartigen Fasern werden unmittelbar nach ihrer Herstellung mit mindestens einer Schicht („coating"), häufig sogar mit mehreren Schichten aus Kunststoff überzogen. Die Überzüge schützen den eigentlichen wellenführenden Kern-Mantel-Teil vor Umwelteinflüssen und gegen Faserbruch. Da sie für die Lichtführung selbst nicht notwendig sind, werden sie in allen Zeichnungen weggelassen.

Neben den reinen Glasfasern sind auch Fasern erhältlich, bei denen der Mantel oder sogar Kern *und* Mantel aus Kunststoff sind. In Tabelle 2.1 sind die Materialkombinationen heute üblicher Faser-LWL zusammengestellt. Aus den Materialsystemen leiten sich Namenskürzel für die Faser-LWL ab, sie sind in der Tabelle mit aufgeführt.

Faser-LWL werden mit einer Vielfalt von Bezeichnungen belegt, mit denen auf prinzipielle physikalische Merkmale des LWL und der Lichtführung hingewiesen wird. Zur Unterscheidung der LWL zieht man heran

- den radialen Brechzahlverlauf (Brechzahlprofil)
- die Vielfalt der bei einer Lichtwellenlänge übertragbaren Wellenformen (Moden)

2.2.1
Einteilung nach dem Brechzahlprofil

Damit in einem Faser-LWL Licht geführt werden kann, muß grundsätzlich der Brechungsindex des Kernmaterials größer als der des Mantelmaterials sein. Mathematisch gesehen variiert so die Brechzahl n insgesamt mit dem Abstand r von der Faserachse: $n = n(r)$; man spricht von einem *Brechzahlprofil*. Nach der Gestalt des Brechzahlprofils werden die Faser-LWL eingeteilt in

- Stufenindex- (Stufenprofil-) LWL: SI-LWL
- Gradientenindex- (Gradientenprofil-)-LWL: GI-LWL

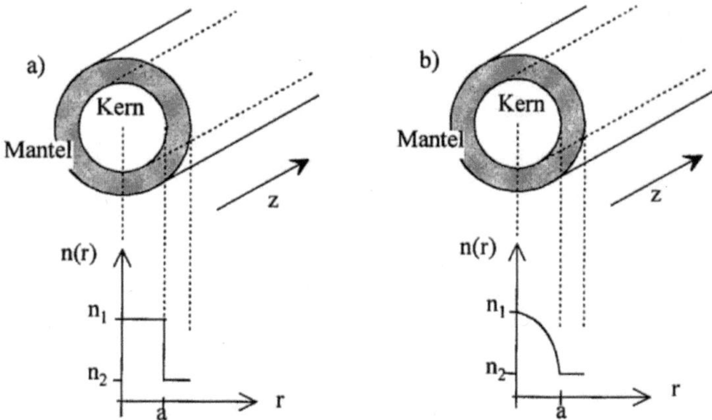

Abb. 2.2. Brechzahlverlauf in einer Faser mit Stufenprofil (a) bzw. Gradientenprofil (b)

Bei beiden Fasertypen ist die Brechzahl im Mantelbereich in radialer Richtung konstant: $n(r) \equiv n_2$ für $r \geq a$; a ist der Kernradius. Beim Gradientenindex-LWL variiert die Brechzahl im Kernbereich: sie fällt von einem Maximalwert n_1 auf der Faserachse $r = 0$ monoton ab, bis sie an der Kern-Mantel-Grenze $r = a$ den Brechzahlenwert n_2 des Mantels erreicht.

Beim Stufenindex-LWL dagegen bleibt die Brechzahl im gesamten Kernbereich konstant auf dem Faserachsenwert n_1 (s. Abb. 2.2b), so daß an der Kern-Mantel-Grenze eine (namensgebende) Stufe im Brechzahlprofil entsteht. Mathematisch werden die Brechzahlprofile dieser Fasern beschrieben durch

$$\text{SI-LWL:} \qquad n(r) = \begin{cases} n_1 & \text{für } r < a \\ n_2 & \text{für } r \geq a \end{cases} \tag{2.1}$$

$$\text{GI-LWL:} \qquad n(r) = \begin{cases} \sqrt{n_1^2 - (n_1^2 - n_2^2)\,f(r)} & \text{für } r < a \\ n_2 & \text{für } r \geq a \end{cases} \tag{2.2}$$

Darin ist die *Profilfunktion* f(r) eine beliebige monoton ansteigende Funktion, von der lediglich verlangt wird, daß sie auf der Faserachse $r = 0$ den Wert 0 und an der Kern-Mantel-Grenze $r = a$ den Wert 1 annimmt: $f(r = 0) = 0$; $f(r = a) = 1$. f(r) legt den genauen Verlauf von n(r) im Kernbereich der Faser fest.

In der Praxis werden wegen der sich daraus ergebenden speziellen Eigenschaften besondere Profilverläufe bevorzugt. Sie werden benannt nach der mathematischen Bezeichnung der zugrundeliegenden Profilfunktion f(r). Man spricht von einer GI-Faser mit

$$\textbf{Potenzprofil,} \quad \text{falls} \quad f(r) = (r/a)^g \tag{2.3}$$

$$\textbf{Parabelprofil,} \quad \text{falls} \quad f(r) = (r/a)^2 \tag{2.4}$$

Der Zahlenwert g heißt *Profilexponent*, für eine Parabelprofilfaser ist g = 2. Bei einer Parabelprofilfaser ist also die Profilfunktion f(r) eine Parabel, nicht der Brechzahlenverlauf n(r)!

Die auf dem Markt angebotenen Gradientenprofilfasern haben ein Profil, das sich nur wenig von einem Parabelprofil unterscheidet. Da aber f(r) eben nicht exakt eine Parabel ist, bezeichnen die Hersteller diese Fasern vorsichtshalber nur als „Gradientenindex-LWL". Wir schließen uns in diesem Buche dieser Bezeichnungsweise an, werden aber das Gradientenprofil immer mit Gl. (2.4) beschreiben, sofern nicht der Kontext eine genauere Bezeichnung erforderlich macht.

2.2.2
Einteilung nach der übertragbaren Modenvielfalt

In den Kapiteln 3 bis 5 werden wir ausführlich die Physik der Lichtführung in Lichtwellenleitern besprechen. Ein Ergebnis der späteren Diskussion soll hier vorweggenommen werden. Es wird sich herausstellen, daß ein Faser-LWL in der Regel eine Vielfalt unterschiedlicher Wellenformen gleichzeitig übertragen kann. Man bezeichnet diese Wellenformen als *Moden* des LWL, für Einzelheiten hierzu muß auf die späteren Kapitel verwiesen werden. Fasern, in denen sich bei vorgegebener Lichtwellenlänge das Licht in mehreren Moden gleichzeitig fortpflanzt, heißen *Mehrmodenfasern* (mehrmodig bei der spezifizierten Betriebswellenlänge). Unter besonderen Voraussetzungen ist es möglich, daß sich bei der Betriebs-Wellenlänge längs der Faser nur noch eine einzige Wellenform, ein einziger Modus ausbreiten kann. Eine solche Faser wird *Einmodenfaser* genannt. In der Praxis erreicht man Einmodigkeit durch Reduzieren des Kernradius a.

In Tabelle 2.2 sind die Kern- und Mantelradien handelsüblicher Faser-LWL und deren Modenvielfalt aufgelistet. Zu diesen Angaben ist aber anzumerken, daß nur die Abmessungen der reinen Glasfasern standardisiert sind. Demgegenüber sind die anderen Fasertypen in einer Vielzahl von höchst unterschiedlichen Quer-

Tabelle 2.2. Geometrische Abmessungen und Modenvielfalt von Faser-LWL

Bezeichnung	Kern/Mantel-Durchmesser [µm]	Modenvielfalt
Glasfaser	10/125	einmodig
	50/125	vielmodig
	100/140	vielmodig
PCS-Faser	200/380	vielmodig
HCS-Faser	110/125	vielmodig
	600/630	
POF-Faser	980/1000	vielmodig

schnittsdimensionen erhältlich. Die Tabellenangaben hierzu sind deshalb bei weitem nicht vollständig.

Es ist beachtenswert, daß bei vielen Fasertypen der Faserkern dünner, teilweise sogar drastisch dünner ist als ein Haar (Durchmesser eines Haares typisch 100µm). Die Justierschwierigkeiten bei der Einkopplung von Licht in eine derart dünne Struktur oder bei der Verbindung zweier Fasern sind damit offenkundig.

2.3
Integriert-optische Lichtwellenleiter

Die Grundlage aller integriert-optischen LWL (IO-LWL) ist eine ebene Trägerscheibe aus einem transparenten Material, dem *Substrat*. Mit geeigneten, meist aus der Halbleitertechnologie entlehnten Verfahren wird auf dieser Substratscheibe ein Wellenleiter aufgebaut, oder es wird in die Substratscheibe ein Wellenleiter versenkt. Der Kern (also der eigentlich lichtführende Teil) dieser Wellenleiter hat die Form eines Streifens, deshalb spricht man auch von *Streifenleitern*. Das Hauptunterscheidungsmerkmal ist die Art, wie die seitliche Begrenzung des Streifens definiert wird; nach ihr trennt man die IO-LWL in

- Streifenleiter mit aufgesetzten oder versenkten Streifen
- Streifenleiter durch Höhenprofilierung eines Filmes

2.3.1
Streifenleiter mit aufgesetzten oder versenkten Streifen

Auf der Substratscheibe mit der Brechzahl n_3 wird zunächst ganzflächig ein Film aus einem optisch transparenten Stoff der Brechzahl $n_1 > n_3$ abgeschieden. Anschließend wird auf dem Film in mehreren photolithographischen Schritten eine strukturierte Metallschicht als Ätzmaske aufgebracht. Durch offene Fenster in Ätzmaske hindurch können Teile des Filmes weggeätzt werden, auf der Substratoberfläche verbleibt ein in etwa rechteckförmiger Streifen, s. Abb. 2.3a. Die Streifenhöhe ist typisch $< 1\,\mu m$, die Breite beträgt wenige µm. Der Streifen ist allseitig eingebettet in Materialien mit geringerer Brechzahl (auch die umgebende

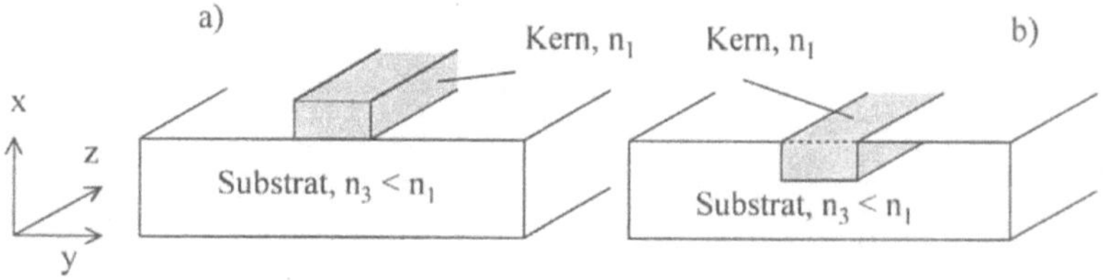

Abb. 2.3. Integriert-optische Wellenleiter in Streifenform mit aufgesetzem (a) bzw. versenktem (b) Streifen

Luft wirkt als Einbettungsmaterial); er bildet den Kern eines auf das Substrat *aufgesetzten* Wellenleiters.

Zur Herstellung eines in das Substratmaterial *versenkten* Streifenleiters (Abb. 2.3b) bringt man durch eine Maske hindurch einen geeigneten Dotierstoff auf das Substrat auf. In einem weiteren Prozeßschritt diffundiert der Dotierstoff in das Substrat hinein und erhöht dort lokal die Brechzahl. Es entsteht wieder ein Wellenleiterkern in Streifenform, jetzt allerdings in das Substrat eingelassen. Die Querschnittsfläche des lichtführenden Streifens weicht in der Regel deutlich von der Rechteckform ab.

Häufig werden die Streifen nicht in Luft belassen, sondern die Scheibe mit einer weiteren Deckschicht, dem *Superstrat* mit der Brechzahl $n_2 < n_1$ beschichtet: einerseits als Schutz gegen Umwelteinflüsse, vor allem aber, um den Brechzahlunterschied zwischen Streifen und Deckmaterial gering zu halten. Wir werden später sehen, daß hieraus Vorteile resultieren. Wird insbesondere der versenkte Streifenleiter noch mit einer Deckschicht überzogen, deren Brechzahl n_2 gleich der Brechzahl n_3 des Substrates ist, so entsteht ein *vollständig versenkter* Streifen bzw. ein *vergrabener* Wellenleiter. Die aktive Zone eines buried-heterostructure-Lasers ist ein Beispiel für einen derartigen vergrabenen Wellenleiter.

2.3.2
Streifenleiter mit Höhenprofilierung eines Kernfilms (Rippenleiter)

Bei IO-LWL mit Höhenprofilierung wird das Substrat mit einem Film aus einem Material beschichtet, dessen Brechzahl n_1 höher als die Brechzahl n_3 des Substratmaterials ist. Zusammen mit einer weiteren aufgedampften Deckschicht, dem *Superstrat* mit Brechzahl $n_2 < n_1$, erhält man eine sandwichartige Schichtenfolge (Abb. 2.4a), wobei die mittlere Schicht (Kernfilm) die höchste Brechzahl aufweist. Eine solche Schichtenstruktur heißt *Filmwellenleiter*, Lichtleitung er folgt in der gesamten Kernfilmebene, hier der xz-Ebene. Die für eine Lichtführung längs einer Bahn notwendige Streifenausbildung in y-Richtung erreicht man

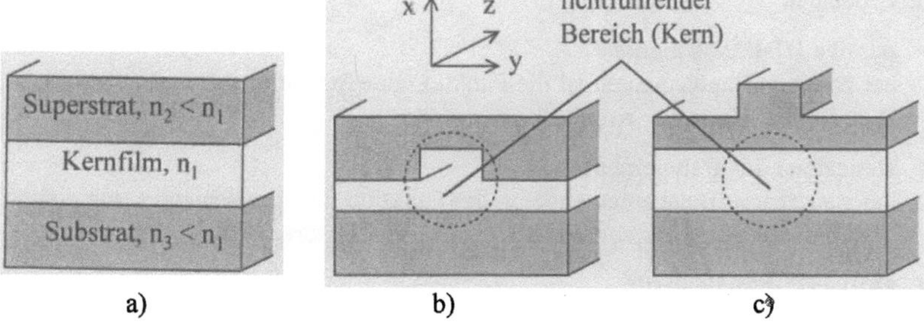

Abb. 2.4. Filmwellenleiter (a) und Streifenwellenleiter bzw. Rippenwellenleiter durch Höhenprofil im Kernfilm (b) und durch Höhenprofil im Superstratfilm (c)

durch Höhenprofile, die entweder in den Kernfilm (Abb. 2.4b) oder in die Deck-schicht (Abb. 2.4c) einbaut werden, beispielsweise durch Wegätzen nichtbenötig-ter Bereiche der entsprechenden Schicht. Dadurch bekommt diese Schicht eine Rippenstruktur, man spricht auch von einem *Rippenwellenleiter*. Das Licht wird im Querschnittsbereich einer solchen Rippe konzentriert und kann längs der Rippe geführt werden.

Der Brechungsindex im Kern eines IO-LWL kann über den gesamten Streifen-querschnitt einheitlich sein (entsprechend einer Stufenindexfaser), oder in Analo-gie zu den Gradientenindexfasern lokal variieren,. Letzters ist die Regel bei ver-senkten Streifenwellenleitern, deren Streifen durch Eindiffusion hergestellt wurde. Es ist aber nicht üblich, diese Varianten der Streifenleiter mit eigenen Namen zu belegen.

Auch in IO-LWL können sich viele unterschiedliche Wellenformen gleichzei-tig ausbreiten, sie können einmodig oder mehrmodig sein. Wie in den Faser-LWL erreicht man Einmodigkeit bei vorgegebener Betriebswellenlänge durch Verrin-gern des Kernquerschnittes. Die Kernstreifen der in der Praxis eingesetzten IO-LWL sind in der Regel so dimensioniert, daß sich die Welle nur in einem einzigen Modus fortpflanzen kann: IO-LWL sind in der Regel Einmoden-LWL.

2.3.3
Funktionstypen und Substratmaterialien

Als Substrate für IO-LWL eignen sich alle Materialien, die bei der angestrebten Arbeitswellenlänge hochtransparent sind und die sich mit Hilfe photolithographi-scher Methoden strukturieren lassen. Die lithographische Strukturierung erlaubt es, die Streifen und Rippen nicht nur als geradlinige Strecken auszuführen, son-dern auch als gekrümmte oder abknickende Bahnkurven. Dadurch können auf ei-ner Substratscheibe IO-LWL zu komplexeren optischen Bauelementen kombiniert werden (z.B. kann ein Einzelstreifen in mehrere Streifen aufgefächert und das geführte Licht so verzweigt werden). Bei geeignetem Substratmaterial lassen sich sogar neben den rein optischen auch optoelektronische Funktionen auf dem glei-chen Substrat integrieren. Wir teilen die IO-LWL deshalb zusätzlich in Funkti-onstypen ein:

- **passive IO-Bauelemente**
  bei passiven Bauelementen ist die Funktion des Bauelementes von außen nicht beeinflußbar (Beispiel: Koppler)

- **steuerbare IO-Bauelemente**
  bei steuerbaren Bauelementen kann die Funktion des Bauelementes von außen gesteuert werden (Beispiel: elektrooptische Modulatoren)

- **aktive IO-Bauelemente**
  aktive Bauelemente wandeln elektrische in optische Signale und umgekehrt (Beispiel: buried heterostructure-Diodenlaser)

In Tabelle 2.3 sind die heute vorzugsweise verwendeten Substratmaterialien aufgeführt, zusammen mit den in ihnen realisierbaren IO-Funktionstypen.

Tabelle 2.3. Substratmaterialien für IO-LWL und damit realisierbare Funktionstypen

Substratmaterial	Funktionstyp		
	passiv	steuerbar	aktiv
III-V-Halbleiter (GaAs, InP, GaInAsP)	+	+	+
Glas	+	−	−
Polymer (PMMA)	+	+	−
Lithiumniobat (LiNbO$_3$) [a]	+	+	−

[a] Lithiumniobat ist ein künstlicher Kristall, der im gesamten Wellenlängenbereich zwischen 0,2 µm und 12 µm hochtransparent ist. Sein Vorzug gegenüber den anderen Substratmaterialien ist sein besonders hoher elektrooptischer Koeffizient, d.h. durch ein elektrisches Feld kann sein Brechungsindex relativ stark verändert werden. Wir werden in Kap. 18 diesen Effekt ausnutzen.

3 Geometrisch-optische Lichtwege in LWL

In diesem Kapitel untersuchen wir mit einem strahlenoptischen Ansatz die Lichtausbreitung in einem LWL. Die Ergebnisse liefern eine Modellvorstellung zur Lichtführung. Da wir die Wellennatur des Lichtes noch nicht berücksichtigen, sollten die Resultate aber lediglich als Anschauungshilfe bewertet werden.

3.1
Strahlenoptische Lichtwege im Stufenindex-LWL

3.1.1
Reelle Totalreflexion an einer Trennfläche

Abbildung 3.1 zeigt die Trennfläche zwischen zwei optisch transparenten Medien mit den Brechzahlen n_1 und $n_2 < n_1$. Aus dem optisch dichteren Material (dem Material mit der höheren Brechzahl n_1) fällt ein Lichtstrahl unter einem Winkel γ auf die Grenzfläche. Der Durchmesser des Lichtstrahles sei so klein, daß der Strahl in Abbildung 3.1 durch einen Strich repräsentiert werden kann. Zu beachten ist weiter, daß γ nicht wie sonst in der Strahlenoptik üblich gegen das Lot im Auftreffpunkt gemessen wird, sondern gegen die Trennebene.

Das Licht wird teils reflektiert, teils in das optisch dünnere Medium mit der Brechzahl n_2 hineingebrochen und läuft in diesem Medium unter dem Winkel ε weiter. Für den reflektierten und den transmittierten Strahl gelten die Winkelbeziehungen

Reflexionsgesetz:	$\gamma = \gamma'$	(3.1)
Snellius-Brechungsgesetz:	$n_1 \cdot \cos(\gamma) = n_2 \cdot \cos(\varepsilon)$	(3.2)

Ein Lichtstrahl transportiert optische Leistung. Aus Energieerhaltungsgründen muß die Summe der Leistungen in reflektiertem (P_r) und transmittiertem (P_t) Strahl gleich der Leistung im einfallenden (P_{in}) Strahl sein. Mit Hilfe der aus der Wellentheorie stammenden *Fresnel'schen Formeln* kann man berechnen, wie die Einfallsleistung zwischen reflektiertem und transmittiertem Strahl aufgeteilt wird. Abbildung 3.2 gibt ein derartiges Rechenergebnis an für den Übergang Glas ($n_1 = 1{,}5$) $\rightarrow$ Luft ($n_2 = 1$). Man erkennt, daß bei senkrechtem Einfall ($\gamma = 90^0$) nur 4% der Leistung reflektiert und 96% transmittiert werden. Mit kleiner werdendem Einfallswinkel nimmt die Leistung im reflektierten Strahl auf Kosten der Leistung

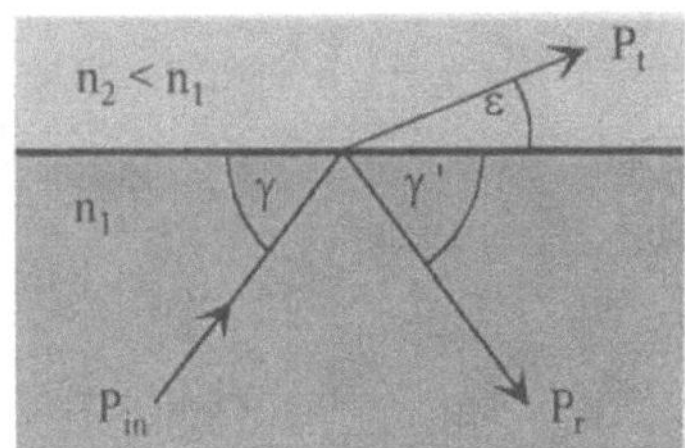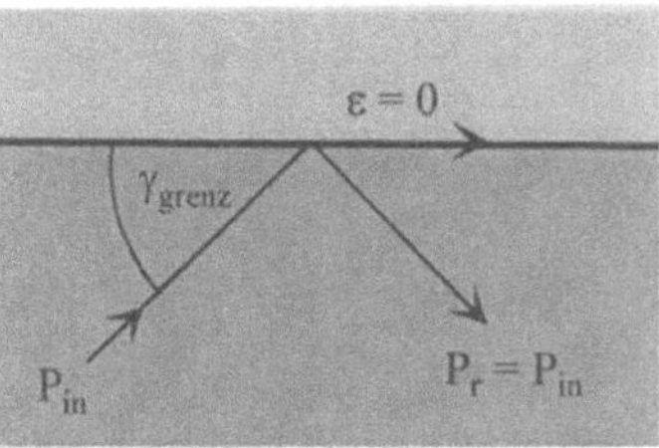

Abb. 3.1. Winkelbeziehungen bei Reflexion und Totalreflexion

im transmittierten Strahl immer mehr zu, bis ab einem bestimmten Grenzwinkel γ_{grenz} (hier: $\gamma_{grenz} = 48{,}2^0$) die gesamte Einstrahlleistung vom reflektierten Strahl übernommen wird: für $\gamma \leq \gamma_{grenz}$ wird die Leistung *total* reflektiert, man spricht von *Totalreflexion*. Anders ausgedrückt: es existiert für $\gamma \leq \gamma_{grenz}$ kein transmittierter Strahl mehr.

Man erhält γ_{grenz} aus der folgenden Überlegung: wird der Winkel γ verringert, d.h. neigt sich der einfallende Strahl immer mehr in Richtung Trennfläche, dann verringert sich auch β, der transmittierte Strahl kippt ebenfalls zur Trennfläche. Eine Grenzlage ist erreicht, wenn der transmittierte Strahl exakt in der Trennfläche verläuft, wenn also $\varepsilon = 0^0$ geworden ist. Bei weiterer Verringerung des Einfallswinkels kann kein transmittierter Strahl mehr existieren. Folglich errechnet sich γ_{grenz} aus dem Snellius-Gesetz zu

$$n_1 \cos(\gamma_{grenz}) = n_2 \cos(0) = n_2 \quad \Rightarrow \quad \gamma_{grenz} = \arccos(n_2/n_1) \,. \tag{3.3}$$

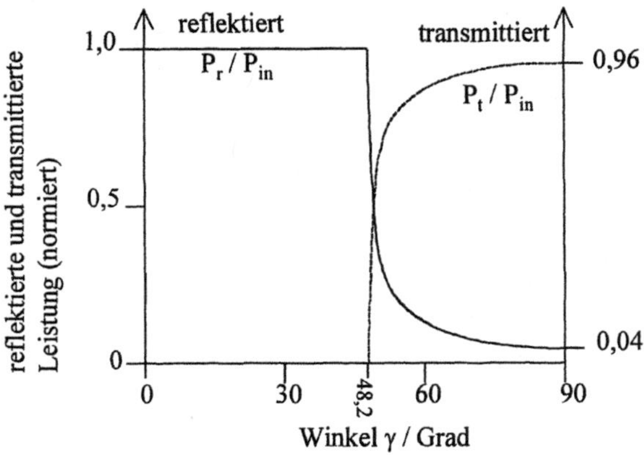

Abb. 3.2. Leistungsaufteilung zwischen reflektiertem und transmittiertem Strahl. P_{in}: eingestrahlte Leistung. P_r, P_t: reflektierte bzw. transmittierte Leistung. Zahlenwerte für den Übergang von Glas ($n_1 = 1{,}5$) nach Luft ($n_2 = 1$). Totalreflexion für $\gamma < \gamma_{grenz} = 48{,}2^0$

Bei invertierten Brechzahlverhältnissen, wenn also $n_2 < n_1$ wäre, käme es an der Trennebene wieder sowohl zu Brechung wie zu Reflexion mit einer Leistungsaufteilung der auftreffenden Leistung, diesmal aber käme es bei keinem Auftreffwinkel γ zu Totalreflexion. Das Phänomen der Totalreflexion ist an einen Lichtlauf von optisch dicht nach optisch dünn gebunden.

3.1.2
Prinzip der Lichtführung im Filmwellenleiter mit Stufenprofil

Wir betten einen Film ① der Dicke 2a und Brechzahl n_1 planparallel zwischen zwei Schichten ② und ③ mit den Brechzahlen n_2 und n_3. Wir verlangen, daß sowohl $n_1 > n_2$ als auch $n_1 > n_3$ ist, und idealisieren die Anordnung noch weiter:

- sie soll symmetrisch sein, d.h. Boden- und Deckschicht sollen identisch sein, ② ≡ ③, und damit dieselbe Brechzahl $n_2 = n_3$ haben.
- die Mittelschicht soll homogen sein, so daß ihre Brechzahl in keiner Raumrichtung ortsabhängig ist.
- alle Schichten sollen aus dämpfungsfreiem Material bestehen, die Lichtleistung soll längs des Lichtpfades nicht abnehmen.

Abbildung 3.3 zeigt den gewählten Aufbau zusammen mit einem Koordinatensystem, dessen z-Achse genau in die Mitte des Kernfilms gelegt ist und in die Richtung der Lichtfortpflanzung zeigt. Die Schichtungsebenen sind yz-Ebenen, transversal zu den Schichtebenen liegt die x-Achse. Bezogen auf dieses Koordinatensystem variiert die Brechzahl in x-Richtung:

$$n(x) = \begin{cases} n_1 & \text{für } |x| \le a \\ n_2 & \text{für } |x| > a \end{cases} . \tag{3.4}$$

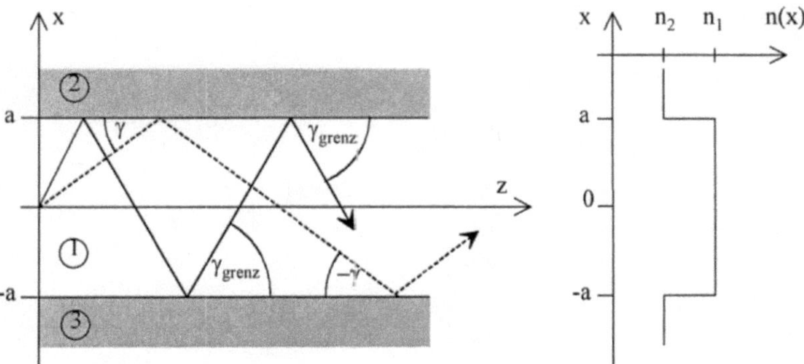

Abb. 3.3.   Lichtführung durch wiederholte Totalreflexion an der Kern-Mantel-Grenze in einem Filmwellenleiter mit Stufenprofil. ① : Kernschicht. ② , ③ Mantelschichten

In der Sprechweise von Abschn. 2.3.2 stellt unsere Anordnung einen Filmwellenleiter mit Stufenindexprofil dar, mit der Schicht ① als Kernschicht und den Schichten ② und ③ als Mantelschichten.

Für die nachfolgenden Überlegungen gehen wir von vorzeichenbehafteten Winkeln aus. Der Neigungswinkel für „nach oben" [in (+x)-Richtung] laufende Lichtstrahlen wird positiv gezählt, für „nach unten" laufende Strahlen negativ. Jeder Lichtstrahl, der unter einem Winkel γ mit $\gamma \leq \arccos(n_2/n_1)$ aus der Schicht ① kommend auf die Schicht ② auftrifft, wird in der Trennebene totalreflektiert und läuft ohne Leistungsverlust mit dem Winkel $-\gamma$ in Richtung ③. Da die Schichten ② und ③ identisch sind, ist der dortige Grenzwinkel der Totalreflexion ebenfalls $\arccos(n_2/n_1)$, und der auf ③ zulaufende Lichtstrahl unterschreitet in der Trennebene wieder diesen Grenzwinkel. Der Lichtstrahl kann Schicht ① nicht verlassen, er bewegt sich auf einer Zickzackbahn und läuft letztlich in z-Richtung, ohne – wegen der vorausgesetzten Dämpfungsfreiheit – Leistung zu verlieren. Ergebnis: ein Strahl, dessen Neigungswinkel γ der Bedingung

$$|\gamma| \leq \gamma_{\text{grenz}} = \arccos(n_2/n_1) \tag{3.5}$$

genügt, wird in dem beschriebenen LWL ohne Leistungsverlust durch wiederholte Totalreflexion weitergeleitet.

3.1.3
Lichtausbreitung in gebogenen LWL

Bislang haben wir angenommen, daß der LWL geradlinig ausgelegt ist. In der Praxis werden LWL gleich welcher Bauart auch in Bögen geführt. Wir verdeutlichen uns die Auswirkung der LWL-Biegung anhand von Abb. 3.4.

Wir nehmen an, daß der Neigungswinkel γ in der ersten Reflexionsstelle kleiner ist als der Grenzwinkel γ_{grenz} der Totalreflexion. An der zweiten Reflexionsstelle muß der Neigungswinkel γ' auf die Tangente an die Biegelinie bezogen

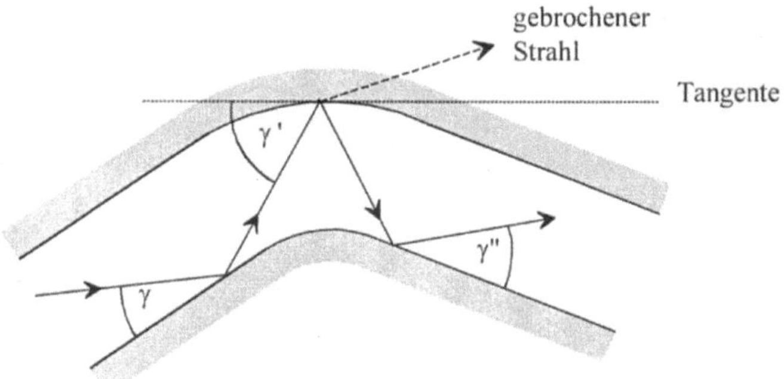

Abb. 3.4. Auswirkung einer Biegestelle

werden; ab einem gewissen Biegeradius wird er größer werden als γ_{grenz}. Der Strahl wird unter diesen Bedingungen nicht mehr totalreflektiert, ein gewisser Anteil der Lichtleistung tritt in den Mantelbereich über, die Gesamtleistung im Kernbereich wird reduziert. Die Wahrscheinlichkeit, daß an dieser Biegung der Grenzwinkel überschritten wird, ist um so höher, je dichter zuvor der Neigungswinkel an der Grenze lag. Strahlen mit kleinen Zickzackwinkeln sind von der LWL-Biegung folglich weit weniger betroffen als Strahlen mit großem γ. Weiterhin sollte notiert werden, daß der Strahl im wieder geraden Teil *hinter* der Biegestelle einen anderen Neigungswinkel γ'' besitzt als zuvor.

3.2
Prinzip der Lichtführung in Gradientenindex-LWL mit parabolischem Brechzahlprofil

3.2.1
Virtuelle Totalreflexion

Neben der Lichtführung durch reelle Totalreflexion an Grenzflächen ist ein grundsätzlich anderes Führungsprinzip denkbar, mit dem wir uns anhand von Abb. 3.5 vertraut machen. Wieder ist ein Film ① der Dicke 2a (Kernschicht) planparallel zwischen zwei gleichartigen Schichten ② und ③ (Mantelschichten) eingebettet. Zur mathematischen Beschreibung legen wir die z-Achse genau in der Mitte des Kernfilms, die Schichtungsebenen sind yz-Ebenen, die x-Achse weist in die Richtung transversal zur Schichtung. Das Licht möge sich wieder in Form eines Strahles ausbreiten. Es wird an einer Startstelle (z_S, x_S) unter einem Neigungswinkel γ_S gegen die z-Richtung abgeschickt. Die Grundidee der Lichtführung ist:

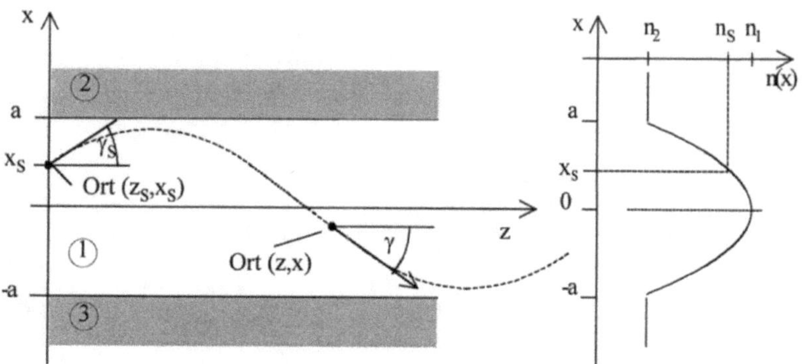

Abb. 3.5.   Zur Erläuterung des mathematischen Ansatzes für die strahlenoptische Lichtwegberechnung in einem Filmwellenleiter mit Parabelprofil

Das Licht soll nicht auf einer Geraden laufen, sondern sich auf einer gekrümmten Kurve in (+x)-Richtung zunächst auf die Grenze bei x = +a zubewegen. Noch bevor der Strahl die Grenze erreicht hat, kehrt er seine Laufrichtung um und strebt jetzt in (–x)-Richtung auf die Kernfilmgrenze bei x = –a zu. Auch hier erreicht er die Grenze nicht, sondern dreht erneut um und bewegt sich wieder in (+x)-Richtung. Dann wiederholt sich der Vorgang. Ein solcher Strahl wäre im Kernbereich gefangen und würde ohne reelle Totalreflexion an einer Grenzfläche längs des LWL geleitet. Da das Licht aber bei seinem Lauf in transversaler Richtung an dem jeweiligen Umkehrpunkt seine Energie beibehält, spricht man von einer Lichtführung durch *virtuelle Totalreflexion.*

Eine Lichtbewegung längs einer gekrümmten Bahn widerspricht zunächst der Vorstellung, nach der das Licht immer auf einer Geraden läuft. Diese Vorstellung ist aber nur dann richtig, wenn das Medium, in dem sich das Licht bewegt, einen homogenen Brechungsindex hat. Jede Änderung der Brechzahl führt zu Reflexion und damit zu einer Richtungsänderung. Eine gekrümmte Bahn ist folglich, wenn überhaupt, nur in einem Medium denkbar, in dem sich der Brechungsindex stetig ändert. Wir ersetzen deshalb den homogenen Kernfilm durch einen Kern mit sich allmählich änderndem Profil, in der Sprechweise von Abschn. 2.2.1 durch einen Kernfilm mit Gradientenprofil. Zunächst soll wieder ein Filmwellenleiter untersucht werden, anschließend werden die Ergebnisse auf Faser-LWL übertragen.

Die Brechzahl im Kernfilm ① fällt von einem Maximalwert n_1 in der Mitte nach beiden Seiten hin monoton ab, bis sie an den Kern-Mantel-Grenzen den Wert n_2 erreicht. Zur mathematischen Beschreibung benutzen wir das eingezeichnete Koordinatensystem und setzen analog zu Gl. (2.2) für den Brechzahlverlauf in x-Richtung an:

$$n(x) = \begin{cases} \sqrt{n_1^2 - (n_1^2 - n_2^2)\,f(x)} & \text{für } |x| \le a \\ n_2 & \text{für } |x| > a \end{cases} \qquad (3.6a)$$

d.h. die Brechzahl soll von dem Maximalwert n_1 in der durch eine Profilfunktion f(x) beschriebenen Weise auf den Wert n_2 abfallen. Für weitere Berechnungen erweist es sich als günstig, eine Kenngröße Δ zu definieren durch:

$$\Delta := \frac{n_1^2 - n_2^2}{2n_1^2} = \frac{(n_1 + n_2)(n_1 - n_2)}{2n_1^2} \approx \frac{2n_1(n_1 - n_2)}{2n_1^2} = \frac{n_1 - n_2}{n_1} \; . \qquad (3.7)$$

Δ heißt *normierte Brechzahldifferenz.* Mit Hilfe von Δ schreiben wir Gl. (3.6a) um in

$$n^2(x) = \begin{cases} n_1^2\,[1 - 2\Delta \cdot f(x)] & \text{für } |x| \le a \\ n_2^2 = n_1^2\,[1 - 2\Delta] & \text{für } |x| > a \end{cases} . \qquad (3.6b)$$

3.2.2
Lichtwege in Filmwellenleitern mit Parabelprofil

Wir beziehen uns auf Abb. 3.5. Das Licht möge sich wieder in Form eines Strahles ausbreiten. Es wird an einer Startstelle mit den Koordinaten (z_S, x_S) unter einem Neigungswinkel $\gamma_S = \gamma(z_S, x_S)$ abgeschickt und durchläuft die Struktur auf einer noch unbekannten Bahn. Die Bahnkurve kann in unserem zx-Koordinatensystem durch eine Funktion $x = x(z)$ beschrieben werden. Da wir den Kernbereich nicht verlassen wollen, muß $|x| \leq a$ und $|x_S| \leq a$ vorausgesetzt werden. Ohne Beschränkung der Allgemeinheit setzen wir $z_S = 0$.

Die Steigung dx/dz der Bahnkurve in einem beliebigen Kurvenpunkt (z,x) ist gleich dem Tangens des dortigen Richtungswinkels γ. Im Folgenden schreiben wir statt $n(x)$ und $\gamma(z, x)$ nur n und γ, um Schreibarbeit zu sparen. Mit einigen trigonometrischen Identitäten formen wir dx/dz um in

$$\frac{dx}{dz} = \tan(\gamma) = \frac{\sin(\gamma)}{\cos(\gamma)} = \frac{\sqrt{1 - \cos^2(\gamma)}}{\cos(\gamma)} = \frac{\sqrt{n^2 - n^2 \cos^2(\gamma)}}{n \cos(\gamma)} \; . \tag{3.8}$$

Ausgangspunkt der weiteren Analyse ist das Brechungsgesetz Gl. (3.2). Es wird verallgemeinert zu der Aussage:

Der Lichtstrahl verhält sich an jeder Stelle seiner Bahnkurve so, daß das Produkt aus lokalem Brechungsindex und dem Cosinus seines Neigungswinkels stets denselben Wert ergibt:

$$n \cdot \cos(\gamma) = \text{konstant.} \tag{3.9}$$

Wenn wir berücksichtigen, daß die Brechzahl nur in transversaler x-Richtung variiert, lautet die an unser Problem angepaßte Formulierung des verallgemeinerten Brechungsgesetzes:

$$n(x) \cos\big[\gamma(z, x)\big] = n(x_S) \cos\big[\gamma(z_S = 0, x_S)\big] = n_S \cos(\gamma_S) \; . \tag{3.10}$$

Hierin ist n_S die Brechzahl im Startpunkt: $n_S := n(x_S)$. Eingetragen in Gl. (3.8) wird die Bahnkurve zu

$$\frac{dx}{dz} = \frac{\sqrt{n^2(x) - n_S^2 \cdot \cos^2(\gamma_S)}}{n_S^2 \cos(\gamma_S)} \; . \tag{3.11}$$

Im Kernbereich $|x| \leq a$ des LWL können wir mit Gl. (3.6b) $n^2(x)$ durch $n_1^2[1 - 2\Delta \cdot f(x)]$ ersetzen. Anschließend lösen wir nach dz auf:

$$dz = n_S \cos(\gamma_S) \frac{dx}{\sqrt{n_1^2[1 - 2\Delta f(x)] - n_S^2 \cdot \cos^2(\gamma_S)}} \; . \tag{3.12}$$

Die Gleichung ist gültig für $|x| \leq a$. Beidseitige Integration[1] ergibt wegen $z_S = 0$:

$$z(x) = n_S \cos(\gamma_S) \int_{x_S}^{x} \frac{dx'}{\sqrt{n_1^2 [1 - 2\Delta\, f(x')] - n_S^2 \cdot \cos^2(\gamma_S)}} \, . \tag{3.13}$$

Mit den Abkürzungen

$$\kappa := \frac{n_1 \sqrt{2\Delta}}{a} \frac{1}{n_S \cos(\gamma_S)} \tag{3.14}$$

$$\hat{x} := \frac{a}{n_1 \sqrt{2\Delta}} \sqrt{n_1^2 - n_S^2 \cos^2(\gamma_S)} \tag{3.15}$$

vereinfachen wir die rechte Seite der Gl. (3.13) und erhalten

$$z(x) = \frac{1}{\kappa} \int_{x_S}^{x} \frac{dx'}{\sqrt{\hat{x}^2 - a^2\, f(x')}} \qquad \text{für } |x| \leq a \, . \tag{3.16}$$

Wie zu erwarten, bestimmt das durch $f(x)$ festgelegte Brechzahlprofil die Bahnkurve $z(x)$. $z(x)$ wird im Allgemeinen keine Gerade, sondern eine gekrümmte Kurve sein. Für beliebige Profilfunktionen $f(x)$ kann das Integral nur numerisch (und unter Berücksichtigung der Fußnote unten) berechnet werden, aber speziell für das Parabelprofil

$$f(x) = (x/a)^2 \tag{3.17}$$

ist eine globale Lösung möglich. Der weiteren Berechnung legen wir deshalb einen Kernfilm mit Parabelprofil nach Gl. (3.17) zugrunde; dies liefert

$$z(x) = \frac{1}{\kappa} \int_{x_S}^{x} \frac{dx'}{\sqrt{\hat{x}^2 - x'^2}} \qquad \text{für } |x| \leq a \, . \tag{3.18}$$

Gleichung (3.18) ist elementar integrierbar mit dem Ergebnis

---

[1] Dieser Rechenschritt ist mit Vorsicht zu betrachten. Es wird hierbei vorausgesetzt, daß die Bahnkurve auf der gesamten Wegstrecke zwischen dem Startpunkt (z_S, x_S) und dem Punkt (z, x) mit einem einzigen, durchgehenden, funktionalen Zusammenhang erfaßbar ist. Bis zu kurzen Abständen von der Startstelle (z_S, x_S) ist das sicherlich der Fall. Wenn aber (z, x) sehr viel weiter „hinten" liegt, dann kann – und wird auch – die Gesamtbahnkurve aus mehreren Einzelwegstücken bestehen, die an Nahtstellen aneinander angepaßt werden. Zwar muß dann jedes Einzelwegstück für sich einer Gleichung von der Art der Gl. (3.12) mit der Nahtstelle als Anfangsstelle genügen, aber nicht mehr der Gesamtweg: die Gleichung ist „lokal" gültig, aber nicht „global".

$$z(x) = \frac{1}{\kappa}\left[\, \arcsin(x/\hat{x}) - \arcsin(x_S/\hat{x}) \,\right] \tag{3.19}$$

$$\Rightarrow \quad \begin{aligned} x(z) &= \hat{x}\sin\left[\,\kappa\, z + \arcsin(x_S/\hat{x})\,\right] \\ &= \hat{x}\sin\left[\,\kappa\, z + \psi_S\,\right] \end{aligned} \tag{3.20a}$$

wobei zur Abkürzung gesetzt wurde:

$$\psi_S := \arcsin(x_S/\hat{x}) \ . \tag{3.20b}$$

Das Ergebnis Gl. (3.20a) ist einerseits erstaunlich, andererseits wie erhofft: das Licht bewegt sich **nicht** auf einer Geraden, sondern, wie in Abb. 3.6 gezeigt, auf einer um die z-Achse schwingenden sinusförmigen Bahn mit der Amplitude $\hat{x}$, der Periodenstrecke $\Lambda = 2\pi/|\kappa|$ und der Nullphase ψ_S. Insbesondere heißt dies:

> In einem symmetrischen Kernfilm mit Parabelprofil bleibt das Licht im Kernbereich gefangen und wird längs des LWL durch virtuelle Totalreflexion weitergeleitet.

Wir analysieren das Ergebnis genauer. Amplitude, Periodenlänge und Nullphase sind jeweils durch Materialeigenschaften (Brechzahlen n_1, n_2), Geometrieeigenschaften (Filmdicke 2a) und die Startvorgaben x_S, γ_S und n_S festgelegt. Bei gegebenem LWL sind nur noch die Startvorgaben maßgebend. Damit die Bahnkurve im Kernbereich gefangen bleibt, darf die Amplitude $\hat{x}$ nicht größer als a werden. Einsetzen der Bedingung $\hat{x} \le a$ in Gleichung (3.15) resultiert in

$$\hat{x} \le a \quad \Leftrightarrow \quad n_S\cos(\gamma_S) \ge n_1\cdot\sqrt{1-2\Delta} = n_2 \tag{3.21a}$$

und daraus

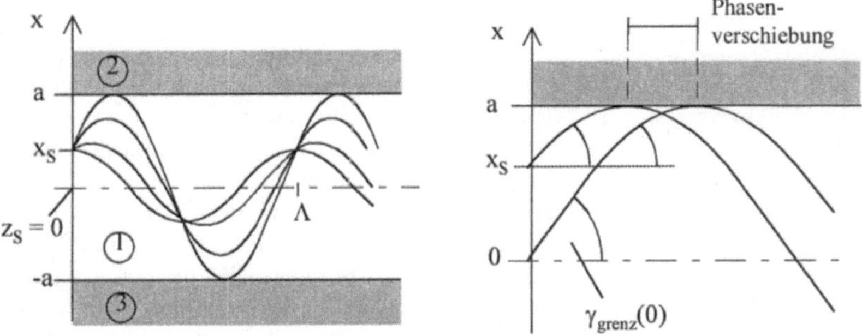

Abb. 3.6. Bahnkurven der Lichtausbreitung bei verschiedene Startwinkeln γ_S (linkes Teilbild) bzw. verschiedenen Starthöhen x_S (rechtes Teilbild). Bemerkenswert ist die Bahnkurve für $\gamma_S = 0$. Obwohl die Bahn ohne Steigung zur Achse beginnt, läuft das Licht ebenfalls auf einer Sinuskurve und nicht einfach geradlinig durch die Kernschicht, wie man zunächst annimmt.

$$\left|\gamma_S\right| \leq \arccos\left[n_2 / n_S\right] . \tag{3.21b}$$

Gleichung (3.21b) ist das Äquivalent zu der Totalreflexionsbedingung Gl. (3.4) der Stufenprofil-Kernfilme. Seine Aussage ist: Bei vorgegebener Starthöhe x_S und damit bekanntem n_S können sich Lichtstrahlen genau dann im Gebiet $|x| \leq a$ halten, wenn ihr anfänglicher Neigungswinkel γ_S in dem durch Gl. (3.21b) festgelegten Bereich liegt. Gleichung (3.21b) liefert auch den zur Starthöhe x_S gehörenden maximalen Richtungswinkel (Grenzfallwinkel) $\gamma_{grenz}(x_S) = \arccos(n_2/n_S)$, der nicht überschritten werden darf.

Im Gegensatz zum homogenen Film ist γ_{grenz} von x_S abhängig. Zur Berechnung von $\gamma_{grenz}(x_S)$ setzen wir Gl. (3.6) mit Gl. (3.17) in Gl. (3.21b) ein:

$$\gamma_{grenz}(x_S) = \arccos\left[\frac{n_2 / n_1}{\sqrt{1 - 2\Delta \cdot \left(x_S / a\right)^2}}\right] = \arccos\left[\frac{\sqrt{1 - 2\Delta}}{\sqrt{1 - 2\Delta \cdot \left(x_S / a\right)^2}}\right] . \tag{3.22}$$

Aus Gl. (3.22) schließen wir: wenn wir den Lichtstrahl genau in der Kernfilmmitte $x_S = 0$ abschicken, dann kann der Strahl unter einem beliebigen Winkel $\gamma_S(0)$ mit $|\gamma_S(0)| \leq \gamma_{grenz}(0) = \arccos(n_2/n_1)$ starten. Je größer der Abstand des Startpunktes von der Kernfilmmitte wird, desto kleiner wird das in diesem Startabstand noch zulässige γ_{grenz}. Dieses Resultat wird verständlich, wenn man die rechte Teilfigur der Abb. 3.6 betrachtet.

In dieser Teilfigur sind die Bahnen von zwei unter dem jeweils größtmöglichen Anfangswinkel gestarteten Lichtstrahlen gezeigt. Man erkennt, daß beide Kurven lediglich gegeneinander phasenverschoben sind. Der Grenzwinkel $\gamma_{grenz}(x_S)$ bei Start im Abstand x_S ist derjenige Winkel, den die Bahnkurve des bei $x_S = 0$ unter $\gamma_{grenz}(0)$ gestarteten Strahles in der Höhe x_S hat.

Auf dieselbe Weise läßt sich zeigen: zu jeder in einem beliebigen Abstand $x_S \neq 0$ mit einem beliebigen, für dieses x_S zugelassenen Anfangswinkel $\gamma_S(x_S)$ gestarteten Bahnkurve läßt sich eine von der Profilmitte ausgehende Bahn mit gleicher Amplitude und gleicher Periodenlänge finden, die gegen die Originalbahn phasenverschoben ist. Mit andern Worten: die Vielfalt der exakt in der Profilmitte gestarteten Bahnkurven umfaßt alle Laufmöglichkeiten des Lichtes, auch diejenigen Pfade, die nicht in der Profilmitte beginnen.

Die oben durchgeführte strahlenoptische Rechnung ist nur als eine erste Annäherung an die wirklichen Verhältnisse zu verstehen. Sie kann eine Reihe von Fragen nicht beantworten. So scheint z.B. der Brechungsindex der den Kernfilm einbettenden Mantelschichten keinerlei Bedeutung für das Lichtführungsverhalten zu haben (die Brechzahl für $|x| > a$ ging an keiner Stelle in die Rechnung ein). Tatsächlich ist dies nicht der Fall, die an den Kern angrenzenden Schichten haben sehr wohl einen Einfluß. Allerdings erhält man diesen Beitrag nur aus wellenoptischen und nicht aus geometrisch-optischen Rechnungen.

3.3
Übertragung auf rotationssymmetrische Faser-LWL

Abbildung 3.7 zeigt oben einen Achsenschnitt durch eine rotationssymmetrische Stufenprofil-Faser mit Kernradius a, Kernbrechzahl n_1 und Mantelbrechzahl n_2 und unten einen entsprechenden Schnitt durch eine Gradientenindexfaser mit parabolischem Brechzahlprofil. Die Figuren unterscheiden sich nicht von den Darstellungen der vorangegangenen Abschnitte. In Zylinderkoordinaten mit der Faserachse als z-Achse und der Radialkoordinate r geben die Gleichungen Gl. (2.1) bis Gl. (2.4) die Brechzahlprofile an. Ein Vergleich mit Gl. (3.5) und Gl. (3.6) zeigt, daß wir sämtliche Rechenergebnisse kopieren können, wenn wir die kartesische Koordinate x durch die Radialkoordinate r ersetzen. Insbesondere dürfen wir die soeben entwickelten Modelle der Lichtführung übernehmen: die Lichtfortpflanzung erfolgt

- in Stufenindex-Fasern auf zickzackförmigen Bahnen durch wiederholte reelle Totalreflexion an der Kern-Mantel-Grenze
- in Parabelprofil-Fasern auf sinusförmigen Bahnen durch virtuelle Totalreflexion.

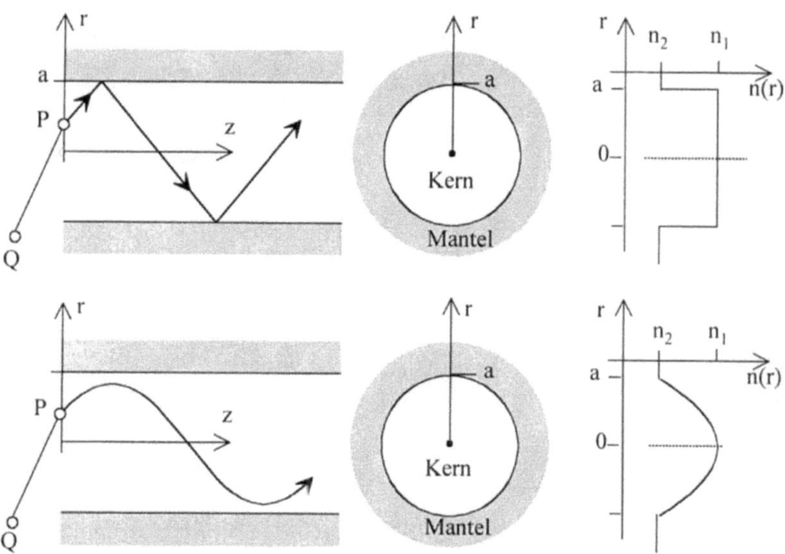

Abb. 3.7. Strahlenoptische Lichtausbreitung in einem Faser-LWL. Oben: LWL mit Stufenprofil; unten: LWL mit Parabelprofil

3.3.1
Meridionalstrahlen, schiefe Strahlen, Helixstrahlen

Der jetzt dreidimensionale Aufbau erlaubt allerdings neue, bei den zweidimensionalen Filmwellenleitern nicht mögliche Lichtwege innerhalb des Faserkerns. Bei den bisher analysierten Strahlverläufen bewegt sich der Strahl in der die Faserachse enthaltenden Ebene, hier identisch mit der Zeichenebene, s. z.B. Abb. 3.7. An keiner Stelle tritt die Bahnkurve aus der Ebene heraus, bei jeder Auf- oder Abbewegung schneidet der Strahl die Faserachse. Blickt man in Richtung der Faserachse, so erscheinen der Faserkern als Kreis und die Bahnkurve als Gerade durch den Kreismittelpunkt (Abb. 3.8a und c). Eine solche Bahn wird als *Meridionalbahn* bezeichnet. Ihr gegenüber stehen die *schiefen Bahnen*. Ein schiefer Strahl schneidet die Faserachse nicht, die Bahnkurve besteht bei einer Stufenprofilfaser aus einer Abfolge windschief zur Faserachse laufender Geraden, die sich um die Faserachse falten. Bei einer Parabelprofilfaser ist die Bahnkurve eine Schraubenlinie, die sich um die Faserachse windet.

Bei einem Blick in Richtung der Faserachse ergeben die Bahnkurven eines Stufenprofil-LWL ein Bild wie z. B. in Abb. 3.8b gezeigt; die Projektion der schiefen Strahlen auf eine Querschnittsfläche ist beim Parabelprofil-LWL eine Ellipse (Abb. 3.8d). In Sonderfällen entartet die Ellipse zu einem Kreis, der Strahl läuft korkenzieherähnlich in immer gleichem Abstand von der Faserachse um. Derartige Bahnen werden *Helixbahnen* genannt. (Abb. 3.8e).

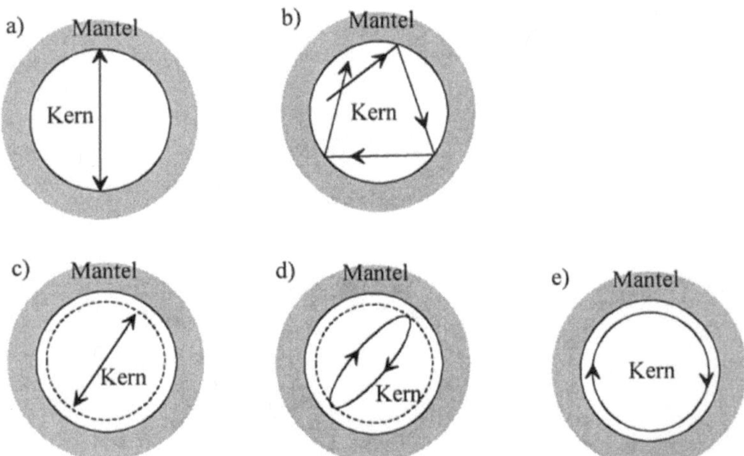

Abb. 3.8.   Verschiedene Bahnformen in rotationssymmetrischen Faser-LWL. Das Bild zeigt die Projektion der Bahnkurven auf eine Faserquerschittsfläche, also den Strahlverlauf bei Blick in Richtung Faserachse.
Obere Reihe: Stufenprofil-LWL: a) Meridionalbahn   b) schiefe Bahn
Untere Reihe: Parabelprofil-LWL: c) Meridionalbahn   d) schiefe Bahn   e) Helixbahn

Wie kommt es zu diesen unterschiedlichen Lichtwegen? Das weiterzuleitende Licht entsteht nicht innerhalb der Faser, sondern wird, wie in Abb. 3.7 angedeutet, von außen auf die Stirnfläche der Faser eingestrahlt. Wir nehmen an, daß das Licht aus einer punktförmigen Quelle Q emittiert wird, und betrachten den in die Zeichenebene gelegten Auftreffort P auf der Faserstirnfläche. Wenn Q ebenfalls **in** der Zeichenebene liegt, so läuft der Lichtstrahl von der Quelle zum Auftreffort **in** der Zeichenebene, wird im Punkt P in die Faser hineingebrochen und bleibt in der Faser **in** der Zeichenebene: wir erhalten einen Meridionalstrahl. Falls Q dagegen oberhalb oder unterhalb der Zeichenebene liegt, dann wird der Strahl zwar in P in die Faser hineingebrochen, bewegt sich aber in der Faser nicht in der Zeichenebene, sondern auf einer zur Faserachse windschiefen Bahn. Dennoch kann der Strahl reell oder virtuell totalreflektiert und als schiefer Strahl längs der Faser geführt werden.

3.3.2
Akzeptanzwinkel, Akzeptanzkegel, numerische Apertur

Meridionalstrahl wie schiefer Strahl können nur dann im LWL geführt werden, wenn sie unmittelbar hinter der Einkoppelstelle die Bedingung $|\gamma_S| \leq \gamma_{grenz}$ erfüllen; γ_S ist der Winkel relativ zur Faserachse, unter dem der Strahl im Faserkern startet. Dies gilt sowohl für die Stufenprofilfaser wie für die Parabelprofilfaser. Deshalb darf das Licht nicht unter einem beliebigen Einfallswinkel θ (gemessen gegen die Faserachsenrichtung) auf der Faserstirnfläche auftreffen; nur ein endlich großer, mit γ_{grenz} korrelierter Winkelbereich $|\theta| \leq \theta_{grenz}$ ist zulässig. Dabei ist zu berücksichtigen: beim Stufenprofil ist γ_S unabhängig von dem Abstand r_S von der Faserachse im Startpunkt, nicht aber beim Parabelprofil, s. hierzu Gl. (3.4) bzw. Gl. (3.22).

Wir können θ_{grenz} anhand von Abb. 3.9 für Meridionalstrahlen leicht berechnen (der Grundansatz ist für Stufenprofile und für Parabelprofile völlig identisch): mit n_0 als Brechzahl des Mediums vor der Faserstirnfläche liefert das Brechungsgesetz Gl. (3.2) an der Einkoppelstelle (beachte, daß in *dieser* Graphik die Winkel jetzt

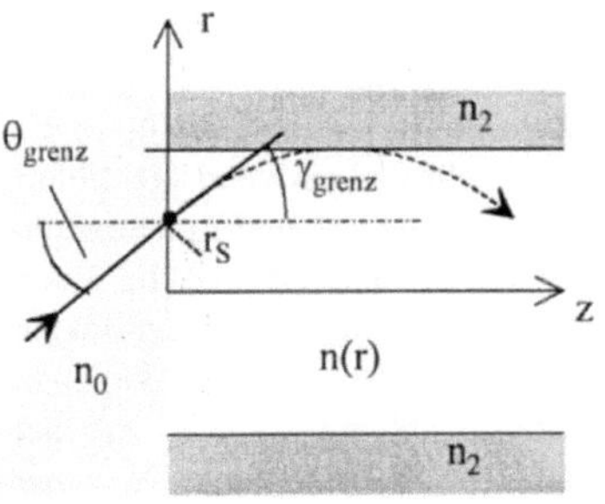

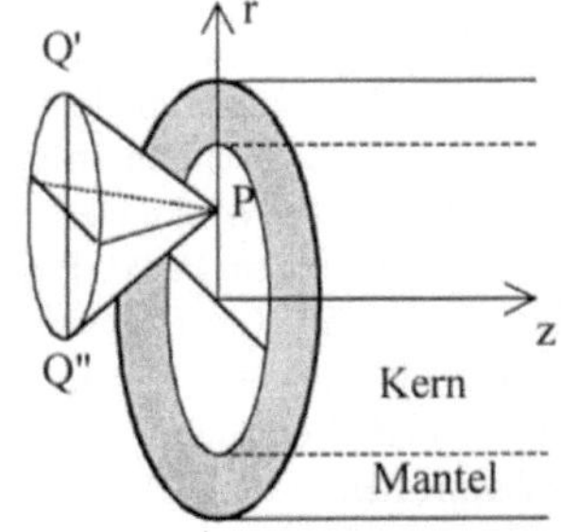

Abb. 3.9. Zur Definition des Akzeptanzkegels

gegen das Lot gemessen sind, deshalb muß der Cosinus in Gl. (3.2) durch den Sinus ersetzt werden)

Stufenprofilfaser [n_1: Kernbrechzahl an der Einkoppelstelle]

$$n_0 \sin(\theta_{grenz}) = n_1 \sin(\gamma_{grenz}) = n_1 \sqrt{1 - \cos^2(\gamma_{grenz})}$$

$$= n_1 \sqrt{1 - (n_2 / n_1)^2} = \sqrt{n_1^2 - n_2^2} \qquad (3.23)$$

$$= n_1 \sqrt{2\Delta}$$

und daraus

$$\theta_{grenz} = \arcsin\left(\frac{n_1 \sqrt{2\Delta}}{n_0}\right). \qquad (3.24)$$

Parabelprofilfaser [$n(r_S)$: Kernbrechzahl an der Einkoppelstelle]

$$n_0 \sin[\theta_{grenz}(r_S)] = n_S \sin[\gamma_{grenz}(r_S)] = n_S \sqrt{1 - \cos^2[\gamma_{grenz}(r_S)]}$$

$$= n_S \sqrt{1 - (n_2 / n(r_S))^2} = \sqrt{n_S^2 - n_2^2} \qquad (3.25)$$

$$= n_1 \sqrt{2\Delta} \sqrt{1 - (r_S / a)^2}$$

und daraus

$$\theta_{grenz}(r_S) = \arcsin\left(\frac{n_1 \sqrt{2\Delta} \sqrt{1 - (r_S / a)^2}}{n_0}\right). \qquad (3.26)$$

θ_{grenz} wird *Akzeptanzwinkel* der Faser genannt. In Stufenprofilen ist θ_{grenz} nur an die Materialeigenschaften n_0, n_1, n_2, aber nicht an den Abstand r_S des Auftreffpunktes P von der Faserachse gebunden: $\theta_{grenz} \neq \theta_{grenz}(r_S)$. Bei Parabelprofilen dagegen ist θ_{grenz} abhängig von r_S. In Parabelprofilen bezeichnet man $\theta_{grenz}(r_S)$ deshalb häufig als *lokalen Akzeptanzwinkel*.

Unsere Akzeptanzwinkelberechnung gilt nach ihrer Herleitung nur für Meridionalstrahlen. Für schiefe Strahlen ist die Rechnung sehr viel aufwendiger, liefert aber den gleichen Winkelwert. Wir nutzen dieses Ergebnis aus und konstruieren in einem beliebigen Punkt P des Kernbereiches auf der Faserstirnfläche einen *lokalen Akzeptanzkegel*, einen Kegel, dessen halber Öffnungswinkel der lokale Akzeptanzwinkel ist. (s. Abb. 3.9). Für Stufenprofile ist der Akzeptanzkegel in jedem Punkt P derselbe (weil der Akzeptanzwinkel unabhängig von r_S ist); bei Parabelprofilen wird nach Gl. (3.26) der Akzeptanzkegel immer kleiner, je weiter entfernt von der Faserachse der Auftreffpunkt P des Lichtes liegt. Alle Strahlen, die in P auftreffen und deren Bahngerade *vor* der Faser innerhalb des lokalen

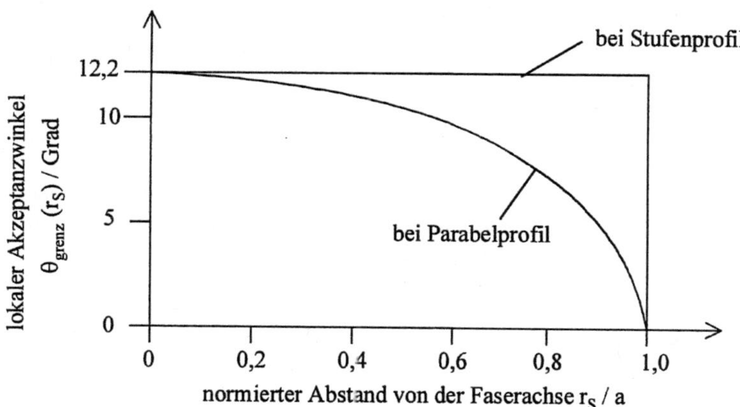

Abb. 3.10. Lokaler Akzeptanzwinkel für eine Glasfaser mit Stufenprofil bzw. Parabelprofil

Kegels liegt, werden im Faserinneren fortgeleitet: als Meridionalstrahlen, wenn die (punktförmig angenommene) Lichtquelle in der Schnittebene Q'Q'' des Kegels mit der Zeichenebene liegt, als schiefe Strahlen in allen anderen Fällen.

Unmittelbar an der Kern-Mantel-Grenze $r_S = a$ degeneriert der Akzeptanzkegel beim Parabelprofil zu einer Normalen: nur noch Licht, das in diesem Abstand senkrecht auftrifft, wird in der Faser geführt (aber auch dieses Licht durchläuft die Faser auf einer Sinusbahn und nicht etwa geradlinig!).

Abbildung 3.10 zeigt den lokalen Akzeptanzwinkel unserer Modellfaser, berechnet mit Gl. (3.24) für ein Stufenprofil bzw. mit Gl. (3.26) für ein Gradientenprofil. Es soll ausdrücklich darauf hingewiesen werden, daß selbst der größtmögliche Akzeptanzkegel nur einen Öffnungswinkel von $2\theta_{grenz}(0) = 24,4^0$ besitzt.

Grundsätzlich wird in der optischen Gerätetechnik das Produkt aus dem Sinus des Akzeptanzwinkels eines optischen Gerätes und der Brechzahl des umgebenden Mediums als *numerische Apertur* A_N des Gerätes bezeichnet. Diese Kennzeichnung wird auch für die LWL übernommen und liefert:

Stufenprofilfaser

$$A_N := n_0 \sin(\theta_{grenz}) = \sqrt{n_1^2 - n_2^2} = n_1 \sqrt{2\Delta} \tag{3.27}$$

Parabelprofilfaser

$$A_N(r_S) = n_0 \sin[\theta_{grenz}(r_S)] = n_1 \sqrt{2\Delta} \sqrt{1 - (r_S/a)^2}$$
$$= A_N(0)\sqrt{1 - (r_S/a)^2} \tag{3.28a}$$

mit $\qquad A_N(0) = n_1 \sqrt{2\Delta}$. $\tag{3.28b}$

$A_N(r_S)$ ist *lokale numerische Apertur* des Parabelprofil-LWL. Ihren größten Wert $A_N(0)$ nimmt sie auf der Faserachse ($r_S = 0$) an. $A_N(0)$ wird als solche als „die" numerische Apertur des Parabelprofil-LWL bezeichnet.

Die numerische Apertur ist eine im Datenblatt aufgeführte Kenngröße des LWL. Je größer die A_N, desto größer der Akzeptanzwinkel, desto mehr Licht kann über die Stirnfläche in die Faser eingespeist werden.

Zahlenbeispiel: Für unsere bisherigen Zahlenrechnungen benutzten wir einen Modell-LWL mit $n_1 = 1,5$ und $n_2 = 1,485$; die normierte Brechzahldifferenz wäre $\Delta = 0,01$; als Stufenprofilfaser hätte der LWL eine numerische Apertur von $A_N = 0,21$ und in Luft ($n_0 = 1$) den Akzeptanzwinkel $\theta_{grenz} = 12,2^0$. Als Parabelprofilfaser wäre diee Apertur ebenfalls $A_N = 0,21$, und der Akzeptanzwinkel würde von dem Maximalwert $\theta_{grenz}(0) = 12,2^0$ auf der Faserachse auf den Wert $\theta_{grenz}(a) = 0^0$ an der Kern-Mantel-Grenze abfallen.

Anmerkung

An dieser Stelle soll angemerkt werden, daß die normierte Brechzahldifferenz Δ in realen Parabelprofil-LWL nur in der Größenordnung $\sim 0,01$ liegt. Als Folge sind die Grenzwinkel γ_{grenz} und damit sämtliche zulässigen Anfangs-Neigungswinkel γ_S nur klein, und in guter Näherung kann gesetzt werden: $\cos(\gamma_S) \approx 1$; $\cos^2(\gamma_S) \approx 1 - \gamma_S^2$. Wenn wir diese Näherungen in Gl. (3.14) und (3.15) verwenden, dann haben die von ein- und demselben Startpunkt (z_S, x_S) ausgehenden Bahnkurven je nach Anfangsneigung unterschiedliche Amplituden $\hat{x}$, aber ihre Perioden $\Lambda = 2\pi/\kappa$ sind gleich, s. Abb. 3.6. Alle von ($z_S = 0, x_S$) ausgehenden, im Kernfilm geführte Lichtstrahlen treffen deshalb wieder im Punkte (Λ, x_S) zusammen. Diese Eigenschaft wird in sog. SELFOC-Linsen zur Punkt-in-Punkt-Abbildung ausgenutzt. Es muß aber unbedingt vermerkt werden: die Herleitung beruht auf strahlenoptischen Überlegungen, die nur dann zutreffend sind, wenn der Kernradius sehr viel größer ist als der Querschnitt des geführten Lichtstrahles ist. Der Kerndurchmesser von SELFOC-Linsen beträgt deshalb einige mm und nicht wie bei Gradientenindexfasern nur einige 10 µm.

4 Berücksichtigung der Wellennatur des Lichtes

Die Idee einer Lichtführung auf einer geometrischen Bahn ist zwar sehr anschaulich, aber letztlich nicht korrekt und führt teilweise zu falschen Vorstellungen. Beispielsweise suggeriert die Abb. 3.3: das in einer Zickzackbahn geführte Licht erzeugt auf der Endfläche des LWL einen Lichtpunkt, dessen genaue Transversalposition (Position in x-Richtung) von der Länge des LWL in z-Richtung abhängt. Auf die gleiche Weise kann aus Abb. 3.6 herausgelesen werden: von demselben Startpunkt auf der LWL-Stirnfläche ausgehendes, aber unter verschiedenen Winkeln gestartetes Licht erzeugt auf der LWL-Endfläche mehrere Leuchtpunkte, deren Transversallagen sich mit der Länge des LWL ändern.

Diese Auslegungen sind nicht richtig. Der Fehler liegt in der Hypothese einer Lichtausbreitung in Form von Strahlen, wobei der Strahldurchmesser sehr viel kleiner ist als die Kernfilmdicke. Tatsächlich aber bewegt sich das Licht nach den Gesetzen der Wellenlehre, der Wellencharakter und die Querausdehnung der Lichtbündel kann nicht ignoriert werden. In diesem Kapitel ersetzen wir die Lichtstrahlen durch ebene Wellen. Jetzt erhalten wir einen grundsätzlichen Einblick in viele geometrisch-optisch nicht begründbare Besonderheiten: in das Modenkonzept, den Übergang von der Vielmodigkeit zur Einmodigkeit, die unterschiedliche Ausbreitungsgeschwindigkeit der Moden.

4.1
Stufenprofil-Filmwellenleiter

4.1.1
Stehwellen

Wir betrachten wieder einen Filmwellenleiter mit symmetrischem Stufenprofil mit den Bezeichnungen und Beschreibungen von Abschn. 3.2.

In Abb. 4.1 ist die Trennfläche zwischen der Kernschicht ① und einer Deckschicht ② gezeichnet. Wieder soll Licht auf die Trennfläche treffen und dort totalreflektiert werden, dazu muß sein Neigungswinkel dem Betrage nach kleiner als γ_{grenz} sein. Im Gegensatz zu den bisherigen Abbildungen soll jetzt die fett gezeichnete Bahn keinen Strahl im geometrisch-optischen Sinn darstellen, sondern lediglich die Laufrichtung einer Welle angeben. Wir setzen voraus, daß diese Welle eine unendlich ausgedehnte ebene Welle ist. Das bedeutet: in allen Punkten einer beliebig weiten, auf der Bahn senkrecht stehenden Ebene kann die Welle beobachtet werden, und sie hat in all diesen Punkten die gleiche Phase. Dementsprechend repräsentieren in Abb. 4.1 die gestrichelt gezeichneten Geraden Ebenen gleicher Phase. Je zwei benachbarte Phasenebenen haben voneinander den Abstand $\lambda^* = \lambda/n_1$ (Wellenlänge in dem Kernmaterial), so daß in je zwei benachbarten Ebenen die Welle den Phasenunterschied 2π hat.

Die Abbildung zeigt, daß sich die Phasenebenen der Welle **vor** der Reflexion mit denen **nach** der Reflexion überlagern. Wenn sich zwei Wellen überlagern, treten Interferenzeffekte auf. An all den mit einem Punkt markierten Stellen im Schnitt QQ' unterscheiden sich die Phasen der beiden interferierenden Wellen um ein ganzzahliges Vielfaches von 2π, dort liegt konstruktive Interferenz vor, man beobachtet an diesen Stellen auf der Querschnittsfläche QQ' des Wellenleiters maximale Intensität. Ein solches Interferenzmuster ist rechts in Abb. 4.1 schematisch angedeutet.

Abbildung 4.1 skizziert das Phasenbild zu irgendeinem festen Zeitpunkt. Die Phasenebenen bewegen sich mit der Phasengeschwindigkeit $v = c/n_1$ in der jeweils eingezeichneten Laufrichtung. Dadurch bewegt sich auch das Interferenzmuster, aber auf eine besondere Weise. Wir wollen diese Bewegung mit Abb. 4.2 berechnen. Dazu nehmen wir an, daß die Grenzfläche im Abstand a von der yz-Ebene liegt, unsere nachfolgenden Ergebnisse gelten dann für $x \le a$. Die Laufrichtung der einfallenden Welle beschreiben wir durch einen Einheitsvektor $\mathbf{e}_{in}$, die der re-

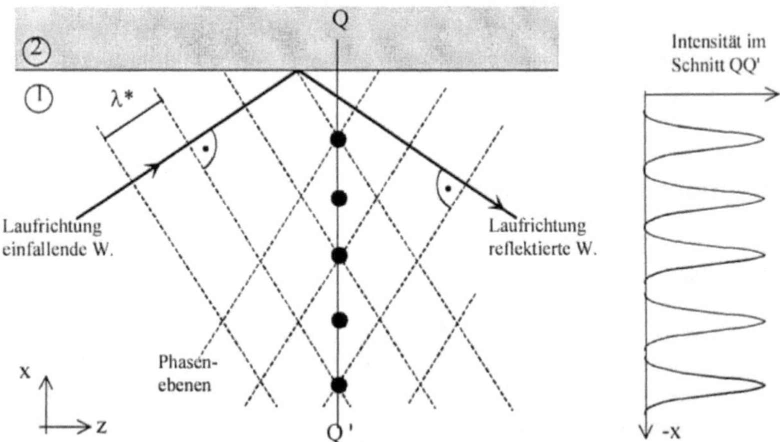

Abb. 4.1. Entstehung von Hell-Dunkel-Mustern durch Überlagerung einer Welle mit ihrer eigenen Reflexionswelle. Die dick gezeichneten Linien geben die Laufrichtung von einfallender und reflektierter Welle an. Die gestrichelten Linien sind die (senkrecht auf der jeweiligen Laufrichtung stehenden) Phasenebenen im Abstand $\lambda^* = \lambda/n_1$. In den markierten Punkten unterscheiden sich die Phasenlagen um ein ganzzahliges Vielfaches von 2π, dort liegt konstruktive Interferenz vor. Das Bild rechts zeigt die Intensitätsverteilung im Schnitt QQ'.

flektierten Welle durch einen Einheitsvektor e_r. Bei Totalreflexion sind die Feldstärken der einlaufenden wie der reflektierten Welle dem Betrage nach gleich, so daß wir in komplexer Schreibweise ansetzen können (die Vektoreigenschaft der Feldstärke wird hier ignoriert, ebenso markieren wir das Feld nicht durch Unterstreichnung als komplexes Feld)

$$\text{einlaufende Welle:} \quad E_{in}(x,y,z,t) = \hat{E}\exp\left[j(\omega t - k_1^* \, e_{in} \cdot r)\right] \tag{4.1}$$

$$\text{reflektierte Welle:} \quad E_r(x,y,z,t) = \hat{E}\exp\left[j(\omega t - k_1^* \, e_r \cdot r + \xi)\right]. \tag{4.2}$$

x,y,z sind die Koordinaten des Beobachtungspunktes, $r = \begin{pmatrix} x \\ y \\ z \end{pmatrix}$ ist der Ortsvektor zum Beobachtungspunkt. k_1^* ist die Ausbreitungskonstante der freien Ausbreitung im Medium ① mit der Brechzahl n_1.

Der mit Gl. (4.1) und Gl. (4.2) gewählte Ansatz notiert die beiden Wellen als freie Wellen, die keinerlei Führungszwang unterworfen sind und sich senkrecht zu ihrer jeweiligen Ausbreitungsrichtung unbegrenzt weit im Medium ① ausdehnen können. Folglich wird ihre Phasengeschwindigkeit v nach Gl. (1.28) ausschließlich durch die Materialeigenschaften des Mediums ①, also die Brechzahl n_1 bestimmt: $v = c/n_1$, und wir verwenden in den Wellenbeschreibungen als Ausbreitungskonstante nach Gl. (1.31) die Konstante $k_1^* = \omega/v = (2\pi/\lambda)n_1$.

Der Ansatz für die reflekierte Welle enthält noch eine Besonderheit: die Theorie zeigt, daß eine Welle bei einer Totalreflexion sprunghaft ihre Phase verschiebt. Eine solche Phasenverschiebung um den Wert ξ ist in Gl. (4.2) mit berücksichtigt, spielt aber für die weitere Berechnung zunächst keine Rolle. Die Produkte $e_{in} \cdot r$ und $e_r \cdot r$ können durch die Vektorkomponenten ausgedrückt werden (beachte, daß die Richtungsvektoren keine Komponenten in y-Richtung besitzen, s. hierzu Abb. 4.2):

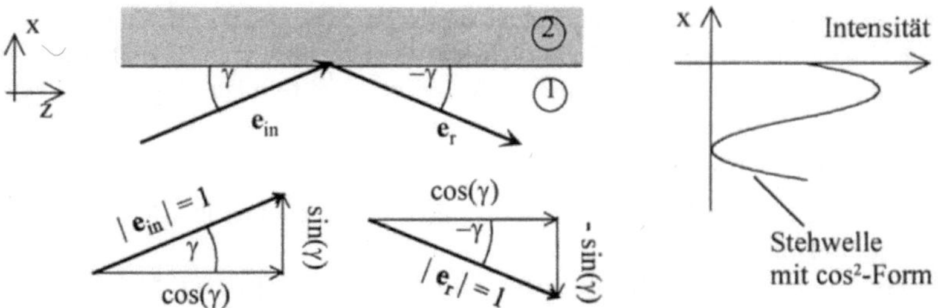

Abb. 4.2. Komponentenzerlegung der Laufrichtungsvektoren e_{in} der einlaufenden und e_r der reflektierten Welle zur Berechnung des Interferenzfeldes

$$\mathbf{e}_{in} \cdot \mathbf{r} = \begin{pmatrix} \sin(\gamma) \\ 0 \\ \cos(\gamma) \end{pmatrix} \cdot \begin{pmatrix} x \\ y \\ z \end{pmatrix} \quad ; \quad \mathbf{e}_{r} \cdot \mathbf{r} = \begin{pmatrix} -\sin(\gamma) \\ 0 \\ \cos(\gamma) \end{pmatrix} \cdot \begin{pmatrix} x \\ y \\ z \end{pmatrix} \qquad . \tag{4.3}$$

$$= x\sin(\gamma) + z\cos(\gamma) \qquad\qquad = -x\sin(\gamma) + z\cos(\gamma)$$

Das resultierende Interferenzfeld E(x,y,z,t) erhalten wir durch Überlagerung:

$$
\begin{aligned}
E(x,y,z,t) &= E_{in}(x,y,z,t) + E_{r}(x,y,z,t) \\
&= \hat{E}\exp\left[j(\omega t - k_1^* \, \mathbf{e}_{in} \cdot \mathbf{r})\right] + \hat{E}\exp\left[j(\omega t - k_1^* \, \mathbf{e}_{r} \cdot \mathbf{r} + \xi)\right]
\end{aligned}
\tag{4.4}
$$

$$
\begin{aligned}
&= \hat{E}\exp\left\{j\left[\omega t - k_1^*\left(x\sin(\gamma) + z\cos(\gamma)\right)\right]\right\} + \\
&\quad + \hat{E}\exp\left\{j\left[\omega t - k_1^*\left(-x\sin(\gamma) + z\cos(\gamma)\right)\right] + \xi\right\}
\end{aligned}
$$

Mit der Euler-Identität $\;2\cdot\cos(u) = \exp(ju) + \exp(-ju)\;$ wird daraus

$$E(x,y,z,t) = 2\hat{E}\cos\left(k_1^* \sin(\gamma)\, x + \tfrac{1}{2}\xi\right) \cdot \exp\left\{j\left[\omega t - k_1^* \cos(\gamma)\, z + \tfrac{1}{2}\xi\right]\right\} \;, \tag{4.5}$$

und mit den Abkürzungen

$$k_{1,eff}^{*} = k_1^* \cos(\gamma) = \frac{2\pi}{\lambda^*}\cos(\gamma) = \frac{2\pi}{\lambda}\, n_1 \cos(\gamma) \tag{4.6}$$

$$\widetilde{E}(x) = 2\hat{E}\cos\left(k_1^* \sin(\gamma)\, x + \tfrac{1}{2}\xi\right) \tag{4.7}$$

ist

$$E(x,y,z,t) = \underbrace{\widetilde{E}(x)}_{\substack{\text{Amplitude}\\ \text{der Welle}}} \cdot \underbrace{\exp\left\{j\left[\omega t - k_{1,eff}^{*}\, z + \tfrac{1}{2}\xi\right]\right\}}_{\text{Wellenbewegung in } +z\text{--Richtung}} \qquad \text{für } x \le a \,. \tag{4.8}$$

Das Interferenzfeld ist eine inhomogene Welle, deren Amplitude $\widetilde{E}(x)$ in x-Richtung cos-förmig variiert. Das Betragsquadrat von E ist nach Gl. (1.21) ein Maß für die Intensität, das in Abb. 4.1 und 4.2 skizzierte $\cos^2$-förmige Hell-Dunkel-Muster. Das Feld und damit auch das Intensitätsmuster bewegen sich in (+z)-Richtung fort. Wir halten ausdrücklich fest:

1. das Muster bewegt sich in z-Richtung, **nicht** in x-Richtung: in x-Richtung liegt eine Stehwelle vor
2. das Muster bewegt sich mit einer *effektiven Geschwindigkeit* v_{eff}, die nicht identisch ist mit der Phasengeschwindigkeit c/n_1 der freien Wellenausbreitung im Kernmaterial

Wir können v_{eff} aus Gl. (4.8) mit Hilfe von Gl. (1.9) berechnen:

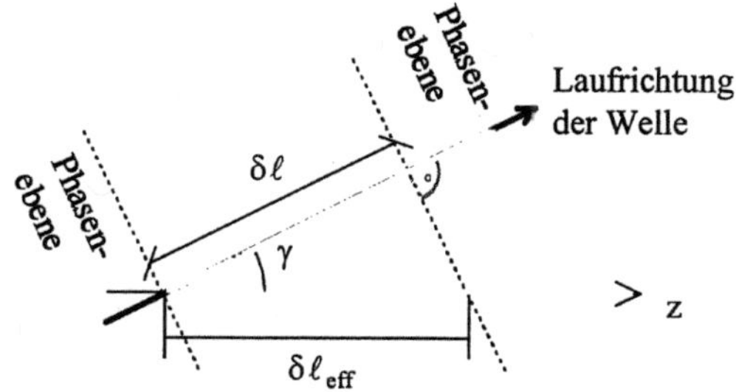

Abb. 4.3. Anschauliche Begründung der effektiven Geschwindigkeit

$$v_{\text{eff}} = \frac{\omega}{k^{*}_{1,\text{eff}}} = \frac{\omega}{(2\pi / \lambda)\, n_1 \cos(\gamma)} = \frac{c}{n_1 \cos(\gamma)} \, . \tag{4.9}$$

v_{eff} ist größer (!) als die Phasengeschwindigkeit $v = c/n_1$ der (freien) schräglaufenden Welle. Dieses Ergebnis wird verständlich, wenn wir Abb. 4.3 betrachten.

In der Zeitspanne δt, in der die Wellenphase in tatsächlicher Laufrichtung die Strecke $\delta\ell$ zurücklegt, läuft die Phase in z-Richtung um eine Wegstrecke der Länge $\delta\ell_{\text{eff}} = \delta\ell / \cos(\gamma)$ weiter. Das heißt: das Interferenzmuster bewegt sich in z-Richtung mit der Geschwindigkeit

$$v_{\text{eff}} = \frac{\delta\ell_{\text{eff}}}{\delta t} = \frac{\delta\ell / \cos(\gamma)}{\delta t} = \frac{\delta\ell / \delta t}{\cos(\gamma)} = \frac{v}{\cos(\gamma)} = \frac{c}{n_1 \cos(\gamma)} \, . \tag{4.10}$$

Wegen $0 \le |\gamma| \le \arccos(n_2 / n_1)$ ist $1 \ge \cos(\gamma) \ge n_2/n_1$, also $n_1 \ge n_1 \cdot \cos(\gamma) \ge n_2$ und folglich

$$\frac{c}{n_1} \le v_{\text{eff}} \le \frac{c}{n_2} \, . \tag{4.11}$$

Ergebnis: Die effektive Geschwindigkeit der Musterausbreitung in z-Richtung liegt in dem durch die Phasengeschwindigkeiten freier Wellen in Kern (c/n_1) und im Mantel (c/n_2) begrenzten Bereich.

4.1.2
Interferenz bei mehrfacher Totalreflexion: charakteristische Gleichung

Das oben beschriebene Verhalten erhält man auch, wenn eine Welle in $(-x)$-Richtung läuft und an einer Schicht ③ reflektiert wird: es bildet sich ein Stehwellenmuster, das sich wieder mit der Geschwindigkeit v_{eff} in z-Richtung bewegt.

In Abb. 4.4 breitet sich Licht in einem symmetrischen Stufenprofil-Filmwellenleiter durch wiederholte Totalreflexion aus, es entstehen Stehwellen sowohl bei

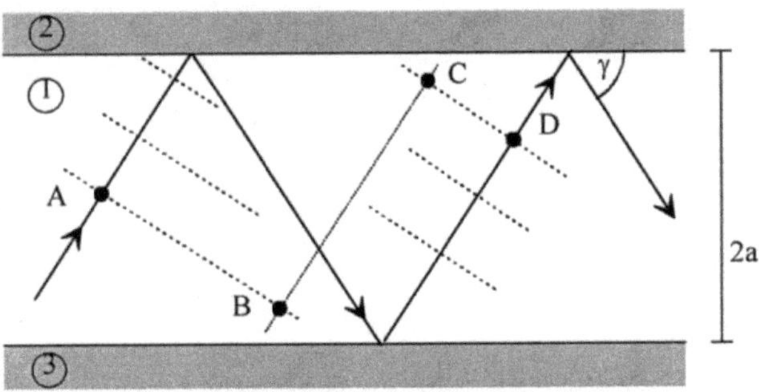

Abb. 4.4. Zur Herleitung der Stehwellenbedingung

der Reflexion an der oberen wie an der unteren Trennebene. Die Stehwellen stören sich gegenseitig nur dann nicht, wenn die Interferenzmuster genau deckungsgleich sind, anderenfalls werden sich die Wellen durch destruktive Interferenz auslöschen. Das bedeutet:

Die Forderung nach Totalreflexion ist für die Lichtführung zwar notwendig, aber nicht hinreichend, sie muß erweitert werden durch eine *Stehwellenbedingung*. Die Stehwellenbedingung verlangt, daß sich die Stehwellenmuster nach zweimaliger Reflexion exakt decken, denn wenn es gelingt, diese beiden Stehwellenmuster zur Deckung zu bringen, so werden auch die bei weiteren Reflexionen auf der Zickzackbahn auftretenden Interferenzen jedesmal wieder über den alten Mustern liegen.

Es sind viele Möglichkeiten denkbar, wie Deckungsgleichheit erzielt werden kann: man kann die Wellenlänge des zu transportierenden Lichtes und damit den Abstand zweier Phasenebenen in Abb. 4.1 bzw. Abb. 4.4 ändern, man kann die Kernfilmdicke anpassen, man kann die Brechzahl im Kernbereich und damit wieder den Abstand zweier Phasenebenen variieren, und das alles immer, bis Deckungsgleichheit vorliegt. Bei gegebenem Wellenleiter und gegebener Betriebswellenlänge stehen allerdings alle diese Varianten nicht zur Verfügung. Die letztlich verbleibende Möglichkeit ist, den Richtungswinkel γ so einzustellen, daß die Stehwellenbedingung erfüllt wird. Konkret heißt dies:

Es genügt nicht, daß der Richtungswinkel γ dem Betrage nach unterhalb des Grenzwinkels γ_{grenz} liegt, er muß noch zusätzlich so gewählt werden, daß sich selbstkonsistente Stehwellen ausbilden können. Dies ist nur bei einigen diskreten Winkeln möglich. Die Stehwellenbedingung selektiert so aus den unendlich vielen Möglichkeiten $|\gamma| \leq \gamma_{grenz}$ eine begrenzte Anzahl „erlaubter" Winkel. Nur auf den diesen Winkeln zugeordneten Zickzackbahnen ist die Stehwellenbedingung erfüllt, nur diese Wellen „passen" in den Wellenleiter.

Für eine quantitative Berechnung der erlaubten Richtungswinkel gehen wir von einem anderen Ansatz aus, s. Abb. 4.4. Dort sind zwei Orte A und B markiert, die auf derselben Phasenebene liegen, d.h. in denen die Wellenphase Φ denselben Wert hat: $\Phi_A = \Phi_B$. Im weiteren Lauf führt der Wellenweg von A auf dem Zickzackpfad mit zweimaliger (Total)Reflexion zum Punkt C und von B auf direktem Wege zum Punkt D. Die Zeichnung ist so konstruiert, daß beide Punkte C und D wieder auf einer gemeinsamen zur Ausbreitungsrichtung senkrechten Ebene, also auf derselben Phasenebene liegen. Deshalb müssen Wellenphasen in C und D wieder gleich sein: $\Phi_C = \Phi_D$. Wenn eine Welle weiterläuft, so ändert sich längs ihres Laufweges ihre Phase. *Gleiche* Phasenlage in C und D ist deshalb nur möglich, wenn die Phasen*änderungen* $\delta\Phi$ auf den Wegstrecken A$\rightarrow$C und B$\rightarrow$D entweder gleichgroß sind oder sich um ein ganzzahliges Vielfaches von 2π unterscheiden. Ist dies nicht der Fall, dann ist die Überlagerung destruktiv. Die Interferenzbedingung kann demnach folgendermaßen formuliert werden:

Phasenänderung längs B$\rightarrow$D = Phasenänderung längs A$\rightarrow$C + $\mu\cdot 2\pi$

$$\delta\Phi_{B\to D} = \delta\Phi_{A\to C} + \mu \cdot 2\pi \tag{4.12}$$

Darin ist $\mu = 0, 1, 2, \ldots$ beliebig. Die Phasenänderung $\delta\Phi$ einer eine Strecke $\delta\ell$ ungestört (!) durchlaufenden Welle in einem Medium mit Brechzahl n_1 ist nach Gl. (1.6) in Verbindung mit Gl. (1.31):

$$\delta\Phi = -\frac{\omega}{v}\,\delta\ell = -\frac{2\pi}{\lambda}\,n_1\,\delta\ell \tag{4.13}$$

somit ist

$$\delta\Phi_{B\to D} = -\frac{2\pi}{\lambda}\,n_1\,\overline{BD} \; . \tag{4.14}$$

Bei der Bestimmung der Phasenänderung auf der Strecke A$\rightarrow$C müssen wir zusätzlich zum geometrischen Weg berücksichtigen, daß die Welle zweimal totalreflektiert wurde. Bei jeder Totalreflexion wird die Wellenphase sprunghaft um ξ verschoben, so daß

$$\delta\Phi_{A\to C} = -\frac{2\pi}{\lambda}\,n_1\,\overline{AC} + \text{ zwei Phasensprünge infolge Totalreflexion} \tag{4.15}$$

In unserer Modellrechnung gehen wir von einem symmetrischen Filmwellenleiter aus, die beiden Phasensprünge wegen der identischen Brechzahl- und Winkelverhältnisse haben an den beiden Reflexionsstellen denselben Zahlenwert ξ. Die Interferenzbedingung lautet hiermit

$$\mu \cdot 2\pi = \delta\Phi_{B\to D} - \delta\Phi_{A\to C} = -\frac{2\pi}{\lambda}\,n_1\,\overline{BD} - \left(-\frac{2\pi}{\lambda}\,n_1\,\overline{AC} + 2\cdot\xi\right)$$

$$= +\frac{2\pi}{\lambda}\,n_1\left(\overline{AC} - \overline{BD}\right) - 2\cdot\xi \tag{4.16}$$

Sowohl die Streckendifferenz $\overline{AC} - \overline{BD}$ als auch ξ sind abhängig vom Richtungswinkel γ. Der Streckenunterschied läßt sich elementar-geometrisch berechnen:

$$\overline{AC} - \overline{BD} = 4a \cdot \sin(\gamma) \,. \tag{4.17}$$

Der Phasensprung ξ muß wellentheoretisch abgeleitet werden. Unter der Annahme, daß das Licht senkrecht zur Einfallsebene linear polarisiert ist, erhalten wir

$$\xi = 2 \arctan\left[\frac{\sqrt{\cos^2(\gamma) - (n_2 / n_1)^2}}{\sin(\gamma)}\right] \,. \tag{4.18}$$

Aus der Stehwellenbedingung wird jetzt insgesamt

$$\mu \cdot 2\pi = \underbrace{\frac{2\pi}{\lambda} n_1 \cdot 4a \cdot \sin(\gamma) - 4 \arctan\left[\frac{\sqrt{\cos^2(\gamma) - (n_2 / n_1)^2}}{\sin(\gamma)}\right]}_{F(\gamma)} \,. \tag{4.19}$$

Gleichung (4.19) ist die *charakteristische Gleichung* des (Film)wellenleiters. Sie gestattet es, bei gegebenen Wellenleiter- und Betriebseigenschaften (gegebenem a, n_1, n_2, λ) diejenigen Richtungswinkel γ zu berechnen, die zu konstruktiver Interferenz führen. Grundsätzlich ist eine Lösung nur möglich, wenn der Radikand unter dem Wurzelterm positiv ist, also wenn $\cos(\gamma) \geq n_2/n_1$ ist. Dies ist nichts anderes

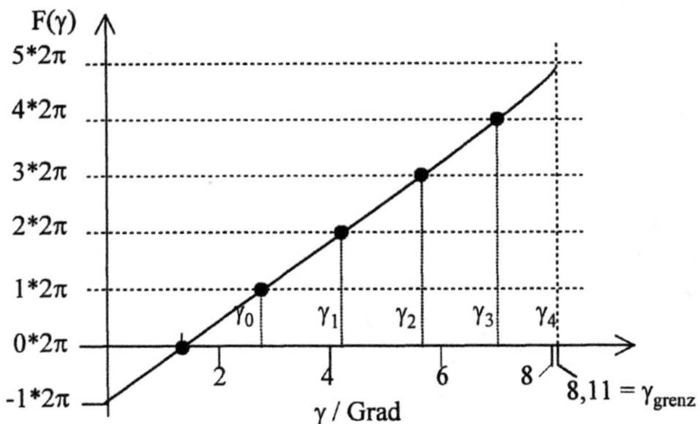

Abb. 4.5. Graphische Lösung der charakteristischen Gleichung (4.19) für einen Stufenprofil-Filmwellenleiter mit $2a = 10\ \mu m$, $n_1 = 1{,}500$, $n_2 = 1{,}485$, $\lambda = 0{,}85\ \mu m$. Die Lösungen liefern die „Moden" des Wellenleiters. Die Lösung für $\mu = 0$ liefert den Grundmodus, die anderen Lösungen bilden die „höheren" Moden

als die Totalreflexionsbedingung Gl. (3.4). Folglich ist der zugelassenen Winkel-
bereich wieder auf $|\gamma| \leq \gamma_{grenz} = \arccos(n_2/n_1)$ eingeschränkt. Gleichung (4.19)
selbst hat für Winkel γ aus diesem Bereich für jeden Wert von μ entweder keine
oder genau eine Lösung, die wir dann mit γ_μ indizieren.

Gleichung (4.19) ist eine transzendente Gleichung, sie ist nur numerisch lösbar. In
Abb. 4.5 ist $F(\gamma)$ über γ für positives γ aufgetragen. Lösungen γ_μ der Gleichung
sind die Schnittpunkte mit den Geraden $\mu \cdot 2\pi$. Wir erkennen Lösungen für $\mu = 0, 1,$
2, 3, 4. Formal kann Gl. (4.19) auch für $\mu = -1$ gelöst werden mit dem Ergebnis
$\gamma_{-1} = 0^0$. Bei $\gamma = 0^0$ läuft die Lichtwelle **ohne** Reflexion parallel zur Schichtung.
Damit ist aber Gl. (4.19) gar nicht zutreffend, denn ohne Totalreflexion entstehen
auch nicht die in Gl. (4.19) eingebauten Phasensprünge. Weiterhin bilden sich bei
$\gamma_{-1} = 0^0$ keine Stehwellen aus. Wenn wir nur Stehwellen als Problemlösung zulassen, müssen wir $\gamma_{-1} = 0^0$ verwerfen, so anschaulich dieses Ergebnis sonst wäre.

Die der Abb. 4.5 zugrundegelegten Vorgaben liefern 5 zulässige Richtungswinkel $\gamma_0, \ldots \gamma_4$. Zahlenwerte und Anzahl der Lösungen hängen parametrisch von
a/λ ab. In Abb. 4.6 ist die Abhängigkeit skizziert. Bei festgehaltenem μ bleibt die
zugeordnete Lösung γ_μ nur innerhalb des zugelassenen Lösungsbereiches unterhalb γ_{grenz}, solange a/λ einen durch die Brechzahlen n_1 und n_2 festgelegten Zahlenwert nicht unterschreitet:

$$\gamma_\mu \leq \gamma_{grenz} \qquad \Leftrightarrow \qquad \frac{a}{\lambda} \geq \mu \Big/ 4\sqrt{n_1^2 - n_2^2} \quad . \tag{4.20}$$

Wird $a/\lambda < \mu \big/ 4\sqrt{n_1^2 - n_2^2}$, so gibt es zu diesem μ-Wert keine Lösung γ_μ mehr;
lediglich die Lösung γ_0 existiert bei jedem beliebigen Wert von a/λ.

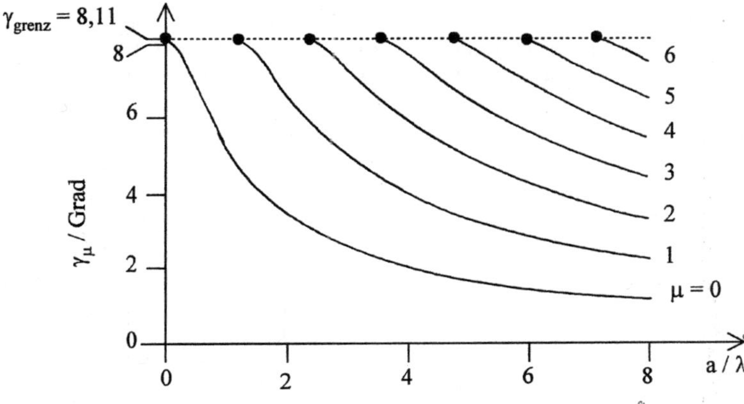

Abb. 4.6. Abhängigkeit der Lösungen des obigen Modell-Wellenleiters von der auf die
Lichtwellenlänge λ normierten Kernschichtdicke 2a. Eine spezielle Lösung („Modus")
kann nur existieren, wenn a/λ einen für diese Lösung spezifischen Minimalwert überschreitet. Im Strahlenbild ist nur dann der Steigungswinkel der dem Modus zugeodneten Strahlenbahn geringer als der Grenzwinkel der Totalreflexion

4.1.3
Moden

Die obige Diskussion im Strahlenmodell ist physikalisch gesehen ein Rückschritt. Es ist sinnvoller, auf die Vorstellung einer Zickzackbahn mit erlaubten Neigungswinkeln ganz zu verzichten und nur noch die Ausbreitung der Stehwellenmuster an sich zu betrachten. Man nennt eine solche durch die Interferenzforderung zustandegekommene Hell-Dunkel-Verteilung auf einer Querschnittsfläche des LWL einen *Modus*, genauer: einen Raummodus[1] des Lichtwellenleiters. (Wir werden in Abschn. 5.1.3 den Begriff „Modus" genauer fassen).

Jedem zulässigen Richtungswinkel γ_μ entspricht somit ein Modus. In dem Wellenleiter der Abb. 4.5 sind insgesamt 5 Moden, 5 spezifische, mit μ durchnumerierbare Stehwellenmuster ausbreitungsfähig. Die genaue Berechnung der transversalen Intensitätsverteilung in den Moden soll hier nicht durchgeführt werden; in Abb. 4.7 sind die Interferenzmuster für drei Moden schematisch angedeutet. Man kann das graphische Ergebnis verallgemeinern: die Hell-Dunkel-Verteilung des Modus μ weist immer $(\mu+1)$ Intensitätsmaxima in transversaler Richtung auf. Reduziert man bei festgehaltenem μ den Parameter a/λ (und vergrößert so γ_μ wie in Abb. 4.6 gezeigt), so ändert sich **nicht** das globale Aussehen des Modus μ: es bleibt weiterhin ein Stehwellenmuster mit $(\mu+1)$ Maxima, nur die Lagen der Extrema verschieben sich relativ zueinander. Unterschreitet a/λ den für den Modus μ kritischen Wert $\mu\big/4\sqrt{n_1^2 - n_2^2}$, so ist der Modus μ nicht ausbreitungsfähig. Dies gilt für alle Moden mit Ausnahme des Modus $\mu = 0$, die immer fortpflanzungsfähig bleibt. Wegen dieser Besonderheit heißt der Modus $\mu = 0$ der *Grundmodus* des Wellenleiters, die anderen Moden werden *höhere Moden* genannt mit der Maßgabe: je höher der Zahlenwert μ, desto „höher" der Modus.

Man kann die Anzahl der Moden auf der Herstellerseite durch Vorgabe von a und auf der Betreiberseite durch Wahl von λ beeinflussen. In der Regel transportiert ein Wellenleiter das Licht bei gegebener Betriebswellenlänge in mehreren Moden, der LWL ist ein *Vielmoden-LWL*. Man kann aber die Kernfilmdicke a so wählen, daß bei gegebenem λ nur noch der Grundmodus ausbreitungsfähig ist: der LWL wird zum *Einmoden-LWL*.

Weiterhin ist ist bemerkenswert, daß jeder Modus den LWL mit einer modenspezifischen effektiven Geschwindigkeit $v_{eff,\mu}$ durchläuft. $v_{eff,\mu}$ kann mit Gl. (4.10) berechnet werden, sie liegt wieder zwischen den freien Phasengeschwindigkeiten c/n_1 im Kern und c/n_2 im Mantel. Wir finden außerdem: je größer μ, d.h. je „höher" ein Modus ist, desto größer ist bei sonst gleichen Wellenleiter- und Be-

---

[1] Die hier eingeführten „Raummoden" sind streng zu trennen von den „Frequenzmoden" beispielsweise eines Halbleiterlasers. Die Raummoden sind transversale Lichtleistungsverteilungen über dem Querschnitt des LWL, die Frequenzmoden sind diejenigen spektralen Emissionslinien, die die longitudinale Resonanzbedingung des Laserresonators erfüllen

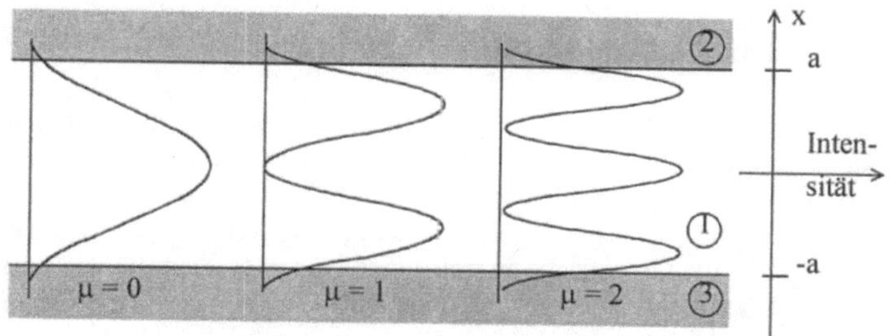

Abb. 4.7. Intensitätsbilder der ersten drei Moden eines Filmwellenleiters ($\cos^2$-Form)

triebseigenschaften der Winkel γ_μ (s. Abb. 4.5 oder 4.6). Je größer γ_μ, desto kleiner ist $\cos(\gamma_\mu)$ und desto größer wiederum $v_{\text{eff},\mu}$. Ergebnis: je höher der Modus, desto schneller ist er; der Grundmodus ist der *langsamste* Modus!

Dieses Resultat widerspricht vollkommen der Anschauung: nach der Anschauung läuft das Licht im LWL auf einem Zickzackweg. Je kleiner dessen Neigungswinkel γ, desto kürzer ist die Zickzack-Weglänge, die das Licht durchlaufen muß, um letztendlich in z-Richtung eine Strecke L voranzukommen, s. Abb. 3.3. Da im Kernbereich überall derselbe Brechungsindex n_1 vorliegt, sollte das Licht, das auf dem kürzesten Wege läuft, auch die wenigste Zeit zum Durchlaufen einer Strecke L benötigen, also die *höchste* Geschwindigkeit haben. Der Grund für diese Diskrepanz ist: unsere Anschauung beruht auf strahlenoptischen Vorstellungen, die eben hier nicht mehr angewandt werden dürfen.

Unsere Rechnung setzt voraus, daß das Licht senkrecht zur Einfallsebene linear polarisiert ist. Bei linearer Polarisation parallel zur Einfallsebene springt die Phase bei der Totalreflexion um andere Beträge. Daraus resultieren aus Gl. (4.19) andere Richtungswinkel γ und damit auch andere effektive Geschwindigkeiten der zugeordneten Moden, jeweils verglichen mit senkrechter Polarisation. Ergebnis: Die effektive Geschwindigkeit der Moden ist polarisationsabhängig. Wir werden in Abschn. 5.1.8 sehen, daß dieses Ergebnis auch bei exakter Berechnung der Ausbreitungsverhältnisse in idealen Faser-LWL gültig bleibt. Das Resultat selbst hat große Bedeutung insbesondere für die LWL-Sensorik; in Kap. 15 werden wir uns eingehender mit den Polarisationseigenschaften von Faser-LWL beschäftigen.

Abschließend soll die dieses Kapitel einleitende Bemerkung noch einmal aufgegriffen werden. Nach dem Strahlenmodell liefert ein in einer Zickzackbahn geführter Lichtstrahl auf der LWL-Endfläche einen Leuchtfleck, dessen Position je nach LWL-Länge unterschiedlich ist. Nach dem Stehwellenmodell ist das nicht mehr der Fall. Die Zickzackbahn wird ersetzt durch einen Modus, dessen transversale Hell-Dunkel-Verteilung sich beim Durchlaufen des LWL *nicht* ändert. Es spielt folglich keine Rolle mehr, wie lang der LWL ist; in jedem Abstand z wird dasselbe Modenbild beobachtet.

4.1.4
Evaneszente Felder und Intensitäten

Beim genaueren Betrachten der Abb. 4.7 fällt auf, daß die Hell-Dunkel-Muster nicht an der Kern-Mantel-Grenze enden, wie man es eigentlich erwarten würde, sondern Ausläufer bis in den Mantelbereich hinein haben. Das ist kein Darstellungsfehler, sondern entspricht der Realität. Abbildung 4.8 erläutert die Ursache. Gezeichnet ist wieder die Grenzfläche zwischen den beiden Medien ① und ② mit $n_1 > n_2$. Eine Welle läuft, aus ① kommend, unter dem Winkel γ gegen die Grenzfläche an, wird in das Medium ② hineingebrochen und läuft dort unter dem Winkel ε weiter. Für diese Rechnung legen wir abweichend vom bisherigen Gebrauch zur mathematischen Vereinfachung den Koordinatenursprung genau in den Auftreffpunkt der Welle in der Grenzfläche. Die nachfolgende Rechnung gilt dann für $x \geq 0$. Der Betrag E_t des elektrischen Feldanteils der Welle im Gebiet ② kann in komplexer Notation dargestellt werden durch

$$E_t(x,y,z,t) = \hat{E}_t \exp[j(\omega t - k_2^* e_t \cdot r)] \; . \tag{4.21}$$

Darin ist e_t ein Einheitsvektor, der die Laufrichtung der ins Medium ② transmittierten Welle angibt. k_2^* ist die Wellenzahl im Medium ② mit der Brechzahl n_2. Das Produkt $e_t \cdot r$ wird durch die Vektorkomponenten ausgedrückt:

$$e_t \cdot r = \begin{pmatrix} \sin(\varepsilon) \\ 0 \\ \cos(\varepsilon) \end{pmatrix} \cdot \begin{pmatrix} x \\ y \\ z \end{pmatrix} = x\sin(\varepsilon) + z\cos(\varepsilon) \tag{4.22}$$

mit ε: Winkel zwischen der Laufrichtung der Welle und der z-Richtung. Damit geht Gl. (4.21) über in

$$\begin{aligned} E_t(x,y,z,t) &= \hat{E}_t \exp[j(\omega t - k_2^* x\sin(\varepsilon) - k_2^* z\cos(\varepsilon))] \\ &= \hat{E}_t \cdot \exp[-jk_2^* \sin(\varepsilon)x] \cdot \exp[j(\omega t - k_2^* \cos(\varepsilon)z)] \end{aligned} \tag{4.23}$$

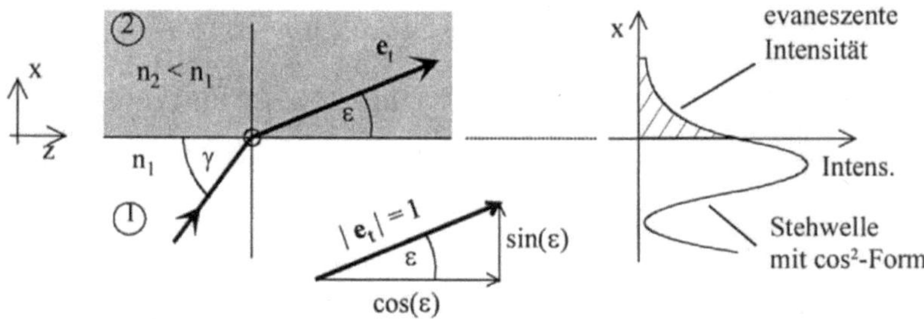

Abb. 4.8.   Linkes Teilbild: Komponenten des Laufrichtungsvektors e_t des transmittierten Feldes. Rechtes Teilbild: An die cos²-Intensitätsverteilung im LWL-Kern schließt sich die exponentiell abklingende evaneszente Intensität im Mantel an

Mit Hilfe des Snellius-Gesetzes Gl. (3.2) formen wir weiter um:

$$k_2^* \sin(\varepsilon) = \frac{2\pi}{\lambda} n_2 \sin(\varepsilon) = \frac{2\pi}{\lambda} n_2 \left[\pm\sqrt{1 - \cos^2(\varepsilon)} \right]$$

$$= \pm\frac{2\pi}{\lambda} \sqrt{n_2^2 - n_2^2 \cos^2(\varepsilon)} \;\; \overset{\text{Snellius}}{=} \;\; \pm\frac{2\pi}{\lambda} \sqrt{n_2^2 - n_1^2 \cos^2(\gamma)} \qquad (4.24)$$

$$= \pm\frac{2\pi}{\lambda} n_1 \sqrt{\left(n_2 / n_1\right)^2 - \cos^2(\gamma)}$$

Bis hierher enthält die Darstellung keine Besonderheiten. Jetzt allerdings verlangen wir, daß die unter dem Winkel γ einfallende Welle totalreflektiert werden soll: sei

$$\gamma \le \gamma_{\text{grenz}} \qquad \Rightarrow \qquad \cos(\gamma) \ge \cos(\gamma_{\text{grenz}}) = n_2/n_1 \; .$$

Bei Totalreflexion wird der Radikand in Gl. (4.24) negativ, die Wurzel rein imaginär. Wir führen zur Abkürzung eine positive (!) Kenngröße $\rho > 0$ ein durch

$$\frac{1}{\rho(\gamma)} := \frac{4\pi}{\lambda} n_1 \sqrt{\cos^2(\gamma) - \left(n_2 / n_1\right)^2} \qquad (4.25)$$

und erhalten

$$k_2^* \sin(\varepsilon) = \pm j\frac{1}{2\rho} \; , \qquad (4.26)$$

so daß

$$E_t(x, y, z, t) = \underbrace{\widetilde{E}(x)}_{\substack{\text{Amplitude} \\ \text{der Welle}}} \cdot \underbrace{\exp\left\{ j\left[\omega t - k_2^* \cos(\varepsilon) z \right] \right\}}_{\substack{\text{in} +z-\text{Richtung} \\ \text{laufende Welle}}} \qquad \text{für } x \ge 0 \qquad (4.27a)$$

mit

$$\widetilde{E}(x) = \hat{E}_t \cdot \exp\left(\pm\frac{x}{2\rho} \right) \; . \qquad (4.27b)$$

Dieses Ergebnis ist überraschend: obwohl das Licht totalreflektiert wird und nach strahlenoptischen Vorstellungen gar nicht in das Gebiet ② eindringt, besteht dennoch für $x > 0$, also in Gebiet ②, ein elektrisches Feld und damit auch optische Intensität. Dieses Feld läuft in der Form einer Welle entlang der Grenze zwischen den beiden Gebieten in (+z)-Richtung. Die Feldamplitude $\widetilde{E}(x)$ ist ortsabhängig und steigt entweder exponentiell an (positives Vorzeichen $+x/2\rho$) oder nimmt exponentiell ab (negatives Vorzeichen $-x/2\rho$). Physikalisch sinnvoll ist nur die exponentielle Abnahme, wir verwerfen deshalb die negative Lösung. Man bezeichnet das Feld $\widetilde{E}(x)$ als *evaneszentes Feld* (evanescent: abklingend). Entsprechend heißt die mit dem Feld einhergehende, im Mantelgebiet abklingende Intensität *evaneszente Intensität*, s. Abb. 4.8.

Die (effektive) Phasengeschwindigkeit, mit der das evaneszente Feld in (+z)-Richtung läuft, ergibt sich aus Gl. (1.9), Gl. (1.41) und Gl. (3.2) zu

$$v_{eff} = \frac{\omega}{k_2^* \cos(\varepsilon)} = \frac{\omega}{(2\pi / \lambda)\, n_2 \cos(\varepsilon)} = \frac{\omega\,\lambda}{2\pi}\,\frac{1}{n_1 \cos(\gamma)} = \frac{c}{n_1 \cos(\gamma)} \ . \tag{4.28}$$

Dies ist exakt die Geschwindigkeit Gl. (4.9) bzw. Gl. (4.10), mit der die dem Neigungswinkel γ zugeordnete Stehwelle im Bereich ① sich in (+z)-Richtung weiterbewegt. Offenkundig erhält man bei Totalreflexion ein aus zwei Anteilen zusammengesetztes Gesamtfeld: ein Stehfeld im Bereich ①, das an der Grenze übergeht in ein evanszentes Feld im Gebiet ②. Ein Gesamtbild aus Stehfeld und Exponentialschwanz läuft als Ganzes mit der effektiven Geschwindigkeit v_{eff} in z-Richtung.

Wir übertragen schließlich die Ergebnisse ins Modenkonzept: das Intensitätsmuster eines Modus endet nicht an der Kern-Mantel-Grenze, sondern erstreckt sich bis in den Mantelbereich hinein; hier klingt die Intensität exponentiell mit dem Abstand von der Kern-Mantel-Grenze ab.

Aus der Feldamplitude Gl. (4.27b) erhalten wir mit Gl. (1.21) das Abklingverhalten der Intensität S für $x \geq 0$:

$$S(x) = \kappa \left| \widetilde{E}(x) \right|^2 = \kappa \left| \hat{E}_t \cdot \exp\!\left(-\frac{x}{2\rho}\right) \right|^2 = S(0) \cdot \exp\!\left(-\frac{x}{\rho}\right) \ . \tag{4.29}$$

Die mit Gl. (4.17) eingeführte Größe ρ hat somit die Bedeutung einer Eindringtiefe für die Intensität: sie gibt an, in welcher Entfernung von der Kern-Mantel-Grenze die Intensität auf 1/e ihres Wertes an der Grenze abgenommen hat. ρ ist abhängig vom Neigungswinkel γ. Abbildung 4.9 skizziert die auf die Lichtwellenlänge λ normierte Eindringtiefe als Funktion von γ. Man entnimmt, daß bei kleinen Winkeln die Eindringtiefe nur Bruchteile einer Wellenlänge beträgt. Das Licht gelangt nur extrem wenig weit in das Medium ②, oder, anders formuliert: die evaneszente Intensität ist äußerst stark gedämpft. Mit wachsendem γ steigt ρ an und wächst über alle Grenzen, wenn sich γ dem Grenzwinkel nähert. Die evaneszente Welle „sieht" jetzt bis zu einigen Wellenlängen weit in das Mantelgebiet hinein.

Das Eindringen von Licht auch in den Mantelbereich hat sehr weitreichende Konsequenzen. Eine unmittelbare Folge ist, daß nicht nur der Kernbereich des LWL aus optisch hochtransparentem Material bestehen muß, sondern auch der Mantelbereich zumindest soweit, wie das Licht eindringt. Darüberhinaus geht eine für die Nachrichtenübertragung wesentliche LWL-Kenngröße (die Wellenleiterdispersion, s. Abschn. 9.1.1) auf das evaneszente Feld zurück, es wird in einigen LWL-Sensoren (den „evanescent field"-Sensoren, Abschn. 14.3) sensortechnisch ausgenutzt, und die Funktionsweise wichtiger Bauelemente der integrierten Optik (der Koppler) geht auf dieses Feld zurück. Gleich anschließend werden wir sehen,

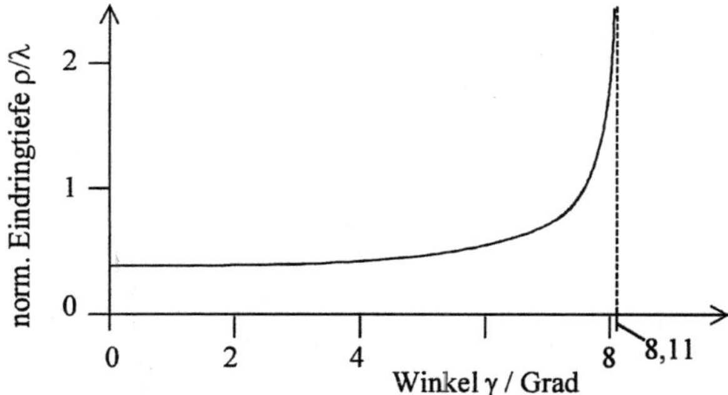

Abb. 4.9. Normierte Eindringtiefe (Abfall auf 1/e des Maximalwertes) der evaneszenten Intensität

daß mit dem evaneszenten Feld auch Lichtleistungsverluste beim Biegen eines LWL erklärt werden können.

4.1.5
Modenverhalten bei Biegung des LWL

In Abschn. 3.1.3 wurde gezeigt: wird der Wellenleiter gebogen, so erfüllen die Strahlen, die unter hohen Neigungswinkeln $|\gamma|$ zur LWL-Achse laufen, die Total-reflexionsbedingung nicht mehr, sie erleiden Leistungsverluste. Weiterhin laufen die Strahlen nach einer Biegestelle unter anderen Neigungswinkeln als zuvor.

Diese Ergebnisse sind auch noch im Stehwellenmodell bzw. in der Modenbeschreibung gültig. Alle Moden ragen mit ihrer transversalen Intensitätsverteilung über den Kernbereich hinaus. Wird der LWL gebogen, so muß der bogenäußere Teil mit einer höheren Bahngeschwindigkeit laufen als der bogeninnere Teil, wenn das Modenbild als Ganzes erhalten bleiben soll. Bei einem sehr weiten Überragen der Intensität kann dies dazu führen, daß außen laufende Lichtanteile sich mit einer Geschwindigkeit bewegen müßten, die größer ist als die einem Modus nach Gl. (4.11) zugestande Höchstgeschwindigkeit c/n_2 in Bewegungsrichtung. In Abb. 4.10 ist dies angedeutet. Eine Bahngeschwindigkeit oberhalb c/n_2 ist nicht möglich, und als Konsequenz wird das entsprechende Licht abgestrahlt. Mit anderen Worten: der Modus verliert Leistung. Der Abstrahlvorgang ist das wellenoptische Äquivalent zu dem oben beschriebenen Auftreten gebrochener Strahlen an der Biegestelle. Von ihm ist ein Modus offenkundig um so stärker betroffen, je weiter ihre Intensitätsverteilung den Kernbereich überragt. Je größer die Eindringtiefe, desto größer ist nach Gl. (4.19) der dem Modus zugeordnete Richtungswinkel γ_μ. Bei sonst gleichen Bedingungen ist γ_μ um so höher, je größer μ ist (Abb. 4.5). Folglich werden beim Biegen des LWL hohe Moden (hohe Zahlenwerte für μ) viel eher Leistung abgeben müssen als niedere Moden (kleine Zahlenwerte für μ). Dies entspricht dem strahlenoptischen Befund.

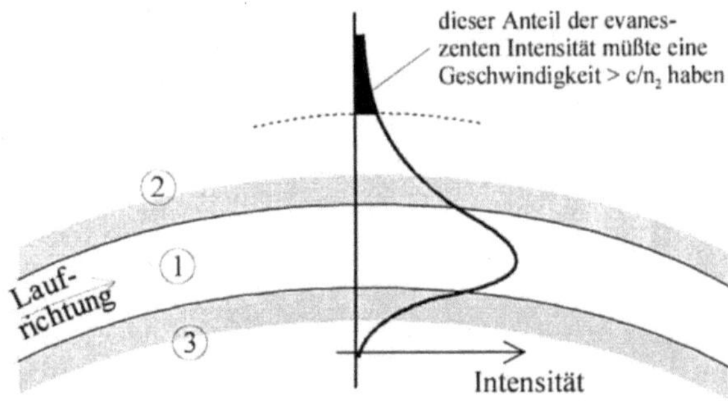

Abb. 4.10. Abstrahlung optischer Leistung an einer Biegestelle. Je weiter das evaneszente Feld eines Modus nach außen reicht, desto mehr Leistung wird abgestrahlt

Eine LWL-Biegung wirkt sich demzufolge weit mehr auf die hohen Moden aus als auf niedere Moden: aus hohen Moden wird an der Biegestelle Leistung abgegeben. Das heißt: zwar bleibt die den Modus repräsentierende Hell-Dunkel-Figur der Form nach erhalten, aber die Intensität in den einzelnen Flecken sinkt infolge der Leistungsabgabe. Die im Strahlenbild beobachtete Änderung des Neigungswinkels wird im Modenbild ersetzt durch eine Modenwandlung: niedrige Moden werden an einer Biegestelle in höhere Moden transformiert, die ihrerseits an einer noch weiter hinten liegenden weiteren Biegestelle Gefahr laufen, Leistung zu verlieren.

4.2
Gradientenindex-Filmwellenleiter mit Parabelprofil

Wir haben gefunden: in einem LWL mit Parabelprofil wird ein Lichtstrahl durch virtuelle Totalreflexion auf einer sinusförmigen Bahn geführt und so im Kernbereich des LWL gefangen. Die Vielzahl der möglichen Bahnkurven kann dabei eingeschränkt werden auf diejenigen Lichtwege, die auf der LWL-Mitte beginnen; Lichtpfade, die nicht in der Profilmitte starten, unterscheiden sich von den auf der LWL-Mitte startenden Wegen nur durch eine Phasenverschiebung.

Für eine erste wellenoptische Verbesserung ersetzen wir wie oben den Strahl durch eine ebene Welle. Die sinusförmige Bahn mit Amplitude $\hat{x}$ behalten wir bei, sie soll aber wieder nur die Ausbreitungsrichtung der Welle angeben, auf der die Phasenebenen lokal senkrecht stehen. Da sämtliche möglichen Lichtpfade in der Vielfalt der auf der Profilmitte startenden Lichtpfade enthalten sind, genügt es, nur die mit $x_S = 0$ beginnenden Pfade in die Überlegungen einzubeziehen.

Die Welle interferiert jetzt wieder mit sich selbst. Nur diejenigen Strahlenbahnen können Bestand haben, längs denen die Interferenz konstruktiv wirkt, so daß sich in transversaler x-Richtung stehende Hell-Dunkel-Muster (Stehwellenmuster) ausbilden.

Die Rechnung ist viel aufwendiger als beim Stufenprofil und wird hier nicht durchgeführt. Zu berücksichtigen ist wieder die Phasenänderung längs eines Weges mit zweimaliger Richtungsumkehr sowie die – auch bei virtueller Totalreflexion auftretenden – Phasensprünge in den transversalen Umkehrpunkten der Bahn. Das Ergebnis ist analog zu dem Ergebnis von Abschn. 4.1: bei gegebenem Wellenleiter und gegebener Betriebswellenlänge sind nicht mehr das ganze Kontinuum der Steigungswinkel im Bereich $|\gamma_S| \leq \gamma_{grenz}$ zugelassen, sondern nur noch einige wenige diskrete Werte. Lichtführung erfolgt nur noch längs der aus diesen Winkeln resultierenden Bahnen, und in der Sprechweise der Modentheorie formulieren wir:

Auch in einem Filmwellenleiter mit Gradientenprofil in Parabelform erfolgt die Ausbreitung in Form von Moden. Jeder Modus geht aus einer die Stehwellenbedingung erfüllenden spezifischen Strahlenbahn hervor, und das Stehwellenmuster jedes Modus breitet sich mit einer modenindividuellen Effektivgeschwindigkeit in z-Richtung aus. Je größer die Amplitude $\hat{x}$ der Strahlbahn, desto „höher" der zugeordnete Modus. Die Anzahl der Moden richtet sich nach dem Quotienten a/λ; je kleiner dieser Zahlenwert, desto weniger Moden sind ausbreitungsfähig. Die transversalen Intensitätsverteilungen der Moden erstrekken sich über den Kernbereich des LWL in den Mantel hinein. Je höher ein Modus, desto größer ist deren Eindringtiefe.

4.3
Übertragung auf rotationssymmetrische Faser-LWL und auf integriert-optische LWL

Wir können die Ergebnisse der vorangegangenen Abschnitte zumindest qualitativ sowohl auf rotationssymmetrische Faser-LWL wie auf integriert-optische LWL übertragen. In beiden Wellenleitertypen erfolgt die Ausbreitung in Form von Moden. Jedem Modus entspricht eine bestimmte Intensitätsverteilung auf einer Querschnittsfläche senkrecht zur LWL-Achse, wobei die Intensität bis in den Mantelbereich des LWL hineinragt. Die genaue Berechnung der Intensitätsverteilungen ist allerdings aufwendig. Jeder Modus durchläuft den LWL mit einer modenindividuellen Geschwindigkeit. Die Anzahl der Moden ist begrenzt, sie kann bei gegebenem LWL durch Vergrößern der Betriebswellenlänge λ reduziert werden, bis schließlich nur noch ein einziger Modus, der Grundmodus, ausbreitungsfähig ist. Solange in dem LWL mehrere Moden ausbreitungsfähig sind, bezeichnet man ihn als *Vielmoden-LWL*. Wenn der LWL nur den Grundmodus überträgt, wird er *Einmoden-LWL* genannt. Vergrößert man die Betriebswellenlänge bei Einmodenbetrieb noch weiter, dann findet man unterschiedliches Verhalten: wenn der LWL rotationssymmetrisch aufgebaut ist – das ist bei vielen, aber nicht bei allen Faser-

LWL der Fall –, dann ist der Grundmodus immer ausbreitungsfähig. Bei nicht-rotationssymmetrischem Aufbau und damit bei allen integriert-optischen LWL kann aber oberhalb einer bestimmten Wellenlänge der LWL überhaupt kein Licht mehr transportieren.

5 Exakte Berechnung der Lichtausbreitung

Die bisherigen Ergebnisse sind immer noch nicht ganz zufriedenstellend. Ein Beispiel soll dies erläutern. Was passiert, wenn eine Lichtwelle so auf die Stirnfläche des LWL auftrifft, daß die Welle im Innern einen Weg nehmen müßte, dessen Neigungswinkel γ zwar dem Betrage nach kleiner als der Totalreflexionsgrenzwinkel γ_{grenz} ist, aber nicht zu den zugelassenen Winkeln gehört? Nach den Aussagen des letzten Kapitels könnte einerseits das Licht den Kernbereich wegen $|\gamma| < \gamma_{grenz}$ nicht verlassen, andererseits läge destruktive Interferenz vor. Wo bleibt dann die mit der Welle mitgeführte Leistung? Eine abschließende Antwort auf diese Frage läßt sich nur geben, wenn man von allen bisherigen Modellvorstellungen und deren Verbesserungen abgeht und zurückgreift auf die Maxwell'schen Gleichungen, die alle elektromagnetischen Phänomene steuern.

5.1
Faser-LWL mit Stufenprofil

5.1.1
Entwicklung einer Wellendifferentialgleichung aus den Maxwell'schen Gleichungen

Die Maxwell'schen Gleichungen lauten in differentieller Schreibweise:

Faraday-Gesetz:	$\text{rot } \mathbf{E} = -\partial\mathbf{B}/\partial t$	(5.1a)
Ampère-Gesetz:	$\text{rot } \mathbf{H} = \mathbf{j} + \partial\mathbf{D}/\partial t$	(5.2a)
Ladungserhaltung:	$\text{div } \mathbf{D} = \rho$	(5.3a)
keine magnetischen Monopole:	$\text{div } \mathbf{B} = 0 \quad .$	(5.4a)

Darin sind $\mathbf{E}$ bzw. $\mathbf{H}$ die elektrische bzw. magnetische Feldstärke, $\mathbf{D}$ bzw. $\mathbf{B}$ die elektrische bzw. magnetische Verschiebungsflußdichte, $\mathbf{j}$ die elektrische Stromdichte, ρ die Ladungsdichte. Alle diese Größen sind orts- wie zeitabhängig, vollständig müßte es beispielsweise heißen: $\mathbf{E} = \mathbf{E}(x,y,z,t)$. Die vier obigen Gleichungen werden ergänzt durch die Materialgleichungen

$$\mathbf{D} = \varepsilon_0 \varepsilon_r \, \mathbf{E} \qquad\qquad (5.5a)$$

$$\mathbf{B} = \mu_0 \mu_r \, \mathbf{H} \quad . \qquad\qquad (5.6a)$$

ε_0 bzw. μ_0 sind die absolute Dielektrizitäts- bzw. Permeabilitätskonstante, ε_r und μ_r die entsprechenden relativen Konstanten. ε_r und μ_r erfassen den Einfluß der Materie, in der sich die Felder befinden. In nichtmagnetischen Materialien kann μ_r ignoriert werden ($\mu_r = 1$). ε_r ist im allgemeinen orts- und frequenzabhängig: $\varepsilon_r = \varepsilon_r(x,y,z,\omega)$. Bei Frequenzen im optischen Bereich wird ε_r durch die – ebenfalls orts- und frequenzabhängige – Brechzahl n ersetzt (Gl. (1.29)).

In den Materialien und Strukturen, mit denen wir uns in diesem Kapitel beschäftigen, fließen weder Ströme, $\mathbf{j} \equiv 0$, noch befinden sich in ihnen freie Ladungen, $\rho \equiv 0$. Dadurch vereinfachen sich die Maxwell-Gleichungen erheblich:

$$\text{rot } \mathbf{E} = -\partial \mathbf{B} / \partial t \tag{5.1b}$$

$$\text{rot } \mathbf{H} = \partial \mathbf{D} / \partial t \tag{5.2b}$$

$$\text{div } \mathbf{D} = 0 \tag{5.3b}$$

$$\text{div } \mathbf{B} = 0 \tag{5.4b}$$

$$\mathbf{D} = \varepsilon_0 \, n^2 \, \mathbf{E} \tag{5.5b}$$

$$\mathbf{B} = \mu_0 \, \mathbf{H} \tag{5.6b}$$

Für die Weiterrechnung nutzen wir aus:

1. Die Differentialoperatoren div und rot enthalten nur Differentiationen nach Ortskoordinaten und sind deshalb mit der Differentiation nach der Zeit in der Reihenfolge vertauschbar
2. ε_0 und μ_0 sind Fundamentalkonstanten und können vor alle Differentiationsoperatoren gezogen werden
3. Der Brechungsindex n ist zwar ortsabhängig, aber nicht zeitabhängig

Wir wenden auf Gl. (5.1b) erneut den rot-Operator an und erhalten

$$\text{rot}\left[\text{rot } \mathbf{E}\right] \overset{(5.1b)}{=} \text{rot}\left[-\frac{\partial \mathbf{B}}{\partial t}\right] = -\frac{\partial}{\partial t}\text{rot } \mathbf{B} \overset{(5.6b)}{=} -\frac{\partial}{\partial t}\text{rot}\left[\mu_0 \mathbf{H}\right] = -\mu_0 \frac{\partial}{\partial t}\text{rot } \mathbf{H}$$

$$\overset{(5.2b)}{=} -\mu_0 \frac{\partial^2}{\partial t^2}\mathbf{D} \overset{(5.5b)}{=} -\mu_0 \frac{\partial^2}{\partial t^2}\left(\varepsilon_0 \, n^2 \, \mathbf{E}\right) = -\varepsilon_0 \mu_0 \frac{\partial^2}{\partial t^2}\left(n^2 \, \mathbf{E}\right)$$

$$= -\varepsilon_0 \mu_0 \, n^2 \frac{\partial^2}{\partial t^2}\mathbf{E} \overset{(1.24)}{=} -\frac{1}{c^2} n^2 \frac{\partial^2}{\partial t^2}\mathbf{E} \quad .$$

$$\tag{5.7}$$

Mit der Operatorenidentität

$$\text{rot rot} = \text{grad div} - \text{div grad} = \text{grad div} - \left(\frac{\partial^2}{\partial x^2} + \frac{\partial^2}{\partial y^2} + \frac{\partial^2}{\partial z^2}\right) \tag{5.8}$$

geht Gl. (5.7) über in

$$\left(\frac{\partial^2}{\partial x^2} + \frac{\partial^2}{\partial y^2} + \frac{\partial^2}{\partial z^2} \right) \mathbf{E} - \frac{n^2}{c^2} \frac{\partial^2}{\partial t^2} \mathbf{E} = \text{grad div } \mathbf{E} \ . \tag{5.9}$$

Jetzt muß noch grad div $\mathbf{E}$ berechnet werden. Dazu greifen wir erneut auf die Maxwell-Gleichungen zurück:

$$0 \overset{(5.3b)}{=} \text{div } \mathbf{D} \overset{(5.5b)}{=} \text{div}\left[\varepsilon_0 \, n^2 \, \mathbf{E} \right] = \varepsilon_0 \, \text{div}\left[n^2 \, \mathbf{E} \right] \overset{?}{=} \varepsilon_0 \, n^2 \, \text{div } \mathbf{E} \ . \tag{5.10}$$

In Gl. (5.10) muß der letzte, mit einem „?" markierte Schritt kommentiert werden. Der Term n^2 kann nicht ohne weiteres vor den div-Operator gezogen werden, weil die Brechzahl im allgemeinen ortsabhängig ist: $n = n(x,y,z)$. Wenn wir es wie in Gl. (5.10) dennoch tun, dann setzen wir Stukturen voraus, in denen n örtlich konstant ist. Dies ist *nicht* der Fall im Kernbereich einer Gradientenprofilfaser. Wenn unser Vorgehen zum Ziele hätte, das Verhalten in einem Gradientenprofil-LWL zu berechnen, dann wäre der letzte Schritt in Gl. (5.10) nicht zulässig. Dagegen ist in Stufenprofilen n im Kern und im Mantel zwar unterschiedlich groß, aber innerhalb des Kerns und innerhalb des Mantels jeweils ortsunabhängig. Wir können davon profitieren, müssen uns diesen Vorteil aber dadurch erkaufen, daß wir die entstehende Differentialgleichung zweimal lösen: einmal für den Kernbereich und davon getrennt ein zweites Mal für den Mantelbereich. Wir werden entsprechend auch zwei Lösungen getrennt für Kern und Mantel erhalten, die an der Kern-Mantel-Grenze aneinander angepaßt werden müssen. Die zugehörigen Anpaßbedingungen sind in den Maxwell-Gleichungen nicht enthalten, sie müssen separat formuliert werden.

Wir beschränken uns für alles Folgende ausdrücklich auf Stufenprofile, so daß wir Gl. (5.10) zugrundelegen dürfen. Aus ihr erhalten wir div $\mathbf{E} = 0$. Damit ist auch grad div $\mathbf{E} = 0$, und Gl. (5.9) vereinfacht sich zu

$$\left(\frac{\partial^2}{\partial x^2} + \frac{\partial^2}{\partial y^2} + \frac{\partial^2}{\partial z^2} \right) \mathbf{E} - \frac{n^2}{c^2} \frac{\partial^2}{\partial t^2} \mathbf{E}(x, y, z, t) = 0 \ . \tag{5.11}$$

Auf eine ähnliche Weise läßt sich eine äquivalente Diffentialgleichung für $\mathbf{H}$ ableiten:

$$\left(\frac{\partial^2}{\partial x^2} + \frac{\partial^2}{\partial y^2} + \frac{\partial^2}{\partial z^2} \right) \mathbf{H} - \frac{n^2}{c^2} \frac{\partial^2}{\partial t^2} \mathbf{H}(x, y, z, t) = 0 \ . \tag{5.12}$$

Jede der Gleichungen Gl. (5.11) und Gl. (5.12) ist eine (nicht: „die"!) Wellendifferentialgleichung, d.h. ihre Lösungen sind physikalisch gesehen Wellenvorgänge. Jede der beiden Gleichungen ist eine Vektorgleichung und zerfällt in drei Differentialgleichungen für die drei Komponenten E_x, E_y, E_z von $\mathbf{E}$ bzw. H_x, H_y, H_z von $\mathbf{H}$. Insgesamt liegen so 6 Differentialgleichungen vor. Es ist aber zu bedenken, daß die Felder $\mathbf{E}$ und $\mathbf{H}$ über die Maxwell-Gleichungen miteinander gekoppelt sind. Es müssen deshalb nicht alle 6 Differentialgleichungen simultan gelöst werden. In der theoretischen Elektrotechnik wird gezeigt: es genügt, die DGL (5.11) nur für eine einzige der drei Komponenten von **E** und zusätzlich die DGL (5.12) ebenfalls nur für eine einzige der drei Komponenten von **H** zu lösen. Es ist üblich, mit den Wellen-DGL'n die *Longitudinal*komponenten von **E** und **H** [bei Fortpflanzung in z-Richtung also mit Gl. (5.11) E_z und mit Gl. (5.12) H_z] zu berechnen. Die jeweils fehlenden Komponenten E_x, E_y, H_x, H_y lassen sich mit Hilfe der Maxwell-Gleichungen aus den berechneten Komponenten E_z und H_z bestimmen.

5.1.2
Geführte Moden als Lösung der „reduzierten" Differentialgleichung

Wir betrachten eine Stufenprofilfaser mit Kernradius a und unendlich ausgedehntem Mantel (dies deshalb, weil wir sonst an der Grenze Mantel-Außenwelt ebenfalls Randbedingungen zu berücksichtigen hätten. Mit dem unendlich ausgedehnten Mantel vermeiden wir diese zusätzliche Schwierigkeit.) Die Achse der Faser liegt in der z-Achse eines kartesischen Koordinatensystems (Abb. 5.1). In einem beliebigen Punkt P in der Faser mit den kartesischen Koordinaten P(x,y,z) besteht zu jedem Zeitpunkt t ein elektrisches Feld **E**(x,y,z,t) mit den Komponenten E_x, E_y, E_z sowie ein entsprechendes magnetisches Feld **H**(x,y,z,t). Wir suchen diejenigen Felder, die

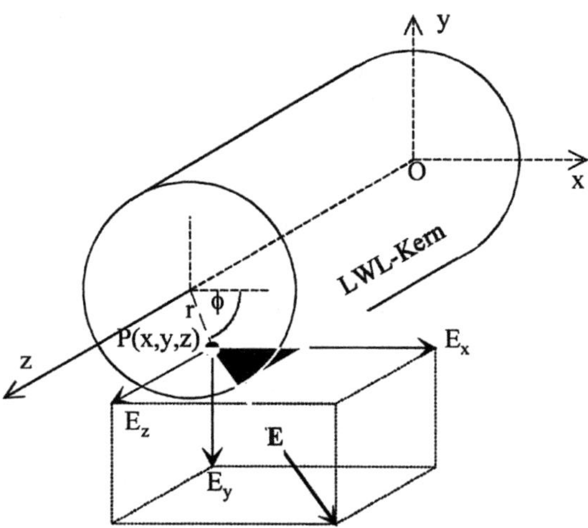

Abb. 5.1. Koordinatensystem zu Berechnung der Lichtausbreitung im Faser-LWL. Ein Punkt P auf der Faserquerschnittsfläche wird alternativ durch seine kartesischen Koordinaten x,y,z oder durch seine Zylinderkoordinaten r,φ,z beschrieben. Das (elektrische bzw. magnetische) Feld in diesem Punkt wird immer in kartesische Komponenten zerlegt.

– die Wellendifferentialgleichungen Gl. (5.11) bzw. Gl. (5.12) lösen, also physikalisch Wellen darstellen, welche sich
– längs eines Faser-LWL mit Stufenprofil fortpflanzen, wobei sie
– beim Fortschreiten keine Energie verlieren.

Wenn Felder mit diesen Eigenschaften überhaupt existieren, dann müssen sie die folgende Form haben (hier angegeben für das elektrische Feld):

$$\mathbf{E}(x,y,z,t) = \hat{\mathbf{E}}(x,y)\cos\left(\omega t - \beta z\right) \quad \text{mit } \hat{\mathbf{E}}(x,y) := \begin{pmatrix} \hat{E}_x(x,y) \\ \hat{E}_y(x,y) \\ \hat{E}_z(x,y) \end{pmatrix} . \tag{5.13}$$

Begründung:

1. Der Term $\cos(\omega t - \beta z)$ erzwingt eine Wellenausbreitung in z-Richtung, also längs der Faser. β ist die Ausbreitungskonstante, sie ist verknüpft mit der Geschwindigkeit, mit der sich die Phase der Welle in z-Richtung weiterbewegt. Diese Geschwindigkeit wird auch durch die Zwangsbedingungen der Lichtführung beeinflußt. Gemäß der Sprachregelung von Abschn. 1.1.3 werden wir sie im Folgenden immer als *effektive Phasengeschwindigkeit* bezeichnen und mit v_{eff} notieren. Somit ist mit Gl. (1.9) hier $\omega/\beta = v_{eff}$.
2. Die Welle kann sich nicht frei im Raum ausbreiten, sie ist geometrisch auf den Querschnitt der Faser beschränkt. Sie kann deshalb nach den Aussagen von Abschn. 1.2.3 nicht als rein transversale Welle vorausgesetzt werden, sondern es muß davon ausgegangen werden, daß sie auch Longitudinalkomponenten E_z und H_z hat.
3. Es ist offenkundig, daß die Welle längs der Faser ihren Bündeldurchmesser nicht ändert. Zusätzlich verlangen wir, daß sie weder verstärkt noch abgeschwächt wird. Damit erzwingen wir, daß die Feldamplitude $\hat{\mathbf{E}}$ und ihre Komponenten $\hat{E}_x$, $\hat{E}_y$, $\hat{E}_z$ zwar von den Transversalkoordinaten x und y abhängig sind, nicht aber von der Longitudinalkoordinate z.
4. In den Ansatz Gl. (5.13) wurden keine Nullphasen φ aufgenommen. Nullphasenlagen werden von der einzukoppelnden Welle bei deren Eintritt in den LWL festgelegt (Anfangsbedingungen), sie wären keine aus der Differentialgleichung heraus mitzuberechnende Größen und können deshalb weggelassen werden.

Gleichung (5.13) gibt die Abhängigkeit von z und t von vornherein vor. Die in Gl. (5.11) auftretenden Differentiationen nach z und t können ausgeführt werden, und als Ergebnis wird Gl. (5.11) übergeführt in

$$\left(\frac{\partial^2}{\partial x^2} + \frac{\partial^2}{\partial y^2}\right)\hat{\mathbf{E}} + \left[\omega^2 \frac{n^2}{c^2} - \beta^2\right]\hat{\mathbf{E}} = 0 . \tag{5.14}$$

Gleichung (5.14) ist eigentlich ein Satz aus drei Differentialgleichungen, eine für jede der Komponenten $\hat{E}_x$, $\hat{E}_y$, $\hat{E}_z$ von $\hat{\mathbf{E}}$. Einen formal identischen Satz erhält man für das magnetische Feld $\hat{H}(x,y)$. Diese beiden Vektor-Differentialgleichungen bzw. Differentialgleichungssätze heißen *reduzierte Gleichungen*. Sie bilden den Ausgangspunkt für die Berechnung der Wellenausbreitung in jeder Art dielektrischem Wellenleiter mit Stufenprofilaufbau. Die Aufgabenstellung lautet jetzt: Lösung der reduzierten Gleichungen, d.h. Bestimmung von $\hat{E}(x,y)$ und $\hat{H}(x,y)$ in jedem durch (x,y) erfaßten Punkt bei gleichzeitiger Berechnung der ebenfalls unbekannten Ausbreitungskonstanten β. In der Regel erhält man mehrere Lösungen, d.h. mehrere Sätze von Feldverteilungen $\hat{E}(x,y)$ und $\hat{H}(x,y)$ mit dazu passenden Ausbreitungskonstanten β. Man bezeichnet jede gültige Lösung als einen (geführten) *Modus* der Faser.

5.1.3
Lösungsversuch: LP-Moden (Moden mit einheitlich in derselben Richtung linear polarisierten Feldern)

Oben wurde erwähnt, daß die Wellen-Differentialgleichungen Gl. (5.11) und Gl. (5.12) üblicherweise für die Longitudinalkomponenten der Felder gelöst werden. Entsprechend wird die reduzierte Gleichung (5.14) normalerweise für $\hat{E}_z$ und die entsprechende Magnetfeldgleichung für $\hat{H}_z$ gelöst. Hier soll ein anderer Ansatz vorgestellt werden. Wir forschen nach Lösungen, bei denen zu *jedem* Zeitpunkt der Transversalanteil des elektrischen Feldvektors in *jedem* beliebigen Querschnittspunkt (x,y) in *dieselbe* Richtung zeigt und diese Orientierung längs der Faser beibehält. Der Einfachheit halber lassen wir das Transversalfeld in x-Richtung weisen. Der Feldstärkevektor einer solchen Welle hat nur eine Transversalkomponente in x-, aber keine in y-Richtung: $\hat{E}_x(x,y) \neq 0$, $\hat{E}_y(x,y) \equiv 0$. Wegen $E \perp H$ hat entsprechend das magnetische Feld nur eine Transversalkomponente in y-Richtung, aber keine in x-Richtung: $\hat{H}_y(x,y) \neq 0$, $\hat{H}_x(x,y) \equiv 0$.

Physikalisch erzielen wir durch die Zwangsvorgabe $\hat{E}_y(x,y) \equiv 0$ Lösungen, bei denen die Welle in jedem Punkt ihres Querschnittes in *dieselbe* Richtung, nämlich in die x-Richtung, linear polarisiert ist. Gemäß der Sprechweise von Abschn. 1.2.3 handelt es sich also um eine *einheitlich* linear polarisierte Welle. Aus Symmetriegründen folgt sofort: wenn einheitlich linear in x-Richtung polarisierte Wellen Lösungen sind, dann müssen wegen der Rotationssymmetrie auch einheitlich linear in y-Richtung polarisierte Wellen Lösungen sein. Da jeder beliebige Polarisationszustand als Überlagerung von linear x- und linear y-polarisierten Wellen dargestellt werden kann, gibt es dann auch einheitlich, aber ansonsten beliebig polarisierte Wellen als Lösung. In der Regel ist das in die Faser einzuspeisende Licht einheitlich polarisiert (oder unpolarisiert) und könnte unter dieser Voraussetzung effektiv diese Wellenformen anregen; zudem würde es bei der Übertragung seinen Polarisationszustand beibehalten. Derartige Lösungen sind deshalb sehr willkommene Lösungsformen. Sie werden – wenn sie überhaupt existieren – als *LP-Moden* bezeichnet; die Buchstaben *LP* stehen für $\underline{L}$inear $\underline{P}$olarisiert.

Wir untersuchen, ob es LP-Moden gibt, z.B. LP-Moden, bei denen das elektrische Feld in jedem Punkt (x,y) in x-Richtung zeigt. Wir setzen dazu von vornherein $\hat{E}_y = \hat{H}_x \equiv 0$ und lösen Gl. (5.14) nur für $\hat{E}_x$ sowie die äquivalente Magnetfeldgleichung nur für $\hat{H}_y$. Die noch fehlenden Amplituden $\hat{E}_z$ und $\hat{H}_z$ erhalten wir mit Hilfe der Maxwell-Gleichungen: die z-Komponente von Gl. (5.2b) beispielsweise vereinfacht sich wegen $\hat{H}_x \equiv 0$ zu $-\frac{\partial}{\partial x}\hat{H}_y = j\omega\varepsilon_0 n^2\,\hat{E}_z$; Differentiation von $\hat{H}_y$ liefert also $\hat{E}_z$. Entsprechend geht Gl. (5.1b) wegen $\hat{E}_y \equiv 0$ über in $\frac{\partial}{\partial y}\hat{E}_x = -j\omega\mu_0\,\hat{H}_z$ und liefert so $\hat{H}_z$. Damit sind alle Feldamplituden bzw. Felder ausgewiesen. Im nachfolgenden Teil wird der Rechengang zur Bestimmung von $\hat{E}_x$ skizziert, die Rechnungen aber nicht bis ins Detail durchgeführt.

Zunächst gehen wir zu einem der Aufgabenstellung mehr angepaßten Koordinatensystem über und beschreiben die transversale Lage des Ortspunktes P nicht mehr mit kartesischen Koordinaten (x,y), sondern mit Polarkoordinaten (r,ϕ). Dementsprechend wird $\hat{E}_x(x,y)$ ersetzt durch $\hat{E}_x(r,\phi)$, und wir müssen die Differentiationen nach x und y austauschen durch Differentiationen nach r und ϕ. Die beiden Schritte führen Gl. (5.14) über in

$$\left(\frac{\partial^2}{\partial r^2} + \frac{1}{r}\frac{\partial}{\partial r} + \frac{1}{r^2}\frac{\partial^2}{\partial\phi^2}\right)\hat{E}_x(r,\varphi) + \left(\omega^2\frac{n^2}{c^2} - \beta^2\right)\hat{E}_x(r,\phi) = 0 \quad . \tag{5.15}$$

Für $\hat{E}_x(r,\phi)$ setzen wir jetzt ein Produkt aus einer nur von r abhängigen Funktion R(r) mit einer nur von ϕ abhängigen Funktion F(ϕ) an; A ist ein Vorfaktor:

$$\hat{E}_x(r,\phi) = A\cdot R(r)\cdot F(\phi) \quad . \tag{5.16}$$

Wir setzen dieses Produkt in Gl. (5.15) ein, führen die Differentiationen nach r und ϕ durch mit dem Ergebnis

$$\left(\frac{r^2}{R(r)}\frac{\partial^2}{\partial r^2} + \frac{r}{R(r)}\frac{\partial}{\partial r}\right)R(r) + \left(\omega^2\frac{n^2}{c^2} - \beta^2\right)r^2 = -\frac{1}{F(\phi)}\frac{\partial^2}{\partial\phi^2}F(\phi) \quad . \tag{5.17}$$

Gleichung (5.17) soll für beliebige Werte von r und ϕ gelten. Da ihre linke Seite nur von r, die rechte Seite nur von ϕ abhängt, ist dies nur möglich, wenn beide Seiten eine – weder von r noch von ϕ abhängige – Konstante bilden, die wir mit ν^2 bezeichnen (die genaue Weiterrechnung ergibt, daß nur positive Konstanten zu einer Lösung des Gesamtproblems führen, deshalb wird sie hier als Quadrat einer Zahl ν angesetzt). Gleichung (5.17) zerfällt jetzt in zwei Teilgleichungen

$$-\frac{1}{F(\phi)}\frac{\partial^2}{\partial\phi^2}F(\phi) = \nu^2 \tag{5.18a}$$

$$\left(\frac{r^2}{R(r)} \frac{\partial^2}{\partial r^2} + \frac{r}{R(r)} \frac{\partial}{\partial r} \right) R(r) + \left(\omega^2 \frac{n^2}{c^2} - \beta^2 \right) r^2 = \nu^2 \; , \tag{5.19a}$$

die umgestellt werden können zu

$$\frac{\partial^2}{\partial \phi^2} F(\phi) + \nu^2 F(\phi) = 0 \tag{5.18b}$$

$$\left(\frac{\partial^2}{\partial r^2} + \frac{1}{r} \frac{\partial}{\partial r} \right) R(r) + \left(\omega^2 \frac{n^2}{c^2} - \beta^2 - \frac{\nu^2}{r^2} \right) R(r) = 0 \; . \tag{5.19b}$$

Gleichung (5.18b) läßt sich ohne Schwierigkeit lösen:

$$F(\phi) = \begin{cases} \cos(\nu\phi) \\ \sin(\nu\phi) \end{cases} \tag{5.20}$$

Aus dieser Lösung geht hervor, daß ν eine ganze Zahl sein muß. Begründung: wegen der Rotationssymmetrie muß $\hat{E}_x(r, \phi + 2\pi) = \hat{E}_x(r, \phi)$ und folglich auch $F(r, \phi + 2\pi) = F(r, \phi)$ sein. Mit Gl. (5.20) ist das nur möglich, wenn ν ganzzahlig ist. Negative ganze Zahlen liefern keine neuen Ergebnisse, wir schränken deshalb den Zahlenbereich für ν ein auf $\nu = 0, 1, 2, \ldots$

Gleichung (5.20) liefert das Radialverhalten des Feldes. Wir erinnern uns, daß wir die Wellengleichung zweimal lösen müssen: einmal im Kernbereich, einmal im Mantelbereich. Die beiden Bereiche unterscheiden sich durch ihre Brechzahl n. Die Brechzahl tritt zwar in Gl. (5.19b), nicht aber in Gl. (5.18b) auf. Deshalb muß die Teillösung Gl (5.20) sowohl für den Kernbereich wie für den Mantelbereich gültig sein, zur Lösung von Gl. (5.19b) müssen wir jetzt aber zwischen Kern und Mantel unterscheiden. Wir führen neue dimensionslose Variable ρ_K, ρ_M ein mit den für Kern und Mantel unterschiedlichen Substitutionen

$$r = \begin{cases} \dfrac{a}{u} \cdot \rho_K & \text{im Kernbereich } 0 \leq r \leq a \\[2em] \dfrac{a}{w} \cdot \rho_M & \text{im Mantelbereich } r \geq a \end{cases} \tag{5.21}$$

Darin ist a der Kernradius, und u und w sind Abkürzungen, definiert durch

$$\frac{u}{a} := \sqrt{\frac{\omega^2}{c^2} n_1^2 - \beta^2} \quad , \tag{5.22}$$

$$\frac{w}{a} := \sqrt{\beta^2 - \frac{\omega^2}{c^2} n_2^2} \quad . \tag{5.23}$$

In diesen neuen Variablen werden Kern- und Mantelbereich ausgedrückt durch

Kern: $0 \le r \le a$ $\Leftrightarrow$ $0 \le \rho_K \le u$,

Mantel: $r \ge a$ $\Leftrightarrow$ $\rho_M \ge w$,

und die Nahtstelle $r = a$ ist die Stelle, an der $\rho_K = u$ und $\rho_M = w$ ist. Mit diesen Substitutionen geht Gl. (5.19b) über in

$$\text{Kern } (0 \le \rho_K \le u):\quad \left(\frac{\partial^2}{\partial \rho_K^{\,2}} + \frac{\partial}{\partial \rho_K}\right) R(\rho_K) - \left(\frac{v^2}{\rho_K^{\,2}} - 1\right) R(\rho_K) = 0 \quad , \text{(5.24a)}$$

$$\text{Mantel } (\rho_M \ge w):\quad \left(\frac{\partial^2}{\partial \rho_M^{\,2}} + \frac{\partial}{\partial \rho_M}\right) R(\rho_M) - \left(\frac{v^2}{\rho_M^{\,2}} + 1\right) R(\rho_M) = 0 . \text{(5.24b)}$$

Die Differentialgleichungen Gl. (5.24) sind in der Mathematik unter den Namen „Bessel'sche Differentialgleichung der Ordnung v" [Gl. (5.24a)] bzw. „modifizierte Bessel'sche Differentialgleichung der Ordnung v" [Gl. (5.24b)] bekannt. Ihre Lösungen sind die „Besselfunktionen" bzw. die „modifizierten Besselfunktionen". Jede der beiden Gleichungen hat bei ganzzahligem v – und das ist hier der Fall, siehe oben – zwei Klassen von Lösungsfunktionen, die in der mathematischen Literatur mit eigenen Funktionsbezeichnungen geschrieben werden:

– die Besselfunktionen „1.Art" J_v und „2. Art" N_v als Lösung von Gl. (5.24a)
– die modifizierten Besselfunktionen „1.Art" I_v und „2.Art" K_v als Lösung von Gl. (5.24b)

Die Radialfunktion R muß also bei vorgegebenem v durch diese Lösungsfunktionen repräsentiert werden. Die Funktionen zeigen ein höchst unterschiedliches Verhalten: J_v und N_v weisen einen oszillatorischen Verlauf auf, wobei J_v stets endlich bleibt, N_v dagegen bei $\rho = 0$ eine Unendlichkeitsstelle besitzt. I_v steigt ähnlich einer Exponentialfunktion mit wachsendem ρ an, K_v fällt entsprechend ab.

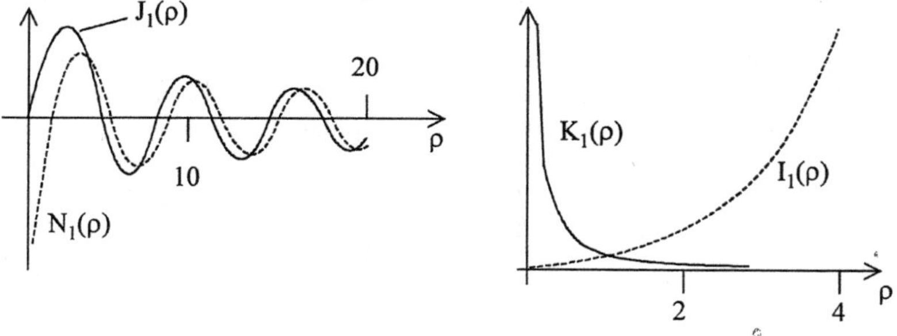

Abb. 5.2. Verhalten der Besselfunktionen 1.Ordnung stellvertretend für alle anderen Besselfunktionen: J_1 und N_1 oszillieren, aber N_1 wird für $\rho \to 0$ dem Betrage nach unendlich groß. I_1 steigt streng monoton an, K_1 fällt streng monoton ab

Abbildung 5.2 zeigt dieses Verhalten repräsentativ an den Funktionen 1.Ordnung J_1, N_1, I_1, K_1. Nicht jede mathematisch mögliche Lösungsfunktion kommt deshalb aus physikalischen Gründen als Problemlösung in Betracht. Welche soll man auswählen?

An dieser Stelle greifen wir auf bereits bekannte Ergebnisse aus Abschn. 4.1 für die Stufenprofil-Schichtwellenleiter zurück. Nach Abschn. 4.1.1 bzw. 4.1.4

- bilden sich im Kernbereich Stehwellen, d.h. das Feld oszilliert im Kernbereich des Schicht-LWL
- endet das Feld nicht an der Kern-Mantel-Grenze, sondern erstreckt sich in den Mantel hinein und klingt dort exponentiell ab.

Da wir ein zumindest ähnliches Verhalten auch in der Stufenprofilfaser erwarten, schließen wir: im Kernbereich muß das Feld oszillatorisches Verhalten zeigen, darf aber natürlich nirgendwo unendlich groß werden. Damit scheidet im Kernbereich die Funktion $N_\nu(\rho_K)$ als Lösung aus. Im Mantelbereich muß das Feld mit wachsendem Abstand abklingen. Das ist bei der Funktion $I_\nu(\rho_M)$ nicht der Fall, also kommt $I_\nu(\rho_M)$ als Lösung nicht in Betracht.

Damit ist $R(\rho)$ zumindest im Prinzip bekannt, und nach Rücksubstitution $\rho \rightarrow r$ aus Gl. (5.21) schreiben wir

$$R(r) = \begin{cases} J_\nu(\tfrac{r \cdot u}{a}) & \text{im Kernbereich } 0 \leq r \leq a \\[2mm] K_\nu(\tfrac{r \cdot w}{a}) & \text{im Mantelbereich } r \geq a \end{cases}, \qquad (5.25)$$

Unsere Rechnung ist noch nicht beendet. Die Lösungsfunktionen Gl. (5.25) enthalten die Parameter u und w, die ihrerseits nach Gl. (5.22) bzw. Gl. (5.23) jeweils die bislang nicht bekannte Ausbreitungskonstante β enthalten. Solange β nicht ausgewiesen ist, ist Gl. (5.25) nicht nutzbar.

Bei der Bestimmung von β hilft uns, daß die Felder im Kernbereich und im Mantelbereich an der Nahtstelle r = a physikalisch korrekt aneinander anschließen müssen. „Physikalisch korrekt" heißt hier: an der Stelle r = a muß die normierte Ableitung $(1/R)(\partial R/\partial r)$ in Kern und Mantel denselben Wert ergeben. Für die Berechnung benötigt man die Ableitungen der Besselfunktionen. Man benutzt jetzt vorteilhafterweise spezielle, hier nicht näher zu diskutierende Eigenschaften der Besselfunktionen [ebenso wie man z.B. die Ableitung der Funktion $g(x) = e^{ax}$ ersetzen kann durch $a \cdot g(x)$] und erhält unter Berücksichtigung der obigen Beschreibung der Nahtstelle nach einiger Rechnung als Anpassungsbedingung

$$u \frac{J_{\nu-1}(u)}{J_\nu(u)} = -w \frac{K_{\nu-1}(w)}{K_\nu(w)} \quad . \qquad (5.26)$$

u und w sind gemäß ihren Definitionen Gl. (5.23) und (5.24) einzusetzen, beide enthalten die Größe β. Man erkennt, daß Gl. (5.26) letztlich eine Bestimmungsgleichung zur Berechnung der noch fehlenden Ausbreitungskonstanten β ist. Aus mathematischer Sicht ist Gl. (5.26) eine „Eigenwertgleichung". Sie ist nicht für beliebige Werte von β, sondern nur für einzelne geeignete β-Werte lösbar. Die Mathematik nennt die „geeigneten" β-Werte „Eigenwerte". Mit anderen Worten: eine physikalisch sinnvolle Lösung läßt sich nur konstruieren, wenn β „paßt". Ein „passender" β-Wert ist dann die noch fehlende Ausbreitungskonstante.

Wir unterbrechen an dieser Stelle die Diskussion und stellen die genaue Bestimmung von β zurück. Haben wir β mit Hilfe von Gl. (5.26) gefunden, so ist die Radialfunktion R(r) vollständig bekannt, und zusammen mit dem Winkelbeitrag F(ϕ) aus Gl. (5.20) können wir über Gl. (5.16) das Feld $\hat{E}_x(r,\phi)$ für jeden Punkt mit den Polarkoordinaten (r,ϕ) angeben. Auf völlig identische Weise finden wir die Transversalamplitude $\hat{H}_y(r,\phi)$ des magnetischen Feldes.

Wie bereits einleitend zu diesem Abschnitt ausgeführt, erhalten wir die Longitudinalamplituden mit Hilfe der Maxwell-Gleichungen: Differentiation von $\hat{H}_y$ liefert $\hat{E}_z$, Differentiation von $\hat{E}_x$ ergibt $\hat{H}_z$. Da wir a priori $\hat{E}_y = \hat{H}_x \equiv 0$ festgelegt haben, sind jetzt alle Feldamplituden berechnet, das Gesamtproblem ist gelöst. Ist es wirklich gelöst?

Leider erleben wir einen Rückschlag. Wenn wir die gefundene Lösung zur Probe in Gl. (5.2b) einsetzen, dann finden wir, daß zwar die z-Komponente die Probe erfüllt, nicht aber die anderen Komponenten. Mit anderen Worten heißt das: unsere Lösung ist in Wirklichkeit gar keine Lösung. Noch drastischer formuliert: es gibt keine Welle mit den geforderten LP-Eigenschaften, unser Ansatz ist unzulässig.

Es stellt sich sofort die Frage: wie falsch ist unser Ergebnis? Man findet nach umständlicher Analyse, daß bei den x- und y-Komponenten in Gl. (5.2b) die Terme rechts und links des Gleichheitszeichens etwa um Δ auseinanderliegen, mit Δ: normierte Brechzahldifferenz nach Gl. (3.7). Diesen Befund benutzen wir, um unsere Rechnung zu retten: wir fordern von unserer Faser, daß ihre Brechzahldifferenz sehr klein ist. In realen Fasern ist typisch $\Delta < 0{,}01$. Eine solche Faser heißt Faser *mit schwacher Führung*. Bei derart kleinen Werten für Δ ist der Fehler vernachlässigbar, und wir können unser Ergebnis weiter verwenden. Allerdings sollten wir uns bewußt sein, daß die LP-Felder strenggenommen keine Lösung des Problems sind. Man sollte sie deshalb nicht „Moden", sondern „Pseudomoden" nennen. Als Folge der schwachen Führung ergibt sich zusätzlich, daß die Longitudinalamplituden $\hat{E}_z$ und $\hat{H}_z$ ebenfalls sehr klein sind: die Faserwelle wird „fast" zu einer transversalen Welle (in der Sprechweise von Abschn. 1.2.2 „fast" zu einer TEM-Welle) und reduziert sich auf die bereits bekannten $\hat{E}_x(r,\phi)$ und $\hat{H}_y(r,\phi)$.

5.1.4
LP-Modenbilder in Stufenprofilfasern

Wir nehmen nun die oben unterbrochene Diskussion zur Ausbreitungskonstanten β wieder auf. Die Durchrechnung zeigt zunächst, daß die Zahlenwerte möglicher Ausbreitungskonstanten stets in dem Bereich

$$\frac{2\pi}{\lambda} n_2 \leq \beta \leq \frac{2\pi}{\lambda} n_1 \qquad (5.27)$$

liegen. Wegen $v_{eff} = \omega/\beta$ ist obige Aussage gleichwertig mit

$$c/n_1 \leq v_{eff} \leq c/n_2 \, . \qquad (5.28)$$

Dies ist exakt das Ergebnis Gl. (4.11). Weiterhin finden wir:

Die den in der Eigenwertgleichung Gl. (5.26) auftretenden Parameter u und w enthalten Fasereigenschaften (a, n_1, n_2 bzw. Δ) sowie die Frequenz ω des zu übertragenden Lichtes, s. ihre Definitionen Gl. (5.22) und Gl. (5.23) . Ob zu einem Vorgabewert v bzw. zu einem Funktionenpaar $\{J_v, K_v\}$ ein passendes β vorhanden ist, hängt von diesen Daten ab. Dabei kann es sein, daß mit gegebenem v die Eigenwertgleichung nicht lösbar ist (physikalisch: es unter diesen Voraussetzungen keine sinnvolle Lösung gibt). Es kann aber auch sein, daß die Eigenwertgleichung eine oder zu ein- und demselben v sogar mehrere Lösungen besitzt. Letzteres bedeutet: mit einem einzigen Funktionenpaar $\{J_v, K_v\}$ können mehrere Feldverteilungen $\hat{E}_x(r, \phi)$ konstruiert werden, die den Maxwell'schen Gleichungen samt ihren Anschlußbedingungen an der Kern-Mantel-Grenze genügen. Es bietet sich dann an, diese Lösungen durch einen weiteren Index $\mu \geq 1$ durchzunumerieren.

Es ist sinnvoll, die Lösungsvielfalt in graphischer Form darzustellen. Dazu führen wir zwei neue dimensionslose Größen V und B ein durch

$$V := \frac{2\pi}{\lambda} a \sqrt{n_1^2 - n_2^2} \overset{(3.7)}{=} \frac{2\pi}{\lambda} a n_1 \sqrt{2\Delta} \overset{(3.27)}{=} \frac{2\pi}{\lambda} a A_N \qquad (5.29)$$

$$\beta := \frac{2\pi}{\lambda} \sqrt{n_2^2 + B \cdot \left(n_1^2 - n_2^2 \right)} \, . \qquad (5.30)$$

V heißt *Strukturparameter* (V-Parameter)[1] der Stufenprofil-Faser, er faßt Geometrie-, Material- und Betriebseigenschaften der Faser zu einer Kenngröße zusammen. Die mit Gl. (5.30) indirekt definierte Größe B wird *normierte Ausbreitungskonstante* genannt; wegen Gl. (5.27) ist $0 \leq B \leq 1$. Eine physikalische Interpretation von B wird weiter unten in Abschn. 5.1.6 gegeben.

Abbildung 5.3 zeigt einige ausgesuchte Resultate. Die einzelnen Kurven sind mit zwei Indizes $(v\mu)$ gekennzeichnet. Der 1.Index v gibt an, daß die Felder mit dem Funktionenpaar $\{J_v, K_v\}$ für R(r) konstruiert wurden, der 2.Index μ numeriert die zugehörigen Lösungen. (Beispiel: $v\mu = 11$: 1.Lösung mit J_1 und K_1; $v\mu=12$: 2.Lösung mit demselben Funktionenpaar J_1 und K_1 etc.). Man erkennt, daß die Anzahl der Lösungen, d.h. der physikalisch sinnvollen Felder begrenzt ist. Für z.B. V = 6 existieren insgesamt 6 Lösungen (tatsächlich sind es mehr, es sind

---

[1] In manchen Textbüchern wird V „normierte Frequenz" genannt. Die Bezeichnung rührt daher, daß der Term $2\pi/\lambda$ ersetzt werden kann durch ω/c. Damit ist $V \sim \omega$, der Proportionalitätsfaktor bildet die Normierungskonstante.

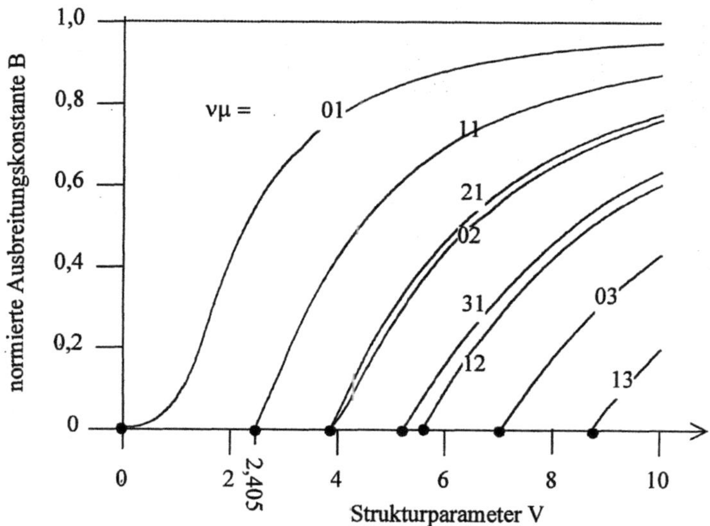

Abb. 5.3. Normierte Ausbreitungskonstante B als Funktion des Strukturparameters V. Die Endstelle der jeweiligen Kurve ist durch einen Punkt markiert; dies gilt auch für alle folgenden Bilder.

nicht alle Möglichkeiten hier dargestellt), für V = 3 nur noch 2, für V = 2 nur noch eine. Zu jeder Lösung kann man in der Graphik den zugehörigen B-Wert ablesen und daraus mit Gl. (5.30) die Ausbreitungskonstante β bestimmen, mit der sich dieses spezielle Feld in z-Richtung fortpflanzt.

Die Abbildung 5.3 liefert zusammen mit Gl. (5.30) zu gegebenem V diejenigen Ausbreitungskonstanten β, mit denen sich elektromagnetische Felder konstruieren lassen, die den eingangs des Absch. 5.1.2 gemachten Anforderungen genügen. Insbesondere sind diese Lösungen in jedem Querschnittspunkt (x,y) in dieselbe Richtung linear polarisiert. Solche Lösungsformen haben wir als LP-Moden bezeichnet. Wir ordnen die LP-Moden anhand zweier Indizes (ν,µ), die den Indizes in Abb. 5.3 entsprechen.

Nach Gl. (1.22) ist das Betragsquadrat der Feldstärke am Ort (x,y) bzw. (r,ϕ) ein Maß für die Intensität an diesem Ort. Aus den mit Gl. (5.16), Gl. (5.20) und Gl. (5.25) berechneten Feldverteilungen lassen sich so durch Quadrieren die zugehörigen Intensitätsmuster auf einer Faserquerschnittsfläche bestimmen. Abbildung 5.4 zeigt die Intensitätsbilder einiger $LP_{\nu\mu}$-Moden, berechnet für V $\rightarrow$ ∞, jeweils sowohl als Graustufenbild und als dreidimensionales Relief. Die Intensitätsbilder sind in konzentrischen Kreisen angeordnete Hell-Dunkel-Muster. Die Anzahl der Kreise und der Intensitätsverlauf innerhalb eines Kreises können aus den Modenindizes (νµ) abgelesen werden: µ gibt die Anzahl der Kreise an, und 2ν liefert die Anzahl der Intensitätsminima innerhalb eines jeden Kreises.

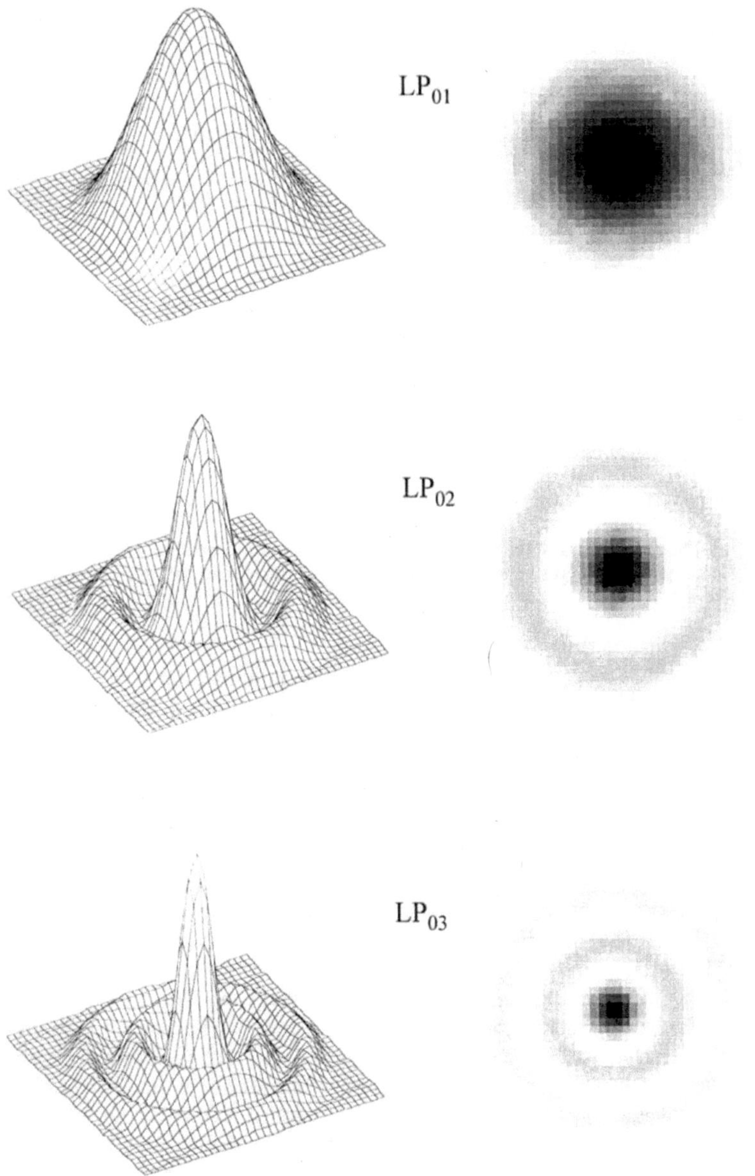

Abb. 5.4.   Intensitätsverteilung in einigen $\mathrm{LP}_{\nu\mu}$-Moden. Im jeweils linken Teilbild ist die Intensitätsverteilung in Form eines Reliefs als Höhe über einer Querschnittsfläche aufge-

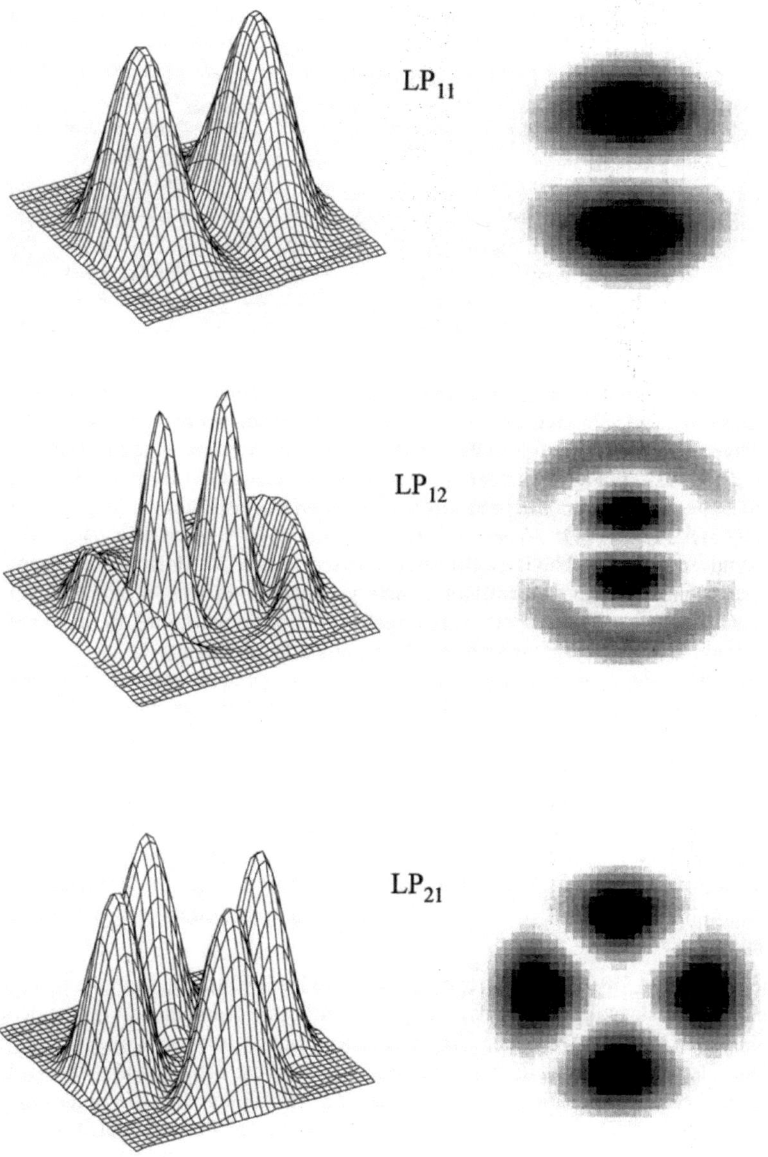

tragen, im jeweils rechten Teilbild mißt die Stärke der Grautönung die lokale Intensität im betreffenden Punkt auf dem Faserquerschnitt.

Die Intensitätsbilder der Moden mit $\nu = 0$ sind rotationssymmetrisch, nicht aber die der Moden mit $\nu \neq 0$, die Fleckenmuster liegen hier bei ganz bestimmten Azimutwinkeln ϕ. Dieses Ergebnis verwundert: wieso liegen die Flecken genau bei diesen und nicht bei anderen Winkeln? Anders gefragt: wieso gibt es in einem perfekt kreisrunden und konzentrischen System Vorzugsrichtungen, nämlich diejenigen Winkel, unter denen die Intensitätsmaxima oder Minima erscheinen?

Die Antwort liegt in Gl. (5.20). Dort haben wir gefunden, daß es zu ein- und derselben Radialfunktion $R(r)$ *zwei* die Winkelabhängigkeit beschreibende Azimutfunktionen $F(\phi)$ gibt: $F(\phi) = \sin(\nu\phi)$ und $F(\phi) = \cos(\nu\phi)$. Die Bilder der Abb. 5.4 wurden mit $F(\phi) = \sin(\nu\phi)$ gezeichnet; mit $F(\phi) = \cos(\nu\phi)$ hätte man identische Figuren erhalten, allerdings um $\pi/(2\nu)$ gedreht, so daß die Minima der cos-Variante auf den Positionen der Maxima der sin-Variante liegen, und umgekehrt. Das, was wir bislang als Modus $LP_{\nu\mu}$ mit $\nu \neq 0$ bezeichnet haben, tritt folglich in zwei Varianten auf: einmal mit einer Winkelabhängigkeit $\sin(\nu\phi)$, einmal mit $\cos(\nu\phi)$. Beide Varianten haben die gleiche Polarisationsrichtung, die gleiche Radialverteilung $R(r)$ und gleiches β bzw. die gleiche effektive Phasengeschwindigkeit v_{eff}. Da Gl. (5.18b) linear ist, repräsentiert auch jede Linearkombination $A_1\sin(\nu\phi) + A_2\cos(\nu\phi)$ mit beliebigem A_1 und A_2 wieder den Modus $LP_{\nu\mu}$. Wegen $A_1\sin(\nu\phi) + A_2\cos(\nu\phi) = A_3\sin(\nu\phi + \alpha)$ mit $\tan(\alpha) = A_2/A_1$ entspricht das Intensitätsbild erneut der Abb. 5.4, aber jetzt um α gedreht. Die Polarisationseigenschaften bleiben davon unbeeinflußt. Durch geeignete Wahl von A_1 und A_2 kann also das Intensitätsmuster bei unveränderter Polarisationsrichtung in jede gewünschte Position gedreht werden: es gibt keine Vorzugsrichtung.

An dieser Stelle soll ausdrücklich in Erinnerung gebracht werden: der oben durchgeführte Rechengang legte von vornherein fest, daß die gesuchte Welle in x-Richtung linear polarisiert sein soll. Den exakt gleichen Rechengang können wir ein zweites Mal durchlaufen und jetzt a priori verlangen, daß die Welle linear in y-Richtung polarisiert ist. Die Ergebnisse müssen formal identisch sein, wir erhalten sie, indem wir in allen Formeln den Koordinatenindex x durch y ersetzen. Insbesondere sind die Intensitätsbilder bei x- wie bei y-Polarisation exakt gleich. Mit anderen Worten heißt das: jedes Intensitätsmuster, jeder Modus, tritt zweimal auf, einmal mit der Feldorientierung in x-Richtung, einmal in y-Richtung. Wir fassen zusammen:

- jeder Modus $LP_{\nu\mu}$ mit $\nu \neq 0$ tritt in zwei Winkelorientierungsvarianten auf: einmal mit $\sin(\nu\phi)$, einmal mit $\cos(\nu\phi)$. Durch lineare Kombination der beiden Varianten kann die Winkellage des Intensitätsmusters verändert werden.
- jede der beiden Orientierungsvarianten des Modus $LP_{\nu\mu}$ kommt in zwei orthogonalen Polarisationsversionen vor: linear polarisiert in x-Richtung und linear polarisiert in y-Richtung. Da jede beliebige Polarisationsform als Überlagerung zweier orthogonaler linearer Polarisationen dargestellt werden kann, kann die Faser in jeder Orientierungsvarianten jede Polarisationsform übertragen.

Abbildung 5.5 skizziert schematisch die vier Unterversionen des Modus LP_{11}. In

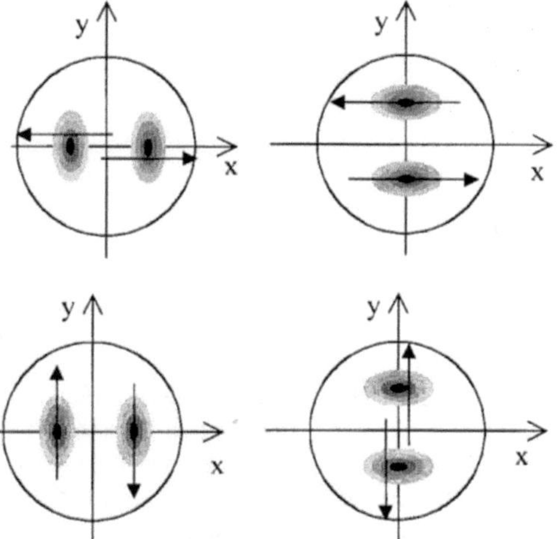

Abb. 5.5. Die 4 Unterversionen des Modus LP_{01}. Die Schattierung deutet die geometrische Lage des Fleckenmusters an, die Pfeile zeigen jeweils in Richtung des elektrischen Feldstärkevektors, also in Polarisationsrichtung.
Obere (untere) Zeile: Polarisation in x-Richtung (y-Richtung). Linke (rechte) Spalte: Intensitätsmaxima auf der x-Achse (y-Achse).

je zwei Bildern sind die Felder bei gleicher Musterorientierung zueinander orthogonal polarisiert, in je zwei Bildern sind bei gleicher Polarisation die Muster um $\pi/[2\cdot(\nu=1)] = \pi/2$ gegeneinander gedreht.

Mit Gl. (5.30) kann man aus dem B(V)-Diagramm Abb. 5.3 die β-Werte der Moden berechnen. Eingesetzt in Gl. (1.9) erhalten wir die effektiven Phasengeschwindigkeiten v_{eff}, mit denen sich die Moden ausbreiten:

$$v_{eff} = \frac{\omega}{\beta} = \frac{2\pi c/\lambda}{\beta} = \frac{c}{\sqrt{n_2^2 + B\cdot\left(n_1^2 - n_2^2\right)}} \approx \frac{c}{n_2 + B\cdot(n_1 - n_2)} \; . \tag{5.31}$$

Hier wurde benutzt, daß $n_1^2 - n_2^2 = (n_1 + n_2)(n_1 - n_2) \approx 2n_2(n_1 - n_2)$ ist, so daß

$$\sqrt{n_2^2 + B\cdot\left(n_1^2 - n_2^2\right)} \approx n_2 \cdot \sqrt{1 + B\cdot 2(n_1 - n_2)/n_2} \approx n_2\left[1 + B(n_1 - n_2)/n_2\right]$$

gesetzt werden darf.

Abbildung 5.6 zeigt v_{eff} als Funktion des Strukturparameters V für einige LP-Moden. Man erkennt, daß jeder Modus die Faser mit einer modenspezifischen und von V abhängigen Geschwindigkeit durchläuft, die, wie wir bereits aus Gl. (5.28) wissen, stets zwischen c/n_2 und c/n_1 liegt. Beachtenswert ist, daß mit abnehmendem V-Wert die (effektive) Phasengeschwindigkeit eines Modus steigt. Eine anschauliche Begründung hierfür wird weiter unten in Abschn. 5.1.6 gegeben. Weiterhin fällt auf, daß bei festliegendem V-Wert der Modus LP_{01} der langsamste Modus ist. Dasselbe Ergebnis hat uns bereits in Abschn. 4.1.3 verwundert.

Formal können wir die Phasengeschwindigkeit verbinden mit einem *effektiven Brechungsindex* n_{eff}, definiert durch

$$n_{eff} := \frac{c}{v_{eff}} \; . \tag{5.32}$$

Eingesetzt in Gl. (5.31) ergibt sich

$$n_{eff} \approx n_2 + B \cdot (n_1 - n_2) = B \cdot n_1 + (1 - B) \cdot n_2 \; . \tag{5.33}$$

Jetzt demonstriert Abb. 5.6, daß jeder LP-Modus die Faser mit einer eigenen, modusindividuellen Brechzahl wahrnimmt, die sich mit dem V-Wert verändert. Gleichung (5.33) eröffnet zudem die Möglichkeit, den normierten Phasenparameter B anschaulich zu deuten: er kann interpretiert werden als ein Gewichtungsfaktor, der angibt, mit welchem Gewicht die Brechzahlen von Kern und Mantel zur effektiven Brechzahl beitragen. Eine physikalische Begründung zu dieser Interpretation folgt weiter unten in Abschn. 5.1.6.

Vergleicht man Gl. (4.9) mit Gl. (5.31), dann kann jedem LP-Modus der Ausbreitungswinkel γ einer Strahlenbahn im geometrisch-optischen Bild zugeodnet werden. Die Moden $LP_{0\mu}$ korrespondieren dabei mit den Meridionalstrahlen, die Moden $LP_{(\nu \neq 0, \mu)}$ mit den schiefen Strahlen.

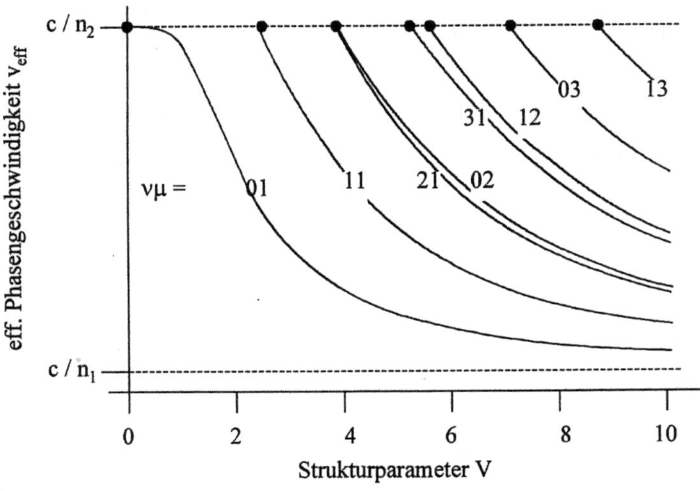

Abb. 5.6. Effektive Phasengeschwindigkeit einiger $LP_{\nu\mu}$-Moden. Beachte, daß entgegen der Anschauung der Grundmodus LP_{01} bei gegebenem V-Wert (d.h. bei gegebener Faser und Betriebswellenlänge) die geringste (effektive) Phasengeschwindigkeit hat! Dieses Ergebnis haben wir bereits bei der ersten wellenoptischen Analyse in Absch. 4.1.3 erhalten.

5.1.5
Strahlungsmoden und Leckmoden

Die Moden $LP_{\nu\mu}$ wurden bereits oben als „geführte" Moden bezeichnet. Ihre Anzahl $N_{\text{geführte Moden}}$ ist abzählbar; die Zählung liefert bei Berücksichtigung aller Polarisations- und Orientierungs-Untervarianten bei hinreichend großem V

$$N_{\text{geführte Moden}} \approx \tfrac{1}{2} V^2 \,. \qquad\qquad (5.34a)$$

Zahlenbeispiel: für eine typische Vielmodenfaser mit $a = 25$ µm; $\Delta = 0{,}01$; $n_1 = 1{,}5$; $\lambda = 0{,}85$ µm ist $V \approx 39$; in der Faser propagieren etwa 760 Moden!

Geführte Moden zeichnen sich dadurch aus, daß ihre Feldamplituden längs der Faser konstant bleiben. (Diese Eigenschaft hatten wir von vornherein in unseren Ansatz Gl. (5.13) eingebaut). LP-Moden transportieren folglich optische Energie aussschließlich längs der Faser. In der Sprache der Wellenphysik weisen die Poynting-Vektoren in z-Richtung, im strahlenoptischen Bild entsprechen ihnen die in z-Richtung laufenden Lichtstrahlen, die den Kernbereich nicht verlassen können.

Die Differentialgleichung (5.11) samt ihren Randbedingungen kann unter gewissen Voraussetzungen auch von Wellen erfüllt werden, deren Laufrichtungsvektor **e** eine Transversalkomponente hat, die also nicht exakt in z-Richtung laufen. Diese Wellen transportieren in den Kern eingekoppelte optische Energie in radialer Richtung wieder aus dem Kern heraus. Ihnen entsprechen im strahlenoptischen Bild die gebrochenen Strahlen. Auch diese Lösungsformen werden als „Moden" bezeichnet, zur Unterscheidung von den geführten Moden heißen sie *Strahlungsmoden*. Im Gegensatz zu der begrenzten Menge geführter Moden ist ihre Anzahl nicht abzählbar, genau wie es im Strahlenbild unendlich viele Laufrichtungswinkel γ gibt, die gebrochene Strahlen produzieren.

Mit den geführten Moden und den Strahlungsmoden ist der Modenvorrat noch nicht erschöpft. Als weitere Modenvariante gibt es eine Mischform zwischen geführten Moden und Strahlungsmoden, die sog. *Leckmoden*. Strahlenoptisch haben Leckmoden kein Gegenstück. Anschaulich kann man sie folgendermaßen interpretieren: eine Welle bewegt sich wie ein geführter schiefer Strahl innerhalb des Kerns in z-Richtung. Sie erfüllt dabei die Stehwellenbedingung, so daß sich im Kern Interferenzmuster bilden. Bei jeder Reflexion an der Kern-Mantel-Grenze wird mit einer wenn auch kleinen Wahrscheinlichkeit trotz „Total"reflexion optische Energie in den Mantel transferiert, wo diese Energie wie ein gebrochener Strahl immer weiter nach außen abgeführt wird. Leckmoden sind somit Wellenformen, deren Ausbreitungsvektor **e** in z-Richtung zeigt, so daß die Leckmoden längs der Faser laufen, deren Poynting-Vektor aber eine wenn auch kleine Transversalkomponente hat, so daß der Modus bei seinem Fortschreiten immer mehr Energie verliert. Im Gegensatz zu den Strahlungsmoden ist die Anzahl $N_{\text{Leckmoden}}$ der Leckmoden abzählbar und genauso groß wie die Anzahl der geführten Moden:

$$N_{\text{Leckmoden}} = \tfrac{1}{2}\, V^2 \ . \tag{5.34b}$$

Im Strahlenbild entstehen die geführten Moden aus dem Licht, das innerhalb des Akzeptanzkegels auf die LWL-Stirnfläche trifft. Ebenso kann man für die Leckmoden einen Einkoppelbereich angeben: Lichtstrahlen, die innerhalb dieses Raumbereiches auf die Stirnfläche treffen, generieren Leckmoden im LWL-Innern

Geführte Moden, Leckmoden und Strahlungsmoden müssen immer *zusammen* betrachtet werden, sie bilden zusammen ein „vollständiges" Lösungssystem. Das heißt: eine beliebige Intensitätsverteilung gleich welcher Polarisationsform am Fasereingang kann mathematisch nachgebildet werden als Überlagerung (Linearkombination) von Moden, wenn alle diese Modenarten samt ihren Polarisations- und Orientierungsunterversionen mitberücksichtigt werden. Entsprechend dieser Überlagerung wird die am Faseranfang vorliegende Intensitätsverteilung auf die einzelnen Moden aufgeteilt, die entsprechenden Moden werden „angeregt". Die Strahlungsmoden geben die ihnen zugeteilte Energie gleich wieder ab, die geführten Moden und die Leckmoden durchlaufen die Faser unabhängig voneinander,[2] jede mit der ihr eigenen Phasengeschwindigkeit, wobei die Leckmoden kontinuierlich Leistung verlieren. Hiermit beantwortet sich auch die in der Einleitung zu diesem Kapitel gestellte Frage nach der Energieerhaltung bei der Lichteinkopplung in eine Faser.

Am LWL-Ende – und in jedem anderen Querschnitt des LWL – überlagern sich die einzelnen Modenbilder. Wir haben oben berechnet, daß eine Vielmodenfaser unter üblichen Betriebsbedingungen nahezu tausend Moden führt. Das wahrgenommene Intensitätsbild in einem beliebigen Querschnitt ist dann eine Überlagerung von tausend Einzelbildern nach Art der Abb. 5.4. Man kann sich das Ergebnis unschwer vorstellen: über dem Faserkern erscheint eine einheitlich hell ausgeleuchtete Fläche, sofern als Lichtquelle eine LED verwendet wird. (Strenggenommen dürfen wir nicht die Intensitätsbilder übereinanderlegen, denn dies entspricht einer Addition von Intensitäten. Addiert werden dürfen aber nur Felder. Das Ergebnis ist das gleiche: ein homogen verteiltes Feld liefert eine homogen verteilte Intensität). Benutzt man einen Laser als Lichtquelle, so kann es durch die hohe Kohärenzlänge des Lasers zu merkbaren Interferenzen der Moden untereinander kommen. Durch konstruktive und destruktive Interferenz erscheint in diesem Fall über dem Faserkern eine hell-dunkel gesprenkelte Fläche, ein sog. *Granulationsmuster.*

Das Summenlicht am Lichtaustritt aus einer Vielmodenfaser zeigt eine weitere, in Sensoranwendungen derartiger Fasern zu berücksichtigende Eigenschaft: es hat keine eindeutige Phase mehr. Durch die unterschiedlichen effektiven Phasengeschwindigeiten der einzelnen Moden entstehen Phasenunterschiede zwischen den Moden. Wegen der unvermeidlichen Geometriestörungen und infolge äußerer

---

[2] Diese Aussage gilt in dieser Strenge nur für eine ideale Faser. In realen Fasern kommt es durch unvermeidliche Geometriestörungen zu Wechselwirkungen der Moden untereinander.

Einwirkung ändern sich diese Phasenunterschiede in nicht vorhersehbarer Weise, die Phasenlage am LWL-Ende ist nicht eindeutig, insbesondere bleibt sie nicht stabil.

5.1.6
Kern-Mantel-Leistungsaufteilung, Moden-cutoff

Bei allen geführten Moden erstrecken sich die Modenfelder über den Kernbereich hinaus bis in den Mantel hinein. Die im Mantel laufenden Feldanteile wurden in Abschn. 4.1.4 als „evaneszente Felder" bezeichnet. Das Ausmaß des Überragens über den Kernbereich hinaus wird deutlich, wenn man die im Mantel laufende Leistung vergleicht mit der Gesamtleistung, die der jeweilige Modus transportiert. Die Leistungsanteile in Kern und Mantel können mit Gl. (1.20) aus den bekannten Intensitätsverteilungen bestimmt werden. Abbildung 5.7 skizziert für einige LP-Moden die Kern-Mantel-Leistungsaufteilung als Funktion des Strukturparameters V. Man erkennt: mit abnehmendem V wird der im Mantel geführte Anteil an der gesamten von dem Modus geführten Leistung immer größer, d.h. das Modenfeld dehnt sich immer weiter in den Mantelbereich aus. Dabei behält das Intensitätsbild aber sein globales Aussehen bei, es bleibt formstabil. In Abb. 5.8 ist am Beispiel der Moden LP_{01} und LP_{11} gezeigt, wie die Leistungsdichtekurve (Intensität) variiert, wenn sich der V-Wert ändert.

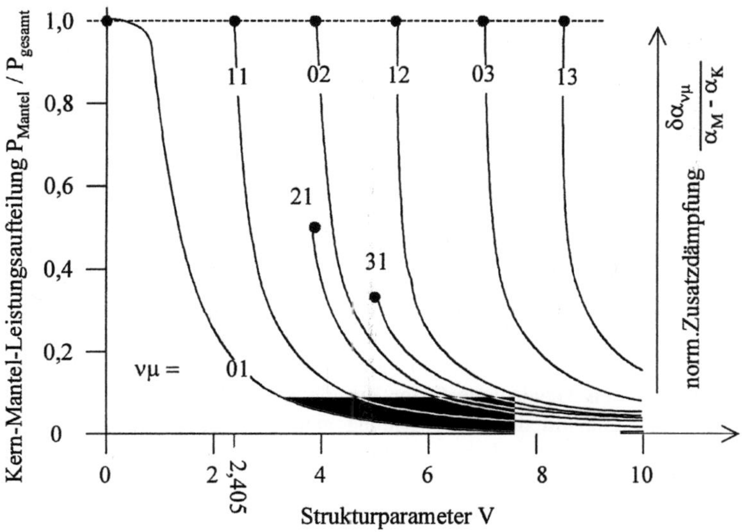

Abb. 5.7. Leistungsaufteilung zwischen Kern und Mantel. Die zusätzliche Ordinatenteilung auf der rechten Seite wird für eine Diskussion in Abschn. 7.2.3 benötigt

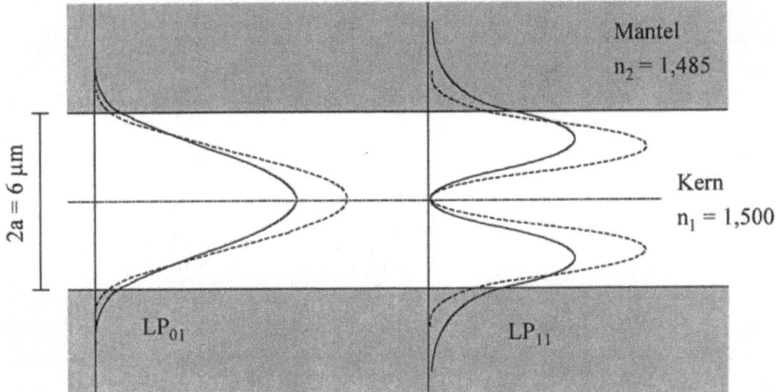

Abb. 5.8.   Intensitätsverlauf der Moden LP_{01} und LP_{11} in Kern und Mantel bei sich änderndem V-Paramerwert bzw. sich ändernder Wellenlänge. Gestrichelt: $V = 4,7$ bzw. $\lambda = 0,85\ \mu m$; durchgezogen: $V = 3,1$ bzw. $\lambda = 1,3\ \mu m$. Die Intensitäten wurden so normiert, daß die in einem Modus mitgeführte Gesamtleistung sich durch den Wechsel des V-Wertes nicht ändert (jeweils gleiche Fläche unter der gestrichelten und der durchgezogenen Kurve).
In Absch. 5.1.7 wird der Intensitätsverlauf des Modus LP_{01} als $S_{LP01}(r)$ bezeichnet werden.

Mit diesem Verhalten können wir nachträglich plausibel machen, warum die effektive Phasengeschwindigkeit eines Modus mit abnehmendem V zunimmt (s. Abb. 5.6). Der im Kern laufende Anteil des Modenmusters sollte sich dort mit der Kern-Phasengeschwindigkeit c/n_1 bewegen. Der Rest des Modenmusters läuft im Mantel; dieser Teil sollte die Geschwindigkeit c/n_2 haben. Unterschiedliche Geschwindigkeit der verschiedenen Beiträge sind nicht möglich, das Modenmuster als Ganzes muß sich, bildlich gesprochen, auf eine gemeinsame Geschwindigkeit einigen, die der Leistungsaufteilung zwischen Kern und Mantel Rechnung tragen muß. Je höher der im Mantel laufende Anteil, desto mehr Einfluß nimmt er auf die resultierende Geschwindigkeit. Die Kernphasengeschwindigkeit dominiert, solange der Modus im wesentlichen auf das Kerngebiet beschränkt ist. Wenn sich aber mit abnehmendem V der Modus immer mehr in den Mantel ausweitet, dann muß sich auch die (effektive) Phasengeschwindigkeit immer mehr an die Mantelgeschwindigkeit c/n_2 annähern. In diesem Sinne ist der normierte Phasenparameter nichts anderes als ein Gewichtungsfaktor, der die Kern-Mantel Aufteilung eines Modus bewertet und mit dieser Gewichtung einen effektiven Brechungsindex berechnet [Gl. (5.33)], aus dem sich wieder die effektive Geschwindigkeit Gl. (5.31) ableitet.

Unterschreitet der V-Parameter einen für den Modus $LP_{\nu\mu}$ spezifischen Grenzwert $V_{c,\nu\mu}$, so ist der Modus nicht mehr ausbreitungsfähig. $V_{c,\nu\mu}$ heißt *cutoff-Wert* des V-Parameters für den Modus $LP_{\nu\mu}$. Die Tabelle 5.1 listet die cutoff-Werte $V_{c,\nu\mu}$ einiger Moden auf. Insbesondere sieht man, daß der Modus LP_{01} seinen cutoff bei $V_{c,01} = 0$ hat. Das bedeutet: der Modus LP_{01} ist stets – auch bei beliebig hohen Wellenlängen – ausbreitungsfähig. Anders formuliert: eine jede Faser transportiert zumindest den Modus LP_{01}. Dieser Modus wird deshalb als *Grundmodus* bezeichnet.

Tabelle 5.1. Cutoff-Werte $V_{c,\nu\mu}$ einiger niedriger Moden $LP_{\nu\mu}$

$V_{c,\nu\mu}$	$\mu = 1$	$\mu = 2$	$\mu = 3$	$\mu = 4$
$\nu = 0$	0	3,832	7,016	10,173
$\nu = 1$	2,405	5,520	8,654	11,792
$\nu = 2$	3,832	7,016	10,173	13,324

5.1.7
Übergang zur Einmodigkeit, Gauß'sche Näherung für LP_{01}

Der Modus LP_{11} hat seinen cutoff bei $V_{c,11} = 2{,}405$. Unterschreitet der Strukturparameter diesen Wert, dann ist in der Faser nur noch der Grundmodus LP_{01} ausbreitungsfähig, die Faser wird zur Einmodenfaser. (Nebenbemerkung: wie alle anderen Moden kommt auch der Grundmodus in zwei Polarisationsversionen vor. Eine Einmodenfaser führt also strenggenommen zwei „Untermoden" mit zueinander orthogonaler Polarisation).

Der V-Wert läßt sich nach Gl. (5.29) über die Betriebswellenlänge variieren: er sinkt mit zunehmender Wellenlänge, irgendwann unterschreitet er den cutoff eines Modus, der sich dann nicht mehr ausbreiten kann. Sind die Geometrie- und Materialeigenschaften einer Faser gegeben, dann kann mit Gl. (5.29) für jeden Modus eine *cutoff-Wellenlänge* bestimmt werden. Der Modus existiert nur, wenn die Betriebswellenlänge größer ist als seine cutoff-Wellenlänge. Insbesondere ist von Interesse der Wellenlängenbereich, in dem eine Faser einmodig ist:

$$V \leq V_{c,11} = 2{,}405 \quad \Rightarrow \quad \lambda \geq \lambda_c = \frac{2\pi\, a\, n_1 \sqrt{2\Delta}}{2{,}405} \; . \tag{5.35}$$

λ_c ist die *Grenzwellenlänge* der Faser.

Jede Stufenprofilfaser kann nach Gl. (5.35) durch Erhöhen der Betriebswellenlänge über λ_c hinaus zu einer Einmodenfaser gemacht werden. Im praktischen Einsatz werden Glasfasern mit Wellenlängen um 1 µm betrieben. Wenn eine Faser bei $\lambda \approx 1\,\mu m$ einmodig sein soll, dann muß sie bei üblichen Parameterwerten n_1 und Δ einen Kernradius unter 5 µm haben. Aus diesem Grunde werden Fasern mit kleinen Kernradien immer mit Einmodenfasern gleichgesetzt; diese Zuordnung ist aber eigentlich inkorrekt.

In Abb. 5.8 ist – unter anderem – die radiale Intensitätsverteilung $S_{LP01}(r)$ des Grundmodus für zwei verschiedene Werte des Strukturparameters V aufgetragen. Die Figuren ähneln sehr einer Gaußkurve. Tatsächlich ist es möglich, $S_{LP01}(r)$ durch eine Gaußkurve zu approximieren:

$$S_{LP01}(r) \approx S_0 \cdot \exp\left(-\frac{2\,r^2}{w_0^2}\right) \ . \tag{5.36}$$

Der die Breite der Gaußkurve charakterisierende Parameter w_0 heißt *Modenfeldradius*; eine andere Bezeichnung ist *Gauß'scher Fleckradius*. Je größer w_0, desto „breiter" wird die Gaußkurve. w_0 wird so bestimmt, daß Gaußkurve und tatsächliche Intensitätsverteilung einander möglichst gut entsprechen.

Da sich die Intensitätsverteilung eines Modus um so weiter in den Mantelbereich hinein erstreckt, je kleiner der V-Parameterwert wird (s. Abb. 5.8), muß w_0 mit abnehmendem V zunehmen. Aus der Anpassungsrechnung findet man

$$\frac{w_0}{a} \approx 0{,}65 + 1{,}619 \cdot V^{-3/2} + 2.879 \cdot V^{-6} \ . \tag{5.37}$$

Für $V < 2{,}807$ wird $w_0 > a$, an der Einmodigkeitsgrenze $V = 2{,}405$ ist $w_0 = 1{,}1a$.

Große Modenfeldradien bringen Vorteile, aber auch Nachteile. Ein großes w_0 reduziert den Justieraufwand bei der Verbindung zweier Einmodenfasern und bei der Einkopplung von Laserlicht (die Intensitätsverteilung in einem rotationssymmetrischen Laserstrahl ist gaußförmig und kann deshalb gut in den ebenfalls gaußförmigen LP_{01}-Modus eingespeist werden. Dazu muß der Laserstrahl auf den Radius des LP_{01}-Modus fokussiert werden, was um so einfacher ist, je größer w_0 ist). Auf der anderen Seite reagieren Fasern mit großem w_0 empfindlich auf Faserbiegungen: je weiter das Licht den Kern überragt, desto mehr Licht wird abgestrahlt, s. Abschn. 4.1.5 und später auch Kap. 7.2.2. Weiterhin registriert ein sich stark in den Mantel erstreckendes Feld auch Verunreinigungen im Mantelbereich: nicht nur der Kern, sondern auch der Mantel müssen aus hochreinem Material bestehen.

5.1.8
Modenberechnung bei Verzicht auf einheitliche lineare Polarisation

Bei der Modenberechnung in Abschn. 5.1.3 wurde von vornherein festgelegt, daß der elektrische Feldstärkevektor in jedem Querschnittspunkt in dieselbe Richtung zeigen soll. Wir haben gesehen, daß unter dieser Voraussetzung strenggenommen keine Lösung existiert, die LP-Moden sind nur Näherungslösungen („Pseudomoden"). Eigentlich dürfen wir bei der Berechnung der möglichen Ausbreitungsformen keine Feldkomponenten vorgeben, sondern müssen alle drei Komponenten des elektrischen wie des magnetischen Feldes aus der reduzierten Differentialgleichung und den Maxwell-Gleichungen heraus ermitteln. Der übliche Rechengang löst Gl. (5.11) und Gl. (5.12) zunächst für die z-Komponenten $\hat{E}_z$ und $\hat{H}_z$

jeweils sowohl in Kern und Mantel, berechnet daraus mit Hilfe der Maxwell-Gleichungen die anderen Feldkomponenten $\hat{E}_x, \hat{E}_y, \hat{H}_x, \hat{H}_y$ ebenfalls in Kern und Mantel und paßt dann die Felder an der Kern-Mantel-Grenze physikalisch korrekt aneinander an. Die Rechnung mündet wieder in eine Eigenwertgleichung zur Bestimmung derjenigen β-Werte, für die eine Anpassung möglich ist; das Ergebnis ist eine graphische Darstellung ähnlich der Abb. 5.4. Damit lassen sich die ausbreitungsfähigen Wellentypen (Moden) bestimmen, die Theoretiker bezeichnen diese „eigentlichen" Moden als *Vektormoden*. Sie werden nach ihren Feldmerkmalen gemäß Abschn. 1.2.2 mit Kürzeln beschrieben (E-, H-, EH-, HE-Moden). Zu jedem Vektormodus gehört ein spezieller β-Wert, jeder Modus durchläuft deshalb die Faser mit einer modusspezifischen Effektivgeschwindigkeit. Es stellt sich heraus:

1. Die Felder der Vektormoden $HE_{1\mu}$ sind (nahezu) identisch mit den Feldern der Moden $LP_{0\mu}$. Insbesondere sind sie über den ganzen Faserquerschnitt in (nahezu) dieselbe Richtung linear polarisiert, und sie kommen wie die $LP_{0\mu}$ Moden in zwei zueinander orthogonalen Polarisationsrichtungsversionen vor.

2. Die Felder in den anderen Vektormoden sind ebenfalls linear polarisiert, aber der elektrische Feldstärkevektor zeigt in jedem Querschnittspunkt (x,y) in eine andere Richtung: die Polarisation ist nicht einheitlich. Sie kommen auch nicht mehr in zwei Polarisationsuntervarianten vor. Als Beispiel ist in Abb. 5.9 die elektrische Feldrichtung in den Moden E_{01} und H_{01} skizziert. Im Modus E_{01} weist der Feldstärkevektor radial nach außen. Gibt man den Querschnittspunkt nicht mit kartesischen Koordinaten (x,y), sondern mit Polarkoordinaten (r,ϕ) an, so zeigt das elektrische Feld nur in den Punkten mit gleichem ϕ in die gleiche (radiale) Richtung. Beim Modus H_{01} bilden die Feldlinien konzentrische Kreise, der Feldstärkevektor weist in Kreistangentenrichtung. Auch hier hat das elektrische Feld nur in den Punkten mit gleichem ϕ die gleiche (tangentiale) Richtung.

3. Für $V < 2,405$ fürt die Faser nur den Grundmodus HE_{11}, er ist (nahezu) identisch mit dem Grundmodus LP_{01} der schwach führenden Stufenprofilfaser. Für $V > 2,405$ kommen gleichzeitig die Moden E_{01} und H_{01} hinzu.

4. Vektormoden haben modenindividuelle effektive Phasengeschwindigkeiten.

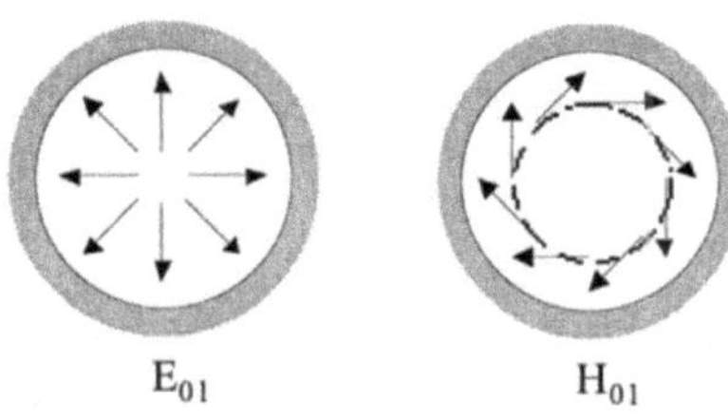

Abb. 5.9. Richtungen des elektrischen Feldes in den Vektormoden E_{01} und H_{01}. Die Feldrichtung ist von Ort zu Ort unterschiedlich, die Polarisation also *nicht* einheitlich

5. Es gibt Vektormoden, die denselben cutoff-Wert haben, die also immer gleichzeitig vorhanden sind. Man kann die Felder dieser Vektormoden überlagern und so neue Modenformen konstruieren. Auf diese Weise ist es möglich, durch geschickte Kombination Felder zu erzeugen, die am Faseranfang den Feldern der $LP_{(v\neq0,\mu)}$-Pseudomoden entsprechen, die also deren Intensitätsbild erzeugen und in jedem Querschnittspunkt in dieselbe Richtung linear polarisiert sind. Beispielsweise liefert die Überlagerung der Vektormoden HE_{21} und E_{01} das Modenfeld des LP_{11}-Modus, einheitlich polarisiert in x-Richtung. Leider haben aber die Partner einer Vektormodenkombination etwas unterschiedliche effektive Phasengeschwindigkeiten. Das bedeutet: bei der Ausbreitung längs der Faser verschieben sich ihre Wellenphasen gegeneinander. Die Überlagerung liefert dann zwar noch das ursprüngliche $LP_{(v\neq0,\mu)}$-Modenbild, aber die Polarisation ist nicht mehr gleich der Eingangspolarisation. Im Beispiel zerfällt der durch Überlagerung gebildete LP_{11}-Modus bereits nach kurzer Laufstrecke wieder in seine Anteile HE_{21} und E_{01}.

Aus all diesen Eigenschaften zieht man eine wichtige Konsequenz:

In schwach führenden Fasern kann man näherungsweise mit LP-Moden als Ausbreitungsform rechnen. Lediglich wenn die Polarisationseigenschaften des Lichtes eine Rolle spielen, muß man auf die eigentlichen Vektormodentypen (E, H, EH, HE) zurückgreifen.

Im Rahmen dieses Buches gehen wir bei den für Nachrichtenübertragung eingesetzten Fasern von LP-Moden aus, bei der Besprechung einiger Sensoranwendungen müssen wir die Polarisationseigenschaften genauer berücksichtigen.

5.2
Modenfelder in Gradientenprofilfasern

Für die Berechnung der Modenfelder in Lichtwellenleitern mit Gradientenprofil kann man nicht auf die Wellendifferentialgleichung in ihrer üblichen Form Gl. (5.11) bzw. Gl. (5.12) zurückgreifen. Bei der Herleitung von Gl. (5.11) wurde vorausgesetzt, daß der Brechungsindex im Kernbereich ortsunabhängig ist, s. die Diskussion im Anschluß an Gl. (5.10). Genau dies ist in Gradientenprofilen nicht der Fall. Wir müssen eine andersartige Wellendifferentialgleichung finden, die eine radiale Variation von n zuläßt. Das Aufstellen dieser neuen Gleichung ist nicht allzu schwierig, wohl aber deren Lösung. Als Hauptproblem stellt sich heraus, daß ein Separationsansatz analog zu Gl. (5.16) nicht zum Ziele führt. Um dieses Problem zu umgehen, verlangen wir:

- der Kernbrechungsindex darf sich in radialer Richtung nur „schwach" ändern (mathematische Bedingung: es muß $|dn/dr| \ll n/\lambda$ sein),

- die Führung insgesamt darf nur „schwach" sein (mathematische Bedingung: es muß $\Delta \ll 1$ sein).

Jetzt kann man einige Terme in der neuen Wellendifferentialgleichung vernachlässigen. Weiterhin suchen wir nur nach Lösungen mit LP-Feldern, die also einheitlich linear polarisiert sind, so daß wir wie in Abschn. 5.1.3 die DGL nur für eine einzige elektrische bzw. magnetische Feldkomponente lösen müssen. Tatsächlich gelingt es, solche LP-Modenfelder zu finden, vorausgesetzt, der Profilverlauf im Faserkern ist ein Potenzprofil nach Gl. (2.2), Gl. (2.3). Allerdings können die Modenfelder nur mit numerischen Methoden berechnet werden – mit einer Ausnahme: wenn das Kernprofil ein Parabelprofil ist, dann lassen sich die Differentialgleichungen durch bekannte Funktionen lösen. Speziell für Parabelprofilfasern können somit die LP-Modenfelder und LP-Modeneigenschaften vergleichsweise einfach berechnet werden mit den Ergebnissen:

Wie bei der Stufenprofilfaser kommen alle Moden $LP_{(\nu \neq 0, \mu)}$ in je zwei Polarisationsvarianten und je zwei Orientierungsvarianten vor, die rotationssymmetrischen Moden $LP_{0\mu}$ nur in den beiden Polarisationsversionen. Die Moden bilden andere Intensitätsmuster als bei der Stufenprofilfaser, lediglich der Grundmodus LP_{01} erzeugt wieder eine gaußförmige Intensitätsverteilung mit einem Modenfeldradius (Gauß'scher Fleckradius) w_0. Für w_0 errechnet man

$$\frac{w_0}{a} = 1{,}414 \cdot V^{-1/2} \; . \tag{5.38}$$

Gleichung (5.38) ist das Pendant zur Gl. (5.37) für die Stufenprofilfaser. V ist der identisch zu Gl. (5.29) definierte Strukturparameter. Unterschreitet V bestimmte cutoff-Werte $V_{c,\nu\mu}$, so sind die zugeordneten Moden nicht mehr ausbreitungsfähig. Wird insbesondere der Grenzwert

$$V_{c,11} = 3{,}52 \tag{5.39}$$

unterschritten, so wird die Faser zur Einmodenfaser. Sie führt dann nur noch den Grundmodus LP_{01} in seinen beiden Polarisationsvarianten. Es ist allerdings unüblich, Einmodenfasern mit Parabelprofilkern herzustellen.

Ein $LP_{\nu\mu}$-Modus löst die Wellendifferentialgleichung nur, wenn er weit oberhalb seines cutoffs die Bedingung

$$2(\nu + 2\mu - 1) \leq V \tag{5.40}$$

erfüllt. Bei gegebenem V sind folglich die höchsten Moden diejenigen, für die $V_{c,\nu\mu} << 2(\nu + 2\mu - 1) = V$ ist. Jeder Modus durchläuft den LWL mit einer modusspezifischen effektiven Phasengeschwindigkeit v_{eff}. Wie bei der Stufenfaser variiert v_{eff} zwischen c/n_1 [am cutoff, bei $V = V_{c,\nu\mu}$] und c/n_2 [bei $V = 2(\nu + 2\mu - 1)$]. Bemerkenswert ist, daß Moden $LP_{\nu\mu}$ mit Indexzahlen $\nu + 2\mu - 1 = $ constant dieselbe effektive Phasengeschwindigkeit haben. Man faßt deshalb Moden mit gleicher effektiver Phasengeschwindigkeit zu einer *Modengruppe* zusammen. Der m-ten Modengruppe gehören alle Moden an, deren Modenindizes ν, μ denselbe Zahlenwert $m = \nu + 2\mu - 1$ ergeben. m heißt *Hauptmodenindex*. Mit dieser Bezeichnungsweise hat der Grundmodus LP_{01} den Hauptmodenindex $m = 1$, und die höchste Modengruppe den Hauptmodenindex $m = V/2$.

Zusätzlich zu den geführten Moden gibt es Strahlungsmoden und Leckmoden. Die Anzahlen N der geführten und der Leckmoden sind

$$N_{\text{geführte Moden}} = \tfrac{1}{4}V^2 \qquad\qquad N_{\text{Leckmoden}} = \tfrac{1}{12}V^2 \ . \tag{5.41}$$

Das sind nur die Hälfte bzw. sogar nur 1/6 der ensprechenden Moden beim Stufenprofil, s. Gl. (5.34). Durch Linearkombination aller Moden kann jede beliebige Intensitätsverteilung auf der Faserstirnfläche nachgebildet werden. Entsprechend dieser Linearkombination wird die angebotene Eingangsleistung auf die Einzelmoden aufgeteilt.

5.3
Modenfelder in integriert-optischen Lichtwellenleitern

Die Modenfelder in integriert-optischen Lichtwellenleitern mit rechteckförmigem Kernquerschnitt und Stufenprofil lassen sich mit Differentialgleichungen in der Form der Gleichungen Gl. (5.11) bzw. Gl. (5.12) bestimmen. Die vollständige Rechnung ergibt, daß sowohl der elektrische wie der magnetische Feldvektor stets eine Longitudinalkomponente haben, in der Nomenklatur von Abschn. 1.2.2 sind die Wellen also hybride Wellen. Wenn $\hat{E}_z > \hat{H}_z$ ist, nennt man sie hier EH-Wellen, bei $\hat{H}_z > \hat{E}_z$ spricht man von HE-Wellen.[3] Allerdings ist in den EH-Moden $\hat{H}_z$ verschwindend klein: die EH-Moden sind „fast" TM-Wellen; deshalb werden die EH-Lösungen in manchen Büchern auch als TM-Moden bezeichnet. Entsprechend wird in den HE-Lösungen die Longitudinalkomponente des elektrischen Feldes vernachlässigt und diese Moden mit TE betitelt.

Betrachtet man die Transversalanteile der elektrischen Felder, so findet man, daß die Felder in allen Punkten (x,y) des rechteckförmigen Lichtleiterquerschnittes entweder parallel (in den HE-Moden) zur Trennline zwischen Substrat und Wellenleiterkern oder senkrecht dazu (in den EH-Moden) verlaufen, s. Abb. 5.10. Die Wellen sind also einheitlich linear polarisiert.
Wie in den Faser-LWL werden die Moden mit 2 Indizes $(\nu\mu)$ geordnet; $HE_{\nu\mu}$- und $EH_{\nu\mu}$-Moden mit identischem Indexpaar $(\nu\mu)$ generieren das gleiche Intensitätsbild auf einer Querschnittsfläche des Lichtwellenleiters, siehe auch hierzu Abb. 5.10. Der Wert eines ähnlich zu Gl. (5.29) definierten Strukturparameters V legt fest, ob und mit welcher Geschwindigkeit ein spezieller Modus ausbreitungsfähig ist. Im praktischen Einsatz werden die geometrischen Abmessungen des LWL-Kerns so gewählt, daß bei der vorgesehenen Betriebswellenlänge nur das

---

[3] Auch bei den rotationssymmetrischen Faser-LWL nach Abschn. 5.1.8 hatten wir EH- und HE-Moden erhalten. Leider sind dort die Verhältnisse gerade vertauscht: in den dortigen EH-Moden ist $\hat{E}_z < \hat{H}_z$ (und umgekehrt bei den HE-Moden). Diese Diskrepanz ist historisch bedingt, aber physikalisch ein Ärgernis.

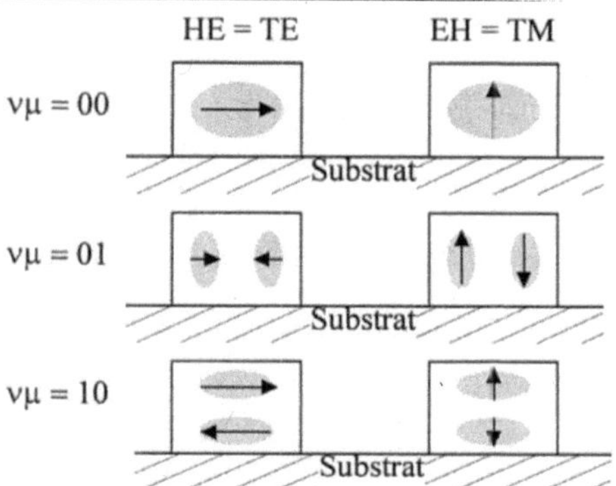

Abb. 5.10. Schematische Darstellung der Intensität (schattierte Flecken) und der elektrischen Feldrichtung bzw. Polarisationsrichtung (Pfeile) in einigen Moden $HE_{\nu\mu}$ und $EH_{\nu\mu}$ eines rechteckförmigen integriert-optischen Lichtwellenleiters.

Modenpaar $\{HE_{00}, EH_{00}\}$ geführt wird. Die Felder dieser Moden sind bei identischem Intensitätsbild senkrecht zueinander polarisiert. Damit läßt sich Licht beliebiger Polarisation in diesem Modenpaar übertragen. Ein so konzipierter integriert-optischer LWL entspricht einer Einmodenfaser.

6 Einige Grundlagen der optischen Nachrichtenübertragung

6.1
Analoge und digitale Signale

Mit einem analogen Signal wird eine Information übermittelt, die in Form einer sich in Zeit und Wert stufenlos ändernden Funktion g(t) mit $|\,g(t)\,| \leq 1$ vorliegt. Nach Fourier läßt sich ein Zeitverlauf g(t) endlicher Dauer nachbilden durch eine Überlagerung harmonischer Signale mit Frequenzen $f_m{}^1$, Amplituden $G(f_m)$ und Nullphasen $\phi(f_m) = \phi_m$. Grundsätzlich enthält ein Zeitverlauf g(t) *alle* denkbaren Frequenzen, in reeller Schreibweise[2] ist

$$g(t) = 2 \int_0^{+\infty} G(f_m) \cos(2\pi f_m \cdot t + \phi_m)\, df_m \ . \tag{6.1}$$

In der Praxis beschränkt man die am Aufbau von g(t) beteiligten Frequenzen auf einen definierten Frequenzbereich $0 \leq f_m \leq f_{m,max} = B_{Sig}$. Dies kann z.B. dadurch geschehen, daß man das Zeitsignal vor seiner Übertragung durch einen geeignet steilflankigen Tiefpaß schickt. Abb. 6.1 skizziert das Vorgehen. Mathematisch können wir in Gl. (6.1) dann die obere Integralgrenze durch B_{Sig} ersetzen. Man nennt den übriggebliebenen Frequenzbereich das *Basisband* des Analogsignales g(t), das Signal selbst wird als *bandbegrenztes Signal* mit der *Basisbandbreite* B_{Sig} bezeichnet, die das Baisband bildenden Frequenzen f_m sind die *Modulationsfrequenzen*. Die Aussage: „bei der analogen Übertragung soll ein Zeitverlauf g(t) übermittelt werden" wird auf diese Weise überführt in die gleichwertige Aussage: „bei der analogen Übertragung sollen simultan harmonische Modulationssignale mit den Modulationsfrequenzen $f_m \leq B_{Sig}$ des Basisbandes, den Amplituden $G(f_m)$ und den Nullphasen ϕ_m übermittelt werden".

---

[1] Für das Folgende ist es sehr wichtig, begrifflich und schreibtechnisch die Frequenzen, die zum Nachbilden des Verlaufes g(t) benötigt werden, zu trennen von der Frequenz einer zum Transport der Nachricht verwendeten Trägerwelle. Wir bezeichnen die zu g(t) beitragenden Modulationsfrequenzen mit f_m. Die Frequenz der unterlegten Welle nennen wir dagegen *Trägerfrequenz* und notieren sie mit f_{Tr}. In der optischen Signalübertragung ersetzt man f_{Tr} durch die Wellenlänge $\lambda = c/f_{Tr}$ der Trägerwelle.

[2] Fourier-Cosinus-Transformation einer kausalen Zeitfunktion für den Zeitbereich t > 0. Diese Art der Beschreibung wurde der sonst üblichen komplexen Beschreibung vorgezogen, weil ihr Ergebnis sofort anschaulich interpretierbar ist. Allerdings ist die angeführte Formel mathematisch nicht vollständig. Auf der rechten Seite muß ein 2.Integral mit $-\phi_m$ anstelle von $+\phi_m$ in der cos-Funktion hinzuaddiert werden. Das Integral wurde aus Gründen der Übersichtlichkeit weggelassen, es ist bei allen nachfolgenden Formeln sinngemäß zu ergänzen.

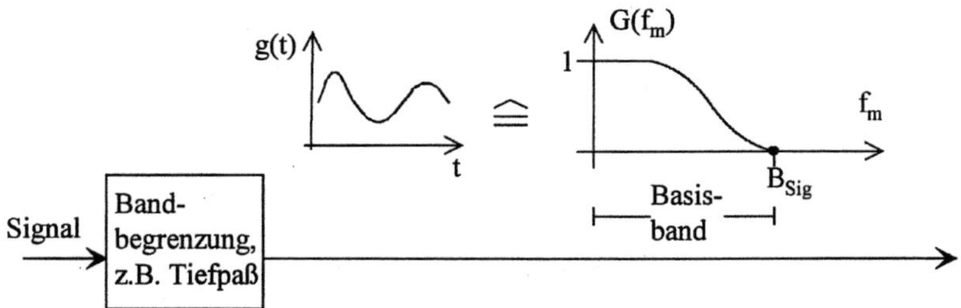

Abb. 6.1. Ein bandbegrenztes Analogsignal mit dem Zeitverlauf g(t) ist zusammengesetzt aus harmonischen Signalen mit Modulationsfrequenzen f_m bis zu einer Maximalfrequenz B_{sig}. Die Menge dieser harmonischen Signale bildet das *Basisband* des Signales g(t).

Den analogen Signalen gegenüber stehen die digitalen Signale. Die Information ist hier enthalten in einer Folge von Digitalzahlen. Besonders übersichtlich wird die Darstellung, wenn die Digitalzahlen Binärzahlen (binary digits, „bits") sind, also nur aus den Ziffern „0" und „1" gebildet werden. Die einzelnen bits werden zeitlich nacheinander übermittelt. Der Zeitabstand zwischen zwei aufeinanderfolgenden bits ist die *Taktzeit* T_{Takt}. Der Kehrwert der Taktzeit ist die *Bitrate* R, d.h. die Anzahl der je Zeiteinheit übertragenen bits, gemessen in bit/s (bps):

$$\text{Bitrate R} = \frac{1}{\text{Taktzeit } T_{Takt}} \tag{6.2}$$

Die Bitrate ist ein Maß für die je Zeiteinheit übertragbare Informationsmenge und als solche das Gegenstück zur Basisbandbreite B_{Sig} der analogen Übertragung.

6.2
Nachrichtenübertragung in Trägerfrequenztechnik

Bei der Nachrichtenübertragung wird eine Nachricht von einer Quelle an eine Senke übergeben. Wir gehen grundsätzlich davon aus, daß die Quelle die Nachricht in Form eines elektrischen Signales zur Verfügung stellt, entsprechend soll die Senke wieder ein elektrisches Signal bereitstellen.

Abbildung 6.2 zeigt den Funktionsaufbau eines Übertragungssystems in *Trägerfrequenztechnik*. Das System besteht aus den Bausteinen Sender mit Modulator, Übertragungsleitung und Empfänger mit Demodulator. Der Sender erzeugt eine harmonische hochfrequente (HF) elektromagnetische Welle mit der *Trägerfrequenz* f_{Tr} (s. die Fußnote auf der Seite zuvor). Dieser Welle wird die zu übermittelnde Nachricht „aufgeprägt". Die Übertragungstechnik bezeichnet diesen Vorgang als *Modulation* des Senders, das diese Aufgabe durchführende Bauelement heißt *Modulator*. Beim Weiterlaufen transportiert die Welle die Information mit sich fort, sie wird zum *Träger* der Information; daher der Name.

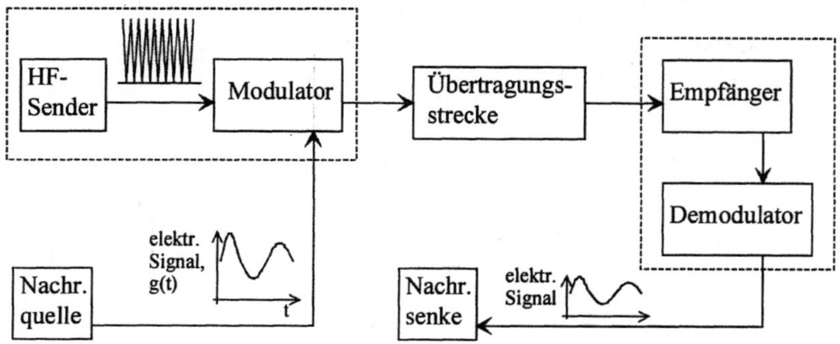

Abb. 6.2. Funktionsbausteine eines Nachrichtenübertragungssystems in Trägerfrequenz-technik. Die Bausteine Sender + Modulator sind häufig ein einziges Bauelement, ebenso Empfänger + Demodulator

Der modulierte Träger wird entweder frei in den Raum abgestrahlt und vom Emp-fänger per Antenne aufgefangen oder auf geeigneten Leitungen zum Empfänger geführt. Der Empfänger registriert die modulierte Welle, der *Demodulator* ent-nimmt ihr die aufgeprägte Information und stellt der Senke die Nachricht als elek-trisches Signal zur Verfügung.

Die zu übertragende Nachricht kann analog oder digital sein. Bei beiden Va-rianten wird vom Modulator ein Wellenparameter im Sinne der Information ge-steuert, grundsätzlich stehen hierfür alle Wellenparameter (Amplitude, Frequenz, Phasenlage, Polarisation, Leistung bzw. Intensität) zur Verfügung. Wir beschrän-ken uns im Rahmen dieses Buches auf die Intensitätsmodulation und diskutieren im Folgenden die beiden Übertragungskonzepte.

6.2.1
Analoge Übertragung durch Intensitätsmodulation

Bei der analogen Übertragung soll ein bandbegrenztes Signal g(t) übermittelt wer-den. Dazu modulieren wir die Intensität S einer Trägerwelle gemäß

$$S(t) = S_0 [1 + g(t)] \quad \Leftrightarrow \quad g(t) = \frac{S(t) - S_0}{S_0} . \tag{6.3}$$

S_0 ist der zeitliche Mittelwert der Intensität. Mit Gl. (6.3) wird die Information g(t) transformiert in die Abweichung $[S(t) - S_0]$ der momentanen Intensität $S(t)$ von ihrem Zeitmittelwert S_0. Gleichung (6.3) setzt aber voraus, daß sich g(t) nur langsam im Vergleich zur Periodendauer $1/f_{Tr}$ der *Träger*welle ändert.

Nach Gl. (1.21) ist die Intensität proportional zum Betragsquadrat der Wellen-amplitude: $S \sim \hat{E}^2$. Somit können wir für die Amplitude der Trägerwelle schreiben:

$$\hat{E} = \hat{E}(t) \propto \sqrt{S(t)} \propto \sqrt{1 + g(t)} . \tag{6.4}$$

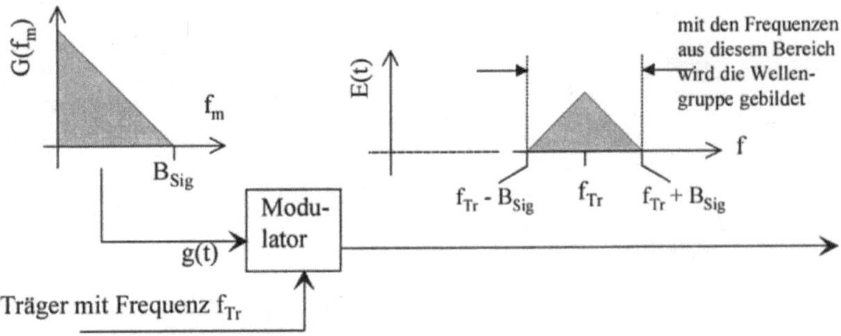

Abb. 6.3. Intensitätsmodulation eines Trägers (Trägerfrequenz f_{Tr}) mit einem Basisbandsignal erzeugt eine um f_{Tr} zentrierte Frequenzgruppe, deren Breite durch die Basisbandbreite des modulierenden Signales festgelegt wird.

g(t) ist eine Überlagerung harmonischer Basisbandsignale und wird beschrieben durch Gl. (6.1). Analog hierzu stellen wir auch $\hat{E}(t)$ dar als Überlagerung harmonischer Signale mit Frequenzen f_m, die aus dem Frequenzbereich des Basisbandes stammen müssen, also nach oben durch B_{Sig} beschränkt sind. Mit den zugehörigen Amplituden $\hat{A}(f_m)$ und Nullphasen $\psi(f_m) = \psi_m$ schreiben wir

$$\hat{E}(t) = 2 \int_0^{B_{Sig}} \hat{A}(f_m) \cdot \cos(2\pi f_m t + \psi_m)\, df_m \tag{6.5}$$

Damit erhalten wir den Zeitverlauf der elektrischen Feldstärke E(t) der Trägerwelle mit der Trägerfreqenz f_{Tr} zu

$$\begin{aligned} E(t) &= \hat{E} \cdot \cos(2\pi f_{Tr} \cdot t) \\ &= \left[2 \int_0^{B_{Sig}} \hat{A}(f_m) \cdot \cos(2\pi f_m t + \psi_m)\, df_m \right] \cdot \cos(2\pi f_{Tr} \cdot t) \end{aligned} \tag{6.6}$$

Die Integration erfolgt über f_m, deshalb können wir den Term $\cos(2\pi f_{Tr}\cdot t)$ unter das Integral ziehen. Mit $\cos(x)\cos(y) = \tfrac{1}{2}\cdot\cos(x-y) + \tfrac{1}{2}\cdot\cos(x+y)$ und den Substitutionen $f = f_m \pm f_{Tr}$ bringen wir Gl. (6.6) nach etwas Rechnen in die Form

$$E(t) = \int_{f_{Tr}-B_{Sig}}^{f_{Tr}} \hat{A}(f_{Tr} - f)\cos(2\pi f t - \psi(f))\, df + \int_{f_{Tr}}^{f_{Tr}+B_{Sig}} \hat{A}(f - f_{Tr})\cos(2\pi f t + \psi(f))\, df$$

$$\tag{6.7}$$

Gleichung (6.7) sagt aus: das Ausgangsfeld E(t) hinter dem Modulator ist keine Einzelschwingung mit der Frequenz f_{Tr} mehr, sondern eine Gruppe von Schwingungen mit Frequenzen f aus dem Bereich $[f_{Tr} - B_{Sig}, f_{Tr} + B_{Sig}]$. Abbildung 6.3

illustiert schematisch diesen Vorgang. Die Konsequenz daraus ist: nach der Modulation bewegt sich nicht mehr eine einzelne Welle mit der singulären Frequenz f_{Tr}, sondern eine ganze Wellengruppe. Auf der Empfängerseite wird diese Wellengruppe empfangen und durch Demodulation ein elektrischer Strom- oder Spannungsverlauf generiert, der proportional ist zum Zeitverlauf g(t).

6.2.2
Binäre digitale Übertragung durch Intensitätsmodulation

Bei der binären digitalen Übertragung wird ein Wellenparameter zwischen zwei diskreten Zuständen umgetastet, wobei diese Zustände die beiden Ziffern „0" und „1" repräsentieren. Im einfachsten Fall kann das dadurch geschehen, daß man den Träger ein- und ausschaltet. Die Nachrichtentechnik bezeichnet diese Form der Übertragung als *amplitude shift keying*, ASK. Da die Binärsignale im Zeitabstand T_{Takt} aufeinander folgen, markiert T_{Takt} auch die Zeitschlitzbreite, die zum Umschalten des Trägers zur Verfügung steht. An dieser Stelle soll ausdrücklich darauf hingewiesen werden, daß zur Darstellung der Ziffer „1" der Träger keineswegs über eine gesamte Taktzeit hinweg eingeschaltet sein muß. Es muß lediglich innerhalb T_{Takt} ein pulsförmiges Trägersignal abgesetzt werden. Zwei aufeinanderfolgende „1"-Ziffern werden so durch zwei diskrete, im Abstand T_{Takt} aufeinanderfolgende Trägerpulse repräsentiert (Abb. 6.4). Man nennt diesen Sonderfall *Pulscode-Modulation* (PCM). Im Rahmen dieses Buches ist immer PCM-Modulation gemeint, wenn von digitaler Nachrichtenübertragung gesprochen wird.

Auf der Empfängerseite ist nach der Demodulation das Signal eine zeitliche Folge elektrischer Strom- oder Spannungspulse. Die Pulsfolge wird einem *Entscheider* zugeführt. Übersteigt das Eingangssignal am Entscheider zu einem festgelegten Abfragezeitpunkt z.B. genau in der Mitte eines jeden Zeitschlitzes einen Vorgabewert („Entscheiderschwelle"), so definiert der Entscheider das empfangene Signal als die Binärzahl „1", anderenfalls als die Binärzahl „0". Es ist plausibel, daß der Entscheider diese Aufgabe um so sicherer lösen kann, je besser ihm die geometrische Pulsgestalt eines Empfangsimpulses von vornherein bekannt ist.

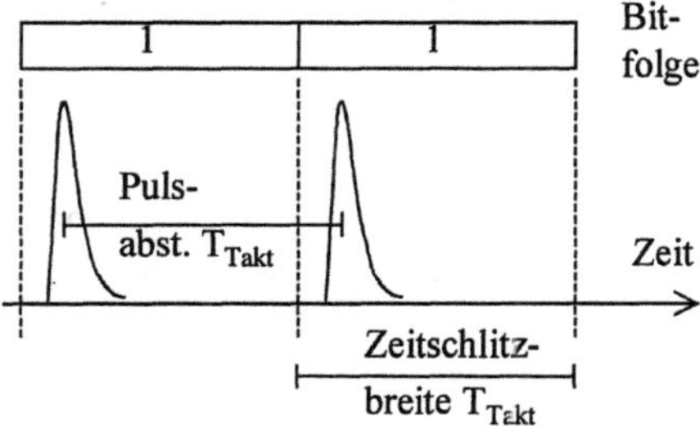

Abb. 6.4. Pulscodemodulation

6.2.3
Optische Wellen als Nachrichtenträger

In der optischen Nachrichtenübertragung werden optische Wellen als Träger eingesetzt, die wir jetzt nicht mehr durch ihre Frequenz f_{Tr}, sondern durch ihre Wellenlänge $\lambda = c/f_{Tr}$ charakterisieren. Als Empfangsantenne für die Trägerwelle „Licht" dienen Halbleiter-Photodetektoren; sie generieren als Ausgangssignal einen Strom, dessen Stromstärke proportional zur registrierten optischen *Leistung* und damit zur *Intensität* der auftreffenden optischen Strahlung ist. Eine Photodiode wirkt dadurch unmittelbar als Demodulator, wenn die zu übertragende Information spätestens vor der detektierenden Photodiode in Form von optischen Intensitäts- bzw. Leistungsschwankungen vorliegt. Mit anderen Worten: zwar kann grundsätzlich ein beliebiger Parameter der Trägerwelle „Licht" im Sinne der Information variiert werden, aber dann muß durch geeignete Maßnahmen am Ende der Übertragungsstrecke die Information in Intensitätsschwankungen umgeformt werden, sonst wird sie von der Empfangsdiode nicht demoduliert.

Man kann die „geeigneten Maßnahmen" einsparen, wenn man die Information dem Träger von vornherein als Intensitätsmodulation aufprägt, mit anderen Worten: wenn der modulierte Wellenparameter die optische Intensität der Welle ist. Als Sendebausteine verwendet man in der optischen Übertragungstechnik Halbleiterlaser oder lichtemittierende Dioden (LED's). Bei diesen Sendertypen ist die optische Ausgangsleistung proportional zum Ansteuerstrom, über Stromansteuerung kann so sehr einfach eine in ihrer Intensität modulierte optische Welle erzeugt werden. Anders ausgedrückt: ein derartiges Bauelement übernimmt die Funktion sowohl der Trägererzeugung als auch des Modulators. Der Zeitverlauf des Detektorausgangsstromes ist jetzt *direkt* ein Abbild des Zeitverlaufes derjenigen Größe, die senderseitig beeinflußt wurde, nämlich der optischen Leistung. Man spricht deshalb auch von einem *Direktübertragungsverfahren*. Im diesem Buch betrachten wir ausschließlich die Direktübertragung; indirekte Verfahren

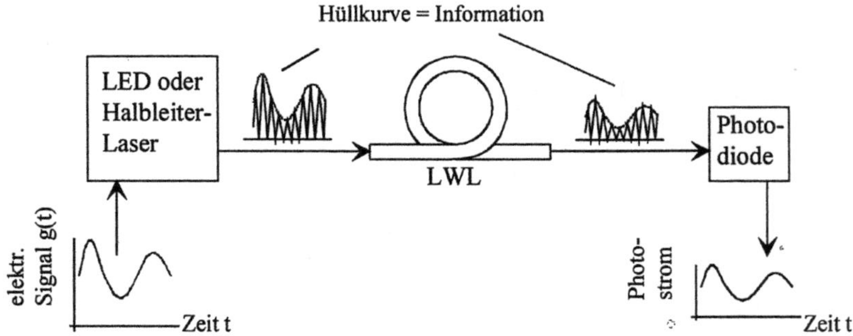

Abb. 6.5.   Aufbau eines optischen Direktübertragungssystems, hier: eines Analogübertragungssystems

wie „Überlagerungsempfang" oder „kohärente Übertragung" sollen hier nicht diskutiert werden.

Die Übertragung der Nachricht selbst kann wieder entweder analog oder digital erfolgen. Bei der analogen Modulation wird die optische Intensität zeit- und wertkontinuierlich im Sinne der Information verändert. Ein solches analoges Übertragungsschema ist in Abb. 6.5 gezeigt. Man kann die Information g(t) erkennen als Amplitudenschwankungen der Leistungsamplitude des Lichtes (Hüllkurve der Intensität). Bei der digitalen Modulation wird das Licht schlicht ein- und ausgeschaltet, d.h. optische Energie pulsweise gesendet.

Sowohl bei der analogen wie bei der digitalen Intensitätsmodulation wirkt die Photodiode wie ein Hüllkurvendetektor, der von ihr gelieferte Photostrom zeichnet den Zeitverlauf der Hüllkurve der auftreffenden Intensität bzw. Leistung nach (s. Abb. 6.5).

6.2.4
Übertragungsgeschwindigkeit

Wir nehmen an, daß eine Information durch Intensitätsmodulation einer optischen Welle übertragen werden soll. Oben in Abschn. 6.2.1 haben wir gesehen: wenn durch Modulation die Intensität einer Lichtwelle mit der Wellenlänge λ bzw. der Trägerfrequenz $f_{Tr} = c/\lambda$ geändert wird, dann erzeugt man eigentlich eine ganze Wellen*gruppe* mit Frequenzen f aus einem um f_{Tr} angeordneten Bereich. Alle diese Wellen laufen in dieselbe Richtung und überlagern sich so, daß das Betragsquadrat der entstehenden Hüllkurve gerade die gewünschte zeitliche Intensitätsschwankung ergibt. Diese Aussage ist unabhängig davon, ob die Intensität analog oder digital geändert wird, denn schließlich kann der optische Puls ja auch aufgefaßt werden als ein Analogsignal, dessen Intensitätsverlauf geade die Pulsform ist. Nach der Modulation der Welle, d.h. nach dem Aufprägen der Information liegt also strenggenommen keine Einzelwelle mit singulärer Trägerfrequenz f_{Tr} mehr vor, sondern eine kontinuierliche Wellengruppe. In Abschn. 1.1.5 haben wir festgestellt, daß die Hüllkurve einer Wellengruppe sich nicht mit Phasengeschwindigkeit, sondern mit Gruppengeschwindigkeit weiterbewegt. Daraus folgern wir: da die Hüllkurve die Information beinhaltet, wird die Information mit *Gruppengeschwindigkeit* übertragen.

Bemerkung: obige Analyse ging von einer Intensitätsmodulation der Trägerwelle aus. Man kann zeigen, daß die Aussage: „Information wird mit Gruppengeschwindigkeit übertragen" auch für andere Modulationsformen gültig ist.

6.3
Der Einfluß des Rauschens

Die von einem Übertragungssystem je Zeiteinheit übertragbare Nachrichtenmenge kann nicht beliebig groß werden. Hier setzt die Frequenz der Trägerwelle eine prinzipielle obere Grenze. Beispielsweise darf bei Intensitätsmodulation die Intensität nur langsam im Vergleich zur Periodendauer $1/f_{Tr}$ des Trägers variieren, weil sonst keine Hüllkurve mehr definiert werden kann; s. hierzu auch die Aussagen am Ende von Abschn. 1.2.4. Mathematisch bedeutet dies: die maximale Modulationsfrequenz bzw. die Basisbandbreite B_{Sig} ist nach oben beschränkt durch die Trägerfrequenz f_{Tr}: $B_{Sig} \ll f_{Tr}$. Da B_{Sig} die übertragbare Informationsrate festlegt, folgt sofort:

> Je höher die Trägerfrequenz, desto größer ist zumindest im Prinzip die je Zeiteinheit übertragbare Nachrichtenmenge.

Diese Aussage ist grundsätzlicher Natur, sie gilt für alle Übertragungssysteme und für alle Modulationsarten, nicht nur für die Intensitätsmodulation.

Licht ist ebenfalls eine elektromagnetische Welle mit einer Frequenz, die um mehrere Zehnerpotenzen über den höchsten von der konventionellen Technik ausgenutzten Trägerfrequenzen liegt, s. Abb. 1.7. Licht erlaubt deshalb vom Ansatz her die Übertragung weit höherer Informationsraten als mit der bisherigen Technik üblich. Die durch die Trägerfrequenz auferlegte obere Grenze kann aber nicht annähernd erreicht werden. Ursache hierfür sind Rauschprobleme.

6.3.1
Signal-Rausch-Verhältnis

Bei jedem System konkurriert auf der Empfängerseite die dort noch vorhandene Signalleistung mit Rauschleistungen, die vor allem von dem Empfänger selbst und dem nachfolgenden Verstärker in den elektrischen Ausgangskreis eingebracht werden. Als Qualitätsmerkmal für die Güte der Übertragung dient das *Signal-Rausch-Verhältnis* "S/N". Das Signal-Rausch-Verhältnis vergleicht die mittlere elektrische Leistung des von dem Empfänger gelieferten und verstärkten Signalstromes mit der mittleren elektrischen Leistung des Rauschens:

$$\text{"S/N"} = \frac{\text{mittlere elektrische Leistung des Signals}}{\text{mittlere elektrische Leistung des Rauschens}} \tag{6.8}$$

"S/N" darf einen von der geforderten Übertragungsqualität abhängigen Mindestwert nicht unterschreiten, beispielsweise muß bei der Analogübertragung eines Farbfernsehbildes "S/N" ≥ 30000 sein. Wird "S/N" < 30000, dann wird zwar immer noch ein Bild empfangen, das aber nicht mehr den Qualitätsansprüchen nach heutigem Standard genügt. Eine Übertragung ist nicht mehr möglich, wenn "S/N" ≤ 1 geworden ist.

In einem optischen Übertragungssystem ist der Signalstrom proportional zu der von der Photodiode empfangenen optischen Signalleistung. Hier nimmt das Signal-Rausch-Verhältnis aus zwei Gründen ab: infolge von Lichtleistungsverlust auf der Übertragungsstrecke und infolge von Signalverzerrungen durch Laufzeiteffekte. Die Abnahme des "S/N" infolge von Lichtleistungsverlust des Signallichtes ist unmittelbar einsichtig: je höher der Verlust auf der Übertragungsstrecke, desto kleiner ist bei fester Sendeleistung die empfangene Signalleistung, desto kleiner damit auch das "S/N". Weniger offenkundig ist der Zusammenhang zwischen Signalverzerrungen durch Laufzeitunterschiede einerseits und dem "S/N" andererseits.

6.3.2
Abnahme des Signal-Rausch-Verhältnisses durch Laufzeitunterschiede

Abnahme bei binärer Übertragung (PCM-Übertragung)

Die Auswirkungen der Laufzeitunterschiede lassen sich am einfachsten in der Digitalübertragung erkennen. Wir nehmen an, daß ein gesendeter Signalpuls sich seinerseits zusammensetzt aus mehreren Einzelbeiträgen, die den LWL aus welchen Gründen auch immer mit unterschiedlicher Geschwindigkeit durchlaufen (Abb. 6.6). Die verschiedenen Beiträge kommen dadurch zeitverschoben am Ende der Übertragungsstrecke an, ihre Überlagerung gibt nicht mehr formtreu den Signalverlauf am LWL-Anfang wieder. Verglichen mit dem Eingangspuls ist der Ausgangspuls verzerrt, in der Regel ist er zeitlich verbreitert. Durch die Impulsverbreiterung erhöht sich das Signal-Rausch-Verhältnis. Wir betrachten hierzu Abb. 6.7. Sie zeigt die Übertragung der binären Zahlenfolge (bitfolge) 0101100.

Der Darstellung liegt zugrunde, daß (z.B. mit wachsender Entfernung) der Puls durch Laufzeiteffekte zeitlich breiter wird, der Einfachheit halber ohne seine geometrische Gestalt zu ändern. Ebenfalls der Einfachheit halber wurde angenommen

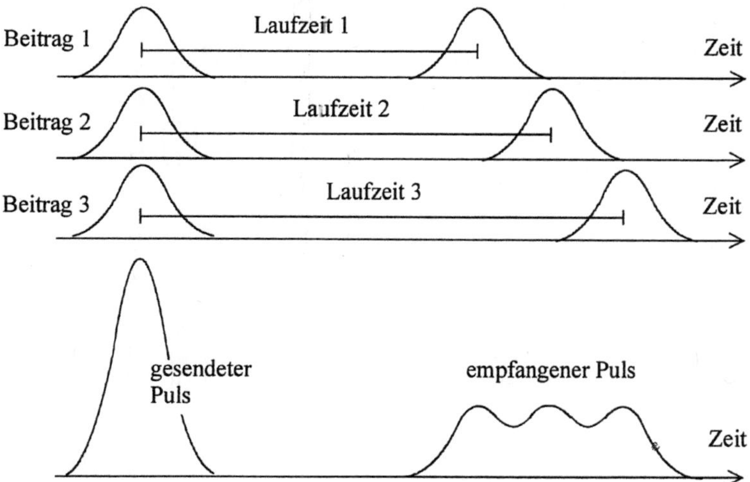

Abb. 6.6. Laufzeitunterschiede führen zu Impulsverbreiterung

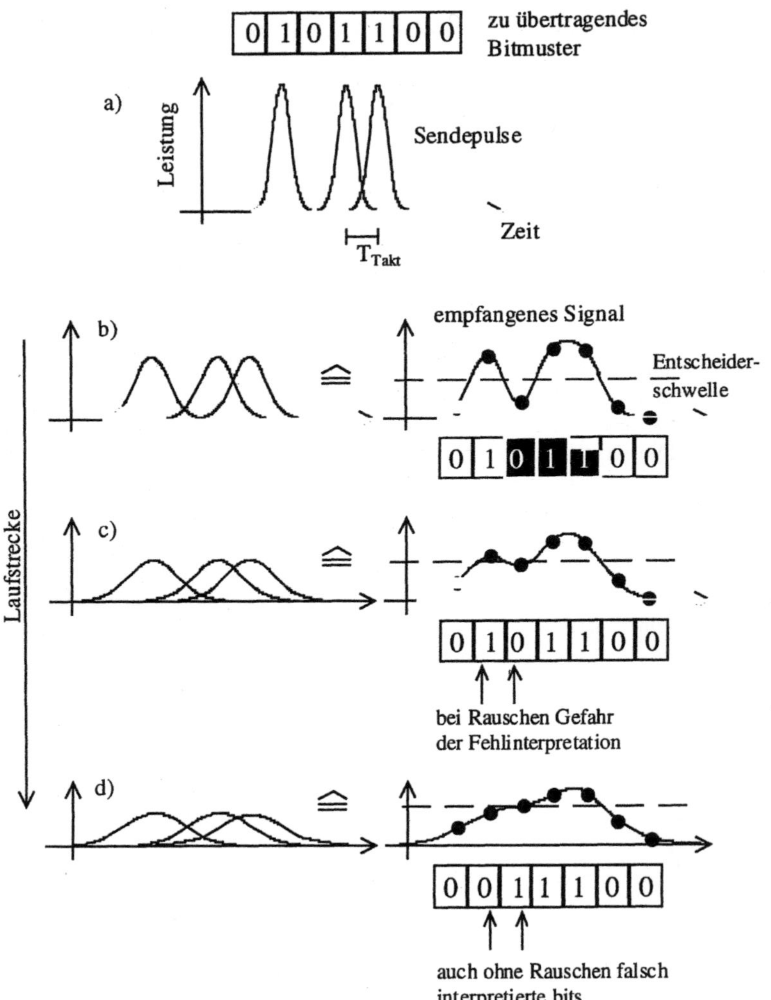

Abb. 6.7.   PCM-Übertragung der binären Zahlenfolge 0101100. a) Pulsgestalt eines „1"-Pulses am Sendeort. b) bis d): mit wachsender Laufstrecke werden die Pulse breiter und überlappen zu dem jeweils nebenstehend gezeichneten Summensignal. Bei zu großer Überlappung kommt es zu Fehlinterpretationen. Nähere Erläuterungen im Text.

daß auf der Übertragungsstrecke kein Leistungsverlust auftritt. Dadurch bleibt die Energie innerhalb eines jeden Pulses erhalten, graphisch: die Fläche unter einem Puls bleibt gleich. Das „Breiterwerden" eines Pulses ist so verknüpft mit einer

Amplitudenabnahme (zu der in der Realität die Amplitudenabnahme infolge allgemeiner Lichtleistungsverluste noch hinzugerechet werden muß).

Man erkennt, daß auf der Empfängerseite ein Puls den ihm zustehenden Zeitschlitz der Breite T_{Takt} deutlich überschreitet und sich in Nachbarzeitschlitze ausweitet. Die Pulse überlappen, man spricht von *Impulsnebensprechen (intersymbol interference)*. Wir setzen voraus, daß es zulässig ist, optische Intensitäten bzw. Leistungen zu addieren (eigentlich dürfen nur Felder addiert werden; die Zulässigkeit dieser Voraussetzung muß – und wird in Abschn. 10.1.1 – nachgewiesen werden). Die Photodiode registriert dann den im Bild angegebenen Zeitverlauf. Nach eventueller elektrischer Nachverstärkung wird das Detektorsignal einem Entscheider zugeführt. Übersteigt das Signal am Entscheidereingang zu einem festgelegten Abfragezeitpunkt genau in der Mitte eines jeden Zeitschlitzes einen Vorgabewert („Entscheiderschwelle"), so definiert der Entscheider das empfangene Signal als logische „1", anderenfalls als logische „0".

Abbildung 6.7 zeigt, wie mit wachsender Verbreiterung der Überlapp zunimmt und die Pulsfolge so stark verschmiert, daß es immer schwieriger wird, die Entscheiderschwelle sinnvoll zu plazieren. Zusätzlich ist zu berücksichtigen, daß das Signal mit dem Rauschen des Empfängers überlagert ist. Wenn sich wie in der Abb. 6.7c die Amplituden beim Empfang einer „0" und einer „1" kaum noch unterscheiden, dann kann es durchaus vorkommen, daß durch das überlagerte Rauschen im Abfragemoment das Signal bei einer tatsächlichen „0" dennoch oberhalb der Entscheiderschwelle oder umgekehrt bei einer tatsächlichen „1" unterhalb der Schwelle liegt. Dadurch werden Fehlentscheidungen getroffen: eine tatsächliche „0" wird als „1" interpretiert, die tatsächliche „1" als „0". In der Sprache der digitalen Übertragungstechnik ist es zu Bitfehlern gekommen. Bei noch stärkerer Verbreiterung kommt es selbst ohne Rauschen zu Fehlinterpretationen (Abb. 6.7d).

Es ist theoretisch möglich, durch geeignete, an die Empfangspulsform angepaßte Filter („Entzerrer") den Überlapp wieder zu beseitigen oder zumindest die Pulsform so umzugestalten, daß zu den Abfragezeitpunkten Nachbarpulse keine Beiträge mehr liefern. Die Filter verkürzen aber lediglich den Puls, sie heben seine Amplitude nicht an. Es bleibt deshalb die mit dem Breiterwerden verbundene Abnahme der Leistungsamplitude, was wiederum eine Abnahme des Signal-Rausch-Verhältnisses nach sich zieht. Die Abnahme läßt sich durch eine entsprechend höhere Sendeleistung kompensieren, aber das führt nur bei niedrigen Bitraten zum Ziel. Wird z.B. bei der in Abb. 6.7d gezeigten Situation zusätzlich die Bitrate erhöht, also senderseitig der Zeitabstand zwischen zwei aufeinanderfolgenden Pulsen verringert, so rücken die verbreiterten Pulse auch im Empfänger aufeinander zu, es kommt zu noch stärkerer Überlappung und damit zu noch stärkerer Angleichung der Empfangsleistungen beim Empfang einer „0" und einer „1". Selbst wenn man auch diesen verstärkten Überlapp durch entsprechende Filterung wieder beseitigen könnte, so stiege doch gleichzeitig das Rauschen an, denn die höhere Bitrate benötigt einen entsprechend breitbandiger ausgelegten Eingangsverstärker, dessen Eigenrauschen mit wachsender Bandbreite zunimmt. Die höhere Bitrate wird demnach mit erhöhtem Rauschen bezahlt, das "S/N" sinkt.

Wird unter diesen Voraussetzungen die Sendeleistung vergrößert, so verbessert sich das Signal-Rausch-Verhältnis nur wenig, weil ein Teil der Empfangsleistung dazu gebraucht wird, das erhöhte Rauschen zu kompensieren. Schließlich ist es ab einer gewissen Bitrate nicht mehr sinnvoll, die Amplitudenabnahme durch Sendeleistungserhöhung auszugleichen, insbesondere wenn man berücksichtigt, daß es in der Praxis keineswegs möglich ist, durch Filterung den Überlapp gänzlich zu eliminieren.

Folgerung: da die Bitrate ein Maß ist für die je Zeiteinheit übermittelbare Informationsmenge, begrenzen die zu der Pulsverbreiterung führenden Laufzeiteffekte letztlich die Übertragungskapazität des digitalen optischen Übertragungssystems, selbst wenn die Übertragungstrecke ihrerseits keine Leistungsverluste verursacht.

Abnahme bei analoger Übertragung

Wir können aus diesem Ergebnis sofort ein entprechendes Ergebnis für den Fall der Analogübermittlung ableiten. Dazu fassen wir die Hüllkurve eines einzelnen Leistungspulses (!) auf als ein Analogsignal g(t), das jetzt von dem LWL übertragen wird. Wie in Gl. (6.1) bilden wir die Pulsgestalt der Hüllkurve nach durch Überlagerung harmonischer Modulationssignale aus einem definierten Frequenzbereich mit geeigneten Amplituden und Nullphasen; die Menge der hieran beteiligten Frequenzen bildet das Basisband der Pulsform. Nach Absch. 6.2.1 wird das optische Gesamtsignal so zu einer Überlagerung von Lichtwellen.

Die Eingangspulse in Abb. 6.7 sind zeitlich kurz mit steilem Anstieg und Abfall, nach Fourier wird zur Nachbildung dieser Pulse ein Modulationsspektrum benötigt, das sich bis zu sehr hohen Frequenzen erstreckt. Demgegenüber sind die Ausgangspulse in Abb. 6.7 zeitlich breiter mit weniger steilem Anstieg und Abfall. Ihr Fourierspektrum reicht nur bis zu weniger hohen Frequenzen; anders formuliert: das Basisband des zeitlich breiteren Pulses ist schmaler als das Basisband des zeitlich kürzeren Pulses. Zwischen Eingang und Ausgang liegt noch der Lichtwellenleiter. Offenkundig hat der LWL beim Durchgang die Leistungsamplituden der hohen Frequenzanteile des Eingangssignales stark abgeschwächt, so daß nur noch die Leistungsamplituden der niedrigen Modulationsfrequenzkomponenten vorhanden sind. Abb. 6.8 illustriert diesen Befund: die Amplitude einer im Basisband des Anfangspulses enthaltenen Modulationsfrequenz f_{m1} nimmt ständig ab. Mit anderen Worten: der LWL wirkt bezüglich der Modulation wie ein Tiefpaß.

Dieses Tiefpaßverhalten verformt nicht nur die Modulationskomponenten pulsförmiger Signale, sondern die eines jeden beliebigen Analogsignals. Das heißt: bildet man nach der Übertragung eines beliebigen Analogsignales g(t) mit zugeordnetem Basisband durch Rücktransformation des empfangenen Modulationsspektrums wieder ein Analogsignal, so entspricht dieses Signal nicht mehr dem gesendeten g(t), weil die Basisbandamplituden *unterschiedlich* stark geschwächt wurden.

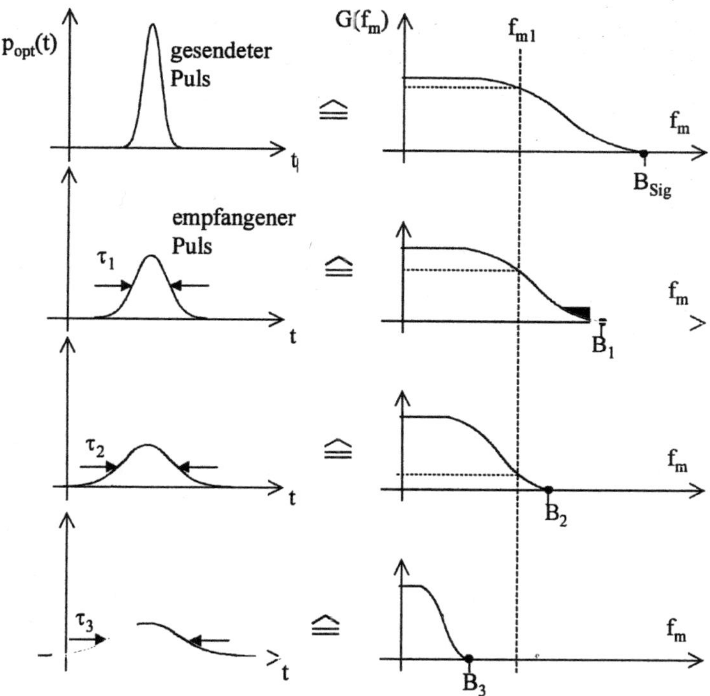

Abb. 6.8. Tiefpaßwirkung des Übertragungssystems. Mit wachsender **zeitlicher** Breite τ des Pulses wird seine **Basisband**breite B geringer. Eine Pulsverbreiterung führt so zu einer Schwächung der Amplituden der hochfrequenten Basisband-Mitglieder des gesendeten Pulses bis zur völligen Unterdrückung dieser Mitglieder, hier gezeigt an der Modulationsfrequenz f_{m1}.

Wie bei der Digitalübertragung ist es grundsätzlich möglich, durch ein komplementär wirkendes, dem optischen Detektor nachgeschaltetes Filternetzwerk („Entzerrer") den Amplitudengang wieder zu glätten. Der Filter muß dazu die Amplituden der tiefen Frequenzanteile geeignet abschwächen. Abbildung 6.9 stellt das Vorgehen schematisch dar. Hier wurde angenommen, daß am LWL-Anfang das Basisbandsignal alle Modulationsfrequenzen mit gleicher Amplitude enthält. Nach Durchgang durch den LWL sind die Amplituden unterschiedlich, wobei die Amplitudenabschwächung um so stärker ausfällt, je höher die zugeordnete Frequenz ist. Nach dem Entzerrer sind die Amplituden wieder alle gleichgroß, aber insgesamt abgesenkt auf das Niveau der vor dem Entzerrer kleinsten Amplitude. *Diese* (Leistungs)Amplituden müssen nun mit der Rauschleistung konkurrieren, d.h. sie müssen sich um mindestens den Signal-Rausch-Abstand vom Systemrauschen unterscheiden.

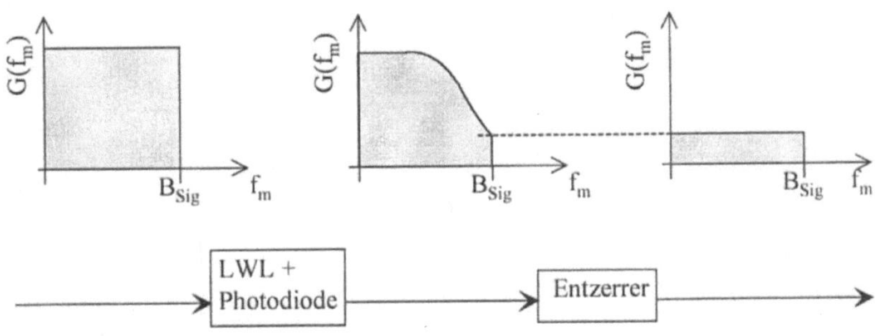

Abb. 6.9. Prinzip der Entzerrung

Man kann versuchen, den durch LWL und nachfolgenden Entzerrer abgesenkten Leistungspegel durch höhere Sendeleistung so weit wieder anzuheben, daß das "S/N" den gewünschten Mindestwert erreicht. Um eine sehr hohe Modulationsfrequenz noch detektieren zu können, muß der Empfänger sehr breitbandig ausgelegt werden (seine *Demodulationsbandbreite* muß mindestens so hoch sein wie die alle Modulationsfrequenzen umfassende Basisbandbreite B_{sig}). Der Empfänger generiert dadurch Rauschen aus einem entsprechend breiten Frequenzbereich. Mit anderen Worten: je höher die höchste zu übertragende Modulationsfrequenz, desto größer das vom Empfänger generierte Rauschen. Diese Zusammenhänge werden genauer in Abschn. 11.1 besprochen. Wie bei der Pulsmodulation verbessert die höhere Sendeleistung das Signal-Rausch-Verhältnis deshalb nur wenig, weil wieder ein Teil der Empfangsleistung dazu gebraucht wird, das erhöhte Rauschen zu kompensieren. Ab einer gewissen Modulationsfrequenz ist es nicht mehr sinnvoll, die Amplitudenabnahme durch Sendeleistungserhöhung auszugleichen. Da die maximal übertragbare Modulationsfrequenz ein Maß ist für die je Zeiteinheit übermittelbare Informationsmenge, begrenzen die das Tiefpaßverhalten des LWL verursachenden Laufzeiteffekte letztlich die Übertragungskapazität des analogen optischen Übertragungssystems.

6.3.3
Ursachen der Laufzeitunterschiede: Dispersion

Im vorangegangenen Abschnitt haben wir gesehen, daß Laufzeitunterschiede zu einer Abnahme des Signal-Rausch-Verhältnisses führen und damit die pro Zeiteinheit übertragbare Infomationsmenge limitieren, lange bevor die durch die Trägerfrequenz vorgegebene grundsätzliche Grenze erreicht ist. Wodurch kommt es zu diesen Laufzeitunterschieden?

Hauptverantwortlich ist eine Besonderheit der optischen Übertragung: die Information wird in vielen parallelgeschalteten Kanälen simultan übermittelt, wobei, und das ist das eigentliche Dilemma, die Kanäle sich in ihren Übertragungseigenschaften unterscheiden. Wir nehmen jetzt einige Ergebnisse der nachfolgenden Kapitel vorweg bzw. führen in die Thematik dieser Kapitel ein.

In einem Vielmoden-LWL propagiert das Licht in vielen Moden gleichzeitig. Nachrichtentechnisch gesehen bildet jeder Modus einen eigenständigen Übertragungskanal. In Kap. 8 wird gezeigt werden, daß das Licht auf den einzelnen Lichtwegen bzw. in den einzelnen Moden unterschiedlich lange Zeit zum Durchlaufen des LWL benötigt. Aufgrund der Laufzeitunterschiede kommen gleichzeitig abgesandte Leistungsanteile nicht gleichzeitig, sondern zeitverschoben am Faserende an. Wenn man in Abb. 6.6 das Wort „Beitrag 1" durch „Leistung in Modus 1" etc ersetzt, dann skizziert Abb. 6.6 die hier beschriebene Situation. Die in dem Sendepuls enthaltene optische Energie wird in dem LWL auf mehrere Moden verteilt, der Einfachheit halber wird in jeden Modus die gleiche Energie eingespeist. Durch die Laufzeitunterschiede zwischen den einzelnen Moden erscheint der auf der Eingangsseite des LWL zeitlich schmale Puls auf der Ausgangsseite zeitlich verbreitert.

Zusätzlich sind alle realen Lichtquellen polychromatisch mit einer mehr oder weniger großen spektralen Linienbreite (vgl. Abb. 1.9). Zahlenangaben für Linienbreiten sind in Tabelle 1.2 in Abschn. 1.3.4 aufgelistet. Anschaulich kann man sich eine reale Lichtquelle vorstellen als ein kontinuierlich über den Emissionsbereich hinweg verteiltes Arrangement voneinander unabhängiger Oszillatoren, von denen jeder eine Welle emittiert. Weil die einzelnen spektralen Komponenten innerhalb einer Linie voneinander unabhängig sind, repräsentiert jede Einzelfrequenz innerhalb der Linie ebenfalls wieder einen eigenen Übertragungskanal.

In Kap. 9 werden wir sehen, daß auch die verschiedenen spektralen Komponenten einer Emissionslinie in ein- und demselben Modus (!) unterschiedliche Laufzeiten haben. Aufgrund der Laufzeitunterschiede kommen gleichzeitig abgesandte Leistungsanteile nicht gleichzeitig am Faserende an, wenn sie zu unterschiedlichen Spektralkomponenten der Quelle gehören. Auch dadurch kommt es zu Zeitverschiebungen, jetzt innerhalb eines Modus, und in Folge zu Verzerrungen. Wiederum skizziert Abb. 6.6 den beschriebenen Effekt, man muß dort lediglich das Wort „Beitrag 1" durch „Leistungsanteil bei der Wellenlänge λ_1 innerhalb der Emissionslinie" etc. ersetzen.

In der LWL-Technik wird anstelle des Wortes „Laufzeitunterschiede" die Bezeichnung *Dispersion* verwendet[3] und mit einer Vorsilbe auf die physikalische Ursache der Laufzeitstreuung hingewiesen: die Laufzeitunterschiede zwischen („inter") den einzelnen Moden bei monochromatischer Lichtquelle bilden die *Modendispersion* oder bzw. *Intermodendispersion*. Die Laufzeitunterschiede der

---

[3] Der Begriff „Dispersion" ist in der optischen Nachrichtenübertragung also anders gefaßt als in der klassischen Optik. In der klassischen Optik bezeichnet „Dispersion" die Abhängigkeit der Brechzahl von der Wellenlänge des Lichtes. Wir werden sehen, daß diese Abhängigkeit ebenfalls zu Laufzeitstreuungen, zu „Dispersion" im Nachrichtenübertragungssinn führt, die dann „Materialdispersion" genannt wird.

einzelnen spektralen Komponenten innerhalb („intra") eines Modus heißen *chromatische Dispersion* oder *Intramodendispersion.*

6.4
Systemkenngrößen für die Übertragung von leistungs- moduliertem Licht

In den beiden vorangegangenen Abschnitten wurde gezeigt, daß die optische Leistung des Signales am LWL-Ende entscheidend ist für die Qualität der Über- tragung bzw. für die übertragungstechnischen Grenzen des Systems. Es wurde weiterhin ausgeführt, daß zwei Parameter die Empfangsleistung bestimmen: all- gemeine Leistungsverluste auf der Übertragungsstrecke und Laufzeiteffekte, in der Sprechweise der LWL-Technik „Dispersion" genannt. Die folgenden Kapitel werden sich eingehend mit den physikalischen Ursachen der Leistungsverluste (Kap. 7) und Laufzeiteffekte (Kap. 8 und 9) beschäftigen. Für den praktischen Einsatz müssen der Leistungsverlust und die LWL-Dispersion durch geeignete Kenngrößen quantitativ beschrieben werden. Wir bezeichnen diese Kenngrößen als *Systemkenngrößen* des Lichtwellenleiters; sie werden entweder unmittelbar im Datenblatt des LWL angegeben oder müssen aus Datenblattangaben bestimmbar sein. In Kap. 7 wird als Systemkenngröße für die Lichtleistungsverluste der LWL- Dämpfungskoeffizient eingeführt, in den Kapiteln 9 und 10 werden das Bitraten- Längen-Produkt und die Pulsverbreiterung zur Charakterisierung von LWL für die Digitalübertagung sowie das Bandbreiten-Längen-Produkt und die 3-dB- Grenzfrequenz als LWL-Kenngröße zur Analogübertragung besprochen.

7 Verluste in Lichtwellenleitern

In den vorangegangenen Kapiteln wurden bei der Analyse der Lichtausbreitung immer ideale Ausbreitungsbedingungen vorausgesetzt. „Ideal" heißt hier: der LWL nicht gebogen, sondern geradlinig ausgelegt, und beim Durchgang des Lichtes bleibt die optische Leistung unverändert. Diese Annahmen sind in der Realität nicht erfüllt. Schon die Materialeigenschaften des Grundmaterials selbst sowie herstellungsbedingte Unzulänglichkeiten und Verunreinigungen reduzieren die optische Leistung, wobei der Leistungsverlust sicherlich laufstreckenabhängig ist. Weitere Verluste entstehen durch das in der Praxis unvermeidliche Biegen des LWL, s. hierzu die Aussagen in Abschn. 3.1.3 und Abschn. 4.1.5. Unabhängig von seiner physikalischen Ursache bezeichnen wir jeden Leistungsverlust als (Licht-)*Dämpfung*. In diesem Kapitel wird zunächst eine Kenngröße abgeleitet, mit der die Dämpfung quantitativ erfaßt wird. Daran anschließend werden die physikalischen Ursachen der einzelnen Dämpfungsbeiträge untersucht. Ziel ist, durch Optimieren des LWL-Materials einerseits und der Ausbreitungsbedingungen andererseits die Gesamtdämpfung so gering wie möglich zu halten.

7.1 Quantitative Erfassung der Dämpfung

Abbildung 7.1a zeigt irgendein optisches Bauelement, in dessen Eingang die optische Leistung P_{ein} hineinfließt und aus dessen Ausgang die optische Leistung P_{aus} austritt. In der technischen Optik ist es üblich, die Leistungsabschwächung in dem Bauelement quantitativ zu erfassen durch die Angabe eines *Dämpfungsmaßes* a, definiert durch

$$a := -10\,\mathrm{dB} \cdot \lg\left(\frac{P_{aus}}{P_{ein}}\right) . \tag{7.1}$$

$\lg(P_{aus}/P_{ein})$ ist eine dimensionslose Zahl. Zur Kennzeichnung, *wie* diese Zahl gewonnen wurde, nämlich als dekadischer Logarithmus eines Leistungsquotienten, wird sie mit der Pseudoeinheit „Bel" mit der Einheitenbezeichnung „B" verziert. Üblicherweise wird aber nicht die Einheit 1B selbst verwendet, sondern ihr Dezimales „deziBel", dB, mit: 1 dB = 1/10 B bzw. 1 B = 10 dB. Das Minuszeichen in Gl. (7.1) stellt sicher, daß eine Leistung*abschwächung* mit einem *positiven* Zahlenwert von a erfaßt wird.

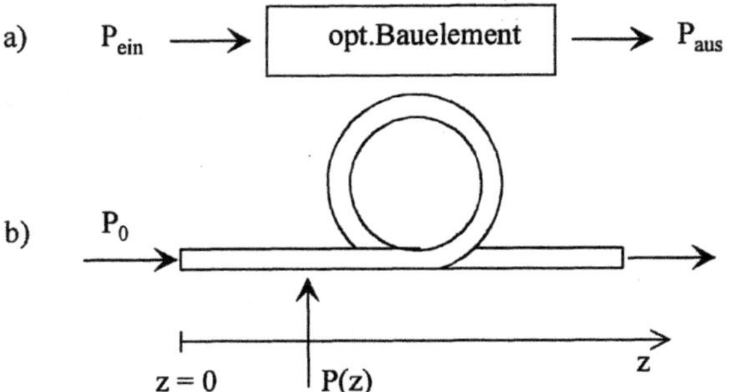

Abb. 7.1. Zur Definition der Dämpfung eines optischen Systems

Wir wenden die obige Beschreibung auf die Leistungsänderung in einem Lichtwellenleiter an, s. Abb. 7.1b. Dazu gehen wir aus von einem Lichtwellenleiter mit
der Stirnfläche an der Stelle z = 0, die z-Richtung gibt die Laufrichtung des Lichtes längs des LWLs an. Am LWL-Anfang wird die (Eingangs-)Leistung P_0 =
P(z=0) auf die ausbreitungsfähigen Moden verteilt. Als Ausgangsleistung wählen
wir die Gesamtleistung P_z = P(z) an der Stelle z. P(z) ist damit auch die Leistung
nach der Wegstrecke z in dem LWL. Wir erfassen die Leistungsabnahme durch
ein Dämpfungsmaß a(z); a(z) charakterisiert pauschal alle Leistungsverluste auf
der LWL-Strecke bis zum Ort z. Aus Gl. (7.1) erhalten wir

$$P(z) = P_0 \cdot 10^{\left(-\frac{a(z)}{10\,dB}\right)}. \tag{7.2}$$

Im Dämpfungsmaß a sind Verlustbeiträge ganz unterschiedlicher physikalischer
Herkunft zu einer globalen Kenngröße zusammengefaßt. a kann aufgespalten werden in eine Summe a_1 + a_2 +... von Einzelbeiträgen. Diese Aufspaltung ist
notwendig, um die verschiedenen Dämpfungsursachen einzeln untersuchen und
minimieren zu können.

Grundsätzlich gibt es zwei Ordnungsprinzipien, nach denen die einzelnen
Dämpfungsbeiträge sortiert werden. Wir unterscheiden auf der einen Seite nach
der physikalischen Ursache: Leistungsverluste können auftreten infolge von *Absorption*, *Streuung* oder *Abstrahlung* von Licht. Auf der anderen Seite teilen wir
die Einzelbeiträge ein in *intrinsische* Verluste a_i und *extrinsische* Verluste a_e. Intrinsische Verluste werden verursacht durch die Materialeigenschaften des LWL-
Materials selbst. Sie sind prinzipiell unvermeidlich und können nur beeinflußt
werden durch Änderung der Materialzusammensetzung. Die Summe aller intrinsischen Dämpfungsbeiträge bildet das theoretische Minimum der Gesamtdämpfung,
das nicht unterschritten werden kann. Demgegenüber werden alle Verluste, die
auf Verunreinigungen der Ausgangsmaterialien, technologische Unzulänglichkeiten oder externe Einflüsse wie Faserbiegungen zurückzuführen sind, als extrinsische Verluste bezeichnet. Extrinsische Verluste sind herstellungs- und handha-

bungsbedingt, sie können zumindest theoretisch gänzlich vermieden werden. Insgesamt wird so

$$a = a_i + a_e$$
$$= a_{i1} + a_{i2} + \cdots + a_{e1} + a_{e2} + \cdots \tag{7.3}$$

Nach dem eben Gesagten sind die intrinsischen Verluste a_i materialbedingt. Wenn der LWL homogen aufgebaut ist, so daß auf jedem Wegstück Δz die gleichen physikalischen Bedingungen herrschen, dann ist a_i proportional zur gesamten zurückgelegten Laufstrecke z:

$$a_i \sim z \quad\Rightarrow\quad a_i = \alpha_i \cdot z . \tag{7.4}$$

α_i ist ein Proportionalitätsfaktor mit der Dimension $[\alpha] = $ dB/Längeneinheit. Gleiches gilt für manche, aber durchaus nicht für alle extrinsischen Verluste a_e (z.B nicht für die weiter unten in Abschn. 7.2.2 diskutierten Verluste durch Makrokrümmungen). Wenn wir diese, nicht weglängenproportionalen Verluste ausschließen, dann können wir alle anderen Mechanismen zusammenfassen zu

$$a(z,\lambda) = \underbrace{\left[\alpha_{i1}(\lambda) + \alpha_{i2}(\lambda) + \ldots\right] \cdot z}_{\text{intrinsische Verluste}} + \underbrace{\left[\alpha_{e1}(\lambda) + \alpha_{e2}(\lambda) + \ldots\right] \cdot z}_{\text{längenab.extr. Verluste}} = \alpha(\lambda) \cdot z ,$$

$$\tag{7.5}$$

und Gl. (7.2) geht über in

$$P(z) = P_0 \cdot 10^{\left(-\frac{\alpha(\lambda)\cdot z}{10\,\text{dB}}\right)} . \tag{7.6}$$

Diese Schreibweise von Gl. (7.2) wird als *Beer'sches Gesetz* bezeichnet. Die Maßeinheit von α ist bei Faser-LWL $[\alpha] = $ dB/km, bei bei integriert-optischen LWL dagegen dB/cm. α heißt *Dämpfungsbelag* oder *längenbezogenes Dämpfungsmaß*; in einer salopperen Sprechweise wird α auch einfach nur „Dämpfung" genannt. Eine Dämpfung von 3 dB/Längeneinheit bedeutet eine Leistungsabnahme um einen Faktor 2 auf dieser Strecke, je 10 dB/Strecke eine Abnahme um einen Faktor 10. Aus Tabelle 7.1 gewinnt man eine zahlenmäßige Vorstellung von Dämpfungsbelägen realer Materialien.

Tabelle 7.1. Dämpfungsbeläge realer Materialien (Übersichtswerte)

Material	Dämpfungsbelag a [dB/km]	Leistungsabfall auf 1‰ der Eingangsleistung nach einer Strecke von
Fensterglas	50000	60 cm
optisches Glas	3000	10 m
Stadtluft	10	3 km
Glasfaser	1	30 km

Gleichung(7.5) berücksichtigt zusätzlich, daß jede Einzeldämpfung individuell abhängig ist von der Wellenlänge des eingestrahlten Lichtes. Der *spektrale Dämpfungsverlauf* $\alpha(\lambda)$ gibt Aufschluß über die aus Leistungsübertragungssicht günstigen Wellenlängenbereiche, die „Fenster" des LWL.

7.2
Dämpfung in Glasfaser-LWL

7.2.1
Intrinsische Verluste: IR-Absorption, Rayleighstreuung

Mit dem Begriff „Glas" bezeichnet man in der Chemie jedes anorganische Schmelzprodukt, das bei der Abkühlung erstarrt, ohne dabei eine regelmäßige Kristallstruktur auszubilden. Wegen des fehlenden kristallinen Aufbaus haben Gläser keine durch die Kristallstruktur definierte Gestalt, sie sind *amorph*, d.h. gestaltlos. Das bekannteste Glas ist *Quarzglas*, chemisch: Siliziumdioxid, SiO_2. Im Quarzglas sitzt jedes Si-Atom in der Mitte eines von 4 Sauerstoffatomen gebildeten Tetraeders, die Tetraeder bilden ein unregelmäßig geformtes Gerüst, s. Abb. 7.2. (Im Quarz*kristall* bilden sich ebenfalls SiO_4-Tetraeder aus, die dann aber ein streng hexagonales Netzwerk formen). Quarzglas ist ein *Oxidglas*, d.h. die gerüstbildenden Ionen (hier: Si) werden über *Sauerstoff*ionen miteinander verbunden. Quarzglas kann sehr einfach dotiert werden mit anderen Oxidgläsern wie GeO_2, P_2O_5, oder B_2O_3, aber auch mit Fluor. Dadurch entstehen Mehrkomponentengläser, deren Brechzahlen von der des reinen SiO_2 abweichen. In heutigen Glasfasern besteht der Kern zumeist aus SiO_2, das zur Brechzahlerhöhung mit einigen Molprozent GeO_2 dotiert wurde. Als Mantelmaterial wird undotiertes SiO_2 verwendet. Alternativ dazu wird der Kern aus undotiertem SiO_2 hergestellt, der Mantel besteht dann aus Fluor-dotiertem Quarzglas (Fluor senkt die Brechzahl).

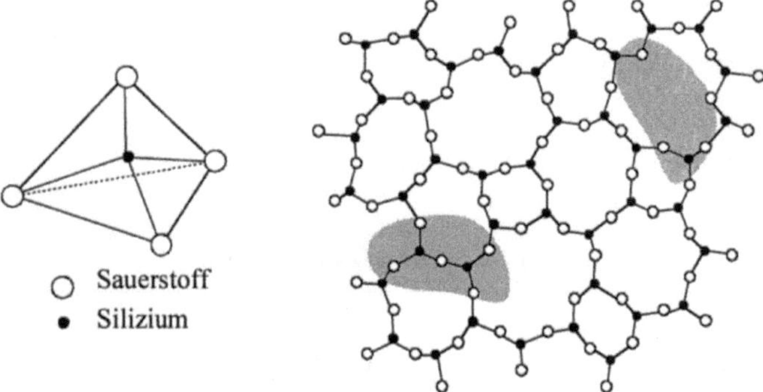

Abb. 7.2.   Aufbau und Struktur von Quarzglas (SiO_2). Die Bedeutung der schattierten Bereiche im rechten Teilbild wird im Text erläutert.

Zur Analyse der intrinsischen Dämpfung müssen die Materialeigenschaften des Kerns *und* des Mantels bewertet werden, denn die Lichtleistungsverteilungen der geführten Moden ragen über den Kernbereich hinaus und registrieren deshalb auch die Dämpfungseigenschaften des Mantelmaterials. In Glasfasern unterscheiden sich Kernglas und Mantelglas nur wenig in ihren optischen Eigenschaften, die intrinsische Dämpfung wird weitestgehend vom Kernmaterial bestimmt. Bei HCS- und PCS-Fasern dagegen besteht nur der Kern aus Glas, der Mantel ist aus Kunststoff. Die hierfür eingesetzten Silikonharze haben völlig andere Dämpfungsspektren als Quarzglas, insbesondere sind sie wesentlich dämpfungsreicher (bei materialspezifischen Wellenlängen können sie ausgeprägte Dämpfungsmaxima von einigen zehntausend dB/km aufweisen). Insgesamt findet man in der Dämpfung der PCS- und HCS-Fasern so auch die spektralen Besonderheiten des jeweiligen Mantelmaterials. Auf Dämpfungsspektren dieser Fasern soll hier aber nicht näher eingegangen werden.

Infrarot-(IR-)absorption
In jedem Molekül können Eigenschwingungen durch Resonanzabsorption angeregt werden: Licht geeigneter Wellenlänge wird absorbiert, die Lichtenergie wird verwendet zum Anstoßen der Schwingung; letztlich wird die optische Energie in Wärmeenergie umgewandelt. Beispielsweise wird der SiO_4-Tetraeder resonant bei 9,0 µm zu Molekülschwingungen angeregt, der GeO_4-Tetraeder bei 11,0 µm. Wird das Molekül in das unregelmäßige Netzwerk eines Glases eingebaut, so kommt es zu Kopplungen mit anderen Schwingungsformen, so daß mit kleineren Wellenlängen (quantenoptisch: mit Photonen höherer Energie) gekoppelte Schwingungen angeregt werden können. Der absorptive Anregungsbereich reicht herab bis ins nahe Infrarot, aus diesem Grunde wird der hierdurch verursachte Leistungsverlust als *Infrarot-Absorption* bezeichnet. Quantitativ äußert sich die Infrarotabsorption in einer Dämpfung $\alpha_{IR}(\lambda)$, für die näherungsweise gilt:

$$\alpha_{IR}(\lambda) = c_1 \exp(-c_2/\lambda) \ . \tag{7.7}$$

Aus experimentellen Daten findet man für GeO_2-SiO_2-Mischglas in der für Glasfaserkerne typischen Zusammensetzung: $c_1 = 7,8 \cdot 10^{11}$ dB/km, $c_2 = 45,5$ µm. Nach diesen Zahlenwerten trägt die Infrarotabsoption oberhalb der Wellenlänge 1,5 µm signifikant zur Gesamtdämpfung bei.

Rayleighstreuung
Ganz allgemein bezeichnet man in der Optik die Lichtstreuung an Teilchen, deren geometrische Abmessungen sehr klein sind gegen die Lichtwellenlänge, als *Rayleigh-Streuung*. Derartige Streuung tritt auf in allen amorphen Materialien. In Abb. 7.2 ist das unregelmäßige Netzwerk von Quarzglas dargestellt. In diesem Bild sind durch Schattierung zwei Bereiche gleicher Ausdehnung markiert. Auf einer mikroskopischen Skala unterscheidet sich in diesen beiden Gebieten der Aufbau des Glasmaterials, insbesondere schwankt lokal die Dichte des Materials und damit auch dessen Brechungsindex. Die Brechzahlfluktuationen erfolgen da-

bei auf Wegstrecken, die klein sind gegen die Wellenlängen des üblicherweise in der Glasfasertechnik verwendeten Lichtes. Die Dichteschwankungen wirken deshalb wie Streuzentren für Rayleigh-Streuung. Wird ein amorpher Raumbereich von einem gerichteten Lichtbündel durchlaufen, wie es z.B. im Kernbereich einer Glasfaser der Fall ist, dann wird Licht in alle Raumrichtungen gestreut, jedes Volumenelement wirkt wie eine in alle Raumrichtungen strahlende Lampe. Aus der Sicht des ursprünglichen Lichtbündels ist das Streulicht ein Verlust, der mit einem Dämpfungsmaß α_R erfaßt wird.

Die Effizienz der Streuung hängt drastisch von der Wellenlänge des Lichtes ab: je größer λ, desto kleiner der Streueffekt. Dies ist anschaulich verständlich: je größer λ, desto mehr „mittelt" das Licht über die Dichte- bzw. Brechzahlschwankungen. Die genaue Analyse liefert: die durch Rayleigh-Streuung verursachte Lichtdämpfung α_R ist umgekehrt proportional zur vierten Potenz der Lichtwellenlänge, der Proportionalitätsfaktor c_3 ist eine materialtypische Konstante:

$$\alpha_R(\lambda) = c_3\,\lambda^{-4} \tag{7.8}$$

Für mit GeO$_2$ in üblichen Konzentrationen (unter 2%) dotiertes Quarzglas findet man experimentell: $c_3 = (0{,}8 + 80\Delta)\frac{dB}{km}\,\mu m^4$, darin ist Δ die normierte Brechzahldifferenz. Man erkennt: je geringer die GeO$_2$-Beimischung, desto geringer die Dämpfung infolge Rayleigh-Streuung. Ein LWL mit Kern aus reinem SiO$_2$ ist so gesehen günstiger als ein LWL, dessen Kern mit GeO$_2$ dotiert wurde.

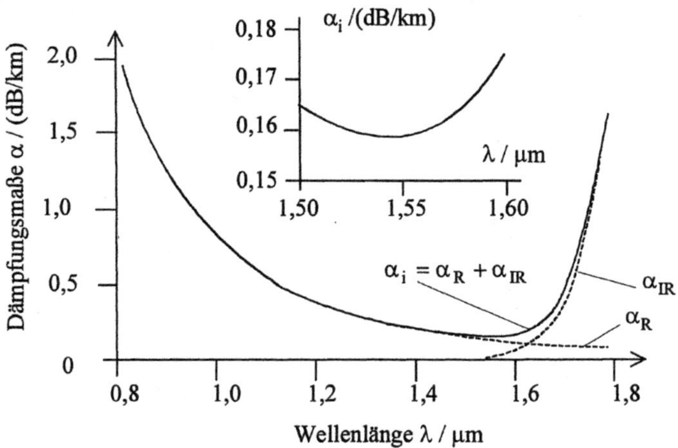

Abb. 7.3. Berechneter spektraler Dämpfungsverlauf von Quarzglas, dotiert mit 2% GeO$_2$. α_{IR} bzw. α_R: Verluste durch Infrarotabsorption bzw. Rayleigstreuung. α_i: intrinsische Gesamtdämpfung (theoretisches Minimum der Dämpfung)

In Abb. 7.3 sind die nach Gl. (7.7) und Gl. (7.8) berechneten Dämpfungen in Abhängigkeit von der Wellenlänge aufgetragen. Ihre Summe $\alpha_i = \alpha_{IR} + \alpha_R$ ist die intrinsische Gesamtdämpfung eines LWL mit einem Kern aus SiO_2, dotiert mit 2% GeO_2. Der errechnete Dämpfungsverlauf stellt das theoretische Minimum dar, das nicht unterschritten werden kann. Ein LWL mit Kern aus diesem Material hätte sein absolutes Dämpfungsminimum $\alpha_i \approx 0,16$ dB/km bei der Wellenlänge $\lambda \approx 1,55$ µm. Bei anderen Dotierstoffen und Dotierstoffkonzentrationen liegt das Minimum bei einer anderen Wellenlänge mit einem anderen Zahlenwert für α_i.

7.2.2
Extrinsische Verluste: Absorption durch Verunreinigungen, Makrobiegung der Faser

Absorption durch Verunreinigungen

Dämpfungserhöhungen können auch durch Verunreinigungen im Glasmaterial verursacht werden. In den Anfangszeiten der Glasfasertechnologie führten beigemischte Übergangsmetalle wie Fe, Cu, Ni zu erheblichen Absorptionsverlusten, verursacht durch elektronische Übergänge zwischen nicht vollständig besetzten inneren Energieschalen. Mittlerweile sind die Herstellungsverfahren soweit verfeinert bzw. die Metallbeimengungen soweit reduziert worden, daß deren Restkonzentrationen zu keiner nennenswerten Zusatzdämpfung mehr führen.

Wesentlich problematischer sind Verunreinigungen durch OH^--Ionen, die durch Wasserdampf in das Glasmaterial eingebracht werden. Das OH^--Ion absorbiert Licht (Photonen) passender Energie und führt dann Streckschwingungen aus. Der genaue Zahlenwert der Resonanzenergie hängt ab von der Zusammensetzung des Glases. Bei den in der LWL-Technik verwendeten Gläsern liegt die Resonanz bei etwa 0,45 eV Photonenenergie. Die OH^--Schwingung ist anharmonisch und kann somit auch mit Photonen der doppelten (0,90 eV) und dreifachen (1,35 eV) Energie angesprochen werden. Zudem koppelt die OH^--Schwingung an Si-O-Eigenschwingungen im Glastetraeder an; eine der möglichen Kombinationsschwingungen wird mit der Energie 1 eV angeregt. OH^--Ionen in Glas absorbieren folglich sehr effektiv Licht der Wellenlängen 2,75 µm ($\hat{=}$ 0,45 eV), 1,38 µm ($\hat{=}$ 0,90 eV), 1,24 µm ($\hat{=}$ 1,00 eV) und 0,92 µm ($\hat{=}$ 1,35 eV). Bereits eine Konzentration von 1 Gewichtsanteil OH^- auf 10^6 Gewichtsanteile SiO_2 führt zu einer Dämpfung von ca. 50 dB/km bei der Wellenlänge 1,38 µm.

In Abb. 7.4 ist der gemessene spektrale Dämpfungsverlauf in einer Vielmoden-Glasfaser aufgetragen. Man kann deutlich den Beitrag der Rayleighstreuung sowie der Infrarotabsorption identifizieren, vgl. hierzu Abb. 7.4 mit Abb. 7.3. Die Dämpfungsspitzen bei den Wellenlängen 1,38 µm, 1,24 µm und 0,92 µm sind auf OH^--Absorption zurückzuführen. Diese „Wasserpeaks" sind stark verbreitert, sie erzeugen bei der Wellenlänge $\lambda \approx 1,3$ µm ein relatives Minimum. Man bezeichnet den Wellenlängenbereich um $\lambda \approx 1,3$ µm herum als das „2.Fenster" der Glasfaser. Das „3.Fenster" ist der Wellenlängenbereich in der Umgebung von $\lambda \approx 1,55$ µm; hier hat die Faser ihr absolutes Dämpfungsminimum. Das „1.Fenster" liegt nicht,

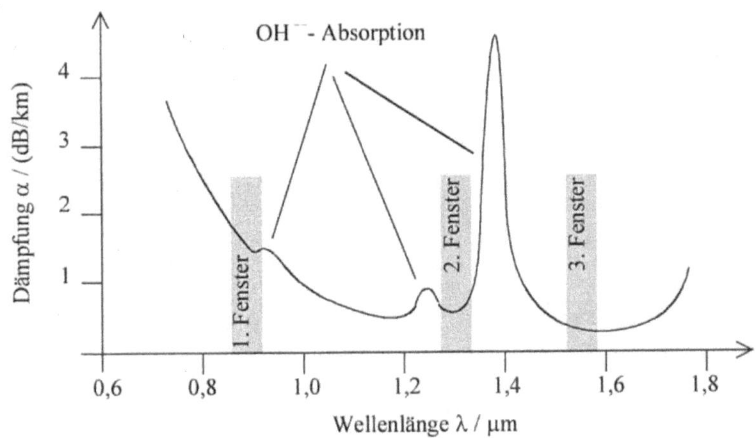

Abb. 7.4. Spektrale Dämpfung einer Vielmoden-Glasfaser (gemessen).

wie man aus dem Dämpfungsverlauf der Abb. 7.4 folgern würde, bei $\lambda \approx 1,15$ µm, sondern bei $\lambda \approx 0,85$ µm. Zwar ist die Dämpfung bei 1,15 µm deutlich günstiger als bei 0,85 µm, bei der hier gezeigten Faser sogar kleiner als bei 1,3 µm, aber in diesem Wellenlängenbereich gibt es keine geeigneten Lichtquellen, so daß der Bereich nicht anwendungstechnisch genutzt werden kánn. Umgekehrt scheint es nicht sonderlich zwingend zu sein, das kleine relative Minimum bei 0,85 µm als ein „Fenster" zu bezeichnen. Diese Zuordnung stammt noch aus den Anfangszeiten der LWL-Technik. In den damals (Anfang der 70er Jahre) zur Verfügung stehenden Quarzglasfasern war das Dämpfungsminimum an dieser Stelle wesentlich ausgeprägter als in heutigen Fasern, so daß man damals wirklich von einem „Fenster" sprechen konnte. Für dieses Fenster wurden die ersten verläßlichen Halbleiterlichtquellen (GaAlAs-LED's und Laser) entwickelt. Abschließend soll erwähnt werden, daß heute nahezu wasserfreie Quarzglasfasern auf dem Mark sind. In den Dämpfungskurven dieser Fasern sind die Wasserpeaks kaum noch zu erkennen. Bei der Wellenlänge 1,55 µm haben sie Dämpfungswerte unter 0,2 dB/km, sie erreichen damit fast den intrinsischen Dämpfungsverlauf nach Abb. 7.3.

Makrokrümmung der Faser

Als *Makrokrümmungen* bezeichnet man alle Biegestellen, bei denen ein Faserstück der makroskopischen Länge δz (typisch länger als 1 mm) mit über diese Strecke konstant bleibendem Biegeradius gekrümmt wird. Wir haben bereits in Abschn. 3.1.3 und Abschn. 4.1.5 gesehen, daß an solchen LWL-Biegungen optische Leistung verloren geht. Eine vollständige Analyse der mit der Biegung verbundenen Effekte muß zurückgehen bis auf die Wellendifferentialgleichung und diese Gleichung unter den Randbedingungen eines gekrümmten LWL lösen. Die Aufgabe ist nicht einfach, wir beschreiben nur das Resultat; s. hierzu Abb. 4.10.

In der Biegestelle ist die Lichtleistungsverteilung innerhalb eines Modus nicht mehr symmetrisch zur Faserachse, sondern wandert in Richtung Bogenaußenseite. Ein größerer Teil des Modus sieht jetzt die (kleinere) Brechzahl n_2 des Mantels, dieser Teil erhöht somit seine *Bahn*geschwindigkeit: die Leistungsverteilung versucht, einen Zustand zu erreichen, bei dem die *Winkel*geschwindigkeit für alle Teile gleichgroß ist. Sehr weit bogenaußen liegende Teile müßten sich dazu aber mit einer *Bahn*geschwindigkeit $> c/n_2$ bewegen, also mit Überlichtgeschwindigkeit. Dies kann nicht sein, dieser Teil der Leistung wird abgestrahlt. Da der Modus als Ganzes seine Form beibehält, wird kontinuierlich Leistung aus dem weiter innen liegenden Teil nach außen nachgeliefert und im weiteren Verlauf der Biegung ebenfalls abgestrahlt. Der Modus läuft zwar in der Glasfaser weiter, aber er verliert dabei ständig Energie. Gemäß der Definition von Abschn. 5.1.5 ist ein solcher Modus kein geführter Modus mehr, sondern ein Leckmodus. Der Dämpfungszuwachs durch diesen Effekt wird weiter unten in Gl. (7.9) angegeben.

Bemerkung: in jeder *realen* Faser kommt es durch Unvollkommenheiten bei der Herstellung längs der gesamten Faser zu Abweichungen der Faserachse von einer idealen geraden Linie. Die Auslenkungen betragen jeweils nur wenige µm, die Biegeradien wechseln ständig, sie sind statistisch verteilt. Derartige Krümmungen nennt man *Mikrobiegungen* des LWL. Auch hierbei treten Leistungsverluste auf, die aber hier ignoriert werden sollen.

7.2.3
Modenabhängigkeit der Dämpfung

Die mit Gl. (7.2) definierte Gesamt-Dämpfung a eines LWL vergleicht nur die Gesamtleistung am Faserort z mit der am Faseranfang. Sie macht keine Aussage darüber, ob der Leistungsverlust in den einzelnen Moden unterschiedlich hoch ist. Dies ist allerdings durchaus der Fall, denn sowohl die Makrokrümmungsverluste als auch die intrinsischen, materialbedingen Verluste differieren von Modus zu Modus. In beiden Fällen ist die Ursache letztlich darin zu suchen, daß die Feld- bzw. Leistungsverteilungen der einzelnen Moden unterschiedlich weit über den Kernbereich hinaus in den Mantelbereich hineinragen.

Wir diskutieren zunächst die Modenabhängigkeit der Makrokrümmungsverluste. Entscheidend für den Verlust individuell im Modus $LP_{\nu\mu}$ ist ein Quotient $q_{\nu\mu} = R_b / R_{\nu\mu}^3$ aus dem Biegeradius R_b der Biegestelle und einer Eindringtiefe $R_{\nu\mu}$ dieses Modus in den Mantel hinein ($R_{\nu\mu}$ entspricht inhaltlich, aber nicht zahlenmäßig der in Abschn. 4.1.4 definierten Eindringtiefe ρ). Das modusspezifische Dämpfungsmaß [im Sinne von Gl. (7.3)] einer Biegestrecke ist

$$a_{b,\nu\mu} = \delta z \cdot \frac{c_4}{\sqrt{q_{\nu\mu}}} \cdot \exp(-c_5 \cdot q_{\nu\mu}) \ . \tag{7.9}$$

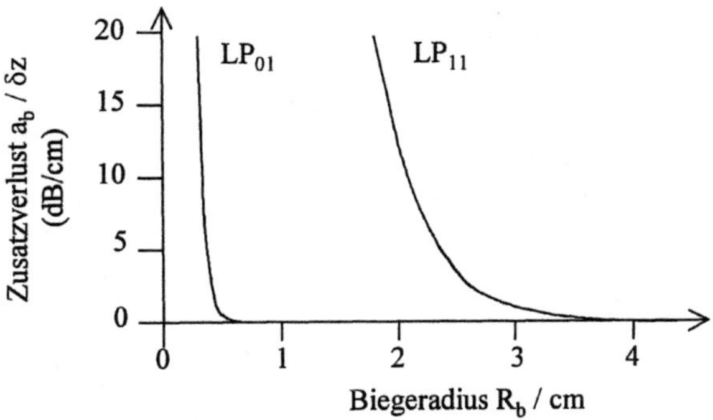

Abb. 7.5.   Zusatzverluste a_b je Streckeneinheit δz gebogener Strecke für die Moden LP$_{01}$ und LP$_{11}$ in Abhängigkeit vom Biegeradius

Darin sind c_4 und c_5 Anpaßparameter, δz ist die Bogenlänge der Biegestrecke, gemessen auf der Faserachse. Der entscheidende Punkt ist der Exponentialterm, er bewirkt eine drastische Zunahme der Dämpfung mit fallendem $q_{\nu\mu}$.

Dieses Ergebnis hat weitreichende Konsequenzen. Je „höher" ein Modus, desto weiter ragt seine Intensitätsverteilung über den LWL-Kern hinaus, desto größer die Eindringtiefe $R_{\nu\mu}$ und damit desto kleiner $q_{\nu\mu}$. Bei gegebener – gekrümmter – Faser strahlen somit „hohe" Moden viel mehr Leistung ab als „niedrige" Moden: die Dämpfung infolge Makrobiegungen ist modenselektiv, die einzelnen Moden sind in unterschiedlichem Maße von der LWL-Biegung betroffen. Abbildung 7.5 zeigt, daß bei sehr engen Biegeradien der Zusatzverlust $a_b/\delta z$ je cm gebogener Strecke auch bei den niedrigsten Moden nicht mehr vernachlässigbar ist. In auf Kabeltrommeln aufgewickelten Vielmodenfasern werden sehr hohe Moden bereits nach Laufstrecken von wenigen mm vollständig gedämpft. Das Aufwickeln der Faser führt dann zu einer faserlängenunabhängigen Zusatzdämpfung.

Die Abstrahlverluste durch Makrobiegungen wachsen mit zunehmender Wellenlänge an. Auch dieses Resultat ist unmittelbar verständlich. Mit zunehmender Wellenlänge dehnen sich die Modenfelder immer weiter in den Mantel hinein aus, ihr $R_{\nu\mu}$ nimmt bei gleichbleibendem Krümmungsradius R_b der Faser immer mehr zu, ihr $q_{\nu\mu}$ ab. Folglich steigt die Dämpfung. Abbildung 7.6 gibt die gemessene spektrale Dämpfung einer auf einer Trommel mit $R_b \approx 15$ cm aufgewickelten Faser mit der Grenzwellenlänge (s. Abschn. 5.1.7) $\lambda_c = 1{,}19$ µm an. Knapp unterhalb dieser Wellenlänge führt die Faser neben dem Grundmodus LP$_{01}$ noch den nächst höheren Modus LP$_{11}$, dessen Felder sich aber weit in den Mantel erstrekken. Je näher λ von der kurzwelligen Seite herkommend an λ_c heranrückt, desto weiter dehnt sich der Modus aus, seine Eindringtiefe R_{11} wächst. Damit nimmt nach Gl. (7.9) die Dämpfung exponentiell zu, bis sich für $\lambda > \lambda_c$ von Faseranfang an nur noch der Grundmodus ausbreiten kann und deshalb alle eingekoppelte Leistung nur noch im Grundmodus geführt wird. Der Dämpfungspeak in der Um-

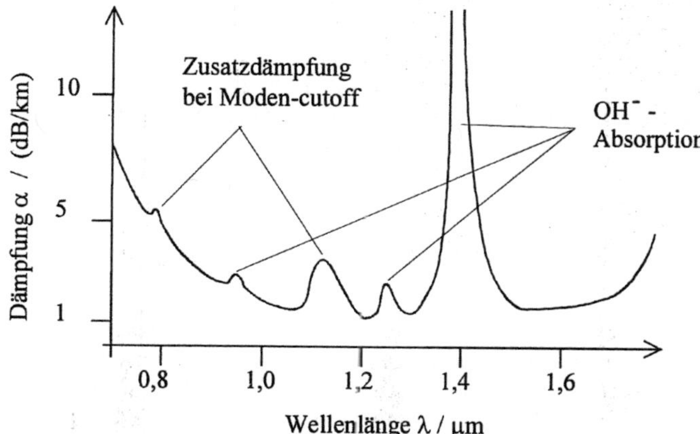

Abb. 7.6.   Gemessene Dämpfung einer auf einer Trommel aufgewickelten Glasfaser. Bei den Wellenlängen um ca. 0,79 μ m und um ca. 1,15 μm wandern Modenfelder in den Fasermantel. Die in diesen Moden geführte Leistung wird abgestrahlt, die Dämpfung erhöht sich. Die langwellige Flanke eines solchen Peaks markiert die cutoff-Wellenlängen

gebung von 1,12 μm ist also der LP_{11}-spezifische extrinsiche Verlust durch das Aufwickeln der Faser. Entsprechend zeigt der Peak bei 0,79 μm das Auftreten bzw. Verschwinden der nächsthöheren Modengruppe an.

Nicht nur die Makrokrümmungsverluste sind in jedem Modus unterschiedlich hoch, sondern auch die intrinsischen Verluste. Kern und Mantel eines LWL bestehen aus unterschiedlichen Materialien und weisen deshalb unterschiedliche *intrinsische* Dämpfungsbeläge α_K und α_M auf, wobei in der Regel der Dämpfungsbelag im Mantel höher ist als im Kern. Da die einzelnen Moden sich über den Kernbereich hinaus in den Mantel ausdehnen, erfährt jeder Modus $LP_{\nu\mu}$ eine zwischen α_K und α_M liegende Dämpfung $\alpha_{\nu\mu}$, deren genauer Wert sich nach dem Gewicht der im Kern und im Mantel laufenden Leistungsanteile P_K, P_M richtet (P_{ges} ist die Gesamtleistung):

$$\alpha_{\nu\mu} = \frac{\alpha_K \cdot P_{K,\nu\mu} + \alpha_M \cdot P_{M,\nu\mu}}{P_{ges}}$$

$$= \alpha_K + \delta\alpha_{\nu\mu} \qquad \text{mit} \qquad \delta\alpha_{\nu\mu} = (\alpha_M - \alpha_K)\frac{P_{M,\nu\mu}}{P_{ges}}$$

$$(7.10)$$

$\delta\alpha_{\nu\mu}$ ist eine Zusatzdämpfung im Modus $LP_{\nu\mu}$ über den Kernwert α_K hinaus. Insbesondere folgt, daß jeder Modus unterschiedlich hoch gedämpft wird.

Die Kern-Mantel-Leistungsaufteilung $P_{M,\nu\mu}/P_{ges}$ der $LP_{\nu\mu}$-Moden haben wir in Abb. 5.7 graphisch dargestellt. Man kann diese Darstellung uminterpretieren: aus Gl. (7.10) folgt

$$\frac{P_{M,\nu\mu}}{P_{ges}} = \frac{\delta\alpha_{\nu\mu}}{\alpha_M - \alpha_K} \ . \tag{7.11}$$

Abbildung 5.7 gibt also auch die auf den Dämpfungsunterschied $(\alpha_M - \alpha_K)$ normierte Zusatzdämpfung an, sie ist als zusätzliche Ordinate dort eingetragen.

Reduzierung der Biegeempfindlichkeit in Einmodenfasern durch spezielle Profilgestaltung

Speziell in Einmodenfasern können die Verluste durch Makrobiegungen durch eine spezielle Profilgestaltung reduziert werden. Nach dem eben Gesagten werden die Biegeverluste minimiert, wenn das Modenfeld möglichst auf den Kernbereich des LWL konzentriert bleibt. Die Intensitätsverteilung eines Modus erstreckt sich um so weiter in den Mantelbereich hinein, je kleiner der V-Parameterwert wird (s. Abb. 5.8). Also muß man versuchen, den V-Wert so groß wie möglich zu halten. Dies kann geschehen durch Verkleinern des Kernradius oder durch Vergrößern der Brechzahldifferenz Δ. Ein kleiner Kernradius ist aus Handhabungsgründen nicht opportun, also muß Δ hinreichend groß gemacht werden. Wird das große Δ erzeugt durch eine entsprechend hohe Dotierung des Faserkerns z.B. mit GeO_2, so stellt sich erhöhte Rayleighstreuung ein. Aus diesen Überlegungen heraus wäre eine Faser mit Kern aus reinem SiO_2 und Mantel aus einem Material mit geringerer Brechzahl optimal. Aus herstellungstechnischen Gründen wird aber in der Regel ein anderer Weg eingeschlagen: der Mantel wird geteilt in einen inneren und einen äußeren Mantel. Der äußere Mantel besteht weiterhin aus reinem SiO_2, der innere Mantel aus Fluor-dotiertem SiO_2. Die Fluor-Beimischung verringert die Brechzahl. Der eigentliche Kern ist wieder $GeO_2{:}SiO_2$, da er aber jetzt auf dem inneren Mantel mit reduzierter Brechzahl aufsitzt, wird das vorgesehene Δ bereits mit einer geringeren Brechzahl des Kerns erreicht. Man kommt so mit geringerer Dotierhöhe des Kernes aus. Solche Fasern haben vergleichsweise geringe Makrobiegungsverluste bei gleichzeitig geringer Dämpfung durch Rayleighstreuung. Man bezeichnet sie als *Fasern mit abgesenktem Mantel (depressed cladding fiber)*. Damit das den Kern überragende Feld nur den inneren (abgesenkten) Mantel sieht und sich nicht bis zum äußeren Mantel erstreckt, wird der Radius des inneren Mantel mindestens fünfmal so groß gemacht wie der Kernradius.

7.2.4
Intrinsische Dämpfung in LWL aus Sulfidglas oder Fluoridglas

In Quarzglasfasern liegt das absolute Minimum der Dämpfung bei ca. 0,16 dB/km, es wird erreicht bei der Wellenlänge ca. 1,55 µm. Noch geringere Dämpfungen lassen sich, wenn überhaupt, nur mit völlig anderen Materialien erreichen, die entweder eine wesentlich geringere Rayleighstreuung aufweisen, oder deren Infrarotabsorption erst bei längeren Wellenlängen einsetzt, jeweils im Ver-

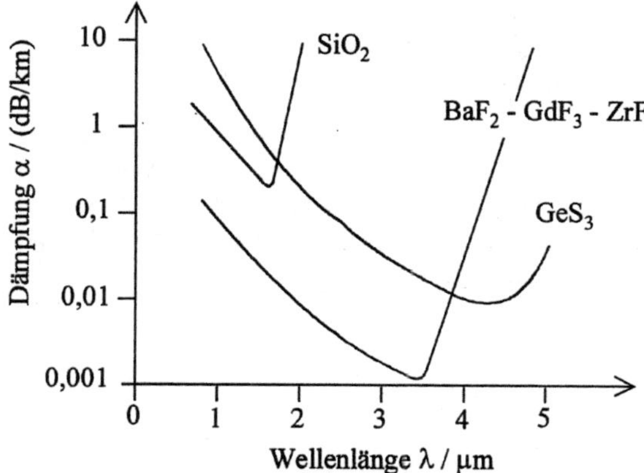

Abb. 7.7. Spektrale Dämpfung einiger nichtoxidischer Gläser (berechnet)

gleich zu Quarzglas. Abbildung 7.7 zeigt die berechneten (!) Dämpfungsspektren einiger nicht-oxidischer Gläser sowie des SiO_2 als Vetreter der Klasse der Oxidgläser. Das generelle Verhalten ist in allen Glassorten vergleichbar: mit wachsender Wellenlänge sinkt zunächst die Dämpfung infolge abnehmender Rayleigstreuung [s. Gl. (7.8)], bis schließlich Infrarotabsorption einsetzt und die Dämpfung wieder ansteigen läßt. Die theoretisch erzielbare minimale Dämpfung liegt um etwa 2 bis 3 Größenordnungen unter denen des Quarzglases. Die Praxis allerdings relativiert das Einsatzpotential dieser Glassorten:

– die obigen Dämpfungen sind berechnet, die am wirklichen Material gemessenen Dämpfungen liegen insbesondere durch OH^--Verunreinigungen erheblich über den theoretischen Werten , s. z.B. Abb. 7.8.

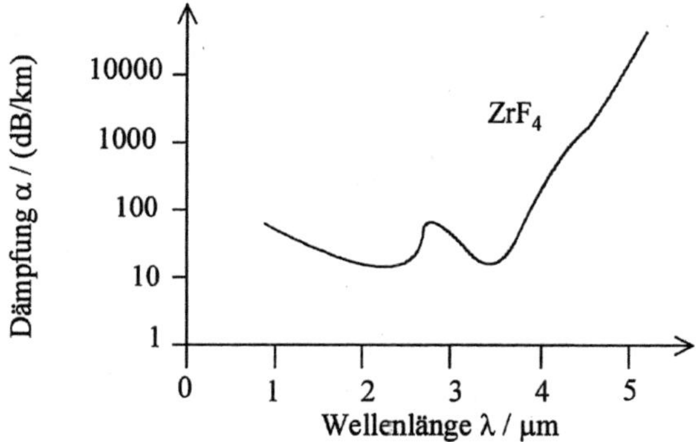

Abb. 7.8. Gemessene Dämpfung einer Faser aus ZrF_4

– Fasern aus diesen Materialien lassen sich nur in Meterlängen herstellen.
– diese Gläser haben ihre minimale Dämpfung bei Wellenlängen, in denen keine hochwertigen Halbleiterlaser und Detektoren zur Verfügung stehen.

Fasern mit Kern aus nichtoxidischem Glas werden deshalb nur für Spezialanwendungen vorzugsweise in der Medizin hergestellt, meist zur in-vivo-Bestrahlung erkrankter Gewebe mit optischer Energie bei Wellenlängen oberhalb 2 μm. Bei den kurzen zu überbrückenden Wegstrecken können Fasern aus diesen Materialien durchaus den Quarzglasfasern überlegen sein.

7.3
Dämpfung in POF-Fasern

In polymeren optischen Fasern (POF-Fasern) besteht der Kern aus Plexiglas, der Mantel aus fluorisiertem Polymer. Plexiglas, abgekürzt: PMMA (polymerisiertes Methylmethacrylat), chemisch: $CH_2=C(CH_3)–COOCH_3$, ist ein durchsichtiger Kunststoff, der recht gut von Verunreinigungen befreit werden kann. Abbildung 7.9 zeigt die spektrale Dämpfung eines kommerziell erhältlichen Stufenindex-LWL mit Plexiglaskern (Toray PFU). Man erkennt Dämpfungsfenster bei 0,65 μm (rot), 0,57 μm(gelb) und 0,51 μm (grün). Insbesondere das Fenster bei 0,65 μm ist für den praktischen Einsatz von Bedeutung: in diesem Wellenlängenbereich gibt es sehr preiswerte LED's mit hohem Wirkungsgrad und hoher Modulationsbandbreite. Mit ca. 140 dB/km bei 0,65 μm erreicht die Dämpfung aber bei weitem nicht die Werte eines Glasfaser-LWL. Zudem darf man eines nicht übersehen: die spektralen Linienbreiten der in diesem Wellenlängenbereich arbeiten-

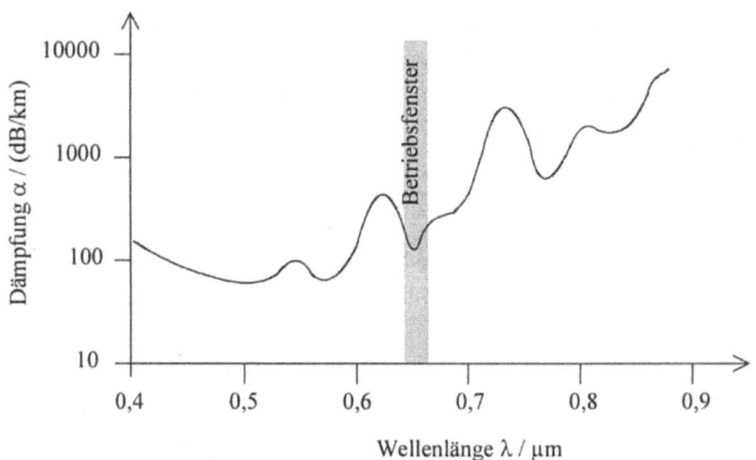

Abb. 7.9. Spektrale Dämpfung eines Vollplastik-LWL mit Kern aus Plexiglas (PMMA)

den LED's betragen einige 10 nm, typisch 50 nm, sie füllen das gesamte Betriebsfenster in Abb. 7.9. Durch den steilen Anstieg der Dämpfung (in der Abbildung ist die Ordinate im logarithmischen Maßstab aufgetragen) erfahren die Flanken der LED-Linie eine erheblich höhere Dämpfung als die zitierten 140 dB/km. Die Gesamtleistung nimmt beim Durchgang durch den LWL damit stärker als zunächst erwartet ab.

Physikalisch wird die Dämpfung durch Rayleighstreuung und durch Resonanzabsorption von CH-Schwingungen verursacht; die CH-Absorption generiert die auf die Rayleigh-Kurve aufgesetzten Dämpfungspeaks. Die Dämpfung ist also im Wesentlichen intrinsischer Natur und kann nur durch Eingriffe in den Materialaufbau beeinflußt werden. Zur Verbesserung der Dämpfungseigenschaften versucht man, wasserstofffreies PMMA herzustellen. Grundsätzlich ist es möglich, die 8 Wasserstoffionen durch Deuteriumionen zu ersetzen (Bezeichnung des Materials dann: PMMA-d8). Dadurch verschieben sich die Resonanzstellen zu längeren Wellenlängen, die Dämpfung sinkt auf ca. 40 dB/km bei 0,65 µm. Derartige POF's sind auf dem Markt kaum vertreten (zu teuer). Noch geringere Dämpfungen haben PMMA-Polymerisate, in denen ein Teil des Wasserstoffes durch Fluor ersetzt ist, hier sinken die Dämpfungen auf unter 25 dB/km im gesamten Wellenlängenbereich zwischen 0,5 µm und 0,9 µm. Es ist zwar chemisch auch möglich, den gesamten Wasserstoff durch Fluor zu ersetzen; diese Modifikation des PMMA neigt aber zur Kristallisation, was wiederum erhöhte Rayleighstreuung nach sich zieht.

In der Entwicklung sind neuartige durchsichtige Kunststoffe, die keinerlei Wasserstoff mehr enthalten. Sehr vielversprechend sind Fluorpolymere, in denen

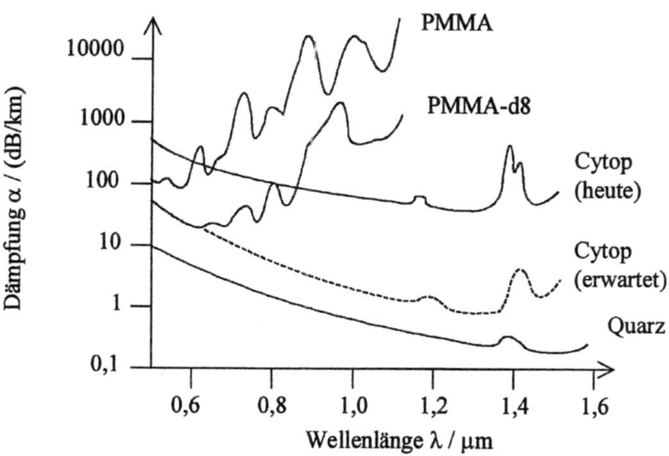

Abb. 7.10.   Vergleich der spektralen Dämpfung verschiedener Kernmaterialien für Faser-Lichtwellenleiter. Nähere Erläuterungen im Text

die Fluorgruppen zusammen mit Sauerstoff eine Ringstruktur bilden. Ein möglicher Kandidat ist ein Polymer mit dem Handelsnamen Cytop (cyclic transparent optical polymer). Cytop kann zur Brechzahlerhöhung dotiert werden, so daß sowohl Kern wie Mantel eines LWL aus Cytop hergestellt werden können. In der Abb. 7.10 ist der Dämpfungsbelag eines LWL aus Cytop aufgezeichnet, zusammen mit Fasern aus PMMA, aus PMMA-d8 und aus Quarzglas. Der Dämpfungsverlauf ähnelt sehr dem Verlauf von Quarzglas: die mit zunehmender Wellenlänge abnehmende Dämpfung zeigt Rayleighstreuung an, die aufgesetzten Peaks sind auf eingelagertes Wasser zurückzuführen. Das Dämpfungsminimum heutiger Cytop-POF's liegt bei ca. 40 dB/km bei der Wellenlänge 1,3 µm; bei 0,85 µm ist die Dämpfung ca. 120 dB/km (Stand: 1996). Von besser gereinigten LWL erwartet man sogar Dämpfungen unter 1 dB/km bei 1,3 µm bzw. unter 10 dB/km bei 0,85 µm. Man erkennt unmittelbar den Vorteil: Cytop-LWL können bei den für die Glasfaser-Übertragung üblichen Lichtwellenlängen betrieben werden, sie sind geeignet, zumindest auf kurzen Strecken Quarzglas-LWL zu ersetzen.

7.4
Dämpfung in integriert-optischen LWL

In integriert-optischen Bauelementen haben die Lichtwellenleiter Längen im cm-Bereich. Es ist deshalb üblich, den Dämpfungsbelag in dB/cm und nicht in dB/km anzugeben. Die Dämpfung selbst wird wie in den Faser-LWL physikalisch durch Absorption, Abstrahlung und Streuung verursacht. Der Beitrag der einzelnen Dämpfungsursachen zur Gesamtdämpfung ist je nach Material unterschiedlich.

In IO-LWL aus amorphem Material (Glas) kommt es zu den bereits bekannten Leistungsverlusten durch Rayleighstreuung. Der hierdurch verursachte Dämpfungsbelag ist sehr klein (in der Größenordnung von $10^{-2} - 10^{-3}$ dB/cm) und kann wegen der nur einige cm langen Laufwege des Lichtes vollkommen vernachlässigt werden. In IO-Streifenwellenleitern mit auf das Substrat aufgesetzen Streifen und in Rippenwellenleitern macht sich aber zusätzlich zu der Volumenstreuung ein weiterer Streueffekt bemerkbar. Aufgesetzte Streifen und Rippenwellenleiter werden in Ätztechnik hergestellt (s. Abschn. 2.3). Die Seitenkanten der so gebildeten Streifen sind nicht perfekt glatt, sondern rauh. Da der Streifen selbst nur einige µm breit ist, stellen Rauhtiefen von 0,1 µm bereits merkbare Breitenschwankungen dar. Durchläuft das Licht einen solchen LWL, so bleiben im Strahlenbild die Zickzackwinkel bei der Grenzflächenreflexion nicht erhalten, unter Umständen erfüllt der Auftreffwinkel nicht mehr die Totalreflexionsbedingung. Das Licht verläßt den Kernbereich, man spricht von *Oberflächenstreuung*. Oberflächenstreuung führt zu erheblichen und stark modusspezifischen Verlusten. Typische Werte hierfür sind 0,5 – 5 dB/cm, sie überwiegen damit deutlich die Volumenverluste sowohl durch Rayleighstreuung als auch durch Absorption.

In IO-LWL auf Halbleitersubstrat oder auf $LiNbO_3$-Basis ist der Oberflächenstreueffekt weniger signifikant. Durch die Kristallstruktur dieser Materialien sind beim Ätzen Rauhtiefen unter 0,01 µm erreichbar. In kristallinem Material tritt wegen der ungestörten Gitterstruktur auch keine Rayleighstreuung auf, so daß insgesamt in solchen IO-LWL die Streuverluste keine Rolle spielen. Die Gesamtdämpfung für geradlinige Wellenleiter aus $LiNbO_3$ ist deshalb sehr klein, gemessen wurden Werte bis herab zu 0,03 dB/cm, nahezu unabhängig von der Wellenlänge. Derart geringe Werte können in Halbleitern nicht erzielt werden. Schuld daran sind die Verluste durch Absorption. Wenn die Photonenenergie des im LWL geführten Lichtes größer ist als die Energiebandlücke W_g des Halbleiters, werden durch Lichtabsorption Elektronen aus dem Valenzband des Halbleiters ins Leitungsband angehoben (Fundamentalabsorption). Der hiermit verknüpfte Dämpfungsbelag beträgt bis zu 10^5 dB/cm. Erst wenn die Photonenenergie unter die Bandlückenenergie rutscht, nimmt der Absorptionsverlust auf für LWL-Anwendungen akzeptierbare $\approx$ 1 dB/cm ab. IO-LWL auf Halbleiterbasis können deshalb nur mit Licht betrieben werden, dessen Wellenlänge größer ist als die der Bandlücke entsprechende Wellenlänge λ_g = 1,24 eV µm/W_g.

In vielen integriert-optischen Strukturen muß der lichtführende Kanal oder Streifen zumindest streckenweise als gekrümmte Bahnkurve angelegt werden. Die gekrümmten Bahnen entsprechen den Makrokrümmungen der Faser-LWL, und wie bei diesen kommt es zu Abstrahlungverlusten. Die Dämpfung einer Gesamtstruktur wird in der Praxis durch diese extrinsischen Krümmungsverluste und nicht durch die intrinsischen Materialeigenschaften bestimmt. In der Praxis wird festgelegt, welche Zusatzdämpfung durch Bahnkrümmung noch tolerierbar ist. Die Abstrahlverluste nehmen mit wachsender Eindringtiefe des geführten Modus und abnehmendem Krümmungsradius jeweils exponentiell zu, vergl. Gl. (7.9). Die Eindringtiefe wiederum wird durch den Brechzahlunterschied insbesondere zwischen dem lichtführenden Streifen und dem Substrat bestimmt. Deshalb ergeben sich je nach IO-Material andere minimale Bahnkrümmungen (für maximal 0,1 dB Zusatzdämpfung je cm gekrümmter Strecke). Bei IO-LWL aus $LiNbO_3$ sind durch Titaneindiffusion Brechzahlunterschiede bis 0,05 möglich, die zulässigen kleinstmöglichen Krümmungsradien liegen im cm-Bereich. In Glas können durch Ionenaustausch Brechzahldifferenzen bis ca. 0,1 eingestellt werden, jetzt sind minimale Krümmungsradien im mm-Bereich zulässig. Noch höhere Brechzahldifferenzen sind in Halbleiter-Heterostrukturen realisierbar, entsprechend sind Radien unter 1 mm erlaubt.

8 Modenlaufzeitunterschiede (Modendispersion)

8.1
Laufzeiten nach dem Strahlenmodell in Stufenprofil- und Gradientenprofilfasern

In Kapitel 3 wurden die möglichen strahlenoptischen Lichtwege in Lichtwellenleitern mit Stufenprofil und Parabelprofil berechnet. Wir wollen hier die Laufzeiten des Lichtes längs dieser Wege bestimmen. Dabei lassen wir außer Betracht,
daß das Licht für nachrichtentechnische Anwendungen intensitätsmoduliert ist
und wir deshalb eigentlich Gruppenlaufzeiten berechnen müßten. Weiterhin beschränken wir uns auf die Lichtwege der Meridionalstrahlen; schiefe, die Zeichenebene verlassende Strahlbahnen werden nicht betrachtet. Unter diesen Voraussetzungen ist die Bahngeschwindigkeit v klassisch-mechanisch durch $v = d\ell\,/\,dt$
gegeben; hier ist $d\ell$ ein Wegelement des Lichtweges und dt ein Zeitelement.
Wegen $v = c/n$ wird daraus $dt = (n\,/\,c)\,d\ell$, und durch Integration erhalten wir die
Gesamtlaufzeit T längs des Weges zu

$$T = \frac{1}{c} \int_{\text{Weg}} n(\ell)\,d\ell \ . \tag{8.1}$$

$n(\ell)$ ist die Brechzahl an der Stelle, an der sich der Lichtstahl nach der Wegstrecke ℓ längs seiner tatsächlichen Bahnkurve befindet. Da nach Voraussetzung
der Lichtweg stets in einer (Meridional)Ebene verläuft, können wir das Wegelement $d\ell$ längs des tatsächlichen Wegverlaufes ersetzen durch ein Intervall dz in
Faserachsenrichtung: $d\ell = dz/\cos(\gamma)$; γ ist der lokale Neigungswinkel der Strahlbahn, s. Abb. 8.1. Gleichung (8.1) geht dadurch über in

$$T = \frac{1}{c} \int_0^L \frac{n(z)}{\cos(\gamma(z))}\,dz \ . \tag{8.2}$$

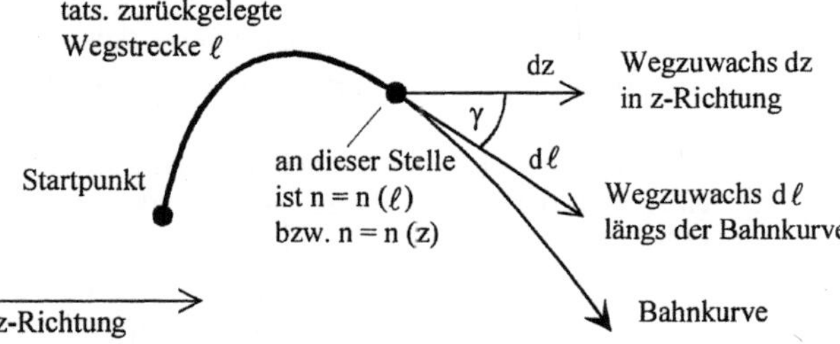

Abb. 8.1.   Zur Berechnung der Laufzeit längs einer beliebigen strahlenoptischen Bahnkurve

Sowohl für die Brechzahl n als auch für den Winkel γ sind die jeweils lokalen Werte an der Stelle z einzusetzen. L ist die vom Licht in z-Richtung zurückgelegte Laufstrecke, in der Anwendung also die LWL-Länge.

8.1.1
Strahlenoptische Laufzeiten im Stufenprofil

In Stufenprofilen ist der Brechungsindex n(z) längs des gesamten zickzackförmigen Lichtweges gleich der Kernbrechzahl n_1, $n(z) \equiv n_1$. $\gamma(z)$ hat dem Betrage nach überall denselben Wert (s. Abschn. 3.1.2), so daß auch $\cos(\gamma(z))$ längs des gesamten Zickzackweges unabhängig von z ist. Somit wird Gl. (8.2) vereinfacht zu

$$T = \frac{1}{c} \int_0^L \frac{n(z)}{\cos(\gamma(z))}\, dz = \frac{1}{c} \frac{n_1}{\cos(\gamma)} \int_0^L dz = \frac{L}{c} \frac{n_1}{\cos(\gamma)} = T(\gamma) \ . \tag{8.3}$$

Die Laufzeit wird folglich durch den Zickzackwinkel γ bestimmt: je größer γ, desto länger die Laufzeit. Dies ist unmittelbar einsichtig, denn ein größeres γ führt zu einem längeren geometrischen Weg bei gleichen Ausbreitungsbedingungen (n = konstant = n_1). Die Extremwerte der Laufzeit pro Streckenlänge L ergeben sich für $\gamma = 0$ einerseits und für $|\gamma| = \gamma_{grenz} = \arccos(n_2/n_1)$ andererseits:

$$\frac{T(\gamma = 0)}{L} = \frac{n_1}{c} \quad ; \quad \frac{T(\gamma = \gamma_{grenz})}{L} = \frac{n_1}{c} \frac{1}{n_2/n_1} \ , \tag{8.4}$$

und der größtmögliche Laufzeitunterschied ist

$$\frac{\delta T}{L}\bigg|_{Stufenprofil} = \frac{\left| T(\gamma = 0) - T(\gamma = \gamma_{grenz}) \right|}{L} = \frac{n_1}{c} \frac{n_1 - n_2}{n_2} \approx \frac{1}{c} n_1 \Delta \ . \tag{8.5}$$

Δ ist die normierte Brechzahldifferenz. Zahlenbeispiel: für $n_1 = 1{,}5$ und $\Delta = 0{,}01$ ist $\delta T/L = 50$ ns/km. Wenn die in den LWL eingespeiste Leistung gleichmäßig auf alle ausbreitungsfähigen Moden aufgeteilt und auf allen Lichtpfaden gleichstark gedämpft wird, dann würde ein am LWL-Anfang unendlich kurzer Puls nach einer 1 km langen LWL-Laufstrecke als rechteckförmiger Puls mit der Rechteckbreite 50ns aus dem LWL austreten.

Nach Gl. (3.27) ist Δ proportional zum Quadrat der numerischen Apertur. Eine Vergrößerung der numerischen Apertur erhöht zwar die in der Faser transportierbare optische Leistung, vergrößert aber auch den Laufzeitunterschied und damit die Einsetzbarkeit der Faser zur Nachrichtenübertragung. Der in Vielmoden-Glasfasern typische Aperturwert $A_N \approx 0{,}2$ ist ein Kompromiß aus möglichst geringer Laufzeitdifferenz und möglichst hoher übertragbarer Leistung.

8.1.2
Strahlenoptische Laufzeiten im Parabelprofil

Für die Laufzeitberechnung in einer Parabelprofilfaser analysieren wir sämtliche Wegmöglichkeiten, die von einem gemeinsamen Startpunkt auf der LWL-Stirnfläche ausgehen. Der Einfachheit halber legen wir den Startpunkt genau auf die Faserachse. Mit Hilfe der in Abschn. 3.2.2 hergeleiteten Ergebnisse formen wir den Integranden in Gl. (8.2) um zu:

$$\frac{n}{\cos(\gamma)} = \frac{n^2}{n\cos(\gamma)} \overset{(3.10)}{=} \frac{n^2}{n_S\cos(\gamma_S)} \overset{\overset{(3.6b)}{(3.17)}}{=} \frac{n_1^2\left[1 - 2\Delta\dfrac{r^2(z)}{a^2}\right]}{n_S\cos(\gamma_S)} \ . \tag{8.6}$$

r(z) beschreibt die Bahnkurve und ist aus Gl. (3.15) und Gl. (3.20) bekannt; man muß lediglich die dort verwendete Bezeichnung x für die Abweichung von der LWL-Achse in r umbenennen:

$$r(z) = \hat{r}\,\sin(\kappa z + \psi_S)$$

$$\hat{r} = \frac{a\cdot\sqrt{n_1^2 - n_S^2\cos^2(\gamma_S)}}{n_1\sqrt{2\Delta}} \qquad \kappa = \frac{n_1\sqrt{2\Delta}}{a\,n_S\cos(\gamma_S)} \qquad \psi_S = \arcsin(x_S/\hat{x})$$

n_S und γ_S sind Brechzahl und Bahnneigungswinkel im Startpunkt. Da nach Voraussetzung der Startpunkt auf der Faserachse liegt, ist $n_S = n_1$ und $\psi_S = 0$. Mit diesen Vorgabewerten formen wir r(z) aus obiger Formel um in

$$r(z) = \frac{a}{\sqrt{2\Delta}}\sin(\gamma_S)\cdot\sin(\kappa z) \ . \tag{8.7}$$

Einsetzen in Gl. (8.6) liefert

$$\frac{n(z)}{\cos(\gamma(z))} = n_1\frac{1 - \sin^2(\gamma_S)\cdot\sin^2(\kappa z)}{\cos(\gamma_S)} \ . \tag{8.8}$$

Damit läßt sich die Integration in Gl. (8.2) elementar durchführen:

$$T = \frac{1}{c}\int_0^L \frac{n(z)}{\cos(\gamma(z))}\,dz = \frac{n_1}{c\cdot\cos(\gamma_S)}\int_0^L\left[1 - \sin^2(\gamma_S)\cdot\sin^2(\kappa z)\right]dz$$

$$= \frac{n_1}{c\cdot\cos(\gamma_S)}\left\{L\cdot\left[1 - \tfrac{1}{2}\sin^2(\gamma_S)\right] + \frac{\sin^2(\gamma_S)}{4\kappa}\cdot\sin(2\kappa L)\right\} \tag{8.9}$$

In Gl. (8.9) wird der Summand $L\cdot\left[1 - \tfrac{1}{2}\sin^2(\gamma_S)\right]$ mit wachsendem L unbegrenzt groß. Demgegenüber bleibt der Beitrag $\frac{1}{4\kappa}\sin^2(\gamma_S)\cdot\sin(2\kappa L)$ auch mit beliebig wachsendem L dem Betrage nach stets kleiner als $\sin^2(\gamma_S)/4\kappa$ (weil dem Betrage nach $|\sin(2\kappa L)| \leq 1$ ist). Bei Längen $L \geq a$, also bei allen realistischen Faserlängen ist dieser Beitrag in Gl. (8.9) vernachlässigbar, und es bleibt

$$\frac{T}{L} = \frac{n_1 \cdot \left[1 - \frac{1}{2}\sin^2(\gamma_S)\right]}{c \cdot \cos(\gamma_S)} = \frac{n_1}{2c} \frac{2 - \sin^2(\gamma_S)}{\sqrt{1 - \sin^2(\gamma_S)}} \quad . \tag{8.10}$$

Mit der Taylorreihenentwicklung $\dfrac{2 - x}{\sqrt{1 - x}} \approx 2 + \frac{1}{4}x^2$ geht Gl. (8.10) über in

$$\frac{T}{L} = \frac{n_1}{c}\left(1 + \frac{1}{8}\sin^4(\gamma_S)\right) = \frac{T(\gamma_S)}{L} \quad . \tag{8.11}$$

Die Laufzeit hängt wieder vom Startwinkel γ_S ab. Nach Gl. (3.22) sind die Extremfälle wegen des vorausgesetzten Starts auf der Faserachse wie beim Stufenprofil einerseits $\gamma_S = 0$ und andererseits $|\gamma_S| = \gamma_{grenz} = \arccos(n_2/n_1)$, so daß mit Gl. (3.7) entsteht

$$\frac{T(\gamma_S = 0)}{L} = \frac{n_1}{c}$$

$$\frac{T(\gamma_S = \gamma_{grenz})}{L} = \frac{n_1}{c}\left[1 + \frac{1}{8}\left(1 - \cos^2(\gamma_{grenz})\right)^2\right] = \frac{n_1}{c}\left[1 + \frac{1}{2}\Delta^2\right] \tag{8.12}$$

Als größtmögliche Laufzeitdifferenz ergibt sich:

$$\frac{\delta T}{L}\bigg|_{Parabelprofil} = \frac{\left|t(\gamma_S = 0) - t(\gamma_S = \gamma_{grenz})\right|}{L} = \frac{n_1}{c}\frac{\Delta^2}{2}$$

$$\overset{(8.5)}{=} \frac{\delta T}{L}\bigg|_{Stufenprofil} \cdot \frac{\Delta}{2} \tag{8.13}$$

Der Laufzeitunterschied ist um den Faktor $\Delta/2$, bei üblichen Dotiergraden also um 2 Größenordnungen kleiner als beim Stufenprofil. Der oben erwähnte, am Faseranfang unendlich kurze Lichtpuls wäre jetzt am Faserende nur noch 0,25ns breit (Rechteckbreite). Wie läßt sich dieses Ergebnis physikalisch verstehen?

In einer Parabelprofilfaser läuft das Licht auf sinusförmigen Bahnen. Die einzelnen Bahnen unterscheiden sich in ihrer Amplitude, aber kaum in ihrer Periode, s. z.B. Abb. 3.6. Um in Faserachsenrichtung (z-Richtung) ein Wegstück dz voranzukommen, legt das Licht auf einer weit nach außen schwingenden Bahn tatsächlich eine geometrisch längere Strecke zurück als auf einer Bahn mit kleiner Amplitude, s. Abb. 8.2. Allerdings nimmt mit wachsendem Abstand von der Faserachse die Brechzahl ab, eine weit nach außen schwingende Lichtbahn verläuft in Bereichen mit geringerer Brechzahl n, dort ist die Lichtgeschwindigkeit $v = c/n$

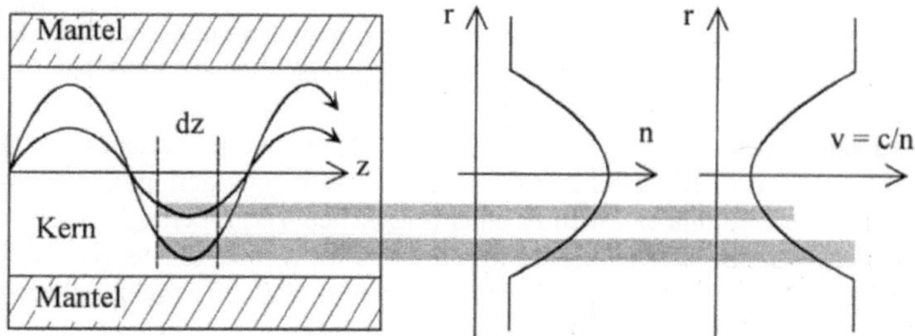

Abb. 8.2. Strahlenoptische Bahnkurven im Parabelprofil-LWL. Auf der weiter nach außen schwingenden Bahnkurve gerät das Licht in Ortsbereiche mit kleinerer Brechzahl und durchläuft deshalb diese Bereiche mit erhöhter Geschwindigkeit, jeweils verglichen mit einer weniger weit ausschwingenden Bahn.

größer als auf den achsennäheren Bahnen. Die verlängerte Wegstrecke wird vom Licht mit erhöhter Geschwindigkeit zurückgelegt.

Wir erkennen daraus die Grundidee des Parabelprofils (und letztlich aller Gradientenprofile): die unterschiedlich langen geometrischen Wege der Strahlbahnen werden durch ortsabhängige Geschwindigkeiten so kompensiert, daß die Laufzeiten längs aller Bahnkurven fast gleichgroß werden. Physikalisch gesehen sind jetzt die *optischen* Wegstrecken nahezu gleichlang. Die Kompensation ist nicht vollständig, ein gewisser Restunterschied an Laufzeit verbleibt; diesen Rest haben wir mit Gl. (8.13) berechnet.

Es stellt sich die Frage, ob das Parabelprofil g = 2 das bestmögliche Profil hinsichtlich der Laufzeitunterschied ist, oder ob mit anderen Profilen noch geringere

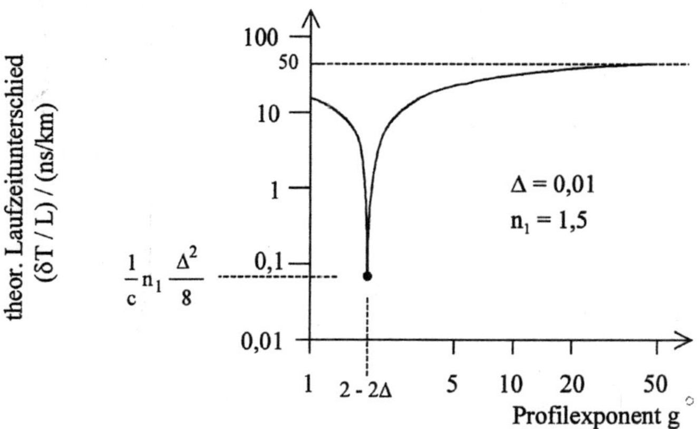

Abb. 8.3. Theoretischer Modenlaufzeitunterschied in einer Faser mit Potenzprofil als Funktion des Profilexponenten g; strahlenoptische Rechnung

Differenzen erzielbar sind. Abbildung 8.3 zeigt das Ergebnis numerischer Berechnungen. Aufgetragen ist der theoretische Laufzeitunterschied als Funktion des Profilparameters g von Gradientenprofilen. Nach dieser Analyse ist der Laufzeitunterschied am kleinsten in einer Faser mit $g = 2 - 2\Delta$, er beträgt jetzt nur noch ¼ des Parabelprofilwertes. Das Bild zeigt aber auch, daß bereits geringste Abweichungen von diesem optimalen Profil zu einer drastischen Vergrößerung der Laufzeitunterschiede führen. Herstellungstechnisch ist es nicht möglich, reproduzierbar ein optimales Profil mit $g_{opt} = 2 - 2\Delta$ zu erzeugen, so daß die Ergebnisse nach Abb. 8.3 mehr theoretische als praktische Bedeutung haben.

Bemerkung: Wir werden später die Aussage: „der optimale Profilparameter ist $g_{opt} = 2 - 2\Delta$" korrigieren müssen.

8.2
Exakte Theorie der Modenlaufzeiten von LP-Moden

Die im vorangegangenen Abschnitt vorgestellten Laufzeitberechnungen berücksichtigen nicht die Modennatur der Lichtausbreitung. Eine genauere Analyse muß auf der exakten Modentheorie nach Kap. 5 aufbauen. Zudem haben wir bei den vorangegangenen Geschwindigkeitsbetrachtungen immer die Phasengeschwindigkeit des Lichtes benutzt. Dies ist zwar zulässig, aber wir wollen eigentlich die Ausbreitungsgeschwindigkeit einer auf die Lichtwelle aufmodulierten Information wissen. Deshalb müssen wir nach dem in Abschn. 6.2.4 Gesagten als Ausbreitungsgeschwindigkeit die in Abschn. 1.1.5 eingeführte Gruppengeschwindigkeit ansetzen.

Weiterhin ist sehr wichtig: die nachfolgenden Berechnungen gehen von einer streng *monochromatischen* optischen Welle aus, d.h. von einer Welle mit einer einzigen wohldefinierten optischen Frequenz bzw. Wellenlänge. Reale Lichtquellen emittieren immer ein Spektralband, sie sind nicht mono- sondern polychromatisch. Die hiermit verbundenen Modifikationen werden wir in dem anschließenden Kapitel 9 besprechen.

Die weiter unten vorgestellten numerischen Ergebnisse beziehen sich alle auf einen Lichtwellenleiter mit Kern aus GeO_2-dotiertem Quarzglas und Mantel aus reinem Quarzglas. Für diese Materialien sind im Anhang A1 wesentliche optische Kenndaten zusammengestellt. Mit diesen Kenndaten wurden die Berechnungen durchgeführt.

8.2.1
Stufenindex-LWL

Ein Lichtpuls pflanzt sich mit Gruppengeschwindigkeit $v_g = d\omega/d\beta$ fort. Darin ist β die Ausbreitungskonstante der Welle in deren tatsächlicher Laufrichtung, ω die Kreisfrequenz. Für das Durchlaufen einer Strecke L (Streckenlänge gemessen in tatsächlicher Laufrichtung der Welle) benötigt ein Puls somit die *Gruppenlaufzeit*

$$T_g = \frac{L}{v_g} = L\frac{d\beta}{d\omega} \ . \tag{8.14}$$

Dieses Ergebnis gilt auch für die Lichtausbreitung in Modenform in einem LWL. In dem Ansatz Gl. (5.13) der exakten Modentheorie läuft ein Wellenmodus mit der modusspezifischen Ausbreitungskonstanten β in Faserachsenrichtung (z-Richtung). Wenn die Intensität moduliert, z.B. gepulst wird, dann benötigt ein Lichtpuls in diesem Modus zum Durchlaufen einer Faser mit der Länge L eine nach Gl. (8.14) zu berechnende Zeit.

In Abb. 5.3 ist die normierte Ausbreitungskonstante B für die $LP_{\nu\mu}$-Moden des Stufenprofil-LWL aufgetragen als Funktion des Strukturparameters V. Wir erinnern uns, daß B für jeden Modus einen anderen Verlauf zeigt, also modusspezifisch ist. Anhand von Abb. 5.3 wollen wir eine anschauliche Vorstellung für die streckenlängenbezogene Modenlaufzeit T_g /L (wohlgemerkt: der *Gruppen*laufzeit) des Modus $LP_{\nu\mu}$ entwickeln. Dazu formen wir zunächst $d\beta/d\omega$ um:

$$\frac{T_g}{L} = \frac{d\beta}{d\omega} = \frac{d\beta}{dB} \cdot \frac{dB}{dV} \cdot \frac{dV}{d\lambda} \cdot \frac{d\lambda}{d\omega} \ . \tag{8.15}$$

Wegen $2\pi c = \lambda\omega$ ist $(d\lambda/d\omega) = -2\pi c/\lambda^2$; $(d\beta/dB)$ kann mit Gl. (5.30) berechnet werden, $(dV/d\lambda)$ mit Gl. (5.29). Alle diese Ableitungen sind nicht modusspezifisch, deshalb ist auch ihr Produkt eine nur von der Wellenlänge λ der optischen Welle bzw. vom V-Wert abhängige Konstante konst(V). Der letzte Faktor dB/dV allerdings kann von Modus zu Modus unterschiedlich sein. Wir spezifizieren deshalb die Gruppenlaufzeit eines Modus $\nu\mu$ durch entsprechende zusätzliche Indices und erhalten

$$\frac{T_{g,\nu\mu}}{L} = \text{konst}(V) \cdot \left(\frac{dB}{dV}\right)_{\nu\mu} \ . \tag{8.16}$$

Demnach ist die Laufzeit eines Lichtpulses in einem Modus proportional zur Steigung dB/dV der B(V)-Kurve des jeweiligen Modus. Wenn wir unter diesem Aspekt die Abb. 5.3 z.B. an der Stelle V = 6 betrachten, so finden wir: die B(V)-Kurven haben unterschiedliche Steigungen, in jedem einzelnen Modus wird die Information mit einer anderen Geschwindigkeit transportiert bzw. läuft ein Lichtpuls mit einer anderen Geschwindigkeit. Das heißt: es treten Modenlaufzeitdifferenzen mit allen hiermit verbundenen negativen Eigenschaften auf.

Die quantitative Berechnung der obigen Ableitungen ist nicht schwer, aber mühsam. Sie liefert nach einigen Vereinfachungen:

$$\frac{T_{g,\nu\mu}}{L} = \frac{1}{v_g} = \frac{1}{c}\underbrace{\left[n_{g2} + (n_{g1} - n_{g2})(1 - \frac{p}{2})\Gamma_{\nu\mu}\right]}_{n_{g,eff}} = \frac{1}{c}n_{g,eff} \tag{8.17}$$

Darin sind n_{g1} und n_{g2} die Gruppenbrechzahlen [Definition: Gl. (1.35)] des Kern- bzw. Mantelmaterials, p und $\Gamma_{\nu\mu}$ sind Abkürzungen für

$$p := \frac{n_1}{n_{g1}} \frac{\lambda}{\Delta} \frac{d\Delta}{d\lambda} \quad , \tag{8.18}$$

$$\Gamma_{\nu\mu} := \left(\frac{d(B \cdot V)}{dV} \right)_{\nu\mu} \quad . \tag{8.19}$$

Die Laufzeit setzt sich additiv zusammen aus einem modusunabhängigen Anteil n_{g2}/c und einem modusspezifischen Beitrag $(n_{g1} - n_{g2})(1 - \tfrac{1}{2}p)\Gamma_{\nu\mu}$. Erstaunlicherweise erscheint im modusunabhängigen Anteil die Gruppenbrechzahl n_{g2} des Fasermantels und nicht, wie man erwarten würde, die des Faserkerns. Die Ursache hierfür sind die bei der Herleitung von Gl. (8.17) gemachten Näherungen.

Gleichung (8.17) definiert eine modusspezifische *effektive Gruppenbrechzahl* $n_{g,\text{eff}}$. $n_{g,\text{eff}}$ charakterisiert den LWL als Ganzes in seiner Eigenschaft zur Übertragung modulierten Lichtes und wird festgelegt durch die Gruppenbrechzahlen von Kern und Mantel sowie durch den mit Gl. (8.19) gegebenen *Laufzeitfaktor* $\Gamma_{\nu\mu}$. Aus physikalischer Sicht können wir das Auftreten einer *effektiven* Gruppenbrechzahl dadurch erklären, daß in jedem Modus jeweils nur ein Teil der optischen Leistung im Bereich des Kernes läuft. Der Laufzeitfaktor $\Gamma_{\nu\mu}$ ist ein Maß dafür, wie die Leistungsaufteilung zwischen Kern und Mantel zu $n_{g,\text{eff}}$ beiträgt. Wir erkennen dies durch Umstellen von Gl. (8.17); zur Vereinfachung sind die modusspezifizierenden Indices $\nu\mu$ weggelassen:

$$n_{g,\text{eff}} = n_{g2} + (n_{g1} - n_{g2})(1 - \frac{p}{2})\Gamma = n_{g1}\,\Gamma + n_{g2}\,(1 - \Gamma) - \frac{p}{2}(n_{g1} - n_{g2})\,\Gamma \quad . \tag{8.20a}$$

Wir nutzen aus, daß in üblichen Glasfasern $|p| \leq 0{,}1$ ist; s. hierzu die Diskussion weiter unten und die Abb. A1.2 in Anhang A1. Weiterhin schätzen wir ab:

$$(n_{g1} - n_{g2}) \approx (n_1 - n_2) \approx n_1 \cdot \Delta \approx n_{g1} \cdot \Delta \quad . \tag{8.21}$$

Die normierte Brechzahldifferenz Δ ist von der Größenordnung 10^{-3} bis 10^{-2}, damit wird $\tfrac{1}{2} p\,(n_{g1} - n_{g2}) \cdot \Gamma \leq 10^{-3}\,n_{g1} \cdot \Gamma$ und kann in Gl. (8.20) gegen den 1. Summanden $n_{g1} \cdot \Gamma$ vernachlässigt werden mit dem Ergebnis

$$n_{g,\text{eff}} \approx n_{g1} \cdot \Gamma + n_{g2}\,(1 - \Gamma) \quad . \tag{8.20b}$$

In dieser Schreibweise ist $n_{g,\text{eff}}$ ein gewichteter Mittelwert aus den Brechzahlen n_{g1} und n_{g2} mit Γ als Gewicht. Bereits in Abschn. 5.1.6 haben wir gesehen, daß die Leistungsaufteilung zwischen Kern und Mantel die effektive Phasengeschwindigkeit des Lichtes festlegt, dies wurde mit dem eine effektive Brechzahl n_{eff} festlegenden Parameter B erfaßt [s. Gl. (5.31) und Gl. (5.33)]. Γ erfüllt die entsprechende Aufgabe für die Gruppenbrechzahl. Da die Leistungsaufteilung von Modus zu Modus unterschiedlich ist und sich zudem mit der Wellenlänge ändert (s. Abb. 5.7), ist auch Γ modusspezifisch und wellenlängenabhängig, $\Gamma = \Gamma_{\nu\mu}(\lambda)$.

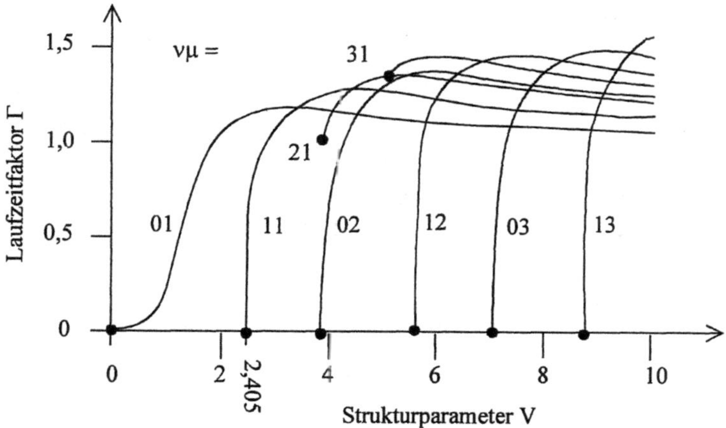

Abb. 8.4. Laufzeitfaktor einiger niedriger Moden im Stufenprofil-LWL.

In Abb. 8.4 ist der Verlauf von $\Gamma_{\nu\mu}$ für einige $LP_{\nu\mu}$-Moden als Funktion des V-Parameters und damit bei gegebener Faser letztlich als Funktion der Wellenlänge aufgetragen. Mathematisch läßt sich zeigen: bei $V = \infty$ wird für alle Moden $\Gamma = 1$. Im üblichen Vielmoden-Betriebszustand einer Stufenprofilfaser ist V zwar groß ($V \approx 50$–200), aber nicht unendlich. Bei diesen V-Werten kann man den Laufzeitfaktor Γ_{01} des Grundmodus ≈ 1 setzen, die anderen Moden haben aber durchaus noch Faktoren > 1. Im Grundmodus benötigt ein Lichtpuls folglich die kürzeste Zeit[1] zum Durchlaufen der Strecke L, in allen anderen Moden ist die Laufzeit höher. (Dieses Ergebnis hätten wir auch ohne Rechnung direkt aus Abb. 5.3 entnehmen können: nach Gl. (8.16) ist die Laufzeit proportional zur Steigung dB/dV der B(V)-Kurven, und diese Steigung ist nach Abb. 5.3 am geringsten beim Grundmodus LP_{01}). Der höchste, bei $V \approx 50$–200 noch existierende Modus sei der Modus $LP_{\nu max,\mu}$, für seinen Laufzeitfaktor findet man $\Gamma_{max} \approx 2 - 2/\nu_{max}$. Dieser Modus ist auch der langsamste Modus. Eine übliche Abschätzung für ν_{max} ist $\nu_{max} \approx V$, so daß man mit guter Näherung $\Gamma_{max} = 2$ setzen kann.

Mit diesen Vorgaben können wir als längenbezogene Laufzeitdifferenz in einer Stufenprofil-Vielmodenfaser angeben:

$$\frac{\delta T_g}{L} = \frac{\left| T_{g,01} - T_{g,max} \right|}{L} = \frac{1}{c} \cdot (n_{g1} - n_{g2})(1 - \frac{p}{2}) \underbrace{(\Gamma_{max} - \Gamma_{01})}_{\approx 2-1=1} \tag{8.22}$$

---

[1] Wir erinnern uns daran, daß bei gegebenem V-Wert der Grundmodus entgegen der Anschauung die *geringste Phasen*geschwindigkeit hat (Abschn. 5.1.4 und Abb. 5.6). Das neue Resultat, wonach der Grundmodus die *höchste Gruppen*geschwindigkeit besitzt, kommt unserer Anschauung mehr entgegen.

Wegen $\Gamma_{max} - \Gamma_{01} \approx 2 - 1 = 1$ und wegen $(n_{g1} - n_{g2}) \approx (n_1 - n_2) \approx n_1 \cdot \Delta$ wird schließlich

$$\frac{\delta T_g}{L} \approx \frac{1}{c} n_1 \, \Delta \, (1 - \frac{p}{2}) \, . \tag{8.23}$$

Gleichung (8.23) unterscheidet sich von dem strahlenoptisch hergeleiteten Ergebnis Gl. (8.5) nur um den Faktor $(1 - p/2)$; allerdings gibt Gl. (8.23) die Gruppenlaufzeit an, während mit Gl. (8.5) nur eine Phasenlaufzeit berechnet wurde.

Mathematisch tritt p hinzu bei der Ausrechnung des in Gl. (8.15) enthaltenen Terms $dV/d\lambda$. Nach Definition ist $V = \frac{2\pi}{\lambda} n_1 \sqrt{2\Delta}$, und bei der Differentiation nach λ muß eine Wellenlängenabhängigkeit von Δ berücksichtigt werden. Dieses Verhalten wird in normierter Form durch p erfaßt; p gibt an, wie stark der Brechzahlabstand Δ mit λ variiert. Wegen $\Delta \approx (n_1 - n_2)/n_1$ wäre Δ zumindest in erster Näherung dann wellenlängenunabhängig bzw. $p \equiv 0$, wenn sich n_1 und n_2 *gleichartig* mit λ ändern würden, d.h. wenn $dn_1/d\lambda = dn_2/d\lambda$ wäre. Da Kern und Mantel aus unterschiedlichen Materialien bestehen, ist das im Allgemeinen nicht der Fall. Abbildung A1.3 in Anhang A1 zeigt den Verlauf von Δ und p für einen LWL mit Kern aus GeO_2-dotiertem SiO_2 und Mantel aus reinem SiO_2. Bemerkenswerterweise nimmt Δ mit wachsendem λ zunächst ab, erreicht ein Minimum und nimmt dann zu. Dementsprechend kann p sowohl positive als auch negative Werte annehmen, stets jedoch bleibt p dem Betrage nach kleiner als 0,1 (für das vorgestellte Glasmaterial; dieses Ergebnis gilt aber auch für andere Glaszusammensetzungen).

In der Literatur wird p meist *lineare* bzw. *homogene Profildispersion* genannt. Dieser Name ist unglücklich, denn „Profildispersion" sollte eigentlich keinen Zahlenwert, sondern einen Vorgang deklarieren und anzeigen, daß mit irgendwelchen Eigenschaften des Profils ein Laufzeiteffekt verbunden ist. Es führt zu Mißverständnissen, wenn mit demselben Namen „Profildispersion" jetzt auch der Parameter belegt wird, der den Laufzeiteffekt quantitativ erfaßt. Um solche Konflikte zu vermeiden, wird p in diesem Buch Profildispersions*parameter* genannt.[2]

Der Einfluß der Profildispersion ist gering, wegen $|p| < 0,1$ modifiziert die Profildispersion die Laufzeitdifferenz um wenige Prozent. In Abb. 8.5 ist der nach Gl. (8.22) berechnete Verlauf von $\delta T_g/L$ als Funktion der Wellenlänge aufgetragen, einmal mit und einmal ohne ($p \equiv 0$) Profildispersion. Für n_1 und n_2 wurden die in Abb. A1.1 in Anhang A1 aufgeführten Brechzahlen verwendet. Man sieht,

---

[2] Beim Vergleich der Formelangaben für den Profildispersionsparameter p in verschiedenen Büchern ist große Vorsicht angebracht. In manchen Büchern fehlt der Faktor n_1/n_{1g} mit der Begründung: diese beiden Brechzahlen sind etwa gleich. In anderen Büchern steht anstelle von n_1/n_{g1} jetzt n_2/n_{g2}; diese Definition weicht im Ergebnis kaum von der hier gegebenen Definition ab, weil $n_2/n_{g2} \approx n_1/n_{g1}$ ist. In wieder anderen Büchern wird noch ein Faktor (-2) hinzugefügt. Dieser Faktor muß natürlich bei weiteren, p enthaltenden Formeln entsprechend berücksichtigt sein, weshalb auch diese Formeln von den hier angegebenen um einen Faktor (-2) abweichen können.

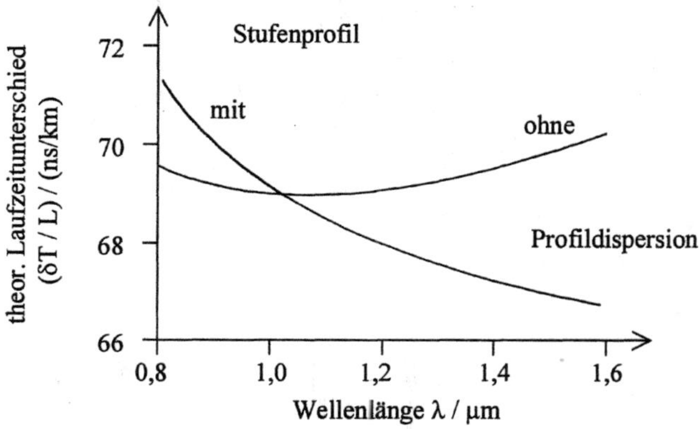

Abb. 8.5. Modenlaufzeitunterschied in einer Stufenprofil-Faser als Funktion der Wellenlänge. Exakte wellentheoretische Berechnung mit und ohne Berücksichtigung der Profildispersion

daß die Änderung von $\delta T_g/L$ mit λ primär auf Profildispersion und *deren* Wellenlängenabhängigkeit zurückzuführen ist. Jedoch ist der spektrale Gang insgesamt nur schwach: über den gesamten Spektralbereich $0,8\ \mu m \leq \lambda \leq 1,6\ \mu m$ ändert sich $\delta T_g/L$ um nicht einmal 10%.

8.2.2
Gradientenindex-LWL mit Potenzprofil

In einer Gradientenindexfaser mit Potenzprofil ist der Rechengang zur Bestimmung der modenbezogenen Laufzeiten grundsätzlich derselbe wie beim Stufenprofil. Die Durchführung ist allerdings ungleich schwieriger, insbesondere wenn man realisiert, daß nur für das Parabelprofil eine geschlossene Lösung existiert (s. Abschn. 5.2.1). Man ist deshalb in verstärktem Maße auf Näherungsverfahren angewiesen. Es stellt sich heraus: es kann sein, daß der Grundmodus die kürzeste Laufzeit und der höchste Modus (genauer: die Modengruppe mit dem höchsten Hauptmodenindex $m = V/2$, s. Abschn. 5.2.1) die längste Laufzeit hat. Diese Situation ist in Abb. 8.6 schematisch durch die Kurve ① repräsentiert. Es kann aber auch der genau umgekehrte Fall eintreten (Kurve ④ in Abb. 8.6), und es kann sein, daß eine ganz andere Gruppe die kürzeste Laufzeit hat, während die höchste Modengruppe oder der Grundmodus die längste Laufzeit haben (Fälle ② oder ③ in Abb. 8.6). Die Zusammenhänge sind komplex; welche der hier angesprochenen Varianten im Einzelfall zutrifft, wird durch ein System von Abgleichbedingungen geregelt, die den Profilexponenten g, der Profildispersionsparameter p und die Brechzahldifferenz Δ miteinander verbinden.

Genau hierdurch entstehen zusätzliche Schwierigkeiten. Bei gegebener Faser liegt der Profilexponent g fest, er wird als von der Wellenlänge unabhängig ange-

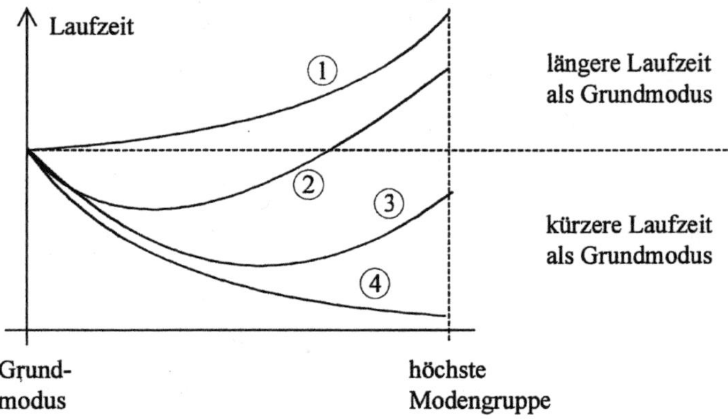

Abb. 8.6.   Laufzeiten von Modengruppen. Jede der 4 Kurven repräsentiert eine andere Kombination von Profilexponent g, Profildispersionsparameter p und normierter Brechzahldifferenz Δ. Man sieht, daß nicht unbedingt der Grundmodus der schnellste und die höchste Modengruppe der langsamste Gruppe sein muß, auch andere Konstellationen sind möglich. Nähere Erläuterungen im Text

nommen. Dagegen sind sowohl p als auch Δ wellenlängenabhängig. Da stets die Abgleichbedingungen erfüllt sein müssen, ist von Wellenlänge zu Wellenlänge eine andere Modengruppe die schnellste bzw. die langsamste Gruppe. Die Laufzeitdifferenz dieser beiden Gruppen ist dann das gesuchte $\delta T_g/L$ für die jeweilige Wellenlänge.

Führt man diese Berechnung speziell für die Parabelprofilfaser durch, so findet man

$$\frac{\delta T_g}{L} = \begin{cases} |D_1| & \text{für} & p > 0 \\ |D_1| + |D_2| & \text{für } -2\Delta/(2-\Delta) < p < 0 \\ |D_2| & \text{für } -2\Delta/(1-\Delta) < p < -2\Delta/(2-\Delta) \\ |D_1| & \text{für} & p < -2\Delta/(1-\Delta) \end{cases} \tag{8.24}$$

mit

$$D_1 = \frac{n_{g1}}{2c}\left[\frac{p^2}{4(1+p)}\right] \quad \text{und} \quad D_2 = \frac{n_{g1}}{2c}\Delta^2\left[1+p+\frac{p}{\Delta}\right]. \tag{8.25}$$

Für $p \equiv 0$ ist $D_1 = 0$, $D_2 = (n_{g1}/c)(\Delta^2/2)$, und Gl. (8.24) liefert in etwa das Ergebnis Gl. (8.13) der strahlenoptischen Berechnung. In realen Fasern allerdings ist p zwar klein, aber $\neq 0$; insbesondere ist in einem weiten Wellenlängenbereich $|p| \gg \Delta$ (s. Abb. A1.2 in Anhang A1) und damit $|p/\Delta| \gg 1$. In diesem Bereich dominiert p/Δ den Klammerausdruck im Term D_2 in Gl. (8.25). Mit anderen Worten: die Profildispersion hat einen erheblichen Einfluß auf den Laufzeitunterschied $\delta T_g/L$. Die physikalische Ursache läßt sich sehr einfach durch eine strahlenoptische Betrachtung finden: mit dem Gradientenprofil wird versucht, die unterschiedlich langen geometrischen Wege durch lokal unterschiedliche Laufgeschwindigkeiten zu gleichlangen optischen Wegen umzugestalten, die dann in derselben Zeit durchlaufen werden. Zur Abänderung der Laufgeschwindigkeiten stehen die Brechzahlen zwischen dem Faserachsenwert n_1 und dem Wert n_2 am Kernrand zur Verfügung. Die Laufzeitdifferenz muß deshalb sehr empfindlich auf Änderungen des Brechzahlabstandes zwischen Kernachse und Kernrand – und nichts anderes ist Δ in normierter Form – reagieren.

Man erkennt die Einflußnahme des mit der Wellenlänge variierenden Brechzahlabstandes in der Wellenlängenabhängigkeit von $\delta T_g/L$. Abbildung 8.7 zeigt den nach Gl. (8.25) berechneten Verlauf von $\delta T_g/L$ über λ mit und ohne ($p \equiv 0$) Profildispersion. Die Laufzeitdifferenz ändert sich um mehr als eine Größenordnung und zeigt ein ausgeprägtes Minimum. Als Betriebswellenlänge sollte die Wellenlänge gewählt werden, bei der das Minimum auftritt, oder zumindest eine Wellenlänge in der Umgebung des Minimums.

Will man eine Vielmoden-Gradientenprofilfaser gleichzeitig bei mehr als einer Wellenlänge betreiben oder sich die Möglichkeit offenhalten, die Betriebswellenlänge zu ändern, dann muß man dafür Sorge tragen, daß $\delta T_g/L$ möglicht wenig wellenlängenabhängig ist. In der Praxis erreicht man dieses Ziel durch zusätzliches Dotieren des Kernes mit P_2O_5; dadurch variiert Δ nicht mehr so stark mit λ bzw. $p \sim d\Delta/d\lambda$ wird kleiner. Leider haben solche Fasern aber eine größere Dämpfung infolge erhöhter Rayleighstreuung.

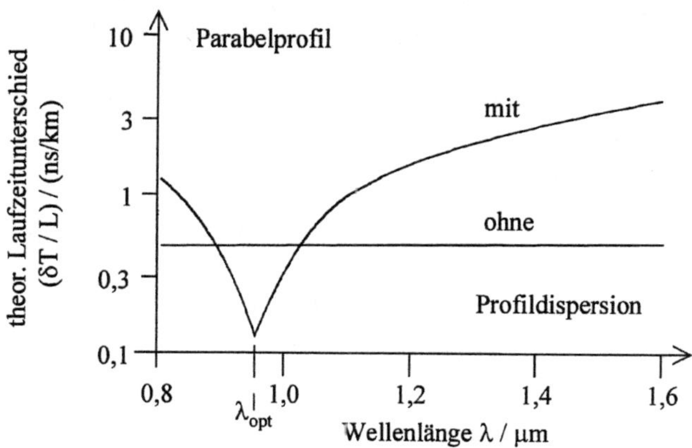

Abb. 8.7. Modenlaufzeitunterschied in einer Parabelprofil-Faser als Funktion der Wellenlänge. Exakte wellentheoretische Berechnung mit und ohne Berücksichtigung der Profildispersion. Beachte den erheblichen Einfluß der Profildispersion im Vergleich zum Stufenprofil Abb. 8.5

8.2.3
Profiloptimierung

Das Parabelprofil ist nicht das optimale Profil, für andere Potenzprofile lassen sich noch geringere Laufzeitdifferenzen als durch Gl. (8.25) angegeben finden. Das in dieser Hinsicht günstigste Profil ist ein Potenzprofil mit Profilexponent

$$g_{opt}(\lambda) \approx 2 - \tfrac{12}{5}\Delta - 2p \; , \tag{8.26}$$

es liefert

$$\left.\frac{\delta T_g}{L}\right|_{g\,=\,g_{opt}} = \frac{n_{g1}}{c}\frac{\Delta^2}{8} \; . \tag{8.27}$$

Ohne Profildispersion ($p = 0$) wäre $g_{opt} = 2$–$2{,}4{\cdot}\Delta$. In der Praxis allerdings ist meist $|p| \gg \Delta$, so daß $g_{opt} = 2$–$2p$ wird. Da p stark wellenlängenabhängig ist, variiert auch g_{opt} erheblich mit der Wellenlänge, s. Abb. 8.8 . Die starke Abhängigkeit hat Konsequenzen: eine einmal hergestellte Faser hat einen wie auch immer großen Profilexponenten g. Zu diesem Profilexponenten läßt sich mit Gl. (8.26) bzw. anhand Abb. 8.8 diejenige Wellenlänge λ_{opt} aufsuchen, bei der *dieser* Profilexponent optimal ist. Mit Licht *dieser* Wellenlänge sollte die Faser betrieben werden, dann sind die Laufzeitdifferenzen und damit die Signalverzerrungen geringstmöglich (dies allerdings nur, solange die Signalverzerrungen nur auf Modenlaufzeitunterschiede zurückzuführen sind). Jede Abweichung von λ_{opt} vergrößert die Laufzeitdifferenzen. Mit dieser Betrachtungsweise können wir Abb. 8.8 erneut interpretieren: eine Parabelprofilfaser (g = 2) mit der Materialzusammensetzung nach Abb. 8.8 sollte bei $\lambda_{opt} \approx 0{,}95\ \mu m$ betrieben werden, weil bei dieser Wellenlänge $g = g_{opt} = 2$ ist. Bereits kleine Abweichungen von λ_{opt} verschlechtern deutlich die Übertragungseigenschaften, s. Abb. 8.8.

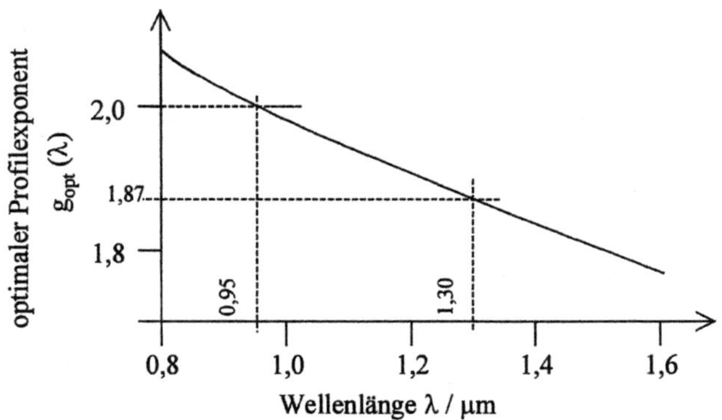

Abb. 8.8. Optimaler Profilexponent als Funktion der Wellenlänge

9 Einfluß der spektralen Breite der Lichtquelle: chromatische Dispersion

Im vorangegangenen Kapitel wurde gezeigt, daß das Licht in den einzelnen Moden einer Vielmodenfaser unterschiedliche Zeit zum Durchlaufen einer Faserstrecke benötigt. Die Abhilfe liegt auf der Hand: man rege am Faseranfang nur einen einzigen Modus an und sorge dafür, daß das Licht in dem LWL in diesem einen Modus verbleibt. In der Praxis ist dies nur möglich, wenn man von vornherein nur einen einzigen Modus ausbreitungsfähig macht, mit anderen Worten: wenn man eine Einmodenfaser einsetzt. In Einmodenfasern kann es per se nicht mehr zu Modenlaufzeitunterschieden und zu der damit verknüpften Impulsverbreiterung kommen. Es stellt sich jedoch heraus, daß weitere, im vorangegangenen Kapitel unberücksichtigte Einflußgrößen ebenfalls zu Laufzeiteffekten führen, die *zusätzlich* zur Modendispersion wirken. In diesem Kapitel werden die neuen Effekte besprochen. Zwar wurden wir eben fast zwangsläufig zur Einmodenfaser geführt, man sollte sich aber bewußt sein, daß die chromatischen Dispersionseffekte nicht auf den Grundmodus der Einmodenfaser beschränkt sind, sondern in *jedem* Modus auftreten.

Die in Kap. 8 durchgeführten Berechnungen sahen eine streng monochromatische Lichtquelle vor. Reale Lichtquellen jedoch sind polychromatisch, sie emittieren ein um die Nennwellenlänge λ_{nenn} der Lichtquelle zentriertes endlich breites Spektrum. Wir wollen die Auswirkungen der spektralen Breite untersuchen. Dazu unterstellen wir, daß aus irgendeinem physikalischen Grund die Gruppengeschwindigkeit des Lichtes in dem LWL wellenlängenabhängig ist: $v_g = v_g(\lambda)$. Dementsprechend benötigt leistungsmoduliertes Licht – und dazu gehören auch Lichtpulse – je nach Wellenlänge λ die wellenlängenspezifische Gruppenlaufzeit $T_g = L/v_g = $ zum Durchlaufen der Strecke L. In Abb. 9.1 ist oben ein – hier noch willkürlich angenommener – Verlauf $T_g(\lambda)$ skizziert.

Für die folgende Diskussion nehmen wir an, daß eine reale polychromatische Lichtquelle einen zeitlich extrem kurzen Lichtpuls aussendet, der in einen Lichtwellenleiter eingekoppelt wird. Jede Einzelwellenlänge λ innerhalb des Emissionsspektrums kommt am LWL Ende je nach ihrer Gruppengeschwindigkeit zum Zeitpunkt $T_g(\lambda)$ an, s. Abb. 9.1. Die Überlagerung sämtlicher Laufzeiten der einzelnen spektralen Anteile liefert einen Lichtpuls, der gegenüber dem Eingangspuls zeitlich zeitlich verbreitert ist. Der Verbreiterungseffekt hängt ab von der Steigung der Laufzeitkurve bei der Nennwellenlänge λ_{nenn}: je steiler dort die Laufzeitkurve, desto zeitlich breiter der Ausgangspuls. Hat die Laufzeitkurve – warum auch immer – bei einer Wellenlänge λ_0 ein Extremum und sendet man einen Puls, dessen Nennwellenlänge λ_{nenn} genau mit λ_0 übereinstimmt, dann ist die Verbreiterung

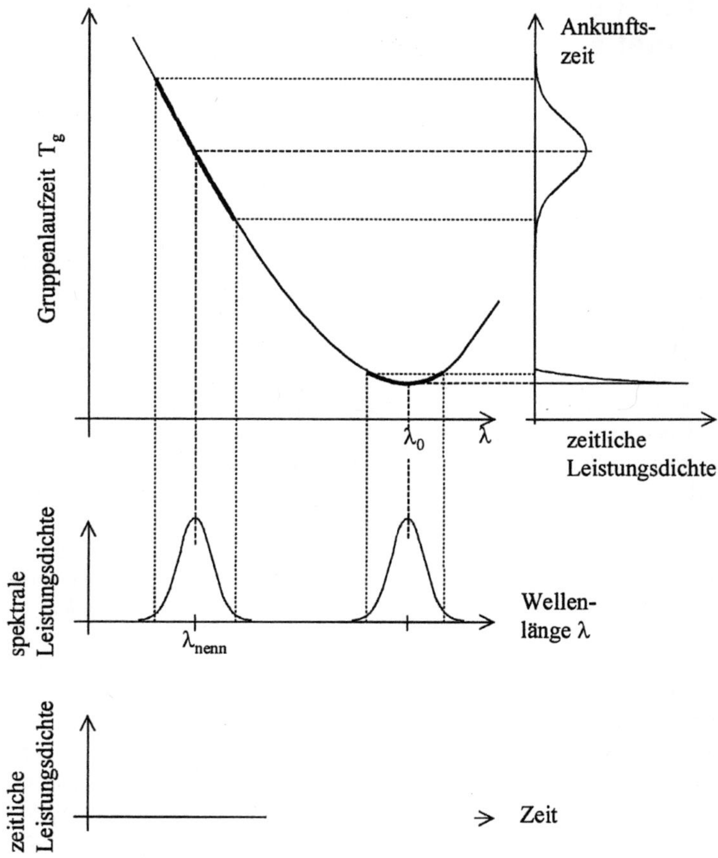

Abb. 9.1. Zur Erklärung der chromatischen Dispersion. Ein zeitlich unendlich kurzer Puls mit endlicher spektraler Breite erscheint durch wellenlängenabhängige Laufzeiten als Puls endlicher zeitlicher Breite am LWL-Ende. Die Pulsform am LWL-Ende variiert dabei je nach zentraler Wellenlänge (Nennwellenlänge) des Lichtes; Gleiches gilt für die Pulsbreite.

geringstmöglich. Wir erkennen aber auch, daß jetzt der Ausgangsimpuls eine andere zeitliche Pulsform hat als im Falle großen Abstandes zwischen λ_{nenn} und λ_0.

Man bezeichnet diesen auf die endliche spektrale Breite der Lichtquelle zurückzuführenden Laufzeiteffekt als *chromatische Dispersion*. Im Folgenden wird diskutiert, warum es in Lichtwellenleitern zu chromatischer Dispersion kommt. Daraus leiten wir diejenigen Betriebswellenlängen ab, bei denen die chromatische Dispersion am geringsten ist.

9.1
Mathematische Beschreibung

Vorbemerkungen:

1. Die folgenden Überlegungen gelten für jeden beliebigen Modus einzeln. Zugunsten einer übersichtlicheren Schreibweise werden aber Modenindizes $\nu\mu$ nicht mitgeschrieben.
2. Da wir eine polychromatische Lichtquelle mit endlicher spektraler Breite untersuchen, müssen wir in unserer Notation unterscheiden zwischen irgendeiner Wellenlänge λ innerhalb des spektralen Emissionsbereiches und der Nennwellenlänge λ_{nenn} der Lichtquelle selbst, s. z.B. Abb. 9.1. Dadurch wird erneut die Schreibweise stark aufgebläht. Deshalb wird auf diese Feinheit in der Nomenklatur ebenfalls verzichtet und die Nennwellenlänge nur mit λ bezeichnet, sofern dadurch keine Unklarheiten entstehen.
3. Unsere Analyse beschränkt sich auf LWL mit Stufenprofil. Die Ergebnisse sind grundsätzlich auf LWL mit Gradientenprofil übertragbar.

9.1.1
Beiträge zur chromatischen Dispersion, Dispersionskoeffizienten

Nach dem oben Gesagten tritt in einem Modus chromatische Dispersion dann auf, wenn die Gruppenlaufzeit T_g dieses Modus wellenlängenabhängig ist. Für einen Stufenprofil-LWL haben wir in Abschn. 8.2 die Gruppenlaufzeiten berechnet mit dem Ergebnis [Gl. (8.17)] : $T_g/L = \frac{1}{c}\left[n_{g2} + (n_{g1} - n_{g2})(1 - \frac{P}{2})\,\Gamma\right]$. Hierin sind

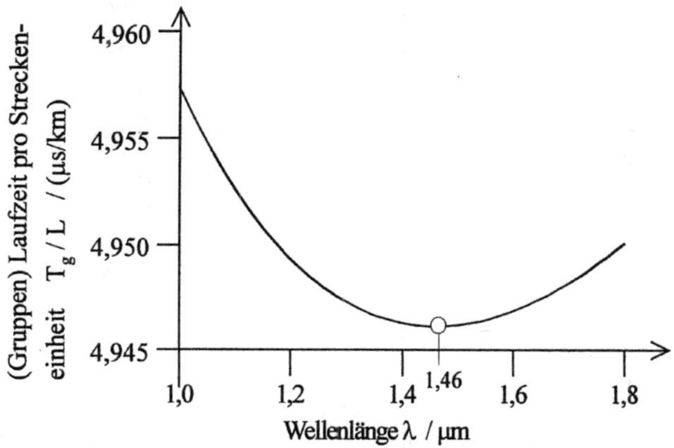

Abb. 9.2. Normierte Gruppenlaufzeit als Funktion der Wellenlänge. Faserdaten: Kern aus 86,5% SiO_2 mit 13,5% GeO_2, Mantel aus reinem SiO_2. Kernradius a = 3 μm

die Gruppenbrechzahlen n_{g1} und n_{g2}, der Profildispersionsparameter p und der Laufzeitfaktor Γ wellenlängenabhängig, folglich variiert auch T_g mit der Wellenlänge. In Abb. 9.2 ist beispielhaft T_g/L für den Grundmodus einer Glasfaser mit Kern aus GeO_2-dotiertem Quarzglas und Mantel aus reinem Quarzglas aufgetragen; die Materialeigenschaften wurden mit den Angaben in Anhang A1 berechnet. Wir erkennen, daß T_g von λ abhängt, und wir erkennen, daß die Kurve qualitativ die in Abb. 9.1 gewählte Form hat, insbesondere, daß sie bei $\lambda_0 \approx 1{,}46\mu m$ ein Extremum besitzt.

Bereits oben haben wir gefunden, daß es sinnvoll ist, als Maß für die „Stärke" der chromatischen Dispersion die Ableitung $dT_g/d\lambda$ zu nehmen: je steiler T_g bei der Nennwellenlänge verläuft, desto größer wird die Pulsverbreiterung ausfallen. Wir definieren einen *Koeffizienten der chromatischen Dispersion* M_{chrom} durch

$$M_{chrom}(\lambda) := \frac{1}{L}\frac{dT_g}{d\lambda} = \frac{d}{d\lambda}\left(\frac{T_g}{L}\right) \tag{9.1}$$

Die übliche Maßeinheit von M_{chrom} ist $dim[M_{chrom}] = ps/(nm\cdot km)$, anschaulich gibt M_{chrom} eine ungefähre Vorstellung, wie breit (in ps) ein aus einer Lichtquelle der spektralen Breite … nm emittierter und ursprünglich unendlich kurzer Puls geworden ist, nachdem er eine LWL-Strecke von … km durchlaufen hat. Wir setzen Gl. (8.17) in Gl. (9.1) ein:

$$M_{chrom} = \frac{d}{d\lambda}\left(\frac{T_g}{L}\right) = \frac{1}{c}\frac{d}{d\lambda}\left[n_{g2} + (n_{g1} - n_{g2})(1 - \frac{p}{2})\Gamma\right] \tag{9.2}$$

Das Ergebnis der Differentiation nach λ wird von den im Laufe der Rechnung gemachten Vernachlässigungen beeinflußt, aus diesem Grunde weichen die formelmäßigen Resultatangaben in verschiedenen Büchern und Zeitschriftenartikeln oft deutlich voneinander ab. Bei der Berechnung von $dp/d\lambda$ über Gl. (8.18) vernachlässigen wir Terme mit $\frac{d}{d\lambda}\left(n_1/n_{g1}\right)$ und mit $\frac{d^2\Delta}{d\lambda^2}$, zudem setzen wir $dn_{g1}/d\lambda \approx dn_{g2}/d\lambda$. Die Differentiation liefert unter diesen Voraussetzungen das Ergebnis

$$M_{chrom}(\lambda) = \underbrace{\frac{1}{c}\frac{dn_{g2}}{d\lambda}}_{M_{mat}(\lambda)} + \underbrace{\frac{1}{c}\left[n_{g1} - n_{g2}\right]\cdot\frac{d\Gamma}{d\lambda}}_{M_{welle}(\lambda)} + \underbrace{\frac{p}{2c}\left[n_{g2} - n_{g1}\right]\cdot\left[\frac{d\Gamma}{d\lambda} + \frac{1-p}{\lambda}\Gamma\right]}_{M_{profil}(\lambda)}$$

$$= M_{mat}(\lambda) + M_{welle}(\lambda) + M_{profil}(\lambda) \tag{9.3}$$

Es ist befremdend, daß im ersten, mit M_{mat} bezeichneten Summanden die Gruppenbrechzahl des *Mantels* auftaucht; eigentlich würde man hier eine Eigenschaft des *Kernes* erwarten. Der Grund sind die bereits in Gl. (8.17) enthaltenen Näherungen. Da wir bei der Herleitung von Gl. (9.3) die Näherung $dn_{g2}/d\lambda \approx dn_{g1}/d\lambda$

zugelassen haben, ersetzen wir auch in M_{mat} die Ableitung $dn_{g2}/d\lambda$ durch $dn_{g1}/d\lambda$ und berücksichtigen zusätzlich, daß gemäß der Definition einer Gruppenbrechzahl [Gl. (1.35)] jetzt $\dfrac{dn_{g1}}{d\lambda} = \dfrac{d}{d\lambda}\left[n_1 - \lambda\dfrac{dn_1}{d\lambda}\right] = -\lambda\dfrac{d^2 n_1}{d\lambda^2}$ wird. Als weitere Vereinfachung schreiben wir $n_{g1} - n_{g2} \approx n_1 - n_2 \approx n_1 \cdot \Delta$. Mit diesen Ergebnissen formen wir die Summanden in Gl. (9.3) um in[1]

$$M_{mat}(\lambda) = -\frac{\lambda}{c}\frac{d^2 n_1}{d\lambda^2} \tag{9.4}$$

$$M_{welle}(\lambda) = -\frac{n_1}{c}\frac{\Delta}{\lambda}\cdot\xi \tag{9.5}$$

$$M_{profil}(\lambda) = \frac{p}{2}\frac{n_1}{c}\frac{\Delta}{\lambda}\cdot\left[\xi - (1-p)\Gamma\right] \tag{9.6}$$

wobei noch die dimensionslose, aber von λ abhängige Abkürzung

$$\xi(\lambda) := -\lambda\frac{d\Gamma}{d\lambda} \tag{9.7}$$

eingeführt wurde. ξ heißt *Dispersionsfaktor*, sein Verlauf ergibt sich aus dem Verlauf von Γ (s. Abb. 8.4).

Gleichung (9.3) zeigt die physikalischen Ursachen der chromatischen Dispersion auf: es sind

- der Einfluß des Materials, *Materialdispersion*, quantitativ erfaßt in dem *Materialdispersionskoeffizienten* M_{mat}. Wären die Materialeigenschaften, hier die Kernbrechzahl n_1, unabhängig von der Wellenlänge, so wäre $dn_{1g}/d\lambda = 0$ und damit auch $M_{mat} \equiv 0$.
- der Einfluß der Zwangsführung in einem Wellenleiter, *Wellenleiterdispersion*, quantitativ erfaßt in dem *Wellenleiterdispersionskoeffizienten* M_{welle}. Wären die Führungseigenschaften wellenlängenunabhängig, d.h. wäre Γ konstant bzw. $d\Gamma/d\lambda = 0$, so wäre $M_{welle} \equiv 0$
- der Einfluß des Profils, *Profildispersion*, quantitativ erfaßt in dem *Profildispersionskoeffizienten* M_{profil}. Wäre die Brechzahldifferenz Δ wellenlängenunabhängig, d.h. wäre $d\Delta/d\lambda \sim p = 0$, so wäre $M_{profil} \equiv 0$. Vorsicht: der Profildispersionskoeffizient M_{profil} ist nicht identisch mit dem Profildispersions*parameter* p!

Wir untersuchen die Laufzeitunterschiede und deren Ursachen durch die einzelnen Dispersionsarten genauer.

---

[1] Vorsicht: in manchen Büchern werden M_{mat}, M_{welle}, M_{profil} mit umgekehrten Vorzeichen definiert! Es ist wichtig, die genaue Definition zu kennen, weil Aussagen und Datenblattangaben wie „die Faser hat positive (bzw. negative) Dispersion" sich auf das jeweilige Vorzeichen der Dispersionskoeffizienten beziehen.

Profildispersion:

Der mit Gl. (9.5) definierte Parameter M_{profil} enthält p als Vorfaktor. Bereits in Abschn. 8.2.1 haben wir konstatiert, daß p = 0 gleichwertig ist zu $dn_2/d\lambda = dn_1/d\lambda$. Wenn $dn_2/d\lambda = dn_1/d\lambda$, dann ist automatisch auch $dn_{g2}/d\lambda = dn_{g1}/d\lambda$. Dies wiederum haben wir vorausgesetzt, um M_{mat} in der Form Gl. (9.4) zu erhalten. Wir ändern deshalb unsere Forderung ab in $dn_2/d\lambda = dn_1/d\lambda$. Damit ermöglichen wir die angeführten Vernachlässigungen, und darüberhinaus müssen wir wegen p = 0 die Profildispersion in der weiteren Diskussion nicht mehr berücksichtigen.

Materialdispersion:

Da der Gruppenbrechungsindex des Glasmaterials mit der Wellenlänge variiert, sehen unterschiedliche spektrale Komponenten innerhalb der Emissionsbande der Lichtquelle einen unterschiedlichen Gruppenbrechungsindex und laufen damit mit unterschiedlicher Geschwindigkeit durch die Faser. Der Materialdispersionskoeffizient M_{mat} mißt die Stärke der Wellenlängenabhängigkeit mit deren Steigung: $dn_{g1}/d\lambda \sim M_{mat}$. Der Betrag der Materialdispersion läßt sich nur durch andere Materialzusammensetzung verändern. In Abb. A1.3 des Anhangs A1 ist M_{mat} für reines Quarzglas und für $SiO_2{:}GeO_2$-Mischglas aufgetragen.

Wellenleiterdispersion:

Ihre Ursache ist wieder die Zwangsführung des Lichtes in dem LWL. Dadurch kommt es zur Modenausbildung und innerhalb eines Modus zu einer Aufteilung der Leistung zwischen Kern und Mantel, wobei die Leistungsaufteilung wiederum die Gruppengeschwindigkeit des Lichtes beeinflußt. Ändert sich die Wellenlänge, dann ändert sich die Leistungsaufteilung zwischen Kern und Mantel innerhalb eines Modus und damit auch die Gruppengeschwindigkeit: es kommt zu Laufzeitunterschieden, zu „Wellenleiterdispersion". Diese Argumentation gilt selbstverständlich auch für zwei Wellenlängenkomponenten innerhalb derselben Emissionsbande: sie erfahren unterschiedliche Aufteilung und somit unterschiedliche effektive Gruppengeschwindigkeiten. Physikalisch gesehen wurde der Einfluß der Leistungsaufteilung auf die Gruppengeschwindigkeit des Lichtes in Gl. (8.17) bzw. Gl. (8.20) mit einem Laufzeitgewicht Γ erfaßt. Da bei unterschiedlichen Wellenlängen die Leistung mehr oder weniger stark im Kernbereich konzentriert ist, s. Abb. 5.7 und Abb. 5.8, muß das Gewicht Γ wellenlängenabhängig sein. Der Wellenleiterdispersionskoeffizient mißt die Stärke der Wellenlängenabhängigkeit mit deren Steigung: $d\Gamma/d\lambda \sim \xi \sim M_{welle}$.

In Abb. 9.3 ist ξ graphisch als Funktion von V und damit indirekt als Funktion von λ für einige niedrige Moden aufgetragen. Man sieht: weit oberhalb ihres cutoff ist ξ für alle Moden negativ, und für $V \to \infty$ strebt ξ gegen 0. Verringert man V, so wechselt für jeden Modus ξ bei einer modenspezifischen Wellenlänge das Vorzeichen und wird positiv. Für den Grundmodus LP_{01} erfolgt der Wechsel bei $V = V' = 3{,}04$. Die zugeordnete Wellenlänge λ' kann mit Hilfe der Definition des Strukturparameters V [s. Gl. (5.29)] durch die Grenzwellenlänge λ_c der Faser ausgedrückt werden:

$$
\left.
\begin{array}{l}
V' = 3{,}04 = \frac{2\pi}{\lambda'}\, a\, n_1 \sqrt{2\Delta} \\[2ex]
V_{c,11} = 2{,}405 = \frac{2\pi}{\lambda_c}\, a\, n_1 \sqrt{2\Delta}
\end{array}
\right\}
\quad
\frac{3{,}04}{2{,}405} = \frac{1/\lambda'}{1/\lambda_c}
\quad \Rightarrow \quad \lambda' = 0{,}79\,\lambda_c
\qquad (9.8)
$$

Im Einmodenbetrieb ist $\lambda > \lambda_c$ und damit auch $> \lambda'$. D.h.: im Einmodenbetrieb ist stets $\xi > 0$, und M_{welle} des (einzig ausbreitungsfähigen) Grundmodus ist negativ.

Zu einer festen Wellenlänge läßt sich ein Betrag der Wellenleiterdispersion einstellen, indem man den Kernradius a einer Faser z.B. verkleinert und gleichzeitig die Brechzahldifferenz Δ so vergrößert, daß $a \cdot \sqrt{2\Delta}$ konstant bleibt. Dadurch wird erzwungen, daß der Strukturparameter V seinen Zahlenwert behält. In Folge bleibt nach Abb. 9.3 auch der Dispersionsfaktor ξ unverändert, und Gl. (9.5) reduziert sich auf $M_{welle} \sim \Delta$. Weil $a \cdot \sqrt{2\Delta}$ konstant gehalten wird, ist Δ ihrerseits proportional zu $1/a^2$. Wir finden letztlich: unter den angegebenen Voraussetzungen ist $M_{welle} \sim 1/a^2$. Diese Aussage gilt für jeden Modus einzeln. Physikalisch erklärt sich diese Abhängigkeit folgendermaßen: je größer der Kernradius, desto weniger überragt die Leistungsverteilung innerhalb eines Modus den Kernbereich, desto weniger macht sich dann auch die mit der Wellenleiterdispersion erfaßte Änderung der Leistungsaufteilung bemerkbar. In Abb. 9.4 ist die Wellenleiterdispersion des Grundmodus bei $\lambda = 1{,}3\,\mu m$ für einen LWL mit Kern aus $SiO_2{:}GeO_2$ (95%:5%) und Mantel aus SiO_2 angegeben. Der Kernradius a variiert, das Produkt $a \cdot \sqrt{2\Delta}$ wurde konstant gehalten. Dadurch wird die Grenzwellenlänge unverändert auf dem Wert $\lambda_c = 1{,}2\,\mu m$ festgehalten.

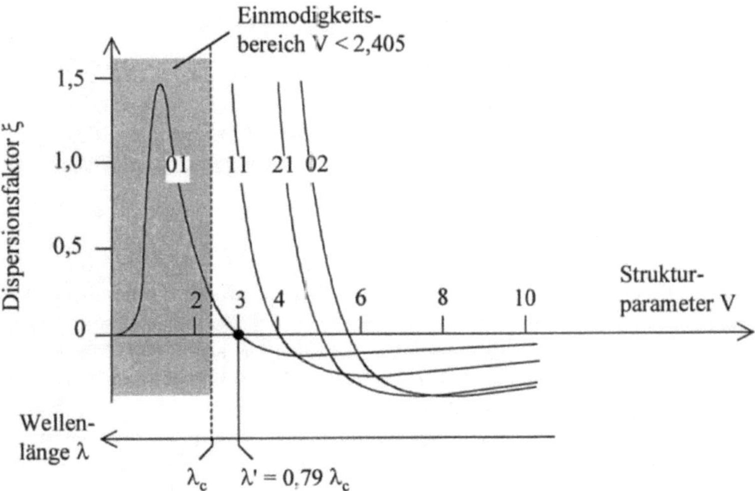

Abb. 9.3. Dispersionsfaktor ξ. Die Zahlenpaare an den Kurven sind die $\nu\mu$-Indices der $LP_{\nu\mu}$-Moden. Beachte, daß $\lambda' < \lambda_c$ ist. Dadurch ist im Einmodigkeitsbereich ξ stets positiv

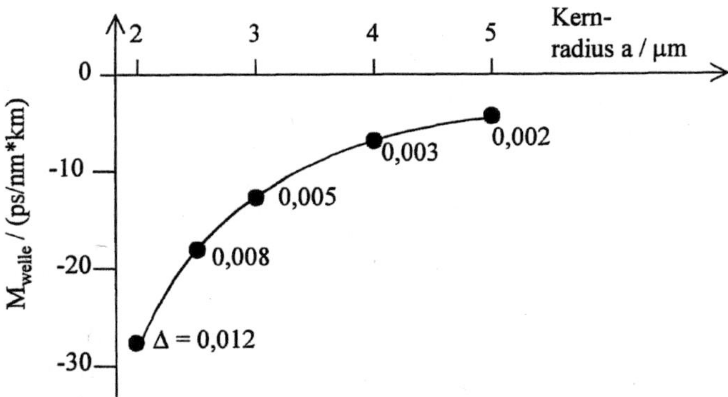

Abb. 9.4. Wellenleiterdispersionskoeffizient bei $\lambda = 1{,}3$ μm in Abhängigkeit vom Kernradius a. Für die Rechnung wurde das Produkt $a \cdot \sqrt{2\Delta}$ konstant auf dem Wert 0,36 μm gehalten. Dadurch variiert Δ längs der gezeichneten Kurve und nimmt parametrisch die angegebenen Zahlenwerte ein.

9.1.2
Dispersionsnullstelle und dispersionsverschobene Faser

Eingangs dieses Kapitels wurde ausgeführt: mit dem Blick auf möglichst geringe spektrale Laufzeitunterschiede ist eine Betriebswellenlänge dann besonders geeignet für optische Nachrichtenübertragung, wenn die Laufzeitkurve $T_g = T_g(\lambda)$ an dieser Stelle einen Extremwert besitzt. Mathematisch gesehen müssen diejenigen Wellenlängen λ_0 gefunden werden, bei denen $\frac{d}{d\lambda} T_g = \frac{d}{d\lambda}\left(T_g / L\right) = 0$ ist. Wegen Gl. (9.5) ist diese Aufgabe gleichwertig mit dem Suchen der Nullstellen der chromatischen Dispersion: als *Dispersionsnullstelle* bezeichnet man diejenigen Wellenlängen λ_0, bei denen der Koeffizient M_{chrom} der chromatischen Dispersion verschwindet:

$$M_{chrom}(\lambda = \lambda_0) = 0 \quad \text{(Definition von } \lambda_0) \tag{9.9}$$

Die Lage der Dispersionsnullstelle wird durch den spektralen Gang sowohl der Materialdispersion des Faserkerns wie der Wellenleiterdispersion bestimmt. Oben wurde gezeigt, daß man M_{welle} durch die Kombination aus Kernradius a und normierter Brechzahlendifferenz Δ dem Betrage nach abstimmen kann, stets aber ist M_{welle} negativ. Demgegenüber kann M_{mat} sowohl positive wie negative Werte annehmen. Es ist deshalb möglich, durch geschickte Auswahl des Kernmaterials, der Brechzahldifferenz und des Kernradius eine positive Materialdispersion mit einer negativen Wellenleiterdispersion zu kompensieren und die Nullstelle der chromatischen Dispersion definiert zu plazieren. Abb. 9.5 illustriert das Vorgehen. In Abb. 9.5a sind der Spektralgang von M_{mat} und M_{welle} für den Grundmodus von

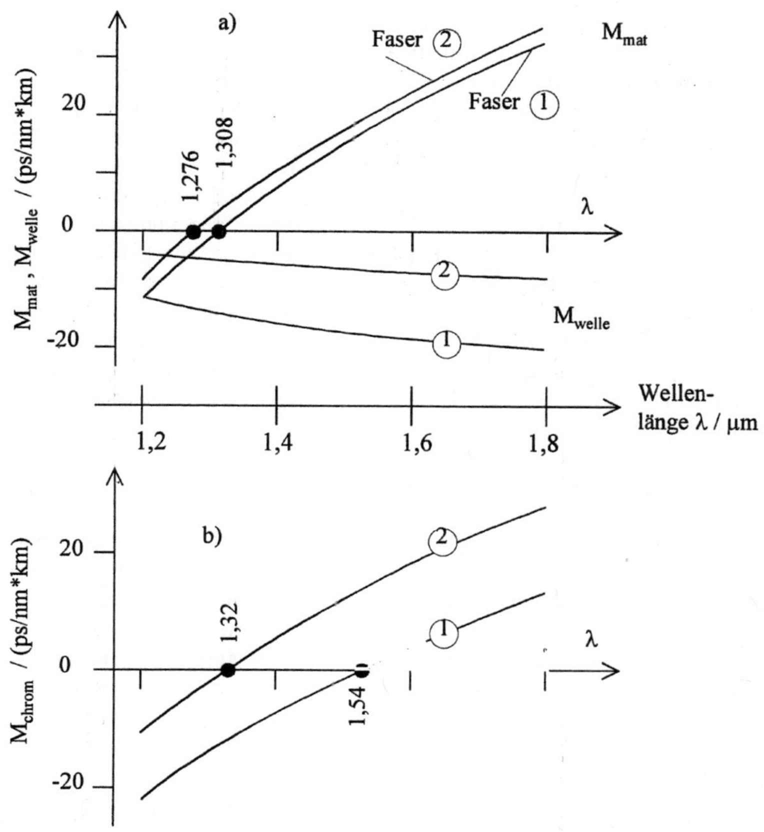

Abb. 9.5. a) Wellenlängenabhängigkeit der Koeffizienten M_{mat} und M_{welle} für den Grundmodus. Nulldurchgänge der Materialdispersion bei 1,276 μm bzw. 1,308 μm.
b) Resultierende chromatische Dispersion $M_{chrom} = M_{mat} + M_{welle}$. Faserdaten:
Faser ①: Kern 95 % SiO_2, 5 % GeO_2. Mantel 100 % SiO_2. Brechzahldifferenz $\Delta = 0,0053$
          bei $\lambda = 1,2$ μm. Kernradius a = 3,1 μm. Grenzwellenlänge $\lambda_c = 1,2$ μm
Faser ②: Kern 100 % SiO_2, Mantel 99,6 % SiO_2, 0,4 % F. Brechzahldifferenz $\Delta = 0,0014$
          bei $\lambda = 1,2$ μm. Kernradius a = 6,0 μm. Grenzwellenlänge $\lambda_c = 1,2$ μm

zwei verschiedenen Fasern aufgetragen. Die beiden LWL haben unterschiedliche
Materialzusammensetzungen für Kern und Mantel, aber sie besitzen dieselbe
Grenzwellenlänge $\lambda_c = 1,2$ μm; dadurch wird sichergestellt, daß sich zu gegebener
Wellenlänge für beide LWL der gleiche V-Wert und damit der gleiche Zahlenwert
für ξ ergibt. Die Kurven wurden mit den in Anhang A1 angeführten Materialdaten
berechnet. Der Verlauf $\xi = \xi(\lambda)$ wurde mit der durch Anpassungsrechnung
gefundenen Funktion $\xi(\lambda) = 0,080 + 0,549 \cdot (2,834 - 2,405 \cdot \lambda_c/\lambda)^2$ nachgebildet.

Abb. 9.5b zeigt: durch passende Kombination von Kernmaterial, Kernradius und Brechzahldifferenz Δ kann die Nullstelle der chromatischen Dispersion auf jeden beliebigen Wert (innerhalb gewisser Grenzen) gelegt werden. Im dargestellten Beispiel wurden die Parameter so gewählt, daß $\lambda_0 \approx 1{,}3$ µm bzw. (alternativ) $\lambda_0 \approx 1{,}55$ µm wird. Speziell diese Wellenlängen wurden ausgewählt, weil bei ihnen die Glasfaser ein relatives bzw. ein absolutes Dämpfungsminimum besitzt, s. Abb. 7.4. Eine so konstruierte Einmodenfaser zeichnet sich folglich durch besonders gutes Zeitverhalten bei gleichzeitig besonders geringer Dämpfung aus.

Fasern, in denen die Dispersionsnullstelle nach $\lambda_0 \approx 1{,}55$ µm gelegt wurde, werden als *dispersionsverschobene Fasern* bezeichnet. Dieser Name wurde aus folgendem Grunde gewählt: für alle üblichen Kernmaterialzusammensetzungen hat die Materialdispersion ihren Nulldurchgang immer etwa bei der Wellenlänge 1,3 µm, s. Abb. 9.5a. Ohne Wellenleiterdispersion würde so auch die Nullstelle λ_0 der chromatischen Dispersion stets bei ca. 1,3 µm liegen. Die Wellenleiterdispersion entscheidet, ob λ_0 in diesem Wellenlängenbereich verbleibt (Faser ② in obigem Beispiel) oder in den dämpfungstechnisch noch günstigeren Wellenlängenbereich um 1,55 µm verschoben wird (Faser ① im Beispiel).

Die obige Diskussion und die Einführung der Dispersionsnullstelle erfolgte etwas leichtfertig. Wir müssen uns erinnern, daß M_{chrom} eine modusspezifische Größe ist, die eigentlich mit modenkennzeichnenden Indizes $\nu\mu$ zu ergänzen wäre. Infolgedessen gibt es strengenommen nicht nur eine einzige Dispersionsnullstelle, sondern jeder Modus besitzt seine eigene Nullstelle. Vom pragmatischen Standpunkt aus sind diese Feinheiten unerheblich: die Faser wird entweder als Einmodenfaser mit $\lambda > \lambda_c$ ($V < 2{,}405$) oder als Vielmodenfaser mit $\lambda \ll \lambda_c$, ($V > 50$), betrieben. Im Vielmodenbetrieb, d.h. bei großen V-Werten, strebt für alle Moden der Wellenleiterdispersionskoeffizient $M_{welle} \sim \xi$ gegen Null, s. Abb. 9.3. Nach Gl. (9.3) reduziert sich dann M_{chrom} auf den nicht mehr modusspezifischen Materialdispersionsanteil M_{mat}, die Dispersionsnullstelle λ_0 ist für alle Moden die gleiche, nämlich die Nullstelle der Materialdispersion: $\left. \dfrac{d^2 n_1}{d\lambda^2} \right|_{\lambda_0} = 0$. Aus diesem Grund kann eine Vielmodenfaser im praktischen Betrieb nie auch eine dispersionsverschobene Faser sein. Im Einmodenbetrieb dagegen gibt es a priori nur die Nullstelle des Grundmodus-M_{chrom}. Üblicherweise wird nur *diese* Nullstelle als „Dispersionsnullstelle" des LWL bezeichnet, und sie kann durch geeignete Material- und Geometriewahl verschoben werden.

9.1.3
Verbesserung des Dispersionsverlaufes von Einmodenfasern durch W-Profile

Wir haben oben gesehen: in Stufenprofilfasern herkömmlicher Bauart wechselt der Dispersionsfaktor ξ des Modus LP_{01} sein Vorzeichen bei $\lambda' < \lambda_c$, s. Abb. 9.3.

Als Folge ist im Einmodenbetrieb $\xi > 0$ und damit M_{welle} des Grundmodus negativ. Demgegenüber ist M_{mat} je nach Wellenlänge positiv oder negativ. Mit der Wellenleiterdispersion kann man deshalb positive Materialdispersion kompensieren, allerdings ist im Einmodenbereich $\lambda > \lambda_c$ eine vollständige Kompensation $M_{mat} + M_{welle} = 0$ nur bei einer einzigen Wellenlänge λ_0 möglich. Wünschenswert wäre, wenn der Vorzeichenwechsel zu positiver Wellenleiterdispersion erst im Einmodenbereich erfolgen würde, oder, was letztendlich das gleiche ist, wenn die Faser bereits bei einer Wellenlänge unterhalb von λ' einmodig würde, d.h. wenn $\lambda' > \lambda_c$ wäre. Unter dieser Voraussetzung könnte man bei geschickter Plazierung von λ' und geeigneter Dimensionierung die chromatische Dispersion bei zwei Wellenlängen $\lambda_{0,1}$ und $\lambda_{0,2}$ im Einmodenbereich zu Null kompensieren. Abb. 9.6 zeigt die grundlegende Idee.

Eine derartige Verschiebung der Relativlagen von λ_c und λ' zueinander erreicht man mit einer Faser mit *W-Profil*. Das W-Profil besteht aus drei Teilen (s. Abb. 9.7): dem Kern mit Radius a_1 und Brechzahl n_1, dem *inneren Mantel* mit Radius a_2 und Brechzahl n_2 und dem – in der Rechnung unendlich ausgedehnten – *äußeren Mantel* mit Brechzahl n_3.

Wenn a_2 nicht allzu groß ist, typisch ist $a_2 = (1,5...2){\cdot}a_1$, dann erstrecken sich die Modenfelder bis in den äußeren Mantel hinein. Aus der Sicht des äußeren Mantels wirken tatsächlicher Kern und innerer Mantel wie ein fiktiver Kern mit Radius a_2 und fiktiver Brechzahl $\bar{n} = n_2 + (n_1 - n_2)(a_1/a_2)^2$. Die Faser wird so dimensioniert, daß $\bar{n}$ *kleiner* ist als die Brechzahl n_3 des äußeren Mantels. Das verletzt das grundlegende Leitungsprinzip eines LWL: Führung kann nur erfolgen, wenn der Kern eine *höhere* Brechzahl hat als die Hülle. Sobald deshalb ein Modenfeld merkbar bis in den äußeren Mantel hineinragt, erfolgt ein signifikanter Leistungsverlust durch Abstrahlung. Dadurch verschieben sich die cutoffs sämtlicher Moden, auch der des Modus LP_{11}. Er liegt nicht mehr bei $V_{c,11} = 2,405$,

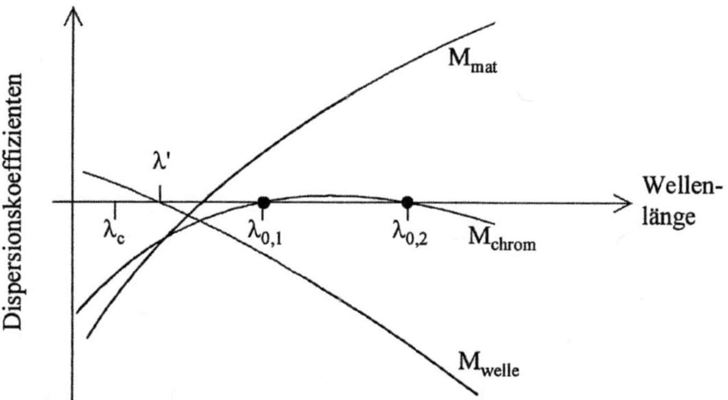

Abb. 9.6. Dispersionskoeffizienten (schematisch) einer dispersionsgeglätteten Faser. Beachte, daß $\lambda' > \lambda_c$ ist (Gegensatz zu Abb. 9.3)

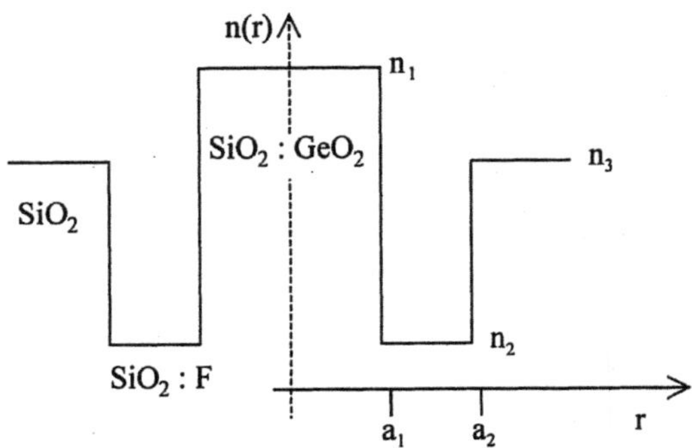

Abb. 9.7. Brechzahlverlauf und hierfür mögliche Materialkombination in einer Faser mit W-Profil. Zugelassener Betriebsbereich: $\lambda > \lambda_c$

sondern bei einem kleineren Wert, dessen exakte Lage von der genauen Dimensionierung der Faser abhängt. Gleichzeitig verschiebt sich die Nulldurchgangsstelle V' der Wellenleiterdispersion. Bei richtiger Auslegung kann man erreichen, daß $V_{c,11} > V'$ wird, dies ist gleichwertig mit $\lambda' > \lambda_c$.Die Gesamtdispersion (chromatische Dispersion) hat jetzt wie in Abb. 9.6 *zwei* Nullstellen, und zwischen den Nullstellen bleibt M_{chrom} dem Betrage nach klein. Eine Faser mit derartigem Dispersionsgang wird *dispersionsgeglättete Faser (dispersion flattened fiber)* genannt.

Ein Nachteil des W-Profiles ist, daß das Modenfeld weit ausgedehnt sein muß, um das gewünschte Dispersionsverhalten zu bewirken. Dadurch haben Fasern mit W-Profil hohen Lichtleistungsverlust bei Makrobiegungen [s. die Diskussion zu Gl. (7.9)]. Mit noch aufwendigeren Profilformen (Mehrfachstufen, Dreiecksprofile) können Fasern mit geglätteter Dispersionskurve hergestellt werden, die zudem biegeunempfindlich sind.

9.2
Abschätzung der durch chromatische Dispersion verursachten Laufzeitunterschiede

Wir betrachten wie eingangs dieses Kapitels einen unendlich kurzen Puls aus einer polychromatischen Lichtquelle. Wir wollen abschätzen, wie groß der Laufzeitunterschied $\delta T_g = T_g(\lambda_2) - T_g(\lambda_1)$ ist zwischen Signalen bei zwei Wellenlängen λ_1 und λ_2 innerhalb von der Quelle emittierten Spektralbereiches, wobei beide Signale im gleichen LWL-Modus übertragen werden sollen. Zur genauen Erfassung entwickeln wir $T_g(\lambda)$ in eine Taylorreihe mit λ_2 als Entwicklungspunkt:

$$T_g(\lambda) \approx T_g(\lambda_2) + (\lambda - \lambda_2)\frac{d\,T_g}{d\lambda}\bigg|_{\lambda=\lambda_2} + \frac{(\lambda - \lambda_2)^2}{2}\frac{d^2\,T_g}{d\lambda^2}\bigg|_{\lambda=\lambda_2} \tag{9.10}$$

und erhalten

$$\delta T_g \approx T_g(\lambda_2) - T_g(\lambda_1)$$

$$\approx (\lambda_2 - \lambda_1)\frac{d\,T_g}{d\lambda}\bigg|_{\lambda=\lambda_2} + \frac{1}{2}(\lambda_2 - \lambda_1)^2\frac{d^2\,T_g}{d\lambda^2}\bigg|_{\lambda=\lambda_2} \tag{9.11}$$

Mit Gl. (9.2) sowie der Abkürzung $\delta\lambda = \lambda_2 - \lambda_1$ kann man Gl. (9.11) umschreiben in:

$$\frac{\delta T_g}{L} \approx \delta\lambda \cdot M_{chrom}(\lambda_2) + \frac{1}{2}(\delta\lambda)^2\frac{d\,M_{chrom}(\lambda)}{d\lambda}\bigg|_{\lambda=\lambda_2} \tag{9.12}$$

Gleichung (9.12) schätzt den längenbezogenen Laufzeitunterschied der Komponenten λ_1 und $\lambda_2 = \lambda_1 + \delta\lambda$ ab. Für eine numerische Berechnung ist es völlig ausreichend, λ_2 durch die Nennwellenlänge zu ersetzen.

Wie bereits eingangs zu Abschn. 9.1 vorausgesagt, wird der Laufzeitunterschied bestimmt durch den Koeffizienten M_{chrom}. In Gl. (9.12) dominiert der 1. Term, der 2. Term kann vernachlässigt werden, es sei denn, die Nennwellenlänge ist identisch mit der Nullstelle λ_0 der chromatischen Dispersion. Vorsicht: an der Dispersionsnullstelle ist zwar $M_{chrom} = 0$, aber nicht δT_g, weil jetzt der 2. Term in Gl. (9.12) nicht mehr weggelassen werden darf.

10 Impulsverbreiterung und 3-dB-Grenzfrequenz

10.1
Impulsübertragung

Abbildung 10.1 zeigt einen Lichtpuls, aufgezeichnet am Anfang und am Ende einer Faserstrecke. Man erkennt, daß der Puls auf der Übertragungsstrecke seine Form und seine Breite geändert hat. Wir wissen aus Abschn. 6.3.2 und hier insbesondere aus der Diskussion zu Abb. 6.7, daß Form und vor allem zeitliche Breite eines Lichtpulses am Faserende maßgebenden Einfluß haben auf die Übertragungskapazität eines optischen PCM-Übertragungssystems. Wir kennen auch die physikalischen Ursachen der Pulsverbreiterung, es sind die Dispersionseffekte (Unterschiede in den Laufzeiten der einzelnen Moden sowie der spektralen Anteile innerhalb eines Modus). Allerdings läßt sich mit den in den vorangegengenen Kapiteln abgeleiteten Formeln Gl. (8.23) bzw. Gl. (8.24) und Gl. (9.12) das dispersionsbedingte Breiterwerden eines Lichtpulses nur schwer praxisgeeignet beschreiben. In diesem Abschnitt werden Kenngrößen vorgestellt, die die Impulsverbreiterung in einer für die optische Übertragungstechnik geeigneten Form erfassen.

10.1.1
Pulsantwortfunktion und das Problem der Leistungsaddition

Die Pulsform am Faserende hängt ab von der Pulsform am Faseranfang und dem Einfluß der Faser. Es wäre wünschenswert, wenn man die Faser durch eine Kennfunktion so beschreiben könnte, daß man mit dieser Kennfunktion für jeden beliebig geformten Puls $P_{in}(t)$ am Fasereingang (Index: in) den zugehörigen Pulsver-

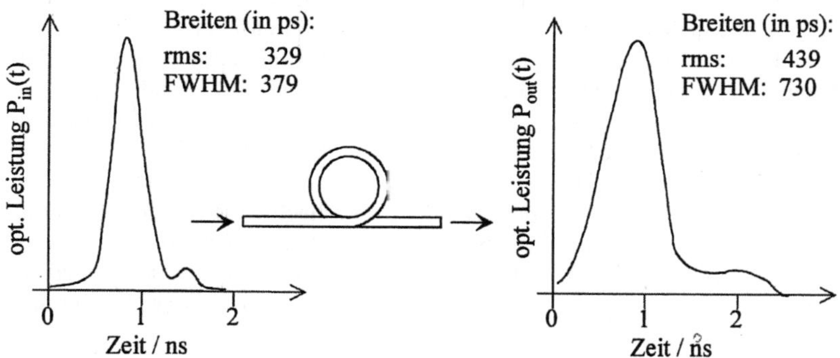

Abb. 10.1   Gemessener Zeitverlauf der optischen Leistung am Anfang (links) und am Ende (rechts) einer Faserstrecke mit Angabe der Pulsbreiten

lauf $P_{out}(t)$ am Faserausgang (Index: out) berechnen könnte. Die Systemtheorie zeigt: wenn es erlaubt ist, die Gesamtleistung an jeder beliebigen Stelle auf der Faser zu jedem beliebigen Zeitpunkt zu bilden durch Addition aller Einzelleistungen an diesem Ort zu diesem Zeitpunkt, dann gibt es eine solche Kennfunktion h(t), und mit ihrer Hilfe läßt sich für jeden Eingangspuls $P_{in}(t)$ der Ausgangspuls $P_{out}(t)$ berechnen gemäß

$$P_{out}(t) = \int_{-\infty}^{+\infty} P_{in}(t - t') \cdot h(t') \, dt' \quad . \tag{10.1}$$

In der Mathematik wird der Rechenvorgang in Gl. (10.1) *Faltung* genannt, das Integral ist ein *Faltungsintegral*. Die Nachrichtentechnik bezeichnet die Kennfunktion h(t) als *Pulsantwortfunktion*, genauer: als *Leistungs-Impulsantwort*.

Gleichung (10.1) beruht auf einer gravierenden Vorbedingung: sie gilt nur, wenn die Gesamtleistung am Ort des Detektors zur Zeit t gebildet wird durch Addition aller Einzelleistungen. Mit „Einzelleistungen" sind hier gemeint die Leistungen in allen Moden und in allen spektralen Komponenten eines Modus. Eigentlich ist es nicht zulässig, Leistungen zu addieren; addiert werden dürfen nur optische Felder zu einem Summenfeld. Die resultierende optische Intensität (Achtung: Intensität, nicht Leistung!) ist proportional zum Betragsquadrat des *Summenfeldes*, und durch Integration des Summen*feldes* über den Faserquerschnitt [s. Gl. (1.20)] erhalten wir die optische Leistung. Der so berechnete Leistungswert weicht im allgemeinen von durch einfache Leistungsaddition gefundenen Wert ab, die Abweichung bezeichnet man als *Interferenzterme*. Lediglich im zeitlichen Mittel stimmen beide Werte überein.

Wir wissen nun aus Abschn. 1.2.4, daß ein optischer Detektor stets nur Zeitmittelwerte anzeigt, er mittelt dabei über eine „Ansprechzeit" genannte Zeitspanne. Eine aufwendige und hier nicht näher zu besprechende Theorie zeigt: wenn die Ansprechzeit des Detektors lang ist gegen die *Kohärenzzeit* der Lichtquelle, dann mittelt der Detektor alle Interferenzterme zu Null. Mit anderen Worten: die vom Detektor gesehene Leistung ist unter diesen Umständen beschreibbar als Summe von Einzelleistungen, die Voraussetzungen zu Gl. (10.1) sind erfüllt.

In Tabelle 1.2 in Abschn. 1.3.4 sind die Kohärenzzeiten typischer, in der optischen Nachrichtentechnik verwendeter Lichtquellen angegeben. Man erkennt, daß LED's und Fabry-Perot-Laser Kohärenzzeiten unter 1 ps haben. Diese Zeit ist wesentlich kürzer als die Ansprechzeit auch der schnellsten Photodioden (typisch 50 ps). Mit solchen Lichtquellen als Sender ist die Vorbedingung zu Gl. (10.1) auf jeden Fall erfüllt. Bei DFB- und DBR-Lasern dagegen ist die Kohärenzzeit erheblich größer als die Ansprechzeit, Gl. (10.1) und alle darauf aufbauenden Formeln sind nicht unmittelbar anwendbar.

Wir gehen in diesem Buche davon aus, daß Leistungen addiert werden dürfen, so daß wir mit Gl. (10.1) arbeiten können. Daraus folgt: für DFB- und DBR-Laser als Lichtquellen treffen die nachfolgend abgeleiteten Formeln nicht ohne weiteres zu. Es müßten aufwendigere Berechnungen angestellt werden, die aber den Rahmen dieses Buches sprengen.

10.1.2
Quantitative Erfassung der Impulsverbreiterung

Gleichung (10.1) liefert die exakte Pulsform $P_{out}(t)$ am LWL-Ende, wenn die Eingangspulsform $P_{in}(t)$ und der mit h(t) erfaßte Fasereinfluß bekannt sind. In vielen Fällen muß man den exakten Zeitverlauf $P_{out}(t)$ nicht vollständig kennen, es genügt die Kenntnis der *Breite* des Ausgangspulses, um die Übertragungsgrenzen des Systems zumindest abschätzen zu können. (Eine solche Abschätzung werden wir im nächsten Kapitel durchführen). Dabei stoßen wir auf eine Schwierigkeit: die Breite eines Pulses läßt sich sehr unterschiedlich definieren. In Anhang A2 sind mehrere Definitionen zusammengestellt, jede für sich ist legitim. Welche Definition zu wählen ist, richtet sich allein nach der Zweckmäßigkeit. Wir werden weiter unten sehen: im Rahmen der hier besprochenen Theorie ist es am sinnvollsten, als Breite eines Pulses seine *effektive Pulsbreite* (*rms-Pulsbreite*; rms = root mean square) zu verwenden. In Anhang A2 ist mit Gl. (A2.1) eine Formel angegeben, wie eine rms-Pulsbreite berechnet wird.

Wir benutzen Gl. (A2.1) zur Berechnung der rms-Pulsbreite τ_{out} des Ausgangspulses und setzen in diese Gleichung für $P_{out}(t)$ die Beziehung Gl. (10.1) ein. Dadurch verknüpfen wir das Ausgangssignal mit dem Eingangssignal. Die Weiterrechnung ist sehr mühsam, und man benötigt Kenntnisse über Eigenschaften von Faltungsintegralen. Das Ergebnis ist

$$\tau_{out}^2 = \tau_{in}^2 + \sigma^2 \tag{10.2}$$

$$\text{mit} \qquad \sigma^2 := \frac{\int t^2 \, h(t) \, dt}{\int h(t) \, dt} - \left(\frac{\int t \, h(t) \, dt}{\int h(t) \, dt} \right)^2 . \tag{10.3}$$

Darin ist τ_{in} die rms-Pulsbreite des Eingangsimpulses.

Gleichung (10.3) definiert eine neue Größe σ mit der Maßeinheit $\dim[\sigma] = $ ps. σ ist ausschließlich durch die die Faser charakterisierende Pulsantwortfunktion h(t) festgelegt, damit also ebenfalls eine charakteristische, die Faser beschreibende Kenngröße. σ heißt *Pulsverbreiterung* der Faser. Mathematisch gesehen ist σ die rms-Breite des Ausgangspulses bei unendlich kurzem Anfangspuls ($\tau_{in} \to 0$).

Der für die Praxis entscheidende Vorteil von Gl. (10.2) gegenüber Gl. (10.1) ist ihre wesentlich einfachere Gestalt. Der Einfluß der Faser auf die Formänderung von $P_{in}(t)$ nach $P_{out}(t)$ muß in Gl. (10.1) durch eine rechentechnisch aufwendige Faltung bestimmte werden. Mit Gl. (10.3) wird der Fasereinfluß durch die Pulsverbreiterung σ erfaßt, und in Gl. (10.2) erscheinen Pulsbreite τ_{in} am Faseranfang und Fasereinfluß σ als voneinander unabhängige additive Beiträge zur Pulsbreite τ_{out} am Faserende. Es muß aber ausdrücklich darauf hingewiesen werden:

1. Gleichung (10.3) verkürzt die Information über die Pulsform am Faserende auf deren Pulsbreite. Nicht in allen Fällen ist es ausreichend, lediglich die Pulsbreite und nicht die vollständige Pulsform zu kennen.

2. Gleichung (10.2) wurde in der angegebenen Form nur deshalb erhalten, weil die Pulsbreiten als rms-Pulsbreiten berechnet wurden. Sie ist dehalb nicht oder zumindest nicht ohne weiteres auf andere Pulsbreitendefinitionen übertragbar!

3. Gleichung (10.2) kann auch aufgefaßt werden als Vorschrift zur meßtechnischen Bestimmung von σ, falls die Pulsbreiten als rms-Pulsbreiten eingesetzt werden. Dennoch findet man in der Literatur gelegentlich die Aussage, daß in Gl. (10.2) auch FWHM-Breiten oder 1/e-Breiten verwendet werden können. Das führt aber zu anderen Zahlenwerten für die Pulsverbreiterung. Als Beispiel kann Abb. 10.1 dienen: dort hat der Puls am LWL-Anfang eine rms-Pulsbreite $\tau_{in} = 329$ ps, die rms-Ausgangspulsbreite ist $\tau_{out} = 439$ ps. Daraus ergibt sich mit Gl. (10.2) eine Pulsverbreiterung $\sigma = 291$ ps. Es ist legitim, die Pulse mit ihrer FWHM-Breite zu charakterisieren: $T_{FWHM,in} = 379$ ps, $T_{FWHM,out} = 730$ ps. Wenn man jetzt aber diese Zahlen in Gl. (10.2) zur Berechnung von σ verwendet, dann erhält man $\sigma_{FWHM} = 624$ ps, das ist mehr als das Doppelte des rms-Wertes. Bei der Übernahme von Zahlenwerten für σ sollte man sich also vergewissern, aufgrund welcher Pulsbreiten-Definition σ berechnet wurde.

Die physikalischen Ursachen der Impulsverbreiterung sind Laufzeitstreuungen. Abbildung 10.2 illustriert schematisch, wie der Ausgangspuls gebildet wird aus den laufzeitverschobenen (Modendispersion) Leistungsflüssen der Moden, wobei innerhalb eines jedem Modus die einzelnen spektralen Anteile der Lichtquelle zu unterschiedlichen Zeiten ankommen (chromatische Dispersion). Modendispersion und chromatische Dispersion bewirken, jeder für sich allein genommen, eine Pulsverbreiterung σ_{mod} bzw. σ_{chrom}. Da beide Beiträge statistisch voneinander unabhängig sind, wird die Gesamtverbreiterung σ aus den Einzelbeiträgen nach den Rechenregeln der Statistik berechnet mit dem Ergebnis:

$$\sigma^2 = \sigma_{mod}^2 + \sigma_{chrom}^2 \quad . \tag{10.4}$$

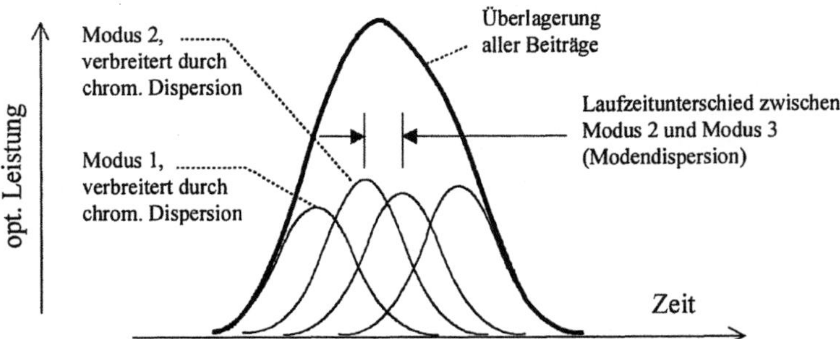

Abb. 10.2. Zusammenwirken von chromatischer Dispersion und Modendispersion.

Letztlich kommt die quadratische Addition dadurch zustande, daß die rms-Pulsverbreiterungen als Varianzen (im statistischen Sinn) einer Laufzeitverteilung aufgefaßt werden.

10.1.3
Impulsverbreiterung einer Einmodenfaser

Vorbemerkung: eine reale Lichtquelle wird beschrieben durch ihre Nennwellenlänge λ_{nenn} und ihre spektrale rms-Breite w_λ. Leider werden die Formeln und Gleichungen sehr unübersichtlich, wenn man immer korrekt λ_{nenn} schreibt. Da hier und im Folgenden keine Verwechslungen mit anderen Wellnlängenanteilen zu befürchten sind, wird in allen nachfolgenden Formeln auf das Mitführen des Index „nenn" verzichtet.

In Einmodenfasern kann es keine Modenlaufzeitunterschiede und infolgedessen auch keine Pulsverbreiterung durch Modendispersion geben: $\sigma_{mod} \equiv 0$. Damit wird in einer Einmodenfaser $\sigma = \sigma_{chrom}$, wobei σ_{chrom} die Verbreiterung durch Laufzeitunterschiede der einzelnen spektralen Anteile einer Lichtquelle erfasst. Wir konnten in Abschn. 9.2 die Laufzeitunterschiede mit Hilfe des chromatischen Dispersionskoeffizienten M_{chrom} abschätzen. Da wir eine Einmodenfaser zugrunde legen, ist M_{chrom} der Dispersionskoeffizient des Grundmodus; in ihm ist nach Gl. (9.3) sowohl der Materaleinfluß als auch der Wellenleitereinfluß inkorporiert (der Profileinfluß wird ignoriert). Es ist plausibel, daß auch σ_{chrom} auf M_{chrom} zurückgeführt werden kann. Unter Vernachlässigung einiger Terme höherer Ordnung liefert die Rechnung: bei einer Lichtquelle mit Nennwellenlänge λ (!) und spektraler rms-Breite w_λ ist

$$\sigma^2 = \sigma^2_{chrom} \approx \left[M_{chrom} \cdot L \cdot w_\lambda \right]^2 + \frac{1}{2}\left[L \cdot w^2_\lambda \cdot \frac{dM_{chrom}}{d\lambda} \right]^2 \tag{10.5}$$

$$= \sigma^2_{chrom}(\lambda) \quad .$$

Abbildung 10.3a zeigt den gemessenen spektralen Gang des chromatischen Dispersionskoeffizienten einer Einmodenfaser der Länge L = 1,18 km. Der Verlauf wurde mit der empirischen Funktion

$$M_{chrom}(\lambda) = \frac{s_0}{4} \frac{\lambda^4 - \lambda^4_0}{\lambda^3} \tag{10.6}$$

approximiert; für die Anpaßparameter λ_0 und s_0 lieferte die Approximation die Zahlenwerte $\lambda_0 = 1,32\ \mu m$ und $s_0 = 0,08\ ps/[nm^2 \cdot km]$. Anschaulich stellen λ_0 die Dispersionsnullstelle und s_0 die Steigung der Dispersionskurve dar: durch Einsetzen in Gl. (10.6) bzw. Differentiation der Gleichung und nachträgliches Einsetzen findet man sofort: $M_{chrom}(\lambda = \lambda_0) = 0$; $[dM_{chrom}/d\lambda]_{\lambda\ =\ \lambda_0} = s_0$. Die Anpaßkurve ist als gestrichelte Kurve ebenfalls in Abb. 10.3a eingetragen.

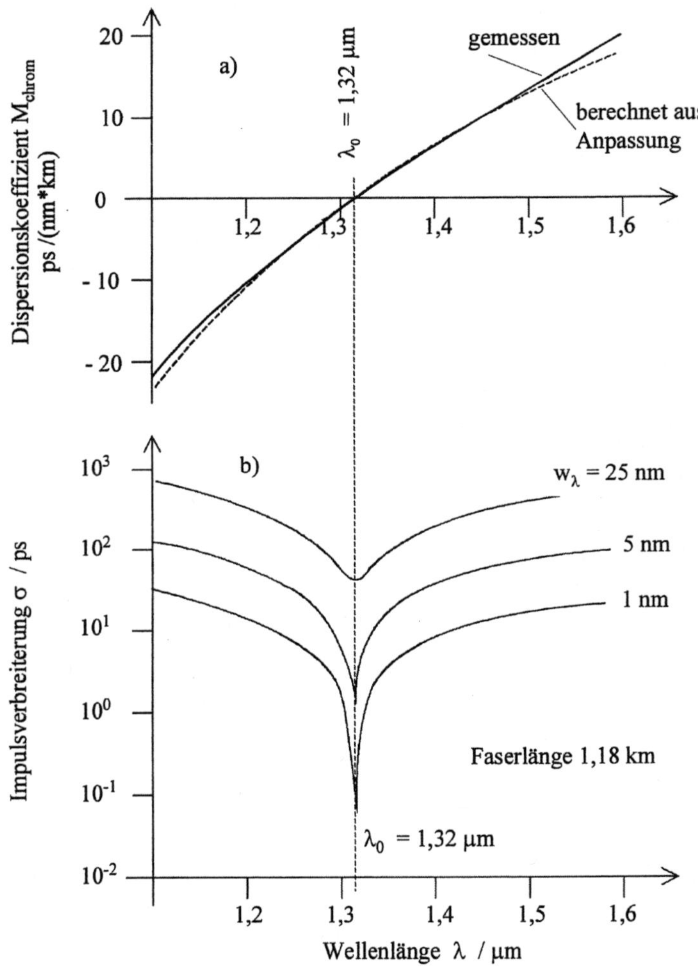

Abb. 10.3.   **a)** spektraler Gang des chromatischen Dispersionskoeffizienten M_{chrom}. Durchgezogene Kurve: gemessen. Gestrichelte Kurve: Approximation mit der empirischen Formel Gl. (10.6)   **b)** Mit Hilfe der Anpaßparameter aus **a)** berechneter spektraler Gang der Impulsverbreiterung für drei verschiedene Lichtquellen. Die spektralen rms-Breiten w_λ der Quellen entsprechen denen eines Fabry-Perot-Lasers (1 nm), einer Superlumineszenz-LED (5 nm), einer Standard-LED (25 nm)

Mit den so gefundenen Anpaßwerten für λ_0 und s_0 können wir $M_{chrom}(\lambda)$ analytisch beschreiben. Wir setzen dieses M_{chrom} rückwärts in Gl. (10.5) ein und erhalten den in Abb. 10.3b aufgetragenen Gang der Pulsverbreiterung. Für w_λ wurden dabei drei verschiedene Zahlenwerte angenommen, sie entsprechen in etwa den Werten einer LED, einer Super-LED und eines Fabry-Perot-Lasers.

Gleichung (10.5) kann noch weiter vereinfacht werden. Wenn die Nullstelle λ_0 der chromatischen Dispersion deutlich außerhalb des Emissionsbereiches der Lichtquelle liegt (Abstand zwischen Nennwellenlänge λ und Dispersionsnullstelle λ_0 viel größer als die spektrale Breite w_λ, mathematisch: $|\lambda_0 - \lambda| \gg w_\lambda$), dann kann der 2. Summand in Gl. (10.5) vernachlässigt werden. Wenn dagegen die Nennwellenlänge genau mit der Dispersionsnullstelle zusammenfällt, dann verschwindet der 1.Summand wegen $M_{chrom}(\lambda_0) = 0$. Wir erhalten die Pulsverbreiterung σ einer Einmodenfaser zu

$$
\sigma = \begin{cases} L\, w_\lambda\, |\, M_{chrom}\,| & \text{für } |\lambda - \lambda_0| \gg w_\lambda & (10.7a) \\[2ex] \dfrac{1}{\sqrt{2}}\, L\, w_\lambda^2 \left| \dfrac{d\, M_{chrom}}{d\,\lambda} \right| & \text{für } \lambda \approx \lambda_0 & (10.7b) \end{cases}
$$

Bemerkungen:

1. Wenn man anstelle von rms-Pulsbreiten FWHM-Pulsbreiten oder 1/e-Pulsbreiten zur Berechnung von σ verwenden will, dann muß man auch die spektrale Linienbreite als FWHM-Breite bzw. 1/e-Breite in Gl. (10.7) einsetzen. Nur dann sind die Ergebnisse kompatibel, d.h. sie führen auf denselben Wert für die die Impulsaufweitung physikalisch erfassende Größe, nämlich die chromatische Dispersion M_{chrom}.

2. Die Pulsverbreiterung durch chromatische Dispersion hängt nach Gl. (10.5) von der spektralen Breite w_λ der Lichtquelle ab. In Einmodenfasern ist man deshalb geneigt, spektral besonders schmalbandige Lichtqellen wie z.B. DFB-Laser einzusetzen. Dabei ist aber die Zulässigkeit der Leistungsaddition zu beachten: nur wenn Leistungsaddition erlaubt ist, gibt es eine Impulsantwort h(t) und gilt damit Gl. (10.5). Bei besonders schmalbandigen Lichtquellen ist das nicht mehr der Fall, und die Impulsverbreiterung muß mit aufwendigeren Formeln berechnet werden.

10.1.4
Impulsverbreiterung einer Vielmodenfaser

In einer Vielmodenfaser tragen sowohl Modenlaufzeitunterschiede als auch spektrale Laufzeitdifferenzen zur Pulsverbreiterung bei, wobei die resultierende Pulsverbreiterung nach Gl. (10.4) durch quadratische Addition aus den Einzelbeiträgen σ_{chrom} und σ_{mod} gebildet wird.

Zur Berechnung der Pulsverbreiterung σ_{mod} infolge von Modenlaufzeitunterschieden greifen wir auf die Ergebnisse von Kap. 8 zurück. In Abschn. 8.2.1 haben wir den längenbezogenen Laufzeitunterschied $\delta T_g/L$ zwischen dem schnellsten und dem langsamsten Modus für eine Faser mit Stufenprofil berechnet. Inner-

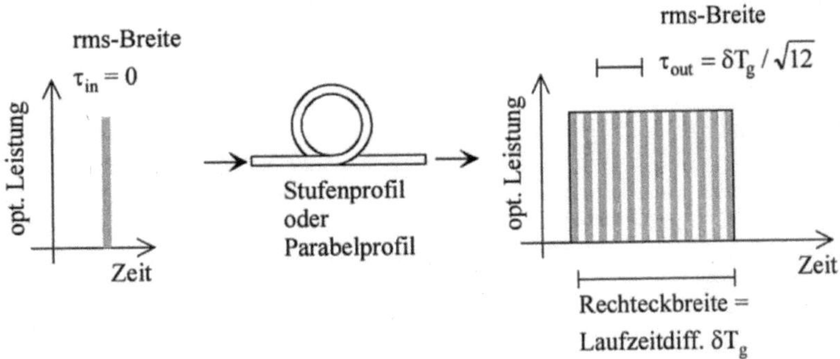

Abb. 10.4. Rechtecksignal mit der Rechteckbreite δT_g und der rms-Breite $\tau_{out} = \delta T_g/\sqrt{12}$ als Antwort einer Vielmodenfaser mit Stufenprofil oder Parabelprofil auf einen unendlich kurzen Eingangspuls

halb dieses Zeitrahmens kommen die Moden zeitlich gleichmäßig verteilt am Faserende an. Wenn man am Faseranfang in alle Moden gleichviel Energie einspeist, dann erwartet man bei hinreichend vielen Moden und sehr kurzem Eingangsspuls, $\tau_{in} \rightarrow 0$, am Faserende ein Rechtecksignal von der Dauer δT_g und damit der rms-Breite $\tau_{out} = \delta T_g/\sqrt{12}$. Abbildung 10.4 skizziert diese Übertragung.

Anders verhalten sich LWL mit Potenzprofil. Wir wissen aus Abschn. 8.2.2, daß bei Gradientenprofilen Modengruppen mit gleicher Laufzeit existieren. Die Ankunftszeit der Moden streut deshalb nicht gleichmäßig über das Zeitintervall zwischen schnellster und langsamster Mode. Selbst wenn am Faseranfang in alle Moden gleichviel Energie eingespeist wird, hat das Ausgangssignal i. a. keine Rechteckform. Man kann die bei unendlich kurzem Eingangspuls entstehenden Modenlaufzeiten einer Modengruppe wichten mit der Anzahl der Moden, die zu dieser Modengruppe gehören, und so die Ausgangspulsform konstruieren. In Abb. 10.5 sind Ausgangspulsformen für einige Potenzprofile mit Profilexponent g skizziert. Man sieht die Abweichungen von der Rechteckform, man sieht aber auch, daß speziell bei Parabelprofilen (Gradientenprofil mit Profilexponent g = 2) der Ausgangspuls exakt rechteckförmig ist. Die Rechteckdauer ist der errechnete Laufzeitunterschied δT_g, die rms-Breite wieder $\tau_{out} = \delta T_g/\sqrt{12}$.

Wegen des vorausgesetzten extrem kurzen Eingangsspulses, $\tau_{in} \rightarrow 0$, ist τ_{out} nach Gl. (10.4) gleich der Pulsverbreiterung σ_{mod} (chromatische Effekte bleiben hier unberücksichtigt). Letztendlich erhält man auf diese Weise sowohl für die Stufenprofilfaser wie für die Parabelprofilfaser

$$\sigma_{mod} = \delta T_g/\sqrt{12} \approx 0{,}289 \cdot \delta T_g \quad , \tag{10.8}$$

wobei für δT_g die Ergebnisse nach Kap. 8 einzusetzen sind.

Zusätzlich zu den Modenlaufzeitunterschieden kommt es in einer Vielmodenfaser zu Pulsverbreiterung durch chromatische Effekte infolge der endlichen spek-

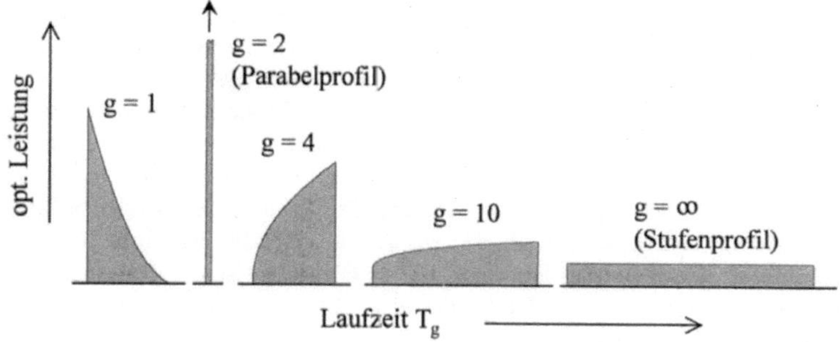

Abb. 10.5. Ausgangspulsformen von Gradientenprofilfasern mit Profilexponent g bei unendlich kurzem Eingangspuls. Nur das Stufenprofil ($g = \infty$) und das Parabelprofil ($g = 2$) liefern Rechtecksignale. Das Rechteck für g=2 ist viel höher als hier dargestellt (bei sonst identischen Bedingungen muß die am Faserende vorhandene optische Energie unabhängig sein von der Profilart, d.h. die Fläche unter den Figuren muß jeweils die gleiche sein). Die Laufzeitunterschiede zwischen dem jeweils schnellsten und dem langsamsten Modus sind $\delta T_g = \text{const}\cdot\Delta/3$ (bei g = 1); $\delta T_g = \text{const}\cdot\Delta^2/2$ (bei g = 2); $\delta T_g = \text{const}\cdot\Delta/3$ (bei g = 4); $\delta T_g = \text{const}\cdot 2\Delta/3$ (bei g = 10); $\delta T_g = \text{const}\cdot\Delta$ (bei $g = \infty$); mit $\text{const} = n_{1g}\cdot L/c$

tralen Breite der Lichtquelle. Der entsprechende Beitrag σ_{chrom} kann wie bei der Einmodenfaser wieder auf den Dispersionskoeffizienten M_{chrom} zurückgeführt werden. Allerdings ist bei Vielmodenfasern M_{chrom} von Modus zu Modus unterschiedlich, strenggenommen müßte M_{chrom} durch Modenindizes $\nu\mu$ individualisiert werden. Mit denselben Argumenten wie am Ende von Abschn. 9.1.2 können wir bei einer Vielmodenfaser den Wellenleiterbeitrag zu M_{chrom} vernachlässigen und $M_{\text{chrom}} \approx M_{\text{mat}}$ setzen, so daß bei einer Vielmodenfaser alle Moden im Betriebsfall die gleiche chromatische Dispersion besitzen. Wenn wir zudem noch berücksichtigen, daß nach Gl. (10.4) zu σ_{chrom} noch additiv die Modenverbreiterung σ_{mod} hinzukommt, dann ist es völlig ausreichend, σ_{chrom} zu reduzieren auf

$$\sigma_{\text{chrom}} \approx \left|M_{\text{mat}}\right| \cdot L \cdot w_\lambda \quad . \tag{10.9}$$

Über Gl. (9.4) schließlich kann der chromatische Beitrag zur Pulsverbreiterung einer Vielmodenfaser ganz auf das spektrale Verhalten der Kernbrechzahl zurückgeführt werden.

Mit den Gleichungen (10.8) und (10.9) können wir die Impulsverbreiterung σ einer Vielmodenfaser mit Stufen- oder Parabelprofil empirisch angeben als

$$\sigma^2 = \sigma^2(\lambda) = \sigma_{\text{mod}}^2 + \sigma_{\text{chrom}}^2$$
$$= \left[\delta T_g/\sqrt{12}\right]^2 + \left[M_{\text{mat}} \cdot L \cdot w_\lambda\right]^2 \quad . \tag{10.10}$$

Je nach Fasertyp (Stufenprofil oder Gradientenprofil) ist δT_g nach Gl. (8.23) oder nach Gl. (8.24) einzusetzen.

Die Impulsverbreiterung ist wellenlängenabhängig: einerseits, weil der Material-dispersionskoeffizient M_{mat} wellenlängenabhängig ist, anderseits, weil die Modenlaufzeitunterschiede mit λ variieren, s. hierzu die Abbildungen 8.5 und 8.7. Speziell die Modenlaufzeitunterschiede einer Parabelprofilfaser ändern sich infolge des Profilbeitrages stark mit der Wellenlänge (Abb. 8.7). In Abb. 10.6 sind die mit Gl. (10.10) berechneten Pulsverbreiterungen pro km Faserstrecke aufgetragen. Im linken Teilbild ist der Profildispersionsbeitrag im Rahmen der Modenlaufzeitunterschiede mit berücksichtigt, d.h. δT_g wurde mit Gl. (8.24) errechnet. Im rechten Teilbild ist dieser Beitrag ignoriert, d.h. in Gl. (8.24) ist p = 0 gesetzt. Als Lichtquelle wurde entweder ein Laser oder eine LED angenommen. Für die rms-Linienbreite des Lasers wurde w_λ(Laser) = 1 nm verwendet, die der LED wurde mit w_λ(LED) = λ^2/(30 µm) angesetzt. Der Kern der Glasfaser besteht aus Ge-dotiertem SiO_2, der Materialdispersionskoeffizient dieses Materials ist in Abb. A1.3 des Anhangs angegeben.

Man erkennt: bei einem Laser als Lichtquelle ist die Impulsverbreiterung nahezu ausschließlich auf Modenlaufzeitunterschiede zurückzuführen. Bei einer LED dagegen liefert die chromatische Dispersion einen deutlichen Beitrag zur Gesamt-Impulsverbreiterung, erkennbar als Abweichung der Kurven für LED und Laser voneinander. Die spektrale Breite der Lichtquelle spielt lediglich in der Umgebung der Dispersions-Nullstelle $\lambda_0 \approx 1{,}372$ µm spielt keine Rolle. Man sieht auch, daß die Profildispersion die Impulsverbreiterung deutlich beeinflußt.

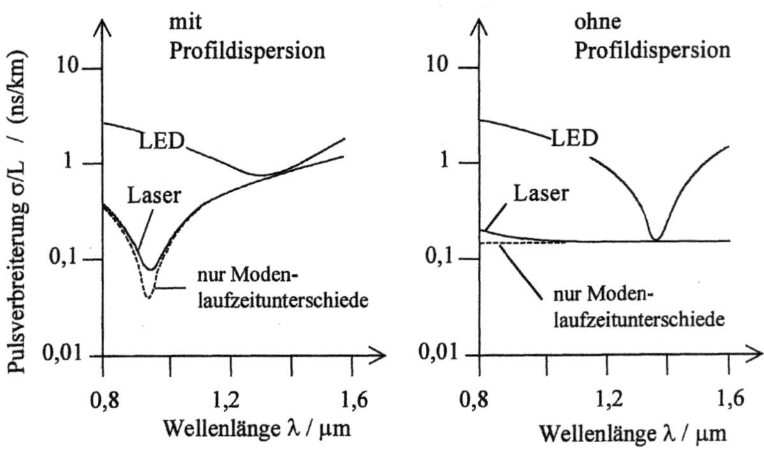

Abb. 10.6. Pulsverbreiterung durch Modenlaufzeitunterschiede und gleichzeitige chromatische Dispersion in einer Parabelprofilfaser. Linkes Teilbild: mit, rechtes Teilbild: ohne den Beitrag der Profildispersion zu den Modenlaufzeitunterschieden. Zusätzlich als gestrichelte Linien eingetragen sind die Pulsverbreiterung allein durch Modenlaufzeitunterschiede ($\sigma = \sigma_{mod}$), diese Kurven entsprechen den Kurven in Abb. 8.7. Der Abstand zu der Gesamtverbreiterung markiert den Beitrag der chromatischen Dispersion.

Wenn man die entsprechende Berechnung für eine Stufenprofilfaser durchführt, erhält man deren Pulsverbreiterung zu $\sigma \approx 20$ ns/km – unabhängig von der spektralen Breite der Lichtquelle, unabhängig von der Wellenlänge. Die Pulsverbreiterung ist hier ausschließlich auf Modenlaufzeitunterschiede zurückzuführen. Da bei Stufenprofilen die Profildispersion zu keiner bemerkenswerten Änderung der Laufzeitunterschiede mit der Wellenlänge führt (s. Abb. 8.5), ist die Impulsverbreiterung auch nahezu wellenlängenunabhängig im interessierenden Wellenlängenbereich.

Leider ist das in Abb. 10.6 dargestellte Resultat für Parabelprofil-LWL nur von theoretischem Interesse. Wir haben in Abschn. 8.2 gesehen, daß kleinste Abweichungen vom Parabelprofil bereits zu deutlich anderen Laufzeitunterschieden führt; gleichzeitig ändert sich auch die Pulsform am LWL-Ende, sie ist nicht mehr rechteckförmig. Die tatsächliche Pulsverbreiterung am Ende einer Faser der Länge L ist in der Praxis viel größer als die nach Gl. (10.10) berechnete. Insbesondere geht hierdurch der Einfluß der Profildispersion verloren. Die an realen Fasern gemessenen Pulsverbreiterungen ähneln in ihrem spektralen Verlauf wesentlich mehr den im rechten Teilbild der Abb. 10.6 gezeigten Kurven als den Kurven des linken Teilbildes.

Theorie und Experiment stimmen auch nicht überein hinsichtlich der Streckenlängenabhängigkeit der Pulsverbreiterung. Nach Gl. (10.10) in Verbindung mit Gl. (8.24) steigt σ_{mod} proportional mit der Faserlänge L an. Tasächlich aber nimmt σ_{mod} weniger stark mit L zu. Verantwortlich hierfür sind mehrere Effekte: unterschiedlich hohe *Modendämpfung*, *Modenkonversion* und *Modenmischung*.

Modenspezifische Dämpfung:
Die modenspezifische Dämpfung haben wir bereits in Abschn. 7.2.3 besprochen: hohe, weit in den Mantelbereich hineinragende Moden erfahren eine stärkere Dämpfung als niedrige Moden und werden beim Biegen der Faser bevorzugt abgestrahlt. Je länger die Laufstrecke, desto weniger tragen deshalb die hohen Moden zur Formgestaltung des Ausgangssignales bei.

Modenkonversion und Modenmischung:
Wir haben bislang angenommen, daß die einzelnen Moden unabhängig voneinander die Faser durchlaufen und deshalb auch voneinander unabhängige, parallelgeschaltete Ausbreitungskanäle für die Nachrichtenübertragung sind (s. Kap. 6). Dies ist korrekt in exakt geradlinig ausgelegten geometrisch perfekten LWL mit ideal glatter Kern-Mantel-Grenzfläche. Reale LWL sind jedoch nicht über ihre ganze Länge geradlinig ausgelegt, sondern beschreiben makroskopisch große Bögen. Im Strahlenbild führt die Lichtausbreitung in gebogenen LWL zu anderen Zickzackwinkeln bei der Reflexion. Dabei kann es vorkommen, daß der Strahl den Kernbereich verläßt, es kann aber auch vorkommen, daß der Strahl unter einem anderen Winkel weiterläuft. Wellenoptisch gesehen entspricht dies einer Umwandlung in einen anderen Modus: *Modenkonversion*. Bei realen LWL ist zusätzlich die Kern-Mantel-Grenzfläche niemals vollkommen glatt, hinzu kom-

men Kerndeformationen und Mikrokrümmungen durch ungleichmäßigen Druck der Primärbeschichtung auf die Faser. Mit einer ziemlich aufwendigen Theorie läßt sich zeigen, daß diese Unebenheiten einen wechselweisen Austausch optischer Leistung zwischen den Moden bewirken, man spricht von *Modenmischung*. Die Modenmischung und der damit verbundene Leistungsaustausch nehmen mit wachsender Faserlänge zu.

Durch den Verlust der hohen Moden, den ständigen Leistungsaustausch zwischen den Moden und die Modenkonversion entsteht ein gewisser Laufzeitausgleich zwischen den Moden, die Laufzeitunterschiede sind bei großen Faserlängen wesentlich geringer, als man es nach Gl. (8.24) erwartet. Zudem kann man zeigen, daß sich die Pulsform immer mehr an eine Gaußkurve annähert. Mit Modellrechnungen findet man: wenn die Faserlänge eine *charakteristische Länge* L_k überschreitet, dann kann für die Pulsform eine Gaußkurve angesetzt werden, deren rms-Pulsbreite von der Faserlänge abhängt gemäß

$$\tau_{out} \propto \begin{cases} L/L_k & \text{für } L \ll L_k \\[2ex] \sqrt{L/L_k} & \text{für } L \gg L_k \end{cases} \qquad (10.11)$$

Von Modenmischung und modenspezifischer Dämpfung sind alle Vielmodenfasern betroffen. In der Anwendung versucht man deshalb, für alle Vielmodenfasern die Pulsverbreiterung durch Modendispersion zu erfassen mit dem empirischen Ansatz

$$\sigma_{mod} = M_{mod} \cdot L^\gamma \, , \qquad (10.12)$$

wobei sowohl M_{mod} (mit der merkwürdig erscheinenden Maßeinheit ns/km$^\gamma$) wie der dimensionslose *Faserlängenexponent* γ durch Anfitten der theoretischen Annahme Gl. (10.12) an gemessene Ergebnisse bestimmt werden. Häufig wird M_{mod} als *Modendispersionskoeffizient* bezeichnet, in Anlehnung an die mathematische Darstellung der Pulsverbreiterung durch chromatische Dispersion. Ohne Modenmischung und modenspezifische Dämpfung wäre $M_{mod} = (\delta T_g/L)/\sqrt{12}$, durch die angesprochenen Effekte ist M_{mod} in der Praxis kleiner. Ändert sich die Wellenlänge, so ändert sich auch die Verteilung der Modenleistung zwischen Kern und Mantel und damit die modenspezifische Dämpfung. Deshalb ist γ wellenlängenabhängig.

In Abb. 10.7 ist die an einer Gradientenprofilfaser *gemessene* Pulsverbreiterung σ durch Modendispersion über der Faserlänge L aufgetragen. Experimentell bestimmt wurden die rms-Pulsbreiten an Faseranfang und Faserende, aus diesen Meßergebnissen wurde σ mit Gl. (10.2) σ berechnet. Bei der Messung wurde eine sehr schmalbandige Lichtquelle eingesetzt, so daß chromatische Beiträge keine Rolle spielen. Das erhaltene σ ist deshalb identisch mit σ_{mod}. Durch die so berechneten Punkte wurde mit einem least-squares-fit eine Anpaßkurve nach Gl. (10.11)

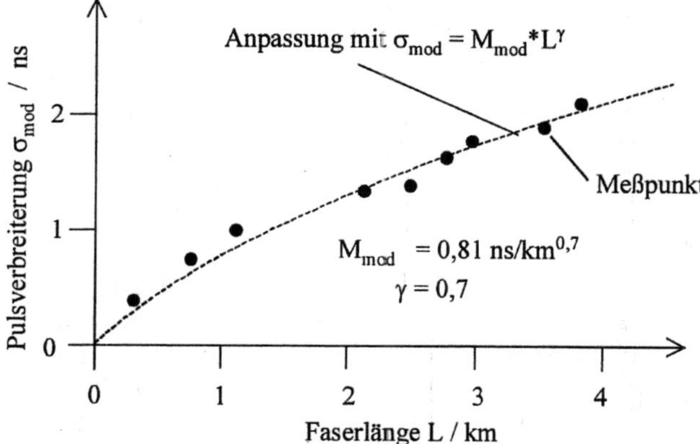

Abb. 10.7.   Gemessene Impulsverbreiterung σ_{mod} (Punkte) durch Modendispersion in Abhängigkeit von der der Faserlänge. Zusätzlich eingetragen ist eine least-squares-Anpassung mit der empirischen Funktion Gl. (10.12).

gelegt mit dem Ergebnis: $\gamma = 0{,}7$ und $M_{mod} = 0{,}81\ \text{ns/km}^{0,7}$. Man erkennt deutlich den nichtlinearen Zusammenhang zwischen σ_{mod} und L.

Mit dem Ansatz Gl. (10.12) geht Gl. (10.10) über in

$$\sigma^2 = \sigma_{mod}^2 + \sigma_{chrom}^2$$
$$= \left[M_{mod} \cdot L^\gamma \right]^2 + \left[M_{mat} \cdot L \cdot w_\lambda \right]^2 \quad . \tag{10.13}$$

Gleichung (10.13) wird auch für Stufenprofilfasern verwendet.

10.2
Analogübertragung

Wir greifen erneut auf Abb. 10.1 zurück. Wie schon in Abschn. 6.3.2 bilden wir einen einzelnen Puls nach durch Überlagerung harmonischer Signale, die zusammen das *Basisband* des zu übertragenden Signales, hier: des Pulses, bilden.

Der Eingangspuls ist zeitlich kurz mit steilem Anstieg und Abfall, nach Fourier wird zur Nachbildung dieses Pulses ein Basisband benötigt, das sich bis zu sehr hohen Frequenzen erstreckt. Demgegenüber ist der Ausgangspuls zeitlich breiter mit weniger steilem Anstieg und Abfall, sein Fourierspektrum reicht nur bis zu weniger hohen Frequenzen. Zwischen Eingang und Ausgang liegt der Lichtwellenleiter. Offenkundig hat der LWL beim Durchgang das Frequenzspektrum des Eingangssignales beschnitten und auf das Frequenzspektrum des Ausgangssignales reduziert. Mit anderen Worten gesagt: der LWL wirkt, wie schon in Abschn. 6.3.2 ausgeführt, als Tiefpaß für die Modulation.

Zur Charakterisierung eines LWL als Tiefpaß speisen wir in den LWL eine optische Gleichleistung $P_{0,in}$ ein, die von einer Wechselleistung der Frequenz f_m, der Amplitude $\hat{P}_{in}(f_m)$ und der Nullphasenlage $\phi_{in}(f_m)$ überlagert ist. In reeller Schreibweise ist die Eingangsleistung

$$P_{in}(t) = P_{0,in} + \hat{P}_{in}(f_m) \cdot \cos\left[2\pi f_m t + \phi_{in}(f_m)\right] \qquad (10.14)$$

Einen entsprechenden Ansatz machen wir für die Ausgangsleistung $P_{out}(t)$ am LWL-Ende. Wir wollen den Einfluß der Faserdispersion untersuchen und nehmen deshalb an, daß auf der Übertragungsstrecke keine Leistungsverluste auftreten. Dennoch beschneidet die Tiefpaßeigenschaft des LWL die Amplitude des Wechselanteils: $\hat{P}_{out}(f_m) < \hat{P}_{in}(f_m)$ und verschiebt die Phasenlage: $\phi_{out}(f_m) \neq \phi_{in}(f_m)$. Unter der Voraussetzung, daß wir an jedem Faserort die Einzelleistungen der Moden und der spektralen Anteile innerhalb eines Modus addieren dürfen, läßt sich der Zusammenhang zwischen Eingangswechselsignal und Ausgangswechselsignal in komplexer Notation darstellen durch

$$\underline{P}_{out}(f_m) = \underline{H}(f_m) \cdot \underline{P}_{in}(f_m) \qquad (10.15)$$

Darin sind $\underline{P}_{in}(f_m)$ bzw. $\underline{P}_{out}(f_m)$ die komplexen Leistungsamplituden des Modulationsbeitrages mit der Frequenz f_m am LWL-Eingang bzw. Ausgang:

$$\underline{P}_{in}(f_m) = \hat{P}_{in}(f_m) \cdot e^{j\phi_{in}(f_m)} \qquad (10.16a)$$

$$\underline{P}_{out}(f_m) = \hat{P}_{out}(f_m) \cdot e^{j\phi_{out}(f_m)} \qquad (10.16b)$$

Die (komplexe) Funktion $\underline{H}(f_m)$ heißt *Modulations-Übertragungsfunktion*, die genaue nachrichtentheoretische Bezeichnung ist *Basisband-Frequenzantwort*. Streng mathematisch ist $\underline{H}(f_m)$ die Fouriertransformierte der mit Gl. (10.1) eingeführten Pulsantwortfunktion $h(t)$

$$h(t) \; \circ\!\!-\!\!\!\overset{\text{Fourier}}{-\!\!-\!\!-}\!\!\!-\!\!\bullet \; \underline{H}(f_m) \qquad (10.17)$$

und als solche das analogtechnische Gegenstück zur PCM-technischen Pulsantwort. Formal ist $\underline{H}(f_m)$ das Modulationssignal am Faserausgang, wenn am Fasereingang das Signal $\underline{P}_{in}(f_m) \equiv 1$ eingespeist wird.

Die Modulations-Übertragungsfunktion gibt an, mit welchem Amplitudengang $|\underline{H}(f_m)|$ und Phasengang $\arg[\underline{H}(f_m)]$ die Faser auf die Eingangsmodulation $\underline{P}_{in}(f_m)$ einwirkt. Kennt man $\underline{H}(f_m)$ für alle Modulationsfrequenzen f_m, so kann man zu jedem Basisbandsignal $g_{in}(t)$ am Fasereingang das zugehörige Basisbandsignal $g_{out}(t)$ am Faserausgang berechnen.

Genau wie man in der PCM-Übertragungstechnik nicht immer die komplette Pulsantwort $h(t)$ kennen muß, sondern sich mit der Kenntnis der Pulsverbreiterung σ begnügen kann, muß man in der Analogtechnik nicht immer den genauen Ver-

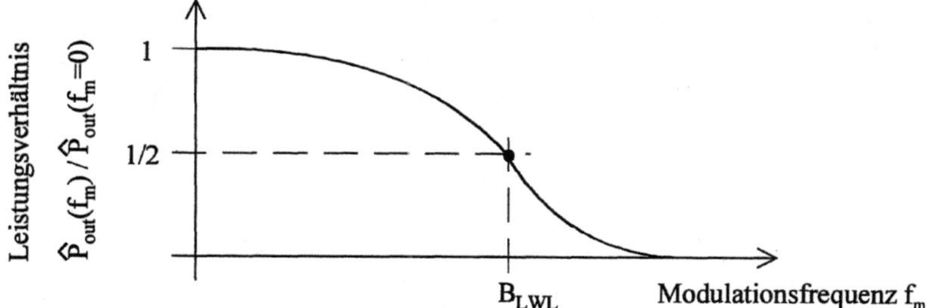

Abb. 10.8. Meßtechnische Bestimmung der Bandbreite B_{LWL} als 3-dB-Grenzfrequenz der optischen Empfangsleistung bei Intensitätsmodulation

lauf von $\underline{H}(f_m)$ über alle Frequenzen kennen. Häufig genügt hier die Kenntnis der *3-dB-Grenzfrequenz* (3-dB-Bandbreite) B_{LWL}, definiert durch[1][2]

$$\left| \underline{H}(f_m = B_{LWL}) \right| = \frac{1}{2} \left| \underline{H}(f_m = 0) \right| \quad . \tag{10.18}$$

Meßtechnisch erhalten wir B_{LWL} durch Vergleich der Leistungsamplituden bei den Modulationsfrequenzen f_m und 0 bei frequenzunabhängiger Eingangsleistung: $\hat{P}_{out}(f_m = B_{LWL}) = 1/2 \cdot \hat{P}_{out}(f_m = 0)$, wenn $\hat{P}_{in}(f_m) = \hat{P}_{in}(f_m = 0)$. Das Meßprinzip ist in Abb. 10.8 skizziert.

Modulations-Übertragungsfunktion $\underline{H}(f_m)$ und Pulsantwortfunktion $h(t)$ sind durch Fouriertransformation miteinander verknüpft. Das heißt: kennt man $h(t)$, so kennt man auch $\underline{H}(f_m)$, und umgekehrt. Aus dieser Verknüpfung erhält man als Zusammenhang der 3-dB-Grenzfrequenz B_{LWL} mit der Pulsverbreiterung σ (die Pulsverbreiterung wird mit der rms-Pulsbreitendefinition berechnet):

$$\begin{aligned} \sigma \cdot B_{LWL} &= \frac{\sqrt{2 \ln(2)}}{2\pi} \cdot \left(1 + \text{höhere Terme} \right) \\ &= 0{,}187 \cdot \left(1 + \text{höhere Terme} \right) \quad . \end{aligned} \tag{10.19}$$

Die 3-dB-Grenzfrequenz B_{LWL} darf auf keinen Fall verwechselt werden mit der Basisbandbreite B_{sig}. Die Basisbandbreite ist eine Eigenschaft des zu übertragenden Signales, die 3-dB-Grenzfrequenz eine Eigenschaft des Übertragungsmediums, der Faser.

[2] In Gl. (10.14) ist $\underline{P}$ eine optische *Leistung*. Die 3-dB-Grenzfrequenz in Gl. (10.16) gibt an, bei welcher Modulationsfrequenz die optische Leistung auf die Hälfte ihres Gleichwertes abgefallen ist. Man nennt diese Bandbreite deshalb auch „optische" 3-dB-Bandbreite. Vom Photodetektor wird die optische Leistung in einen Strom gewandelt, dessen Stärke proportional zur optischen Leistung ist. B_{LWL} ist damit auch diejenige Frequenz, bei der der Photostrom auf die Hälfte seines Gleichwertes abgefallen ist. In der Sprechweise der Elektrotechnik wird ein Stromabfall auf die Hälfte als *6-dB-Abfall* bezeichnet. Die „optische" 3-dB-Bandbreite entspricht damit einer „elektrischen" 6-dB-Bandbreite.

Die „höheren Terme" berücksichtigen Abweichungen der Pulsformen an Faser-anfang und -ende von der Gaußform, sie verschwinden, wenn Eingangs- und Ausgangspuls exakt gaußförmig sind. Der Zahlenwert 0,187 ist nur dann korrekt, wenn man die Pulsbreiten als rms-Pulsbreiten erfaßt. Werden die Pulsbreiten und damit auch die Pulsverbreiterung σ mit FWHM-Breiten berechnet, die sich nach Gl. (A2.3) um den Faktor 0,425 von rms-Breiten unterscheiden, so ist der Zahlen-wert 0,187 in Gl. (10.19) durch $0{,}187/0{,}425 = 0{,}44$ zu ersetzen. Da grundsätzlich die Impulsverbreiterung eine von der Wellenlänge abhängige Größe ist, ist auch die Bandbreite wellenlängenabhängig: $B_{LWL} = B_{LWL}(\lambda)$.

10.2.1
Bandbreite einer Einmodenfaser

In einer Einmodenfaser ist der Ausgangspuls bei gaußförmigem Eingangspuls ebenfalls gaußförmig, wenn die Nennwellenlänge der Lichtquelle hinreichend weit von der Dispersionsnullstelle entfernt ist, d.h. wenn $|\lambda - \lambda_0| >> w_\lambda$ ist. Dies entnimmt man sofort der Abb. 9.1, wenn man berücksichtigt, daß die Dispersions-nullstelle diejenige Wellenlänge ist, bei der die Gruppenlaufzeit einen Extremwert hat. In diesem Fall können wir die „höheren Terme" in Gl. (10.19) vernachlässi-gen. Die Pulsverbreiterung wird abseits der Dispersionsnullstelle durch Gl. (10.7a) festgelegt, und wir erhalten schließlich durch Einsetzen in Gl. (10.19)

$$0{,}187 = B_{LWL} \cdot \sigma$$
$$= B_{LWL}\, L\, w_\lambda \left| M_{chrom} \right| \qquad \text{für} \qquad |\lambda - \lambda_0| >> w_\lambda \; . \qquad (10.20a)$$

An der Dispersionsnullstelle selbst, d.h. bei $\lambda \approx \lambda_0$, weicht die Ausgangspulsform erheblich von der Gaußform ab, der Beitrag der „höheren Terme" kann nicht mehr vernachlässigt werden. Speziell für die hierbei entstehende Pulsform erhält man:

$$0{,}187 \cdot (1 + \text{höhere Terme}) = 0{,}308 \qquad \text{bei } \lambda \approx \lambda_0.$$

Für die Pulsverbreiterung ist jetzt Gl. (10.7b) zu verwenden. Eingesetzt ergibt sich

$$0{,}308 = B_{LWL} \cdot \sigma$$
$$= B_{LWL} \cdot \frac{1}{\sqrt{2}}\, L\, w_\lambda^2 \left| \frac{d\, M_{chrom}}{d\,\lambda} \right| \qquad \text{für} \quad \lambda \approx \lambda_0 \; . \qquad (10.20b)$$

Es soll bereits an dieser Stelle darauf hingewiesen werden, daß in Einmoden-LWL das Produkt $B_{LWL} \cdot L$ aus Bandbreite und Länge nur noch von den Eigenschaften des LWL und der verwendeten Lichtquelle abhängt, bei gegebenem LWL und ge-gebener Lichtquelle also eine Konstante ist. Eine Verdoppelung der LWL-Länge reduziert demnach die übertragbare Bandbreite auf die Hälfte, und umgekehrt.

10.2.2
Bandbreite einer Vielmodenfaser

Bei Vielmodenfasern erhalten wir am Faserausgang einen gaußförmigen Puls, wenn die Faser hinreichend lang ist, s. oben. Wir können deshalb für die Umrechnung Pulsverbreiterung $\leftrightarrow$ Bandbreite bei langen Faserstrecken die „höheren Terme" wieder vernachlässigen. Die Pulsverbreiterung ist durch Gl. (10.13) gegeben, so daß wir erhalten

$$\left[\frac{0{,}187}{B_{LWL}}\right]^2 = \left[M_{mod}\, L^{\gamma}\right]^2 + \left[M_{mat}\cdot L \cdot w_{\lambda}\right]^2 \ . \tag{10.21}$$

Sowohl M_{mod} als auch M_{mat} sind wellenlängenabhängig, somit variiert auch die Bandbreite einer Vielmodenfaser mit der Wellenlänge. In der Nähe der Nullstelle der Materialdispersion oder bei schmalbandigen Lichtquellen können wir den Materialbeitrag vernachlässigen, und Gl. (10.21) vereinfacht sich zu

$$B_{LWL}\cdot L^{\gamma} = \frac{0{,}187}{M_{mod}} \ . \tag{10.22}$$

Auch hier ist der Umrechnungsfaktor 0,187 durch 0,44 zu ersetzen, wenn zur Berechnung von M_{mod} ein aus FWHM-Pulsbreiten ermittelter Zahlenwert verwendet wird. Im Gegensatz zu Einmoden-LWL ist das Produkt aus Bandbreite und Faserlänge keine Konstante mehr.

Abbildung 10.9 zeigt die gemessene Bandbreite einer Vielmodenfaser mit Gradientenprofil als Funktion der Wellenlänge.

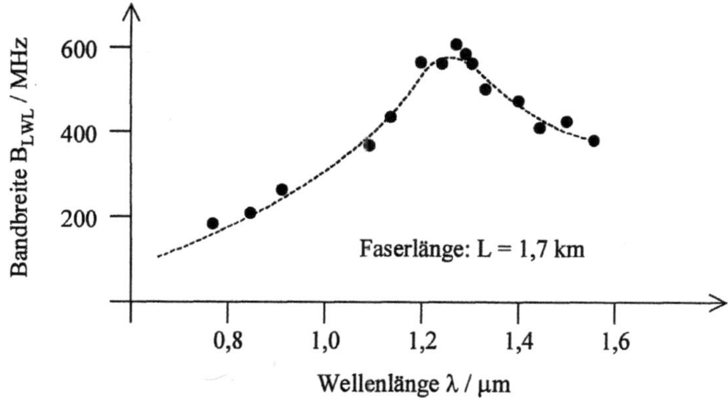

Abb. 10.9. Gemessene 3-dB-Bandbreite einer Gradientenprofil-Vielmodenfaser. Punkte = Meßpunkte

10.3
Dispersion im Datenblatt; Bandbreite-Länge-Produkte

Pulsverbreiterung σ bzw. 3-dB-Bandbreite B_{LWL} sind wichtige Kenngrößen, die das Dispersionsverhalten eines LWL in einer für die optische Übertragungstechnik angemessenen Form beschreiben. Im Datenblatt eines Telekom-LWL werden σ bzw. B_{LWL} nicht direkt angegeben, sie müssen aus anderen Datenblattangaben berechnet werden.

10.3.1
Einmoden-LWL

Über Einmoden-LWL wird Information in der Regel digital als PCM-Signal übertragen, analoge Modulation ist selten. Deshalb ist bei Einmoden-LWL vor allem die Pulsverbreiterung von Interesse. Sie wird mit Gl. (10.5) bzw. Gl. (10.7) auf den chromatischen Dispersionskoeffizienten M_{chrom} und dessen Steigung $dM_{chrom}/d\lambda$ zurückgeführt. Im Idealfall ist im Datenblatt der spektrale Verlauf $M_{chrom} = M_{chrom}(\lambda)$ in Gestalt einer Graphik aufgeführt. Wenn die chromatische Dispersion nur eine einzige Nullstelle λ_0 hat (d.h. der LWL ist kein dispersionsabgeflachter LWL), wird $M_{chrom}(\lambda)$ approximiert mit der bereits vorhin angegebenen empirischen Funktion

$$M_{chrom}(\lambda) = \frac{s_0}{4} \frac{\lambda^4 - \lambda_0^4}{\lambda^3} \ . \tag{10.6}$$

In Gl. (10.6) ist worin s_0 die Steigung $dM_{chrom}/d\lambda$ an der Stelle λ_0. Jetzt genügt es, in das Datenblatt Zahlenwerte für s_0 und λ_0 aufzunehmen.

Für Einmoden-Glasfasern typische Werte sind $|M_{chrom}| \approx (2...40)$ ps/(nm·km) abseits von der Dispersionsnullstelle, und $s_0 \approx (0,06...0,09)$ ps/(nm²·km). Eingesetzt in Gl. (10.7) ergibt sich eine längenbezogene Pulsverbreiterung

$$\frac{\sigma}{L} = \begin{cases} \dfrac{2\cdots40}{w_\lambda/nm} \dfrac{ps}{km} & \text{für } |\lambda - \lambda_0| \gg w_\lambda \\[3ex] \dfrac{0,04\cdots0,07}{(w_\lambda/nm)^2} \dfrac{ps}{km} & \text{für } \lambda \approx \lambda_0 \end{cases} \tag{10.23}$$

Will man den Einmoden-LWL als Übertragungsleitung in einer analog betriebenen Strecke einsetzen, so benötigt man die 3-dB Grenzfrequenz B_{LWL} des LWL anstelle seiner Pulsverbreiterung. Aus den Datenblattangaben λ_0 und s_0 wird mit Gl. (10.20) die Bandbreite B_{LWL} berechnet. Mit den oben aufgeführten Zahlenwerten erhalten wir das *Bandbreite-Länge-Produkt* $B_{LWL} \cdot L$ der Übertragungsstrecke zu

$$B_{LWL} \cdot L = \begin{cases} \dfrac{5\cdots100}{w_\lambda/nm}\, GHz \cdot km & \text{für } |\lambda - \lambda_0| \gg w_\lambda \\[4mm] \dfrac{5\cdots7}{(w_\lambda/nm)^2}\, THz \cdot km & \text{für } \lambda \approx \lambda_0 \end{cases} \qquad (10.24)$$

10.3.2
Vielmoden-LWL

Über Vielmoden-LWL werden Nachrichten bevorzugt (aber durchaus nicht ausschließlich) mit analog moduliertem Licht übermittelt. Die Datenblattangaben für Vielmoden-LWL sind auf diesen Normalfall abgestellt. Ausgangspunkt ist jetzt die empirisch gefundene Gleichung Gl. (10.21); sie wird nach B_{LWL} aufgelöst mit dem Ergebnis

$$B_{LWL} = \frac{0{,}187}{\sqrt{\left(M_{mod}\, L^\gamma\right)^2 + \left(M_{mat}\, w_\lambda\, L\right)^2}} \, . \qquad (10.25)$$

Vom Anwendungsstandpunkt aus wäre es sinnvoll, in das Datenblatt Zahlenwerte für M_{mod} und den Faserlängenexponenten γ aufzunehmen; der Materialdispersionskoeffizient M_{mat} kann (bei einem Faserkern aus Quarzglas) als bekannt vorausgesetzt werden.

In der Praxis findet man nur höchst selten Datenblätter, die M_{mod} und γ getrennt anführen. Da $\gamma < 1$ ist, nimmt die Bandbreite mit wachsender Faserlänge unterproportional ab, und aus Gl. (10.25) folgt

$$B_{LWL} \cdot L \geq \frac{0{,}187}{\sqrt{M_{mod}^2 + \left(M_{mat}\, w_\lambda\right)^2}} \, . \qquad (10.26)$$

Dieser Befund wird von den Herstellern ausgenutzt, sie geben im Datenblatt zumeist nur die untere Grenze eines Bandbreite-Länge-Produktes an. Das heißt: im Datenblatt findet man nur Aussagen der Art

$$B_{LWL} \cdot L \geq \cdots \qquad \text{für } \lambda = \cdots \qquad (10.27)$$

Diese pauschalierte Angabe ist unbefriedigend. Zwar schätzt Gl. (10.27) die Längenabhängigkeit der Bandbreite nach der ungünstigen Seite hin ab, im realen Einsatz wird sich der LWL also günstiger verhalten als nach der Datenblattangabe zu erwarten, aber Gl. (10.27) trennt nicht zwischen Modendispersion und chromatischer Dispersion. Die Datenblattangabe erlaubt es somit nicht, auf Lichtquellen gleicher Nennwellenlänge, aber anderer spektraler Breite umzurechnen. In

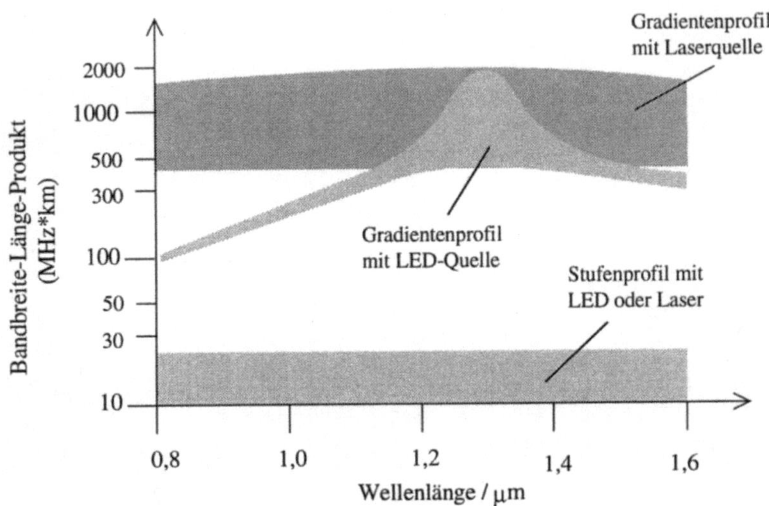

Abb. 10.10   Bereiche des Bandbreite-Länge-Produktes heutiger Glasfasern mit Stufen-
und Gradientenprofil. Nähere Erläuterungen im Text

Abb. 10.6 haben wir gesehen, daß die chromatische Dispersion durchaus keinen
kleinen Einfluß auf die Pulsverbreiterung und damit auf die Bandbreite einer Vielmodenfaser hat.

In Abb. 10.10 sind durch Grautönung die Bereiche markiert, die von den Band-
breite-Länge-Produkten heutiger Vielmoden-LWL mit Kern aus Glas ($\Delta \approx 0{,}01$)
abgedeckt werden. Als Lichtquelle wurde jeweils ein Laser oder eine LED zugrundegelegt. Aus der Abbildung geht hervor, wann die spektrale Linienbreite der
Lichtquelle das Bandbreite-Längen-Produkt $B_{LWL} \cdot L$ realer Vielmoden-LWL mit-
bestimmt. Bei Stufenprofil-LWL ist $B_{LWL} \cdot L$ ausschließlich auf Modenlaufzeitunterschiede zurückzuführen, hier spielt die Wahl der Lichtquelle keine Rolle. Das
Bandbreite-Länge-Produkt der mit Bezeichnung „Gradientenprofil" im Handel
angebotenen Glasfaser-LWL beruht ebenfalls rein auf Modendispersion, wenn ein
Laser als Lichtquelle eingesetzt wird. Mit einer LED als Quelle sinkt $B_{LWL} \cdot L$ ab,
wenn die Nennwellenlänge der LED sich deutlich von der Nullstelle der Materialdispersion des Kernglases unterscheidet.

Für Fasern mit Kunststoffkern (POF's) werden von den Herstellern Bandbreite-
Länge-Produkte > 8 MHz·km (Stufenprofil) bzw. > 200 MHz·km (Gradientenprofil) angegeben, jeweils bei ihrer üblichen Betriebswellenlänge $\lambda = 0{,}65$ μm.
Diese Zahlenwerte gelten für Fasern mit Kern aus Plexiglas wie aus Cytop. Speziell den Gradientenprofil-LWL aus Cytop wird eine große Zukunft vorausgesagt.
Der Materialdispersionskoeffizient von Cytop ist im Bereich $0{,}4$ μm $\leq \lambda \leq 1{,}0$ μm
kleiner als der von Quarzglas. Wenn es gelingt, durch Profiloptimierung den Modenlaufzeitunterschied und somit M_{mod} zu verkleinern, dann könnten Gradienten-

profil-POF's aus Cytop bei $\lambda = 0,85\ \mu m$ sogar ein höheres $B_{LWL}{\cdot}L$ besitzen als Quarzglasfasern. Besonders optimistische Forscher erwarten von ihnen Bandbreite-Länge-Produkte von bis zu 10 GHz·km.

Will man den Vielmoden-LWL als Übertragungsleitung in einer digital betriebenen Strecke einsetzen, so benötigt man die Pulsverbreiterung σ des LWL und nicht seine 3-dB-Bandbreite. Mit Gl. (10.19) kann man σ berechnen, wobei man bei ausreichend langer LWL-Strecke von gaußförmigen Pulsen am LWL-Ende ausgeht, so daß $\sigma{\cdot}B_{LWL} = 0,187$ ist.

11 Grenzen optischer Übertragungssysteme durch Dämpfung und Dispersion

In Kap. 6 haben wir ausgeführt, daß bei der Nachrichtenübermittlung das Signal-Rausch-Verhältnis "S/N" die Qualität der Übertragung festlegt. In jedem Übertragungssystem kann nur eine maximale Streckenlänge überbrückt werden; am Ende dieser sog. *Systemreichweite (Regeneratorfeldlänge)* L_F erreicht "S/N" gerade noch den vorgeschriebenen Mindestwert. Noch längere Strecken müssen in Segmente von jeweils maximal L_F Länge unterteilt und nach jedem Segment das Signal geeignet aufgearbeitet („regeneriert") werden. Die Systemreichweite ist dabei abhängig von den Tiefpaßeigenschaften des LWL (bei Analogübertragung) bzw. von der Impulsverbreiterung im LWL (bei PCM-Übertragung) sowie von den auf der Strecke auftretenden Signalleistungsverlusten, s. Abb. 11.1. In diesem Kapitel untersuchen wir die Grenzen eines optischen Direktübertragungssystems.

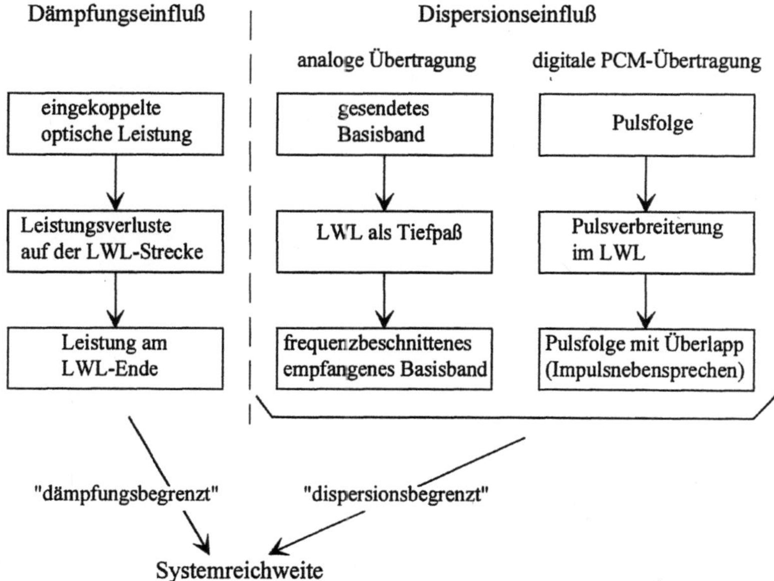

Abb. 11.1. Grenzen eines optischen Direktübertragungssystems. Die Systemreichweite wird entweder durch die Leistungsverluste auf der Strecke („Faserdämpfung") oder durch Laufzeiteffekte („Faserdispersion") festgelegt

11.1
Analoge Übertragung

Bei der Analogübertragung wollen wir ein Modulationssignal in der Form einer sich in Zeit und Wert stufenlos ändernden Funktion g(t) übertragen. Der Einfachheit halber nehmen wir zunächst an, daß g(t) kein komplettes Basisband, sondern nur ein einzelnes harmonisches Signal mit der Frequenz f_m ist. Die zu übertragende Information ist die Amplitude dieses Signales. In den LWL wird jetzt ein Leistungssignal eingespeist, das wir analog zu Gl. (10.14) schreiben als

$$P_{in}(t) = P_{0,in} + \hat{P}_{in}(f_m) \cdot \cos\left[2\pi f_m t + \phi_{in}(f_m) \right] \ . \tag{11.1a}$$

Am Ende der Übertragungsstrecke liegt ein der Form nach gleiches optisches Leistungssignal am Empfänger vor, für das wir entsprechend ansetzen:

$$P_{out}(t) = P_{0,out} + \hat{P}_{out}(f_m) \cdot \cos\left[2\pi f_m t + \phi_{out}(f_m) \right] \ . \tag{11.1b}$$

$\hat{P}_{out}(f_m)$ ist der Anteil an der Empfangsleistung, der die Information enthält. Nur dieser Anteil ist bei der Berechnung des Signal-Rausch-Verhältnisses "S/N" als „Signalleistung" zu berücksichtigen. Die theoretische Übertragungstechnik zeigt, daß unter üblichen Voraussetzungen zwischen "S/N" und $\hat{P}_{out}(f_m)$ der Zusammenhang

$$"S / N" \propto \frac{\left[\hat{P}_{out}(f_m)\right]^2}{f_m} \tag{11.2}$$

besteht. Der Grund für das Auftreten von f_m im Nenner ist, daß mit wachsender Modulationsfrequenz der Empfänger entsprechend breitbandiger ausgelegt werden muß und somit das Rauschen aus einem erhöhten Frequenzbereich registiert.[1] Wenn "S/N" zur Sicherstellung einer bestimmten Übertragungsqualität einen Mindestwert überschreiten soll, wird demnach am Empfänger eine Mindest-Signalleistung $\hat{P}_{out}^{min}(f_m)$ benötigt, die mit der Wurzel aus der Modulationsfrequenz zunimmt:

$$\hat{P}_{out}^{min}(f_m) \propto \sqrt{f_m} \ . \tag{11.3}$$

Die Signalleistung am Empfänger wird durch mehrere Parameter bestimmt:

- Signalleistung des Senders
- Leistungsverluste durch die LWL-Dämpfung und andere Verlustmechanismen
- Amplitudenabnahme durch die Tiefpaßeigenschaften des LWL (Dispersion).

---

[1] Eigentlich müßte im Nenner die sog. *Rauschbandbreite* des Empfängers stehen. Wir nehmen der Einfachheit halber an, daß der Empfänger auf die Modulationsfrequenz f_m abgestimmt ist, und ersetzen die Rauschbandbreite durch f_m.

Wir gehen im Folgenden von einem Sender aus, der eine feste Signalleistung emittiert, und reduzieren diese Leistung um die „sonstigen" Verluste. Damit verbleiben nur Einflüsse infolge Faserdämpfung und Faserdispersion. In Abb. 11.2 sind die Auswirkungen skizziert.

Bei kleinen Modulationsfrequenzen $f_m \ll B_{LWL}$ werden deren Leistungsamplituden vom LWL-Tiefpaß (3-dB-Bandbreite B_{LWL}) nicht beschnitten. Die Signalamplitude wird ausschließlich durch die Länge L der LWL-Strecke und den Dämpfungsbelag α des LWL bestimmt, mathematisch kann die nach einer bestimmten Streckenlänge noch vorhandene Wechselleistung $\hat{P}_{out}(f_m)$ mit Gl. (7.6) be-

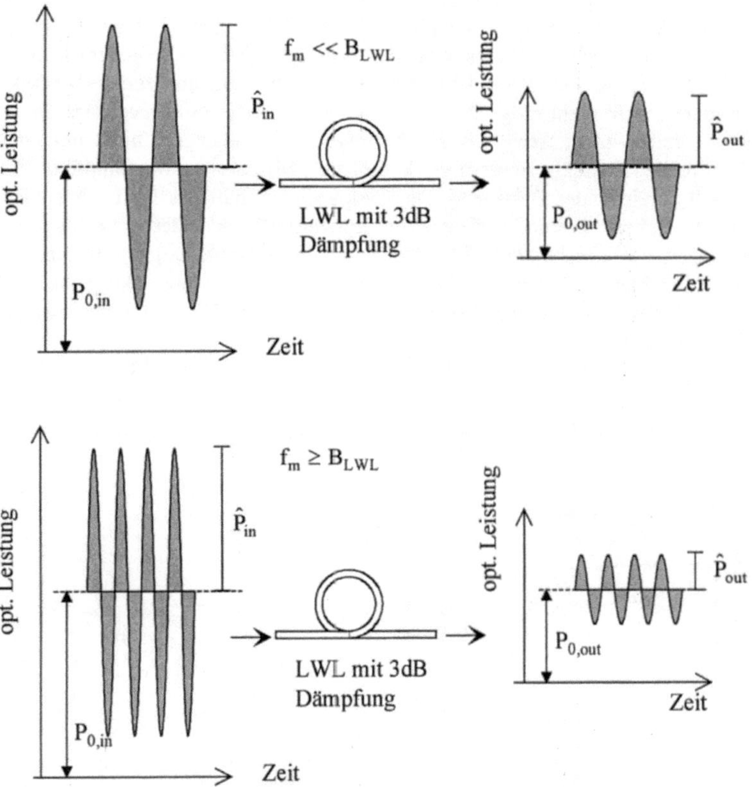

Abb. 11.2. Einfluß von Faserdämpfung und Faserdispersion bei niedrigen (oberes Teilbild) und bei hohen (unteres Teilbild) Modulationsfrequenzen. Durch die Grunddämpfung des LWL (hier angenommen: 3 dB) sinken sowohl die Leistungsmittelwerte als auch die aufgesetzten Signalleistungen jeweils auf die Hälfte ihres Eingangswertes ab. Bei der Modulationsfrequenz $f_m \ll B_{LWL}$ wirkt sich die Faserdispersion nicht aus. Bei hoher Modulationsfrequenz $f_m \geq B_{LWL}$ gehen die Signalleistungsamplituden am LWL-Ende durch die LWL-Dispersion *zusätzlich* noch weiter zurück.

rechnet werden. Bei gegebener Sendeleistung ist nach einer bestimmten Streckenlänge die Signalleistung auf den gerade noch zulässigen Minimalwert abgefallen. *Diese* Streckenlänge ist maximal überbrückbar. Das Übertragungssystem als Ganzes ist *dämpfungsbegrenzt*, die maximal überbrückbare Streckenlänge ist die Systemreichweite L_F.

Wenn f_m ansteigt, aber kleiner bleibt als die 3-dB-Bandbreite des LWL-Tiefpasses, dann beschneidet der Tiefpaß weiterhin die Leistungsamplitude nur wenig, das System ist weiterhin dämpfungsbegrenzt. Allerdings nimmt wegen Gl. (11.3) der Leistungsbedarf am Empfänger zu und damit mit Gl. (7.6) die Systemreichweite ab.

Bei noch weiter ansteigendem f_m reduziert die Tiefpaßwirkung der Dispersion die Amplitude in nicht mehr vernachlässigbarem Maße. Dadurch sinkt $\hat{P}_{out}(f_m)$ unter den erforderlichen Mindestwert, das benötigte "S/N" wird unterschritten. Die Übertragung ist bei *dieser* LWL-Länge in Verbindung mit *dieser* Modulationsfrequenz nicht mehr möglich, das System ist jetzt *dispersionsbegrenzt*. Diese Aussagen gelten auch, wenn das zu übertragende Analogsignal nicht nur eine einzige Frequenz enthält, sondern ein komplettes, bis zu einer Maximalfrequenz $f_{m,max} = B_{Sig}$ reichendes Basisband. Die Tiefpaßeigenschaft des LWL wirkt sich nur auf die hohen Modulationsfrequenzen aus und schwächt deren Amplituden. Durch einen nachgeschalteten Entzerrer kann der Amplitudengang linearisiert werden, aber hierdurch werden alle Amplituden in dem Maße abgesenkt, wie zuvor die höchste Modulationsfrequenz $f_{m,max}$ vom LWL-Tiefpaß abgeschwächt wurde (vergl. hierzu Abb. 6.9).

Per willkürlicher Übereinkunft legt man fest: die Grenze der Übertragung ist erreicht, wenn die Basisbandbreite B_{Sig} mit der 3-dB-Bandbreite B_{LWL} des LWL-Tiefpasses zusammenfällt. In Abschn. 10.2 wurde gezeigt, daß B_{LWL} mit wach-

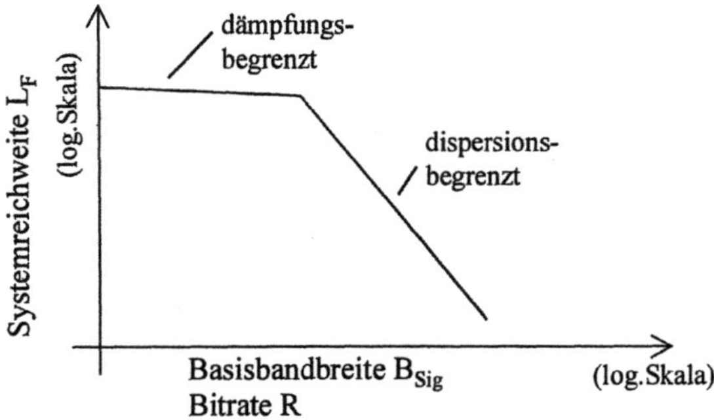

Abb. 11.3.   Prinzipverlauf der Systemgrenzen bei konstant gehaltener gesendeter Signalleistung (Analogübertragung) bzw. konstant gehaltener gesendeter Pulsenergie (PCM-Übertragung). Der Gang des dispersionsbegrenzten Zweiges ist nur dann – wie im Bild – eine Gerade, wenn $B_{LWL} \cdot L_F$ = constant bzw. $R_{LWL} \cdot L_F$ = constant ist. Das ist der Fall bei Einmodenfasern, nicht aber bei Vielmoden-LWL, s. Abschn. 10.2.

sender Streckenlänge abnimmt. Wir formulieren:

Die dispersionsbedingte Grenze der Analogübertragung über eine Strecke L wird überschritten, wenn die Basisbandbreite B_{Sig} des zu übermittelnden Analogsignales die zu *dieser* Streckenlänge gehörende 3-dB-Bandbreite $B_{LWL}(L)$ des LWL-Tiefpasses übersteigt.

In Abb. 11.3 sind diese Zusammenhänge graphisch zusammengestellt.

Höhere Modulationsfrequenzen lassen sich übertragen, wenn B_{LWL} entsprechend angehoben wird. Dies kann erfolgen durch Verkürzen der Übertragungsstrecke, d.h. durch kleinere Systemreichweiten. Nach den Ergebnissen des letzten Kapitels müssen hier die je nach Fasertyp unterschiedlichen Zusammenhänge zwischen der 3-dB-Bandbreite und der LWL-Länge berücksichtigt werden. Beispielsweise ist bei Einmodenfasern $B_{LWL} \cdot L$ = constant. Eine Halbierung der LWL-Länge verdoppelt so B_{LWL} und ermöglicht dadurch, daß f_m ebenfalls verdoppelt werden kann.

11.2
Digitale Übertragung (PCM-Übertragung)

Bei der optischen PCM-Übertragung wird eine binäre „0"–„1"-Zahlenfolge in eine Sequenz von Pulsen umgesetzt. Die Bitrate R gibt die Anzahl der je Zeiteinheit zu übermittelnden Pulse an, ihr Kehrwert $1/R = T_{Takt}$ liefert den zeitlichen Pulsabstand sowie die Zeitschlitzbreite, innerhalb der ein Puls gesendet oder empfangen werden muß. An diese Bitrate muß die Bandbreite des optischen Empfängers angepaßt werden, wobei wieder gilt: je höher die Bitrate, desto breitbandiger der Empfänger, desto größer sein Rauschen.

In Abb. 6.7 wurde demonstriert, daß durch zu großes Rauschen eine tatsächliche „0" als „1" bzw. eine tatsächliche „1" als „0" interpretiert werden kann. Die Übertragungstechik spricht von *Bitfehlern* und mißt die Qualität der Übertragung an der *Bitfehlerrate* (<u>b</u>it <u>e</u>rror <u>r</u>ate) "BER", definiert durch

$$"BER" = \frac{\text{falsch interpretierte bits je Zeiteinheit}}{\text{gesendete bits je Zeiteinheit}} \tag{11.4}$$

Die "BER" ist direkt verknüpft mit dem Signal-Rausch-Verhältnis: steigt "S/N", so sinkt die Bitfehlerrate. Die Forderung nach einem bestimmten Mindest-"S/N" ist deshalb gleichwertig zu der Forderung nach einem Höchstwert für die "BER". Daraus folgt: die "BER" darf einen von der geforderten Übertragungsgüte abhängigen Maximalwert nicht überschreiten. Für Nachrichtenübertragung üblich ist "BER" $\leq 10^{-9}$, für Datenübertragung (Rechnerkommunikation) wird sogar verlangt, daß "BER" $\leq 10^{-12}$ wird.

In der theoretischen Nachrichtentechnik wird gezeigt, daß der die Binärzahl „1" repräsentierende Puls *innerhalb seines Zeittaktes* eine bestimmte Mindestenergie (Energie, nicht Leistung!) enthalten muß, um eine vorgegebene Bitfehlerrate zu unterschreiten. Diese Mindestenergie W_{out}^{min} steigt mit zunehmender Bitrate R, man findet:

$$W_{out}^{min}(R) \propto \sqrt{R} \qquad (11.5)$$

Ursache hierfür ist wieder das zusätzliche Rauschen, das der mit wachsender Bitrate breitbandiger auszulegende Empfänger registriert. Gl. (11.5) ist das PCM-Gegenstück zu Gl. (11.3).

W_{out}^{min} wird durch den Energieinhalt des gesendeten Pulses, die Dämpfungsverluste des LWL und die „sonstigen" Verluste bestimmt, außerdem noch durch die Pulsverbreiterung aufgrund der LWL-Dispersion. Infolge der Pulsverbreiterung wird die in einem Puls enthaltene Energie über einen größeren Zeitbereich verteilt, bei hinreichend hoher Impulsverbreiterung sind Energieanteile sogar in Nachbarzeittakte abgewandert (s. Abb. 11.4). Wir gehen im Folgenden von einem Sender aus, der jedem gesendeten "1"-Puls eine feste Energie zuteilt, und reduzieren diese Energie um die „sonstigen" Verluste. Damit verbleiben nur Einflüsse infolge Faserdämpfung und Pulsverbreiterung.

Bei sehr kleinen Bitraten R ist die Zeitschlitzbreite T_{Takt} so groß, daß die Pulse am Empfangsort nicht in Nachbarzeittakte hineinragen. Die in einem Puls gespeicherte Energie steht vollständig innerhalb T_{Takt} zur Verfügung, ihr Wert wird ausschließlich durch den Dämpfungsbelag α des LWL und die Länge L der LWL-Strecke bestimmt. Bei gegebener Sendeenergie kann eine maximale Streckenlänge überbrückt werden, bis die Signalenergie am Empfänger auf den durch die Fehlerrate vorgegebenen Wert W_{out}^{min} abgefallen ist: das System ist *dämpfungsbegrenzt*, die zugehörige LWL-Länge ist wieder die Systemreichweite.

Mit ansteigender Bitrate verringert sich die Zeitschlitzbreite. Solange die Pulsbreite am Empfangsort deutlich kleiner bleibt als T_{Takt}, wirkt sich die Pulsverbreiterung nicht aus: die gesamte Pulsenergie des Empfangspulses liegt weiterhin in-

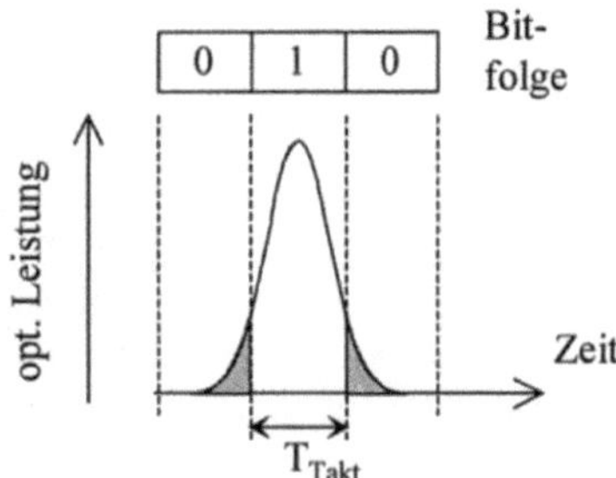

Abb. 11.4.   Optische Leistung bei der Übertragung der Bitfolge 010. Die Fläche unter der Leistungskurve ist die im Puls gespeicherte Energie. Durch die Pulsaufweitung stehen die getönt gehaltenen Energieanteile nicht mehr innerhalb der Taktzeit zur Verfügung, nur die Restenergie innerhalb der Taktzeit wird zur Berechnung der "BER" herangezogen.

nerhalb T_{Takt} vor, das System ist weiterhin dämpfungsbegrenzt. Allerdings nimmt wegen Gl. (11.5) der Energiebedarf je Puls am Empfänger zu. Bei unveränderter Pulsform, insbesondere unveränderter Pulsbreite am Empfangsort ist ein erhöhter Energiebedarf gleichbedeutend mit einem erhöhten Leistungsbedarf. Mit anderen Worten: mit steigender Bitrate steigt auch die benötigte optische Leistung im Puls. Da die Sendeleistung konstant gehalten werden soll, läßt sich jetzt nur noch eine verringerte Streckenlänge überbrücken: die Systemreichweite nimmt ab.

Bei weiterhin ansteigender Bitrate wird die Zeitschlitzbreite so schmal, daß Ausläufer der Pulse in Nachbarzeittakte hineinragen. Dadurch steht nicht mehr die gesamte im Empfangspuls enthaltene Energie innerhalb eines Zeittaktes zur Verfügung. Durch einen nachgeschalteten Entzerrer kann die Pulsform so umgestaltet werden, daß zu den Abfragezeitpunkten Nachbarpulse keine Beiträge mehr liefern; vergl. hierzu die Aussagen in Abschn. 6.3.2. Die Filter verkürzen aber lediglich den Puls, sie heben seine Amplitude nicht an. Es bleibt deshalb die mit dem Breiterwerden einhergehende Abnahme der vom Puls innerhalb von T_{Takt} bereitgestellten Energie. Die Bitfehlerrate steigt über das erlaubte Maß an, die Übertragung ist bei *dieser* LWL-Länge nicht mehr möglich, das System ist wieder *dispersionsbegrenzt*.

Man kann festlegen, wie groß am Empfangsort die Pulsbreite in Relation zur Zeitschlitzdauer höchstens werden darf, damit die Verbreiterung nicht zu unzulässig hoher Energieabgabe in Nachbarzeittakte führt. Die Festlegung muß die geforderte Bitfehlerrate und die Pulsform am Empfangsort berücksichtigen. Eine akzeptierte Vorgabe für "BER" $\leq 10^{-9}$ ist

$$\frac{\text{rms-Pulsbreite } \tau_{out} \text{ am Empfangsort}}{\text{Zeitschlitzdauer } T_{Takt}} \leq \frac{1}{4} \tag{11.6}$$

Dieser Vorgabewert hat den Vorteil, weitgehend unabhängig zu sein von der genauen Pulsform des Empfangsimpulses. Aus Gl. (11.6) wird eine Grenz-Bitrate R_{LWL} abgeleitet:

$$R_{LWL} = \frac{1}{4\,\tau_{out}} \tag{11.7}$$

R_{LWL} nimmt bei der PCM-Übertragung die Stellung ein, die die 3-dB-Grenzfrequenz B_{LWL} bei der Analogübertragung hat. Beachte, daß die Ausgangspulsbreite τ_{out} nach Gl. (10.2) abhängig ist von Pulsverbreiterung σ, die ihrerseits mit wachsender Streckenlänge zunimmt. s. Abschn. 10.1. Damit wird auch die Grenzrate R_{LWL} streckenlängenabhängig. Wir formulieren:

Die dispersionsbedingte Grenze der PCM-Übertragung über eine Strecke L wird überschritten, wenn die Bitrate R den durch Gl. (11.7) beschriebenen und von *dieser* Streckenlänge L abhängigen Grenzwert $R_{LWL}(L)$ übersteigt.

Höhere Bitraten können nur erreicht werden, wenn R_{LWL} auf Kosten der Systemreichweite entsprechend angehoben wird. Je kürzer die Strecke, desto geringer die

Impulsverbreiterung, desto geringer damit auch die Ausgangspulsbreite τ_{out}, desto höher somit nach Gl. (11.7) wieder R_{LWL}. In der praktischen Anwendung geht man zumeist von einem im Vergleich zur Pulsverbreiterung σ auf der Strecke sehr kurzen Eingangspuls aus und setzt $\tau_{in} \ll \sigma$. Dann ist nach Gl. (10.2) $\tau_{out} = \sigma$, und aus Gl. (11.7) wird

$$R_{LWL} = 1/(4\sigma) \; , \tag{11.8}$$

wobei σ nach den Ergebnissen von Abschn. 10.1 einzusetzen ist. Für LWL, in denen σ linear mit der Faserlänge L ansteigt, erhalten wir schließlich mit $L = L_F$:

$$R_{LWL} \cdot L_F = \text{constant} \tag{11.9}$$

Gleichung (11.9) ist das *Bitraten-Längen-Produkt* der Übertragungsstrecke für PCM-Übertragung. Es entspricht in seinem Inhalt dem *Bandbreiten-Längen-Produkt* $B_{LWL} \cdot L_F = \text{constant}$ für Analogsysteme [Gl. (10.24) und Gl. (10.27)].

Die Bitrate kann solange vergrößert werden, bis sie nach Gl. (11.9) den zu dem verkürzten L_F gehörenden neuen Grenzwert R_{LWL} erreicht. Das Grenzverhalten eines digitalen Fasersystemes ist so formal identisch mit dem eines analogen Systemes: in Abb. 11.3 muß lediglich „Basisbandbreite" durch „Bitrate" und „optische Signalleistung im sinusförmigen Modulationssignal" durch „optische Energie im „1"-Puls" ersetzt werden.

12 Meßwerterfassung mit Lichtwellenleiter-Sensoren

12.1
Einige Grundbegriffe der Sensorik

In der Meß- und Regelungstechnik werden Meßgrößen aufgenommen, nach irgendwelchen Gesichtspunkten weiterverarbeitet und schließlich einer Ausgabeeinheit zugeführt, die als Antwort auf die Meßwerte eine Aktion einleitet. In der heutigen Zeit erfolgt die Weiterverarbeitung nahezu ausschließlich elektronisch. Das hat zur Folge, daß die mit dieser Aufgabe beschäftigte Einrichtung an ihrem Ausgang *elektrische* Steuersignale bereitstellt und umgekehrt an ihrem Eingang *elektrische* Eingabesignale erwartet. Dazu muß wiederum aus der eigentlich gemessenen Größe ein elektrisches Signal geformt werden, das den Meßwert enthält. Als *Sensor* bezeichnet man ein Bauelement oder ein Gerät, das mit einem Meßwertaufnehmer eine nichtelektrische Größe mißt und mit Hilfe eines physikalischen Effektes, dem *Funktionsprinzip*, in ein zur Weiterverarbeitung geeignetes elektrisches Signal umwandelt. Sensoren sind so die Verbindungsstellen einer elektronischen Einrichtung zur Außenwelt.

Das Ausgangssignal eines Sensors kann ein einfaches Ja/Nein-Signal (z.B. Ventil auf oder zu?) sein. Anspruchsvoller sind Sensoren für Meßgrößen, die sich kontinuierlich innerhalb eines bestimmten Rahmens ändern. Das Ausgangssignal y solcher Sensoren soll ein quantitatives Maß der Meßgröße x sein. Die graphische Auftragung des mathematischen Zusammenhangs y = f(x) bezeichnet man als *Sensorkennlinie*. Die Kennliniensteigung dy/dx gibt an, wie stark das Sensorausgangssignal zu- oder abnimmt, wenn sich die Eingangsgröße ändert; ihr Betrag ist die *Empfindlichkeit* des Sensors:

$$\text{Empfindlichkeit } \varepsilon \ := \ \left| \frac{\text{Änderung der Ausgangsgröße y}}{\text{Änderung der Meßgröße x}} \right| = \left| \frac{dy}{dx} \right| \ . \qquad (12.1)$$

In der Regel wünscht man, daß der Sensor über einen festen Meßbereich hinweg eine konstante (und möglichst große) Empfindlichkeit hat. Bei einem solchen Sensor ist die Kennlinie eine Gerade: y = ax+b mit $\varepsilon = |a|$. Im Idealfall ist b = 0, und das Sensorausgangssignal wird proportional zur Meßgröße. Es gibt aber auch Sensoren, bei denen die Kennlinie von vornherein einen bestimmten nichtlinearen mathematischen Verlauf haben soll.

Die *Auflösung* des Sensors gibt die kleinste Änderung $(\Delta x)_{min}$ der Meßgröße x an, die vom Sensor noch sicher erkannt wird. Die Auflösung wird bestimmt durch die kleinstmögliche erkennbare Änderung $(\Delta y)_{min}$ der Ausgangsgröße y. Formal ist

$$\text{Auflösung} := \frac{\text{kleinste erkennbare Änderung der Ausgangsgröße}}{\text{Empfindlichkeit}}$$

$$(\Delta x)_{min} := \frac{(\Delta y)_{min}}{\varepsilon} \ . \tag{12.2}$$

In der Praxis verschiebt sich das Ausgangssignal eines Sensors nicht nur bei Änderung der eigentlich zu messenden Größe, sondern auch durch meßfremde Parameter. Man bezeichnet die Abhängigkeit des Sensors von anderen als den gewollten Einflußgrößen als *Querempfindlichkeit* des Sensors. Ist der meßfremde Parameter speziell die Temperatur, so spricht man von *Drift*. Bei sehr vielen, wenn nicht allen Sensoren ist es das Hauptproblem, Querempfindlichkeit und speziell die Drift möglichst gering zu halten.

12.2
Einteilung der Sensoren

In der Mehrzahl der heutigen Sensoren ist das Funktionsprinzip rein elektrischer Natur, sie sind rein elektrische Sensoren. In diesen Sensoren wird dem eigentlichen Meßwertaufnehmer (Meßkopf) *elektrische* Energie zugeführt und mit dieser Energie im Meßkopf ein definierter *elektrischer* Zustand erzeugt. Ein ebenfalls elektrisches Ausgangssignal gibt Informationen über diesen Zustand nach außen. Durch den Einfluß der Meßgröße wird der elektrische Zustand im Meßkopf geändert, und im Ausgangssignal ändern sich *elektrische* Parameter, die mit der Meßgröße korreliert sind. (Abb. 12.1)

Zur Verdeutlichung soll das Funktionsprinzip eines induktiven Wegaufnehmers vorgestellt werden. Beim induktiven Wegaufnehmer sind zwei Spulen räumlich hintereinander auf einer gemeinsamen Achse angeordnet. In der Achse ist ein Eisenkern verschiebbar. Die eine der beiden Spulen wird von einem Wechselstrom durchflossen (Zuführung der elektrischen Energie). Das hierdurch erzeugte Magnetfeld koppelt an die zweite Spule an (Erzeugung des elektrischen Zustands) und induziert über der zweiten Spule eine Wechselspannung, deren Amplitude von der Stärke der magnetischen Koppelung und damit von der Relativposition der Eisenkerne abhängt (Funktionsprinzip). Durch Gleichrichtung kann die Spannungsamplitude in eine dazu proportionale Gleichspannung umgesetzt werden. Diese Spannung ist das elektrische Ausgangssignal. Ändert sich die Relativposition der Eisenkerne, so ändert sich der Gleichspannungswert.

Analog hierzu wird einem rein optischen Sensor *optische* Energie (Licht) zugeführt und erzeugt einen definierten *optischen* Zustand im Meßkopf. Ein ebenfalls optisches Ausgangssignal zeigt diesen Zustand außen an. Durch den Einfluß der

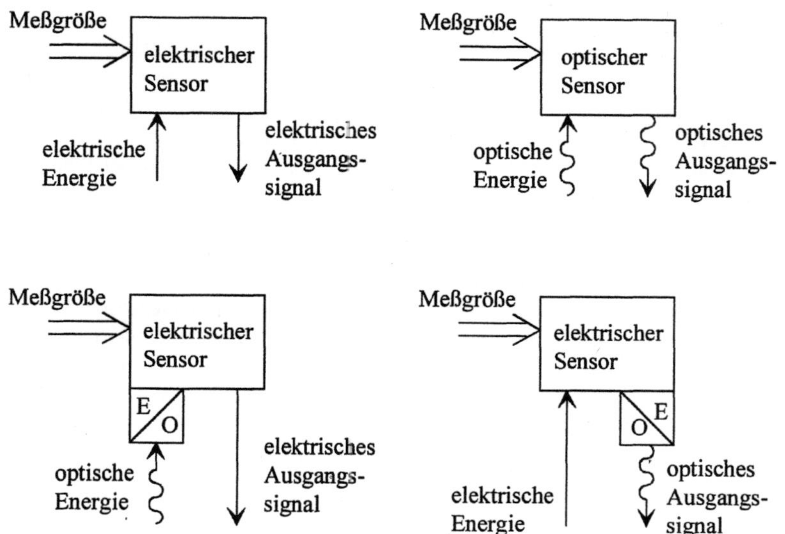

Abb. 12.1. Sensorvarianten. Obere Reihe: rein elektrischer und rein optischer Sensor. Untere Reihe: elektrooptische Sensorhybride

Meßgröße wird der Zustand umgebildet (Funktionsprinzip), im Ausgangssignal ändern sich *optische* Merkmale, die mit der Meßgröße korreliert sind. Als beeinflußbare Merkmale kommen in Betracht: Intensität, Frequenz, Phasenlage, Polarisation des Ausgangslichtes. Allerdings muß berücksichtigt werden, daß nach der obigen strengen Definition das Sensor-Ausgangssignal letztlich ein elektrisches Signal sein muß. Deshalb wird dem rein optischen Meßwertaufnehmer eine Wandlerstufe nachgeschaltet, die die optischen Signale so in elektrische Signale umformt, daß aus ihnen auf die „Stärke" der Meßgröße zurückgerechnet werden kann. In der Praxis werden als opto-elektrische Wandler vorzugsweise Halbleiter-Photodetektoren eingesetzt. Wir wissen bereits aus Kap.6, daß Photodetektoren als Ausgangssignal einen Strom liefern, dessen Stromstärke proportional zur registrierten optischen *Leistung* und damit zur *Intensität* der auftreffenden Strahlung ist. Deshalb kann nicht eindringlich genug betont werden:

Der Meßkopf des rein optischen Sensors muß die durch die Meßgröße bewirkten Veränderungen der optischen Merkmale des Lichtes spätestens unmittelbar vor der Photodiode in Intensitäts- bzw. Leistungsschwankungen umcodieren.

Es ist Ermessenssache, ob man diesen Wandler dem Sensor selbst zurechnet oder ihn als Teil der Auswerteeinheit betrachtet. Im letzteren Fall müßte man die Grunddefinition eines Sensors abändern und als Ausgangssignal auch ein optisches Signal zulassen.

In Ergänzung zu den „reinen" Sensoren können auch elektrische und optische Baugruppen zu „hybriden" Sensoren kombiniert werden. Eine Möglichkeit besteht darin, einem ansonsten elektrischen Sensor die nötige Energie als optische Energie zuzuführen und erst im Sensorkopf mit Photoelementen (Solarzellen) in elektrische Energie umzuformen. Bei einer andere Klasse eigentlich elektrischer Sensoren wird mit dem elektrischen Zustandssignal ein elektro-optischer Wandler (LED, Laser) angesteuert, so daß vom Meßkopfausgang ein optisches Signal abgegeben wird. Denkbar ist auch eine Verknüpfung dieser Varianten: Zufuhr optischer Energie, optoelektrische Wandlung, elektrische Messung, elektrooptische Wandlung, Abgabe eines optischen Signals.

Optische Sensoren müssen mit den auf dem Markt etablierten elektrischen Sensoren konkurrieren. Sie können sich gegen elektrische Sensoren nur durchsetzen, wenn es entweder keinen dem optischen Funktionsprinzip adäquaten elektrischen Effekt gibt (eine Lichtschranke ist nur schwer zu ersetzen), oder wenn sie dort Verbesserungen bringen, wo elektrische Sensoren Nachteile haben. Als prinzipbedingte Vorteile optischer Sensoren sind zu nennen:

- immun gegen elektromagnetische Einstrahlung
- keine Spannungen im Sensorkopf, dadurch keine Gefahr der Funkenbildung und hohe Eigensicherheit
- immun gegen ionisierende Strahlung
- widerstandsfähig gegen extreme Umwelteinflüsse

Weitere Vorteile kommen hinzu, wenn im optischen Sensor Lichtwellenleiter verwendet werden.

12.3
Optische Sensorik mit Lichtwellenleitern

In einem optischen Sensor können Lichtwellenleiter mit unterschiedlichen Aufgaben betreut werden. Bei den rein optischen Sensoren mit LWL-Einsatz unterscheidet man *extrinsische* und *intrinsische* Sensoren. (Abb. 12.2)

12.3.1
Extrinsische LWL-Sensoren: LWL *in* Sensoren

Extrinsische rein optische Sensoren benutzen den LWL nur zum Transport von Licht zum und vom optischen Meßwertaufnehmer. Im Aufnehmer selbst tritt das Licht aus dem LWL aus, die Meßgröße wirkt *außerhalb („extrinsisch")* des LWL auf das Licht ein. Das hierdurch veränderte Licht wird anschließend wieder in einen LWL eingespeist und aus dem Sensorkopf abgeführt. Da der eigentliche Meßeffekt außerhalb erfolgt, hängen die Eigenschaften solcher Sensoren nur wenig von den spezifischen Eigenschaften des LWL ab. Ihre Besprechung ist im Grunde eine Aufzählung optischer Effekte und deren technische Ausnutzung. In Kap. 13

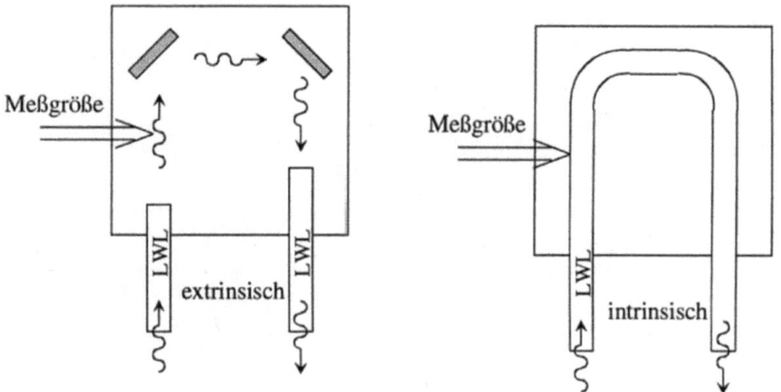

Abb. 12.2. Extrinsische (links) und intrinsische (rechts) optische Sensoren mit LWL

dieses Buches wird eine Auswahl extrinsischer optischer Sensoren vorgestellt.

Durch die Licht-Zu- und -Abfuhr über LWL kommen zu den oben schon erwähnten allgemeinen Vorteilen optischer Sensoren neue LWL-spezifische Vorteile hinzu:

- keine galvanische Verbindung zwischen Sensorkopf und Auswerteeinheit
- die signalführenden Leitungen sind nicht von elektromagnetischen Feldern umgeben, die geortet werden können
- korrosionsunempfindliche Leitungen, die auch in chemisch agressiver Umgebung arbeiten

In extrinsischen optischen Sensoren werden in der Regel Vielmoden-LWL eingesetzt, häufig genügen LWL mit Stufenprofil. Stufenprofil-LWL sind als Glasfasern kaum noch erhältlich, hier müssen dann PCS-Fasern oder gar POF-LWL verwendet werden. Die Sensoren werden betrieben mit Licht im sichtbaren oder nahen IR-Bereich; da die LWL-Strecken kurz sind, spielt die Dämpfung des LWL meist keine Rolle. In diesem Wellenlängenbereich stehen billige Sendeelemente und Photodetektoren zur Verfügung.

12.3.2
Intrinsische LWL-Sensoren: LWL *als* Sensor

Bei den intrinsischen LWL-Sensoren verbleibt das Licht auch im Meßaufnehmer in einem LWL, die zu messende Größe wirkt mittelbar oder unmittelbar auf das Licht *innerhalb („intrinsisch")* des LWL. Im übertragenen Sinne heißt „intrinsisch" auch „eigentlich": intrinsische LWL-Sensoren sind die *eigentlichen* Sensoren auf LWL-Basis. Formal können wir in intrinsichen Sensoren die LWL-Gesamtstrecke in drei Segmente unterteilen: den lichtzuführenden Teil, den eigentlichen meßwertaufnehmenden Bereich (Meßkopf), den abführenden Teil. Die einzelnen Streckenteile können, aber müssen nicht notwendig vom selben LWL-Typ (Faser-LWL bzw. integriert-optischer LWL) sein. Werden für alle Strecken-teile Faser-LWL eingesetzt, dann nennt man den Sensor auch *All-Faser-Sensor*.

Ein intrinsischer Sensor ist sehr eng an die Eigenschaften des LWL gekoppelt, der LWL wirkt **als** Sensor. Die Meßgröße beeinflußt im Meßkopf die lokalen LWL-Ausbreitungsbedingungen und verändert so Intensität oder Phasenlage oder Polarisation oder - unter besonderen Voraussetzungen - die Frequenz der Licht-welle. Am Streckenende wird der Intensitätszustand (Phasenzustand, Polarisati-onszustand) verglichen mit einem Referenzwert, in der Regel dem entsprechenden Zustandswert *ohne* Einwirkung der zu messenden Größe. Das Funktionskonzept setzt voraus, daß das Licht dem eigentlichen Sensor-LWL-Teil mit genau definier-ter und stabil gehaltener Intensität bzw. Phasenlage bzw. Polarisation zugeführt wird. Entsprechend darf es auf der abführenden LWL-Strecke nicht zu unkontrol-lierbaren Änderungen an den durch die Meßgröße bereits modifizierten Wellen-parametern kommen. Diese Anforderungen bilden ein Auswahlkriterium für die in intrinsischen Sensoren einsetzbaren LWL. Am überschaubarsten sind Sensoraus-führungen, bei denen die Meßgröße eine Intensitätsänderung des Lichtes bewirkt. Zwar wird in allen LWL-Typen das geführte Licht gedämpft, (Kap. 7) , aber die Intensitätsverluste auf der zuführenden und abführenden Strecke sind eindeutig berechenbar und können in die Sensorkennlinie mit einbezogen werden. Häufig sind die LWL-Strecken so kurz, daß ihre Dämpfung ganz ignoriert werden kann. In intrinsischen Intensitäts-Sensoren können deshalb alle LWL-Typen eingesetzt werden, insbesondere auch Vielmoden-Faser-LWL.

In Vielmoden-LWL benötigen die einzelnen Moden unterschiedliche Laufzei-ten, um eine LWL-Strecke zu durchlaufen (Modendispersion, Kap. 8). Am Ein-gang des eigentlichen Sensorbereiches kommt es durch die Laufzeitdifferenzen zu Unterschieden in der Phasenlage der einzelnen Moden. Weiterhin wird durch die unvermeidliche Modenmischung (Abschn. 10.1.4) optische Leistung zwischen den Moden ausgetauscht, wobei beim Streuvorgang die Phaseninformation verlo-ren geht. In einem Vielmoden-LWL liegen deshalb auch bei definierter Eingangs-phase schon nach kurzer Laufstrecke keine eindeutigen Phasenverhältnisse mehr vor. Vielmoden-LWL sind demzufolge ungeeignet als intrinsische Sensoren, bei denen die Meßgröße eine Phasenänderung des Lichtes bewirkt; solche Sensoren können nur mit Einmoden-LWL aufgebaut werden.

Bei Polarisationssensoren (Polarimetern) verändert die zu erfassende Einfluß-größe den Polarisationszustand des Lichtes. Wir können von vornherein Vielmo-den-LWL im Sensoraufbau ausschließen: Licht, das mit definiertem Polarisations-zustand in einen Vielmoden-LWL eingespeist wird, verläßt den LWL unpolari-siert. Die Ursache hierfür sind wie oben die unterschiedlichen Modenlaufzeiten und die Modenmischung; beim Leistungsaustausch zwischen den Moden bleibt die Information über die raumzeitliche Lage des elektrischen Feldvektors und damit über die Polarisation nicht erhalten. Aber auch reale Standard-Einmoden-Fasern sind nicht einsetzbar, wir werden sehen, daß sie nicht in der Lage sind, ei-nen eingespeisten Polarisationszustand stabil weiterzuleiten. In Kap. 15 werden die sog. *polarisationserhaltenden* Fasern vorgestellt. Diese LWL sind Spezialfasern, die immer dann zum Einsatz kommen, wenn sich das Funktionsprinzip des Sensors auf feste und stabile Polarisationsverhältnisse verläßt. Neben den eigentlichen Polarimetern sind auch alle intrinsischen interferometrischen Sensoren auf polarisationserhaltende LWL angewiesen.

Intrinsische Sensoren haben über die allgemeinen Vorzüge hinaus weitere Vorteile:

- Reduzierung der Sensorgröße auf ein Minimum, der Sensor kann auch an schwer zugänglichen Stellen plaziert werden.
- wenn die Meßgröße die Ausbreitungsbedingungen in einem Faser-LWL lokal ändert, dann kann ein und derselbe LWL an mehreren räumlich getrennten Stellen als Sensor arbeiten. Dadurch sind räumlich verteilte Anordnungen möglich.
- unter LWL-Einsatz können optische Funktionsgruppen aufgebaut werden, die extrem kompakt und störunanfällig sind und gleichzeitig mit hoher Präzision arbeiten.

12.3.3
LWL in hybriden Sensoren

Nach Abb. 12.1 unterscheiden wir zwei Hybrid-Varianten. Bei der ersten Variante wird das elektrische Ausgangssignal eines ansonsten elektrischen Sensors in ein optisches Signal konvertiert. Hierfür kann es eine Reihe von Motiven geben. Der häufigste Grund ist, daß das Ausgangssignal des Sensors durch eine elektromagnetisch gestörte Umgebung zur Auswerteeinheit geführt werden muß. Als rein dielektrische Leiter sind die auf LWL geführten Signale immun gegen elektromagnetische Einstrahlung. Umgekehrt geht von dielektrischen Leitungen auch keine elektromagnetische Strahlung aus, die LWL können so nicht - oder zumindest nur mit erheblichem Aufwand - geortet werden. Speziell in sensiblen Überwachungssystemen ist dies ein triftiger Anlaß, auf kabelgeführte elektrische Signale zu verzichten. Und schließlich könnte ein Argument sein, die elektrischen Informationen vieler Sensoren zusammenzufassen und über eine einzige entsprechend ausgelegte LWL-Strecke zu übertragen. In einem solchen Sensorkonzept ist der LWL eine reine Nachrichtenübertragungsstrecke.

Bei der zweiten Gruppe hybrider Sensoren wird dem Sensor die benötigte Energie als optische Energie zugeführt. Der Grund hierfür könnte z.B. sein, daß die Zuleitung durch explosionsgefährdete Zonen erfolgt und die Gefahr eines elektrischen Funkens ausgeschlossen werden muß. Der hier eingesetzte Lichtwellenleiter dient rein zum Energietransport und muß unter diesem Gesichtspunkt ausgewählt werden. Benötigt werden folglich LWL, die möglichst hohe optische Leistung transportieren können. In der Sprache der LWL-Technik heißt das: benötigt werden LWL, die möglichst viele Moden führen. Damit scheiden Einmoden-LWL aus. Bei den Vielmoden-LWL wird man Stufenprofil-

LWL bevorzugen, in ihnen ist unter sonst gleichen Bedingungen die doppelte Modenzahl ausbreitungsfähig (Kap. 5). Nach Gl. (5.34a) in Verbindung mit Gl. (5.29) ist die Modenanzahl proportional zum Kernradius a und zur numerischen Apertur A_N des LWL, deshalb werden hier LWL mit großem Kernradius und großer numerischer Apertur eingesetzt. (Auch das ist wieder ein Argument für Stufenprofil-LWL: es gibt kaum Gradientenprofil-LWL mit großem Kernradius und gleichzeitig großer A_N.) In der Regel werden PCS- oder HCS-Fasern verwendet. Zwar haben POF-LWL noch größere Kernradien und numerische Aperturen, aber auch eine höhere Dämpfung; bei Wegstrecken bis zu 20m ist in der Regel der POF-LWL vorteilhaft.

In Sensor-Hybriden sind die LWL entweder Nachrichtenübertragungsstrecken oder Energietransportwege. Die zugehörige Physik wurde in den vorangegangenen Kapiteln behandelt. Sensor-Hybride mit LWL werden deshalb in der weiteren Diskussion nicht mehr berücksichtigt.

sind auch das Polarisations- und der Phasenverhalten des Kopplers wesentliche Parameter. Wir werden an den entsprechenden Stellen darauf näher eingehen.

Gelegentlich wird einer der Arme nicht aus dem Bauteil herausgeführt oder intern gar nicht erst angelegt; aus dem Viertor wird ein Y-Verzweiger bzw. ein *Dreitor*. Zu beachten ist, daß auch in dieser Y-Ausführungsform das Bauteil optisch wie ein Viertor arbeitet. Das heißt: wenn beispielsweise Tor 4 nicht existiert und in die Tore 1 und 2 die Leistungen P_1 und P_2 eingespeist werden, dann steht dennoch an Tor 3 nicht die Summenleistung $P_1 + P_2$ zur Verfügung, sondern nur 50% davon (bei einem 3-dB-Koppler). Die restlichen 50% gebühren dem Kanal 4, und da dieser Kanal nicht als Ausgang ausgeführt ist, werden sie abgestrahlt.

Es gibt eine Reihe von Möglichkeiten, optische Koppler zu bauen. Die Abbildungen 13.1b und 13.1c zeigen eine Variante, den *Taperkoppler*. Eine Faser wird erhitzt und dabei in die Länge gezogen; dadurch verjüngt sich der Faserdurchmesser. Eine solche Faserstelle bezeichnet man als *Taper*. An der Taperstelle ragen die Feldverteilungen der Lichtwelle weit über den Kerndurchmesser hinaus. Wenn man zwei „getaperte" Fasern an der dünnsten Stelle verdrillt und mit indexangepaßtem Klebstoff verklebt oder durch Erhitzen miteinander verschmilzt, dann koppelt Licht in den anderen Faserkern über. Dieses Prinzip ist auf Viel- wie Einmodenfasern anwendbar. In Anhang A5 wird eine integriert-optische Ausführungsform eines Viertores vorgestellt und seine Eigenschaften explizit berechnet.

13.1
Füllstandsanzeiger

Das Funktionsprinzip des Füllstandsanzeigers geht aus Abb. 13.2 hervor. Unpolarisiertes Licht tritt aus der Faser in ein rechtwinkliges Prisma aus Glas ($n_{Glas} = 1{,}5$) über. Es trifft unter 45^0 auf die Grenzfläche des Prismas gegen die Außenwelt. Wenn $n_{außen} < 1{,}06$ ist, findet Totalreflexion statt. Mit einer weiteren Totalreflexion an der zweiten Grenzfläche wird das Licht in die abgehende Faser wieder eingespeist, am Faserende wird die Leistung P_0 registriert.

Wird das Prisma in eine Flüssigkeit mit $n_{Fl} > 1{,}06$ getaucht, so findet keine Totalreflexion mehr statt, und ein Teil des Lichtes wird aus dem Prisma in die Flüssigkeit gebrochen. Im rechten Teilbild von Abb. 13.2 ist die jetzt am Ende der 2. Faser ankommende Leistung P_R normiert aufgetragen. Man erkennt einen drastischen Leistungseinbruch. In der Praxis heißt das: im rückführenden LWL wird das Licht abrupt aus- und wieder eingeschaltet, sobald die Reflexionsstelle des Prismas in die Flüssigkeit eintaucht oder aus ihr auftaucht. Bei glatten Flüssigkeitsoberflächen erfolgt das Umschalten innerhalb einer Höhendifferenz von weniger als 1mm. Der große Vorteil des Verfahrens liegt darin, daß mit dieser Technik auch der Füllstand in Tanks mit hochexplosiver oder leicht entflammbarer Flüssigkeit gemessen werden kann.

Unter Umständen kann das reflektierte Signal auch quantitativ ausgewertet werden. Die Brechzahl einer Flüssigkeit steigt mit wachsender Dichte der Flüssig-

13 Beispiele extrinsischer optischer Sensoren

Vorbemerkung: wie in der klassischen Optik benötigt man auch in der LWL-Technik Bauelemente, die Lichtpfade teilen oder zusammenführen. Man bezeichnet diese Bauteile als *Koppler* oder *optische Viertore*. LWL-Viertore besitzen je zwei als Lichtwellenleiter ausgeführte Ein- und Ausgänge. Abbildung 13.1a zeigt ein optisches Ersatzschaltbild. In der Betriebsart „verzeigen" wird optische Leistung z.B. über den Eingang 1 (Tor 1) zugeführt, auf je einen durchgehenden und abzweigenden Pfad aufgeteilt und an den beiden Ausgangstoren 3 und 4 bereitgestellt. In der Betriebsart „koppeln" wird optische Leistung gleichzeitig an Tor 1 und an Tor 2 angeboten und an Tor 3 und/oder Tor 4 entnommen. Grundsätzlich müssen nicht benötigte Ein- oder Ausgänge reflexionsfrei abgeschlossen werden; diese Maßnahme ist in den nachfolgenden Zeichnungen nicht dargestellt.

Das Teilverhältnis bzw. Koppelverhältnis kann vom Hersteller auf jeden gewünschten Wert eingestellt werden. Wenn nicht ausdrücklich anderes gesagt wird, gehen wir von Viertoren mit einem 50:50 Teilverhältnis aus, d.h. an den beiden Ausgangstoren steht jeweils 50% der Eingangsleistung zur Verfügung. Solche Koppler werden auch *3-dB-Koppler* genannt (weil aus der Sicht des durchgehenden Pfades 50% $\hat{=}$ 3 dB der angelieferten optischen Leistung verlorengegangen sind). Sie arbeiten symmetrisch, Eingangsseite und Ausgangsseite sind vertauschbar. In vielen Anwendungsfällen ist das Koppelverhältnis die einzige wichtige Kopplerkenngröße. In polarisationsoptischen und interferometrischen Aufbauten

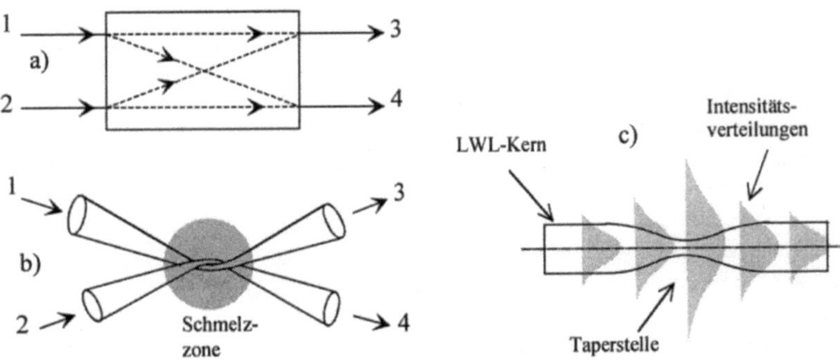

Abb. 13.1. **a)** Prinzipschaltbild eines optischen Viertores **b)** Ausführung des Viertores als Schmelzkoppler mit Taper. **c)** Intensitätsverteilungen in der Umgebung einer Taperstelle.

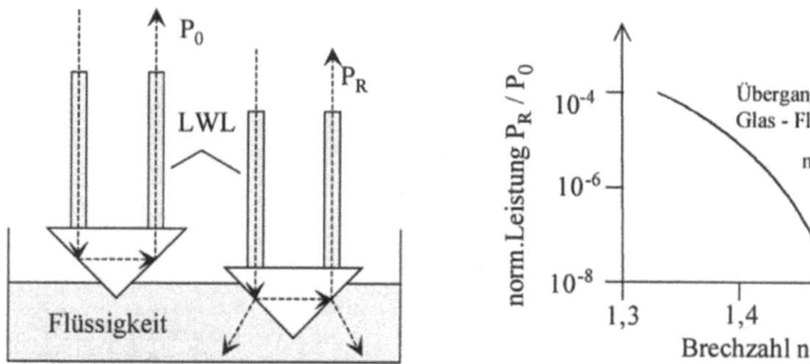

Abb. 13.2. Links: Prinzip eines Füllstandsmessers. Rechts: Leistungsreflexionsfaktor für unpolarisiertes Licht beim Übergang Glas-Flüssigkeit im Füllstandsmesser

keit an. Daraus läßt sich ein Funktionsprinzip für einen Dichtemesser entwickeln: ein Sensorkopf wie bei dem Füllstandssensor wird permanent in die Flüssigkeit eingetaucht und die Intensität des reflektierten Restlichtes gemessen. Mit sich ändernder Dichte bzw. Brechzahl variiert auch die empfangene Intensität gemäß Abb. 13.2 (rechts). Beispielsweise sind auf dem Markt nach diesem Prinzip arbeitende Warnschaltungen erhältlich, die den Ladezustand einer Autobatterie anzeigen. Je nach Ladezustand ist der Säuregehalt in einer Kfz-Batterie unterschiedlich, er sinkt mit abnehmendem Ladezustand. Mit dem Säureanteil ändert sich die Dichte und damit die Brechzahl der Batterieflüssigkeit, sie nimmt mit abnehmendem Ladezustand ebenfalls ab, nach Abb. 13.2 (rechts) steigt so die Intensität am Ausgang eines in die Batterie permanent getauchten Sensors. Der Dichtesprung zwischen „geladen" und „entladen" und damit der Intensitätsanstieg ist groß genug, um durch Schwellwerttriggerung ein Warnsignal zu erzeugen. Damit bei einem derartigen Sensor noch hinreichend viel Licht am Detektor ankommt, wird als LWL eine Plastikfaser (POF) mit großem Kerndurchmesser (ca. 1 mm) und großer numerischer Apertur (typisch ca. 0,45) eingesetzt.

13.2
Abstandssensor durch Phasenlaufzeitmessung

Die emittierte Leistung einer Lichtquelle, üblicherweise eine LED, wird hochfrequent mit der Frequenz f_m moduliert. Das Licht durchläuft eine LWL-Strecke und tritt im Sensorkopf aus dem LWL aus. An einem Objekt, im nachfolgenden Text immer „Spiegel" genannt, wird das Licht reflektiert, tritt wieder in die Faser ein und läuft in der Faser zurück. Das rückkehrende Licht wird mit einem als Verzweiger arbeitenden Koppler ausgeblendet und von einer Photodiode registriert. (Abb. 13.3). Gemessen wird also letztlich die Intensität am Ort der Photodiode.

Die aus dem LWL austretende Intensität bewegt sich als Welle mit Gruppenge-

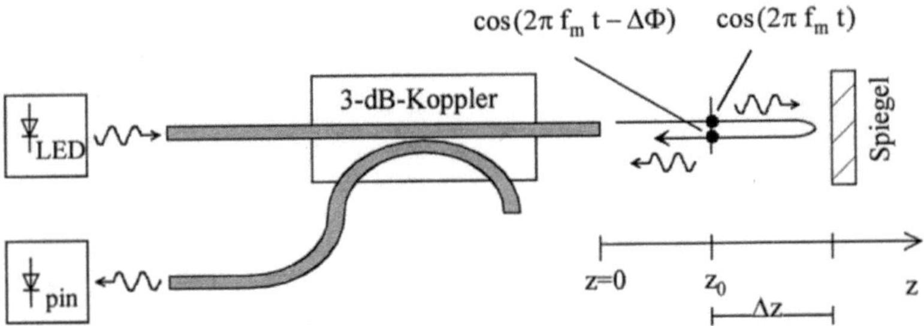

Abb. 13.3.   Prinzipaufbau eines Abstandssensors durch Phasenlaufzeitmessung. Nähere Erläuterungen im Text.

schwindigkeit v_g in z-Richtung. Sie durchquert eine Referenzstelle $z=z_0$ (das kann, aber muß nicht unbedingt das LWL-Ende sein). Im Abstand Δz von der Referenzstelle befindet sich der Spiegel. Dort wird das Licht reflektiert; bis zum Wiederpassieren der Referenzstelle hat es so den Weg $2\cdot\Delta z$ zurückgelegt. Nach Gl. (1.6) hat eine Welle zu jedem beliebigen Zeitpunkt in den Punkten, die in Laufrichtung einen Abstand $2\cdot\Delta z$ voneinander haben, den Phasenunterschied

$$\Delta\Phi = - (2\pi f_m/v_g)\cdot 2\Delta z. \tag{13.1}$$

Von der Diode wird so ein Signal registriert, das um $\psi_0 + \Delta\Phi = \psi_0 - 4\pi f_m/v_g\cdot\Delta z$ gegenüber dem *gesendeten* Signal phasenverschoben ist. Der konstante Phasenbeitrag ψ_0 ist derjenige Phasenunterschied, der von der Diode gesehen wird, wenn der Spiegel sich am Referenzpunkt befindet, d.h. wenn $\Delta z = 0$ ist. Die Information über die Verschiebung Δz ist in der Phasenlage $\Delta\Phi$ codiert. Man bezeichnet das Meßprinzip als *Phasenlaufzeitmessung*.

Auswertung (Abb. 13.4): Als HF-Quelle wird ein Quadraturoszillator benutzt, d.h. ein Oszillator, der gleichzeitig die Spannungen $\sin(2\pi f_m\cdot t)$ und $\cos(2\pi f_m\cdot t)$ abgibt. Das cos-Signal steuert den optischen Sender an, das sin-Signal triggert einen Rechteckgenerator mit den Scheitelwerten $\pm\hat{u}$. Ein zweiter Rechteckgenerator mit den Scheitelwerten $\pm\hat{u}$ wird von der Photodiode angetriggert, dieses Rechteck ist gegenüber dem LED-Signal um $\psi_0 + \Delta\Phi$ und gegenüber dem ersten Rechteck um $\psi_0 + \Delta\Phi - \pi/2$ (wegen der $\pi/2$-Verschiebung zwischen sin und cos) phasenverschoben. Mit einem geeigneten Abgleichverfahren wird die Grundverschiebung ψ_0 kompensiert, das 2. Rechteck ist jetzt gegen das 1. Rechteck um $\Delta\Phi -\pi/2$ phasenverschoben. Die beiden Rechtecke werden miteinander multipliziert und das Multiplikationsprodukt auf einen Mittelwertbildner (z.B. einen Tiefpaß) gegeben. Das Ausgangssignal ist eine Gleichspannung $u_=$, sie hat, als Funktion von $\Delta\Phi$ aufgetragen, den in Abb. 13.4b gezeigten dreieckförmigen Verlauf mit $\hat{u}$ als Scheitelwert. Für $|\Delta\Phi| < \pi/2$ ist der Verlauf eine Gerade mit der Steigung $(2\hat{u}/\pi)$ durch den Ursprung, mathematisch beschrieben durch $u_= = (2\hat{u}/\pi)\Delta\Phi$. Die Einschränkung $|\Delta\Phi| < \pi/2$ ist wegen Gl. (13.1) gleichwertig mit $|\Delta z| < v_g/(8f_m)$.

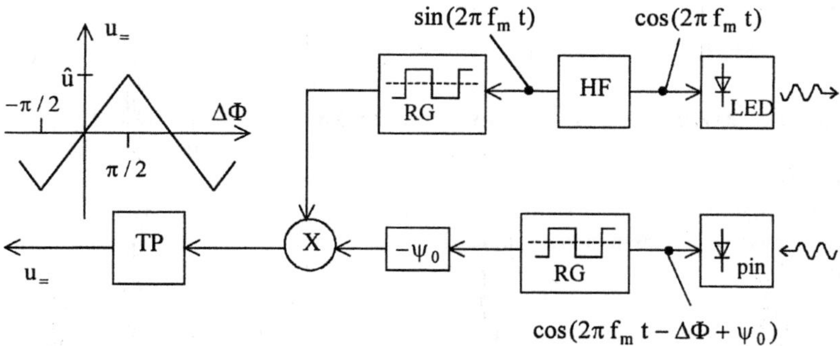

Abb. 13.4. Auswerteschaltung zur Detektion von Phasenverschiebungen. „HF": Hochfrequenzoszillator mit Quadraturausgängen; „RG": Rechteckgenerator; „X": Multiplizierer

Durch Einsetzen von Gl. (13.1) in die Geradengleichung erhalten wir letztlich

$$u_= = -\hat{u}\cdot(8f_m/v_g)\cdot\Delta z \sim \Delta z \qquad \text{für } |\Delta z| < v_g/(8f_m). \tag{13.2}$$

Die Ausgangs-Gleichspannung $u_=$ ist jetzt ein Maß für die Verschiebung Δz. Die Verschiebung selbst kann durch eine Vielzahl von Sekundäreffekten wie Kraft, Druck, Vibration, thermische Ausdehnung hervorgerufen werden.

Die Empfindlichkeit des Sensors ist $\varepsilon = |du_=/d\Delta z| \sim f_m$. In derartigen Sensoren werden deshalb als Lichtquellen hochfrequent modulierbare LED's eingesetzt. Bei z.B. $f_m = 150$ MHz beträgt der Einsatzbereich in Luft $|\Delta z|_{max} = v_g/(8f_m) = 25$ cm mit einer Auflösung < 0,3 mm. Mit anderen Phasendetektionsverfahren können auch deutlich größere Einsatzbereiche realisiert werden. Da das Ausgangssignal $u_=$ unabhängig von der mittleren Empfangsleistung an der Photodiode ist, spielen Intensitätsschwankungen des Senders, unterschiedliches Reflexionsvermögen des Spiegels oder sich ändernde Einkoppelbedingungen beim Wiedereinkoppeln keine Rolle. Hierin liegt der große Vorteil der Phasenlaufzeitmessung gegenüber anderen optischen Verfahren.

Anmerkung:
Strenggenommen müssen wir jetzt unterscheiden zwischen der letztlich zu detektierenden Größe („Meßgröße") und der Größe, die tatsächlich die Spiegelverschiebung bewirkt („Wirkgröße"). Wenn die eigentlich zu messende Größe z.B. die Temperatur ist, die über thermische Ausdehnung den Spiegel verschiebt, dann ist die registrierte Phasenverschiebung direkt ein Maß für die Ausdehnung und nur indirekt ein Maß für die Temperatur. Vorrichtungen, die die eigentlich zu messende Größe auf eine vom Sensor erkennbare Wirkgröße umsetzen, heißen *Transducer*. Wir werden im nachfolgenden Text häufig Transducer voraussetzen müssen. Um die Darstellung nicht durch Formalismen zu stark einzuengen, werden wir auch bei indirekten Messungen über Transducer sprachlich nicht immer zwischen Meßgröße und Wirkgröße unterscheiden.

13.3
Temperatursensor

Auf dem Markt sind mehrere Ausführungsformen extrinsischer LWL-Temperatursensoren vertreten. Das Funktionsprinzip der meisten von ihnen nutzt die Temperaturabhängigkeit der Photolumineszenz aus. Am übersichtlichsten stellen sich die Verhältnisse in einem Halbleiter dar, deshalb soll hier beispielhaft ein Temperatursensor mit einem photolumineszierenden Halbleiterkristall vorgestellt werden.

Durch Bestrahlen eines Halbleiters mit Licht, dessen Photonenenergie größer als die Energiebandlücke des Kristalles ist, werden Elektronen aus dem Valenzband des Halbleiters hoch in dessen Leitungsband angehoben. (Abb. 13.5 links). Innerhalb des Leitungsbandes „relaxieren" die Elektronen in die Nähe der Leitungsbandunterkante und reihen sich in die dortige thermische Verteilung der Elektronen ein. Nach einer statistischen Verweilzeit fallen sie unter Energieabgabe spontan ins Valenzband zurück, die abgegebene Energie entspricht der Energielücke des Halbleiters zuzüglich der thermischen Energie des Elektrons im Leitungsband. In manchen Kristallen wird die freiwerdende Energie in Form von Licht emittiert. Die Wellenlänge des abgestrahlten Lichtes ist größer als die des eingestrahlten Lichtes, die Gesamtemission ist wegen der Verteilung der Elektronen vor deren Rückkehr ein Spektralband. Den Gesamtvorgang bezeichnet man als *Photolumineszenz*. Mit zunehmender Temperatur wird die Bandlücke kleiner, und es ändert sich die thermische Energieverteilung der Elektronen im Leitungs-

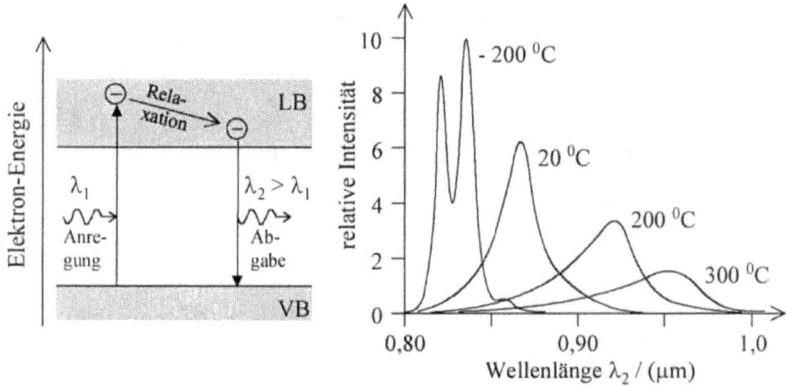

Abb. 13.5. Links: schematische Darstellung der Photolumineszenz in einem Halbleiter (LB=Leitungsband, VB=Valenzband). Rechts: Photolumineszenzspektren von GaAs bei verschiedenen Temperaturen. Bei tiefen Temperaturen kommt zu dem im Text beschriebenen Band-Band-Übergang ein zusätzlicher Übergangskanal hinzu, dadurch entsteht die Doppelspitze bei − 200 ^{0}C.

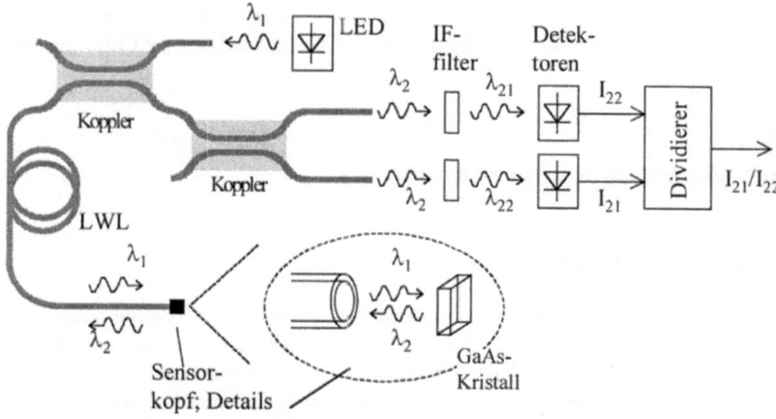

Abb. 13.6. Aufbau eines Temperatursensors durch Photolumineszenzmessung. IF: Interferenzfilter. In dem ovalen Bildeinschub Details des Sensorkopfes.

band. Dadurch ändert sich charakteristisch auch das Lumineszenzspektrum, siehe rechtes Teilbild in Abb. 13.5. Auf dieser Temperaturabhängigkeit der Photolumineszenz basiert das Funktionsprinzip des Sensors.

Abbildung 13.6 zeigt den prinzipiellen Aufbau des Meßsystems. Auf die ausgangsseitige Stirnfläche einer Vielmodenfaser ist ein GaAs-Kristall aufgeklebt, der durch den LWL hindurch mit Anregungslicht der Wellenlänge λ_1 aus einer LED beleuchtet wird. Dieselbe Faser sammelt das vom Halbleiter abgestahlte Lumineszenzlicht ein und führt es über einen Verzweiger zur Auswerteeinheit. Dort wird das Lumineszenzlicht aufgeteilt und seine Intensität mit zwei Detektoren mit vorgeschalteten Interferenzfiltern in zwei verschiedenen schmalen Spektralbändern um λ_{21} und um λ_{22} gemessen, dies liefert die Ströme I_{21} und I_{22}. Durch Quotientenbildung werden Störeinflüsse wie z.B. Schwankungen in der Ausgangsleistung der LED eliminiert (diese Störeinflüsse wirken sich in den beiden Wellenlängensegmenten gleichstark aus und werden durch die Division unterdrückt, wohingegen die Nutzsignale in den beiden Segmenten unterschiedlich stark sind). Das Lumineszenz-Intensitätsverhältnis S_{21}/S_{22} und damit das Stromverhältnis I_{21}/I_{22} hängt zwar nicht linear von der Temperatur ab, kann aber über Eichkurven skaliert werden. Die Meßgenauigkeit beträgt zwischen $0\,^0$C und $250\,^0$C etwa $1\,^0$C, die Auflösung $0,1\,^0$C.

Ein Vorteil des Sensors liegt in der Kleinheit des Sensorkopfes; der Fühler hat einen Durchmesser von ca. 0,5 mm und kann deshalb auch an nur schwer zugänglichen Meßstellen plaziert werden. Weitere Vorteile sind der systembedingte dielektrische Aufbau; dadurch kann er auch in elektromagnetischen Störfeldern eingesetzt werden (z.B. zur Temperaturüberwachung in den Wicklungen von Hochspannungstransformatoren oder in Mikrowellenöfen). Die chemische Widerstandsfähigkeit des Sensorkopfes ermöglicht den Einsatz bei Temperatursteuerungen in chemisch agressiver Umgebung (z.B. bei der Elektrolyse von Chlor oder in Ätzbädern).

13.4
Polarisationssensor (Polarimeter)

13.4.1
Aufbau und Wirkungsweise

Eine Reihe von durchsichtigen Körpern sind *doppelbrechend* (*optisch anisotrop, optisch retardierend*), d.h. die Phasengeschwindigkeit des sie durchlaufenden Lichtes hängt von dem Polarisationszustand (state of polarization, SOP) der Lichtwelle ab. Je nachdem, ob die Phasengeschwindigkeit mit dem linearen oder dem zirkularen SOP des Lichtes verknüpft ist, bezeichnet man den Kristall als *linear* oder *zirkular doppelbrechend* bzw. als *linearen* oder *zirkularen Retarder.* Man kann zeigen: durchquert Licht einen geeigneten, korrekt plazierten und korrekt orientierten Retarder, so ändert sich der Polarisationszustand: Eingangs- und Ausgangslicht haben unterschiedlichen SOP. Zur Analyse der Vorgänge beim Lichtdurchgang durch Retarder benutzt man gerne den sog. *Jones-Formalismus.* Dieser Formalismus ist ein Rechenschema, das es erlaubt, bei bekanntem Eingangs-SOP und bekannten Retardereigenschaften den Ausgangs-SOP zu berechnen. Der Jones-Formalismus wird in Anhang A4 detailliert vorgestellt. Wir benutzen im Folgenden ohne nähere Erläuterung diese Rechenmethode und verweisen auf Anhang A4.

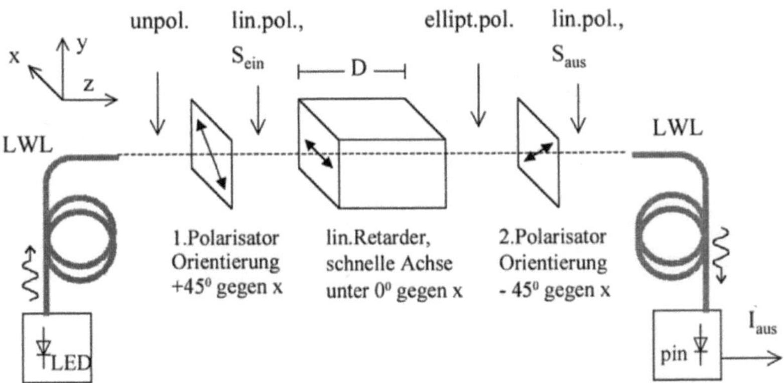

Abb. 13.7. Extrinsisches faseroptisches Polarimeter. An den Polarisatoren zeigen die Pfeile die jeweilige Polarisationsrichtung, am Retarder die Orientierung der „schnellen" Achse an. Als Photodiode wird eine pin-Diode eingesetzt.

Durch äußere Einflüsse können die Retardereigenschaften eines von sich aus doppelbrechenden Kristalls verändert oder in einem zuvor optisch isotropen Material jetzt Doppelbrechung eingebracht werden. Damit lassen sich Sensoren konzipieren: die Wirkgröße modifiziert die Retardierung eines Materials, dadurch ändert sich charakteristisch der Polarisationszustand des den Retarder durchlaufenden Lichtes, diese SOP-Änderung wird in eine Intensitätsänderung des Lichtes umgewandelt und angezeigt. Solche, auf Polarisationsänderungen des Lichtes beruhenden Sensoren heißen *Polarimeter*.

Abbildung 13.7 zeigt den Prinzipaufbau eines extrinsischen LWL-Polarimeters. Unpolarisiertes Licht tritt aus dem zuführenden Vielmoden-LWL aus, wird linear unter dem Winkel $45^0 = \pi/4$ gegen die x-Richtung polarisiert und durch einen linearen Retarder geschickt, dessen schnelle Achse in x-Richtung weist. Wir nehmen an, daß die Wirkgröße quantitativ die Retardierung R_L des Retarders beeinflußt. Das Licht durchquert einen 2. Linearpolarisator, seine Polarisationsachse steht senkrecht zu der des 1. Polarisators, ist also unter $-45^0 = -\pi/4$ orientiert. Es wird in den abführenden LWL eingekoppelt und zu einer Photodiode geleitet, die die Lichtintensität detektiert.

Aus physikalischer Sicht wird in den Retarder Licht mit definiertem linearen Eingangs-SOP eingespeist. Der Retarder ändert den SOP, hinter dem Retarder ist das Licht i.A. elliptisch polarisiert, aber seine Intensität wurde nicht verändert. Der 2. Linearpolarisator ist orthogonal zum 1. orientiert; er fragt ab, wie stark sein eigener SOP in der elliptischen Polarisation vertreten ist. Man kann die Aufgabe des 2. Polarisators auch anders formulieren: er setzt die SOP-*Änderung* in eine Intensitäts*änderung* um, die dann mit der Photodiode gemessen wird.

Die verwendeten LWL sind Vielmoden-LWL. Ausdrücklich soll darauf hingewiesen werden: Vielmoden-LWL behalten zwar die Intensität des Lichtes bei (die LWL-Dämpfung darf vernachlässigt werden, da die Streckenlängen nur kurz sind). Sie sind aber infolge der Modenmischung (s. Abschn. 10.1.4) nicht in der Lage, einen Polarisationszustand zu erhalten. Das heißt: das Licht am Ausgang eines Vielmoden-LWL ist immer unpolarisiert, selbst wenn es am Eingang polarisiert war. Deshalb muß das Licht *hinter* dem zuführenden LWL polarisiert werden, es genügt nicht, geeignet polarisiertes Licht bereits in den LWL einzuspeisen. Ensprechend muß der 2. Polarisator *vor* dem abführenden LWL angebracht werden und nicht erst vor der Photodiode.

13.4.2
Mathematische Behandlung

Wir stellen die Frage nach dem Aufbau des Retarders selbst und den damit letztlich nachweisbaren Größen zunächst zurück und berechnen zunächst mit den Formeln aus Anhang A4 die Ausgangsintensität. Mit J_{ein} als Jones-Vektor des Lichtes *hinter* dem 1. Polarisator und $L(0, R_L)$ bzw. $P(-\pi/4)$ als Jones-Matrizen von Retarder bzw. 2. Polarisator erhalten wir den Jones-Vektor J_{aus} des Ausgangslichtes hinter dem 2. Polarisator zu

$$
J_{aus} = \underbrace{\begin{pmatrix} \cos^2(\frac{\pi}{4}) & \frac{1}{2}\sin(\frac{\pi}{2}) \\[2mm] \frac{1}{2}\sin(\frac{\pi}{2}) & \sin^2(\frac{\pi}{4}) \end{pmatrix}}_{P(\pi/4)} \cdot \underbrace{\begin{pmatrix} \sin^2(0)+e^{jR_L}\cdot\cos^2(0) & \frac{1}{2}(e^{jR_L}-1)\sin(0) \\[2mm] \frac{1}{2}(e^{jR_L}-1)\sin(0) & \cos^2(0)+e^{jR_L}\cdot\sin^2(0) \end{pmatrix}}_{L(0,R_L)} \cdot \hat{E}_x \underbrace{\begin{pmatrix} 1 \\ \tan(-\pi/4) \end{pmatrix}}_{J_{ein}}
$$

$$
= \frac{1}{2}\hat{E}_x\left[e^{jR_L}-1\right]\begin{pmatrix} 1 \\ 1 \end{pmatrix} \quad . \tag{13.3}
$$

Das Ausgangslicht ist linear unter 45^0 polarisiert (Vektoranteil von J_{aus}), seine Intensität ist nach Gl. (A4.5)

$$
S_{aus} = \kappa\left|J_{aus}\right|^2 = \kappa\,\frac{1}{4}\hat{E}_x^2\left[e^{jR_L}-1\right]\left[e^{-jR_L}-1\right]\cdot 2
$$
$$
= \kappa\,\frac{1}{4}\hat{E}_x^2\left[2-2\cos(R_L)\right]\cdot 2 = \kappa\,\hat{E}_x^2\left[1-\cos(R_L)\right] \quad . \tag{13.4}
$$

Die Intensität S_{ein} hinter dem 1. Polarisator ist $S_{ein} = \kappa\left|J_{ein}\right|^2 = \kappa\,\hat{E}_x^2\cdot 2$, so daß $S_{aus} = \frac{1}{2}\cdot S_{ein}\cdot[1-\cos(R_L)]$ ist. Die Photodiode wandelt die Intensität S_{aus} in einen dazu proportionalen Strom der Stärke I_{aus} um. Als Ausgangssignal des Sensors verwenden wir den Quotienten $\eta = I_{aus}/I_{ein}$; darin ist I_{ein} der von der Photodiode bei Bestrahlung mit der Intensität S_{ein} gelieferte Strom. Wir erhalten letztlich als Sensorkennlinie

$$
\eta = \tfrac{1}{2}\left[1-\cos(R_L)\right] \quad . \tag{13.5}
$$

In Abb. 13.8a ist die Kennlinie aufgetragen. Sie weist einige gravierende Nachteile auf:

- wegen $\cos(x) \approx 1 - x^2$ ist für kleine R_L das Signal proportional zu $R_L{}^2$, die Kennlinie also stark nichtlinear
- die Steigung der Kennlinie proportional zu $\sin(R_L)$; für kleine R_L ist der Sinus auch klein und damit wegen Gl. (12.1) die Empfindlichkeit des Sensors ebenfalls nur gering.
- wegen $\cos(-x) = \cos(x)$ kann nicht unterschieden werden zwischen positiven oder negativen Werten von R_L (keine „Richtungsinformation")

Günstiger wäre es, den Arbeitspunkt an die mit „Q" markierte Stelle zu verschieben. Q wird häufig als *Quadraturpunkt* bezeichnet. Q ist definiert als der Punkt, in dem die Kennliniensteigung, d.h. die Sensorempfindlichkeit am größten ist. In seiner Umgebung verläuft die Kennlinie in 1. Näherung linear. Mit der in Abb. 13.9 gezeigten Abwandlung des Meßaufbaues läßt sich dieses Ziel erreichen.

Der 1. Linearpolarisator wandelt das aus dem LWL austretende unpolarisierte Licht in linear polarisiertes um. Mit der nachfolgenden $\lambda/4$-Platte (siehe Abschnitt 4.2.2 in Anhang A4) wird das lineare Licht in zirkular polarisiertes Licht überführt. Es durchquert wieder den Retarder. Hinter dem Retarder wird das Licht

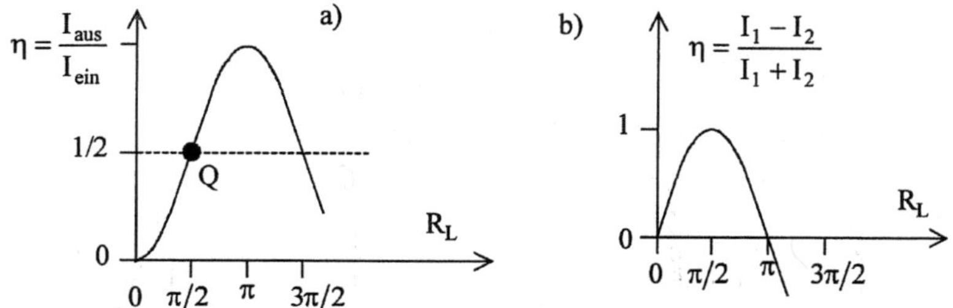

Abb. 13.8.   Sensorkennlinien des Polarimeters. Links: Kennlinie bei einfachem Polarimeteraufbau nach Abb. 17.7. Rechts: Kennlinie bei verbessertem Aufbau nach Abb. 13.9.

mit einem polarisationserhaltenden Strahlteiler in zwei Teilstrahlen gleicher Intensität geteilt und jeweils durch einen Linearpolarisator geschickt, die unter $(+45^0)$ und (-45^0) orientiert sind. Die beiden Teilstrahlen werden in zwei abgehende LWL eingekoppelt und zu den Detektoren geführt. Wir bezeichnen den Jones-Vektor des Eingangslichtes hinter der $\lambda/4$-Platte mit $\mathbf{J}_{ein}$, die des Ausgangslichtes mit $\mathbf{J}_1$ [Polarisation unter $(+45^0)$] und $\mathbf{J}_2$ [Polarisation unter (-45^0)]. Beispielhaft berechnen wir $\mathbf{J}_1$ (der Faktor $1/\sqrt{2}$ berücksichtigt, daß durch die Strahlteilung auch die Intensität halbiert bzw. die Feldamplituden auf $1/\sqrt{2}$ abgeschwächt werden; weiterhin nehmen wir an, daß $\mathbf{J}_{ein}$ *rechts*zirkular polarisiert ist):

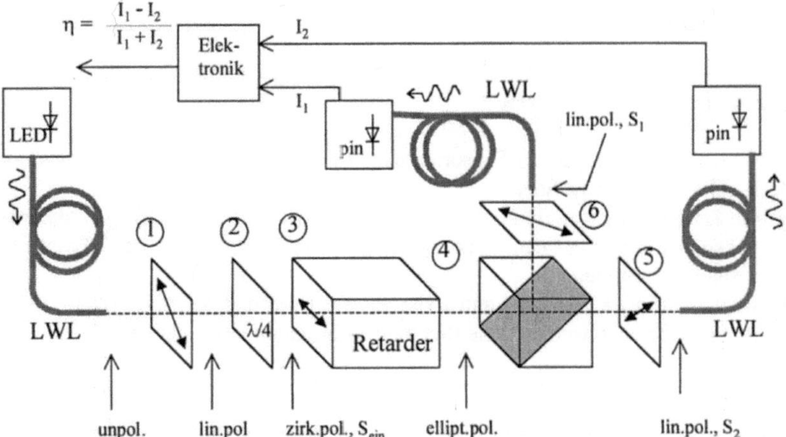

Abb. 13.9.   Verbesserter Polarimeteraufbau mit den Bauelementen: ①: Linearpolarisator, Orientierung beliebig; ②: $\lambda/4$-Platte; ③: Retarder, schnelle Achse definiert x-Richtung; ④: pol.erhaltenden Strahlteiler; ⑤: Linearpolarisator, Orientierung -45^0; ⑥: Linearpolarisator, Orientierung $+45^0$. Ein sog. „Wollaston-Prisma" ist ein Bauteil, das die Funktionselemente ④, ⑤, ⑥ zu einem einzigen optischen Gerät integriert.

$$\mathbf{J}_1 = \underbrace{\frac{1}{\sqrt{2}}\begin{pmatrix} 1/2 & 1/2 \\ 1/2 & 1/2 \end{pmatrix}}_{\mathbf{P}(\pi/4)} \cdot \underbrace{\begin{pmatrix} e^{jR_L} & 0 \\ 0 & 1 \end{pmatrix}}_{\mathbf{L}(0,R_L)} \cdot \underbrace{\begin{pmatrix} 1 \\ j \end{pmatrix} \hat{E}_x}_{\mathbf{J}_{ein}} = \frac{1}{2\sqrt{2}}\left[e^{jR_L} + j \right]\begin{pmatrix} 1 \\ 1 \end{pmatrix} \hat{E}_x \qquad (13.6)$$

Die Intensität an diesem Ausgang ist

$$S_1 = \kappa\,|\mathbf{J}_1|^2 = \kappa \frac{1}{4 \cdot 2} \hat{E}_x^2 \left[e^{jR_L} + j \right]\left[e^{-jR_L} - j \right] \cdot 2 = \kappa \frac{1}{2} \hat{E}_x^2 \left[1 + \sin(R_L) \right] \quad . \quad (13.7)$$

Die Intensität am Retardereingang ist $S_{ein} = \kappa\,|\,\mathbf{J}_{ein}\,|^2 = \kappa\,\hat{E}_x^2 \cdot 2$. Nach Wandlung Intensität $\rightarrow$ Stromstärke wird (I_{ein} ist wieder der der Intensität S_{ein} entsprechende Strom)

$$I_1 = \tfrac{1}{4} I_{ein}\left[1 + \sin(R_L) \right] \quad . \qquad (13.8)$$

Auf dieselbe Weise errechnen wir die am 2. Detektor registrierte Stromstärke zu $I_2 = \tfrac{1}{4} I_{ein}\left[1 - \sin(R_L) \right]$. Wir bilden elektronisch das Verhältnis

$$\eta := \frac{I_1 - I_2}{I_1 + I_2} \quad . \qquad (13.9)$$

Diesen Ausdruck betrachten wir als Sensorausgangssignal, es ist von der Eingangsintensität S_{ein} unabhängig [im Gegensatz zu Gl. (13.5) muß man I_{ein} nicht kennen bzw. messen, um η zu erhalten]. Die Sensorkennlinie hat jetzt die Form

$$\eta = \sin(R_L) \quad . \qquad (13.10)$$

Gleichung (13.10) ist in Abb. 13.8b als rechtes Teilbild aufgetragen. Mit ihr haben wir das angestrebte Ziel erreicht:

- wegen $\sin(x) \approx x$ ist das Sensorausgangssignal für kleine R_L proportional zu R_L, die Kennlinie ist linear
- die Steigung der Kennlinie proportional zu $\cos(R_L) \approx 1$ (für kleine R_L); der Arbeitspunkt wurde auf den Punkt größter Steigung und damit größter Empfindlichkeit verschoben
- wegen $\sin(-x) = -\sin(x)$ kann zwischen positiven und negativen Werten von R_L unterschieden werden, eine Richtungsinformation ist vorhanden

13.4.3
Erzeugung linearer Doppelbrechung am Beispiel des elastooptischen Effektes und des Kerr-Effektes

Damit bleiben abschließend die physikalischen Ursachen der Retardierung selbst zu klären. Es gibt eine Vielzahl von Effekten, die lineare Doppelbrechung erzeugen. Ein prominentes Beispiel hierfür ist der *elastooptische Effekt (photoelastische Effekt)*. Wir setzen einen beliebig geformten durchsichtigen elastischen Körper mechanischen Belastungen wie Drücken oder Drehmomenten aus und deformieren dadurch den Körper. Die Elastizitätstheorie bezeichnet die Kraft je Flächeneinheit als „mechanische Spannung " und beschreibt das Ergebnis der mechanischen Belastung durch drei sog. *Hauptspannungen* σ, die in drei aufeinander senkrecht stehende *Hauptrichtungen* wirken. Die Richtungen der Hauptachsen ergeben sich dabei durch die Form und elastischen Eigenschaften des Körpers sowie durch die Richtungen der tatsächlich einwirkenden Kräfte, wobei Kraftwirkungsrichtung und Hauptspannungsrichtung nicht übereinstimmen müssen. Die Zusammenhänge sind für den allgemeinen Fall unübersichtlich, wir betrachten deshalb einen Spezialfall.

Der Körper sei so orientiert, daß eine Hauptspannungsrichtung mit der Lichtlaufrichtung, d.h. der z-Richtung übereinstimmt. Die beiden anderen Hauptspannungsrichtungen lassen wir in x- und y-Richtung weisen bzw. wir identifizieren die Richtungen, in die die beiden anderen Hauptspannungen zeigen, jetzt als x- und y-Richtung. Diese Hauptspannungen bezeichnen wir mit σ_x und σ_y. Mit der Deformation verbunden sind Dichteänderungen des Körpers, die ihrerseits den Brechungsindex modifizieren, wobei die Brechzahländerung in x-Richtung im allgemeinen anders ausfällt als in die in y-Richtung. Das bedeutet: linear in x-Richtung polarisiertes Licht sieht nicht mehr die urprüngliche Brechzahl n_0 des Materials, sondern eine andere Brechzahl $n_x \neq n_0$; ebenso sieht linear in y-Richtung polarisiertes Licht die Brechzahl n_y, wobei $n_x \neq n_y$ ist, wenn $\sigma_x \neq \sigma_y$ ist. Jede andere lineare Polarisation mit Orientierungswinkel α registriert den Körper mit einer zwischen n_x und n_y liegenden Brechzahl $n(\alpha)$.

Polarisationsoptisch gesehen wird der zuvor isotrope Körper linear doppelbrechend (man spricht von *Spannungsdoppelbrechung*) bzw. zu einem Retarder mit Retarderhauptachsen in x und y-Richtung und linearer Anisotropie $B_L = |n_x - n_y|$ (beachte, daß Retarderhauptachsen und Hauptspannungsachsen parallel liegen). Aus der Elastizitätstheorie folgt weiter, daß B_L proportional ist zum Betrag der Hauptspannungs*differenz*:

$$B_L = C_\sigma \, | \, \sigma_x - \sigma_y \, | \ . \tag{13.11}$$

Der Proportionalitätsfaktor C_σ ist die *elastooptische Konstante*. Nach Gl. (A4.12) ergibt sich die in die Gleichungen (13.5) bzw. (13.10) eingehende Retardierung so zu (D ist die Quarzblocklänge bzw. Retarderlänge)

$$R_L = \frac{2\pi}{\lambda} \, D \, B_L = \frac{2\pi}{\lambda} \, D \, C_\sigma \cdot (\sigma_x - \sigma_y) \ . \tag{13.12}$$

Der elastooptische Effekt tritt in allen isotropen transparenten Materialien auf. Für Quarzglas ist $C_\sigma = 3,4 \cdot 10^{-8}$ cm^2/N bei HeNe-Laserlicht.

Wir fassen zusammen: eine auf den elastischen Körper einwirkende Größe deformiert den Block und erzeugt Hauptspannungen. In die Hauptspannungsrichtungen legen wir unser Koordinatensystem und können so die Hauptspannungen mit σ_x, σ_y und σ_z notieren. In Richtung der z-Hauptspannung σ_z lassen wir linear polarisiertes Licht durch den Quarzblock laufen, der durch die Deformation zu einem linearen Retarder mit der in Gl. (13.12) gegebenen Retardierung wird und so den SOP des eingespeisten Lichtes verändert.

Damit stellt sich die Frage: woher kennen wir die z-Hauptspannungsrichtung (denn in diese Richtung muß das Licht laufen)? Die Antwort hierauf ist pragmatisch: wir geben dem Körper eine definierte geometrische Form, typisch eine Quaderform, und lassen nur Kräfte zu, die senkrecht auf die Quaderflächen einwirken. Die Spannungshauptrichtungen der dabei entstehenden Deformationen verlaufen dann ebenfalls senrecht zu den Quaderflächen und sind demnach von vornherein bekannt. In eine der Richtungen lassen wir das Licht durch den Quader hindurchtreten und legen so die z-Richtung fest, die Hauptspannungs*differenz* der beiden dazu senkrecht stehenden Spannungen erzeugt die meßbare Retardierung nach Gl. (13.12).

Lineare Doppelbrechung kann auch durch elektrische Felder in Quarzglas eingebracht werden (sog. *Kerr-Effekt* bzw. *quadratrischer elektrooptischer Effekt*). Die Feldrichtung definiert die Vorzugsrichtung bzw. die Richtung einer der Retarderhauptachsen, senkrecht zu ihr – und damit zum Feld – muß das Licht laufen. In der Darstellung Abb. 13.7 weist das Feld also in x-Richtung. Der hiermit erzwungene Anisotropiekoeffizient B_L ist proportional zum Quadrat der externen Feldstärke E (daher der Name „quadratischer" Effekt) und zur Wellenlänge λ des Lichtes, so daß $B_L = K \cdot \lambda \cdot E^2$ wird. Der Proportionalitätsfaktor K heißt *Kerr-Konstante*. Für die Retardierung erhalten wir

$$R_L = \frac{2\pi}{\lambda} D\,B_L = \frac{2\pi}{\lambda} D\,K\,\lambda\,E^2 = 2\pi\,D\,K\,E^2 = R_L(E) \qquad (13.13)$$

Für Quarzglas ist $K \approx 9 \cdot 10^{-15}$ cm/V^2.

13.4.4
Querempfindlichkeit und optische Gleichtaktunterdrückung

Ein Problem aller Sensoren ist ihre Querempfindlichkeit. Formal können wir die Querempfindlichkeit eines polarimetrischen Sensors dadurch erfassen, daß wir in Gl. (13.10) R_L additiv aufspalten in einen wirkgrößenbedingten Nutzanteil $R_{L,nutz}$ und in einen, von unerwünschten Fremdeinflüssen induzierten Störbeitrag $R_{L,stör}$. Durch aufwendigere Gestaltung des optischen Sensorkopfes läßt sich der Störbeitrag eliminieren. Abb. 13.10 zeigt einen in dieser Hinsicht modifizierten Sensorkopf. Der Gesamtretarder ist jetzt in 3 Segmente aufgeteilt. Das 1. wie das 3. Segment sind identische Meß-Retarder, wie oben beschrieben. Diese beiden Retarder sind dem Störeinfluß in gleichem Maße ausgesetzt, auf das 3. Element (in Lichtlaufrichtung gesehen, die Reihenfolge ist wichtig!) wirkt zusätzlich die Nutzgröße ein und definiert damit eine schnelle Achsrichtung. Zwischen diesen

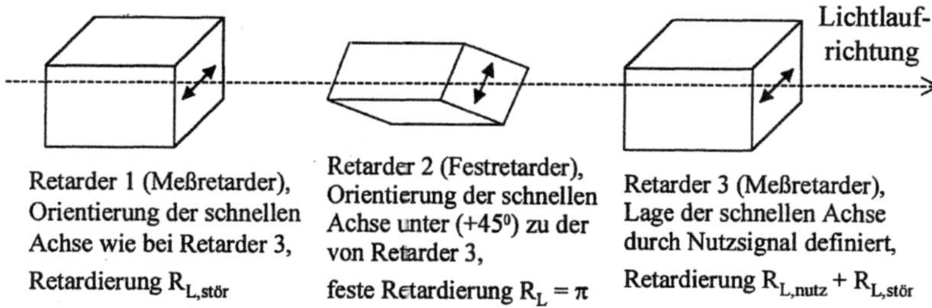

Retarder 1 (Meßretarder), Orientierung der schnellen Achse wie bei Retarder 3, Retardierung $R_{L,stör}$

Retarder 2 (Festretarder), Orientierung der schnellen Achse unter (+45°) zu der von Retarder 3, feste Retardierung $R_L = \pi$

Retarder 3 (Meßretarder), Lage der schnellen Achse durch Nutzsignal definiert, Retardierung $R_{L,nutz} + R_{L,stör}$

Abb. 13.10. Retarderaufbau mit optischer Gleichtaktunterdrückung

beiden Segmenten ist ein weiterer Retarder eingebaut, dessen schnelle Achse unter (+45°) zur Richtung des 3. Segmentes geneigt und dessen Retardierung fest auf den Wert π eingestellt ist. Mit der vorgestellten Rechenmethode rechnet man sofort die resultierende Matrix der Hintereinanderschaltung aus zu (der Einfachheit halber legen wir die schnelle Achse des Retarders 3 wieder in die x-Richtung)

$$
\mathbf{L}_{gesamt} = \underbrace{\begin{pmatrix} e^{j(R_{L,nutz}+R_{L,stör})} & 0 \\ 0 & 1 \end{pmatrix}}_{\mathbf{L}_3(0,R_{L,nutz}+R_{L,stör})} \cdot \underbrace{\begin{pmatrix} 0 & -1 \\ -1 & 0 \end{pmatrix}}_{\mathbf{L}_2(\pi/4,R_L=\pi)} \cdot \underbrace{\begin{pmatrix} e^{jR_{L,stör}} & 0 \\ 0 & 1 \end{pmatrix}}_{\mathbf{L}_1(0,R_{L,stör})}
$$

$$
= -e^{jR_{L,stör}} \begin{pmatrix} 0 & e^{jR_{L,nutz}} \\ 1 & 0 \end{pmatrix} \tag{13.14}
$$

Wir bauen $\mathbf{L}_{gesamt}$ anstelle von $\mathbf{L}(0,R_L)$ in Gl. (13.6) ein und erhalten $\mathbf{J}_1$ zu:

$$
\mathbf{J}_1 = -\frac{1}{2\sqrt{2}} e^{jR_{L,stör}} \left[je^{jR_{L,nutz}} + 1 \right] \begin{pmatrix} 1 \\ 1 \end{pmatrix} \cdot \hat{E}_x \quad . \tag{13.15}
$$

Bei der Betragsquadratbildung zur Intensitätsberechnung fällt wegen $|\exp(jx)| = 1$ der Störterm heraus, so daß

$$
S_1 = \kappa |\mathbf{J}_1|^2 = \tfrac{1}{4} S_{ein} \left[1 - \sin(R_{L,nutz}) \right] \tag{13.16}
$$

Gleichung (13.16) unterscheidet sich von Gl. (13.7) nur durch das Vorzeichen des sin-Beitrages. Entsprechend ändert sich auch das Vorzeichen des sin-Beitrages in der Intensität S_2. Mit anderen Worten: durch die vorgestellte Störunterdrückung werden die beiden Ausgänge vertauscht. Nach Umbenennung der Ausgänge ergibt sich wieder die Kennlinie Gl. (13.9), die aber jetzt unabhängig von Störungen ist. Man bezeichnet diese Methode der Störsignalunterdrückung als *optische Gleichtaktunterdrückung* (optical common mode rejection), weil das Störsignal ein gemeinsamer Beitrag in *beiden* optischen Meßretardern ist.

14 Intrinsische Sensoren mit Standardfasern

Bei intrinsischen LWL-Sensoren verbleibt das Licht auch im Meßaufnehmer innerhalb des LWL. In diesem Kapitel werden intrinsische Sensoren mit Standardfasern vorgestellt, bei denen die Meßgröße lokal die Dämpfung des LWL erhöht. Gemessen wird die durch den LWL transmittierte Leistung. Die Dämpfungshöhung zeigt sich hier als Leistungsverlust.

14.1
Mikrobiegungssensor

In Abschn. 7.2.2 wurde erwähnt, daß Mikrokrümmungen der Faser (das sind Krümmungen, bei denen die Faserachse in unregelmäßiger Folge wenige μm aus der idealen geraden Linie ausgebogen wird) zu erhöhter Dämpfung durch Abstrahlung führt. Die Dämpfungszunahme ist i.A. gering, sie kann aber gut meßbare Werte annehmen, wenn die Faser mit einer passend gewählten Periode hin- und hergekrümmt wird (Abb. 14.1). Die optimale Biegeperiode (im Sinne möglichst großer Zusatzdämpfung) hängt von der numerischen Apertur und dem Kernradius der Faser ab und liegt im mm-Bereich. Nach diesem Konzept läßt sich ein Drucksensor dadurch bauen, daß ein LWL wie in Abb. 14.1 zwischen zwei geriffelte Platten geklammert wird. Druck auf eine der Platten verbiegt den LWL periodisch. Die Auslenkung der Faserachse aus der geraden Linie ist in Abb. 14.1a übertrieben dargestellt, tatsächlich liegt sie im μm-Bereich. Je größer die Auslenkung, desto größer die induzierte Abstrahlung. Der Intensitätsverlust am LWL-Ende ist ein Maß für den Abstand der Platten bzw. für den ausgeübten Druck.

Reale Glasfasern sind immer mit einer Primärbeschichtung aus Kunststoff überzogen, s. Abb. 2.1. Die Brechzahl n_3 der üblicherweise verwendeten Kunststoffe ist kleiner als die des Mantelmaterials n_2. An der Grenzfläche Mantel-Primärbeschichtung kann Licht totalreflektiert werden, die Kombination Mantel-Primärbeschichtung bildet so ebenfalls einen LWL, der dem eigentlichen Kern-Mantel-LWL gewissermaßen übergestülpt ist. Man nennt die solcherart geführten Moden *Mantelmoden* (im Gegensatz zu den an der Kern-Mantel-Grenze reflektierten *Kernmoden*). Solche Mantelmoden entstehen auch infolge der Mikrobiegungen: Licht wird zwar aus dem Kernbereich abgestrahlt, aber läuft als Mantelmodus weiter, wie in Abb. 14.1b angedeutet. Dieses Licht gelangt zumindest bei kurzen LWL-Strecken auch bis zum Detektor, und der durch die Mikrobiegung

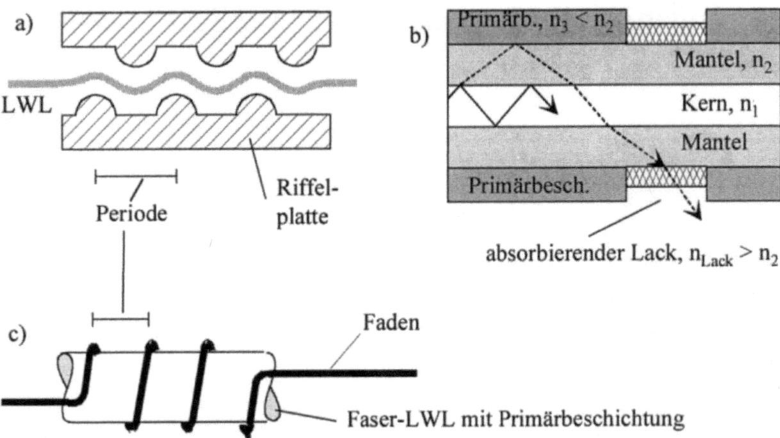

Abb. 14.1.   a) Mikrobiegungssensor.   b) Mantelmoden und Mantelmodenabstreifer
c) Praktische Ausführungsform des Sensors

verursachte Leistungsverlust (an Kernleistung) wird nicht erkannt. Deshalb muß
dem Detektor ein *Mantelmodenabstreifer* vorgeschaltet werden. Die Wirkungsweise geht aus Abb. 14.1b hervor: einige cm der Primärbeschichtung werden
entfernt und die Faser dort mit einem Lack mit Brechzahl $n_{Lack} > n_2$ überzogen.
Jetzt kann an dieser Stelle keine Totalreflexion mehr stattfinden, das Mantellicht
tritt in den Lack über und wird dort absorbiert.

In einer praktischen Ausführung (Abb. 14.1c) wird eine Glasfaser spiralförmig
mit einem Plastikfaden umwickelt, die Steigung der Spiralbögen entspricht der
optimalen Biegeperiode. Ein Druck auf die äußere Spirale wird zwar durch die
(weiche) Primärbeschichtung stark abgemildert, aber dennoch biegt sich der Glas-
teil der Faser periodisch. Es genügt eine Druckeinwirkungsstrecke im cm-Bereich
für einen deutlich meßbaren Dämpfungsanstieg. Solche Sonderkabel können z.B.
in Bodenmatten eingewebt werden und durch Schwellwerttriggerung Alarm aus-
lösen, sobald jemand auf die Matte triff (Einbrecherschutz) oder von der Matte
heruntertritt (Aufenthaltsbereichsüberwachung).

14.2
Sensorwirkung durch Abänderung der Mantelbrechzahl

Abbildung 14.2a zeigt einen Vielmoden-LWL, bei dem über einige cm Faserlänge
der Mantel (Brechzahl n_2) entfernt wurde. In der Praxis werden hierfür PCS-LWL
mit dickem Kern eingesetzt, bei ihnen läßt sich der Kunststoffmantel mit einfachen mechanischem Werkzeugen abziehen. Der verbleibende Quarzglas-Faser-
kern wird in eine Flüssigkeit getaucht, die Flüssigkeit wirkt als Ersatzmantel mit

Brechzahl n_{Fl}. In der einfachsten Modellvorstellung erfolgt die Lichtführung in einem LWL durch fortgesetzte Totalreflexion an der Kern-Mantel-Grenze (siehe Abschn. 3.1). Das Licht durchläuft den Kernbereich auf Zickzackbahnen, nach Gl. (3.4) ist $\gamma_{grenz} = \arccos(n_2/n_1)$ der größtmögliche Zickzackwinkel. Wir nehmen an, daß $n_{Fl} < n_2 \approx 1{,}5$ ist; das ist bei allen wässrigen Flüssigkeiten der Fall. Damit ist $\gamma_{grenz,\,Fl} > \gamma_{grenz,2}$, was bedeutet, daß das zuvor im nicht-abgemantelten LWL-Teil geführte Licht auch im abgemantelten und in die Flüssigkeit eingetauchten Teil die Totalreflexionsbedingung erfüllt und deshalb weitergeleitet wird. Die am LWL-Ende registrierte Intensität bleibt unverändert (sofern der Zubringer-LWL keine Mantelmoden enthält, Mantelmoden müssen vor der Eintauchstelle durch einen Abstreifer nach Abb. 14.1b entfernt werden).

Obige Aussage stimmt aber nur, solange der abgemantelte Teil des LWL geradlinig ausgelegt ist. Durch Biegen dieses Fasersegments wird der Grenzwinkel unterschritten, es kommt zu Lichtaustritt (genauere Details siehe Abb. 3.4), d.h. zu erhöhter Dämpfung. Am Ende der LWL-Strecke registriert die Photodiode einen Leistungsverlust. Der Verlust hängt dabei ab von der Brechzahl des Mantelmaterials im Biegebereich, hier also von n_{Fl}. Die Messung der am LWL-Ende ankommenden Intensität ist so direkt verknüpft mit der Brechzahl der Flüssigkeit, die Anordnung wirkt als *Refraktometer* (Brechzahlsensor). In Abb. 14.2b ist eine gemessene Sensorkennlinie aufgetragen. Alternativ zum Biegen des Sensorsegmentes kann man auch auf der zuführenden Faserstrecke den Mantel entfernen und den nackten Kern mit einer reflektierenden Metallschicht aus z.B. Silber überziehen, die dann ihrerseits gegen Korrosion geschützt werden muß. Durch die Spiegelwirkung des Überzuges kann auch Licht, das unter großen Neigungswinkeln in die Faser eingekoppelt wurde, bis zum Sensorsegment geführt werden (in einer „normalen" Kern-Mantel-Faser würde dieses Licht die Totalreflexionsbedingung

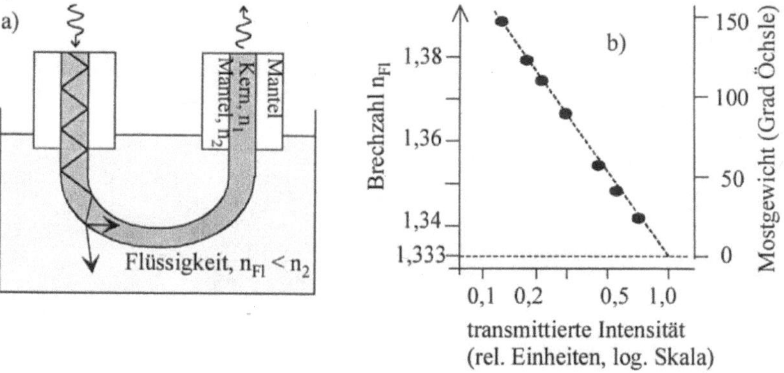

Abb. 14.2.   a) Sensor zur Detektion der Brechzahländerung einer wässrigen Flüssigkeit b) Sensorkennlinie: transmittierte Intensität als Funktion der Brechzahl. Die rechte Ordinatenskala eicht die Brechzahl in ein „Mostgewicht" um

nicht erfüllen und abgestrahlt werden). Lichtaustritt ist jetzt erst im Sensorbereich möglich, der Leistungsverlust richtet sich nach den dortigen Brechzahlverhältnissen zwischen Kern und (flüssigem Ersatz-)Mantel

Anwendungsbeispiel: Die Brechzahl einer wässrigen Lösung wird u.a. durch den Zuckergehalt in der Lösung verändert, sie steigt mit wachsendem Zuckergehalt. Der Zuckergehalt in Traubenmost wird in der Weinkunde als „Mostgewicht" bezeichnet und in „Grad Öchsle" gemessen; er gibt eine Information über den nach der Vergärung zu Wein zu erwartenden Alkoholgehalt. Eine solche Umeichung der Ordinatenskala ist in Abb. 14.2b zusätzlich eingetragen. Der Sensor könnte jetzt als „Öchslemeter" bezeichnet werden.

In einer modifizierten Variante wird als Mantelmaterial für einen PCS-LWL ein Kunststoff verwendet, der für bestimmte Chemikalien wie Öl oder Benzol durchlässig ist. Wenn das Öl durch den Mantel hindurch bis auf den Glasfaden, d.h. den LWL-Kern hindurchsickert, wirkt der öldurchtränkte Bereich wie ein Ersatzmantel, dessen Brechzahl höher ist als die des ursprünglichen Kunststoffes. Es kommt zum Austritt optischer Leistung bzw. zu lokal erhöhter Dämpfung.

14.3
Evanescent field sensor

Von dem oben besprochenen Refraktometerprinzip zu unterscheiden sind die *evanescent field* Sensoren. Evaneszente Felder wurden in Abschn. 4.1.4 eingeführt und in Abschn. 5.1.6 genauer diskutiert. Sie sind diejenigen Anteile der Modenfelder, die über den Kernbereich eines LWL hinaus in den Mantelbereich hineinragen, s. Abb. 4.8. Mit Gl. (4.25) wurde eine „Eindringtiefe" für die mit dem Feld verbundene Intensität definiert. Nach Abb. 4.9 ist die (evaneszente) Intensität je nach Modus bis einige Lichtwellenlängen weit über den Kernbereich hinaus im Mantel zu spüren.

Das Funktionsprinzip eines evanescent field Sensors nutzt dieses über den Kernbereich herausragende Feld. Abbildung 14.3 zeigt eine mögliche Variante.

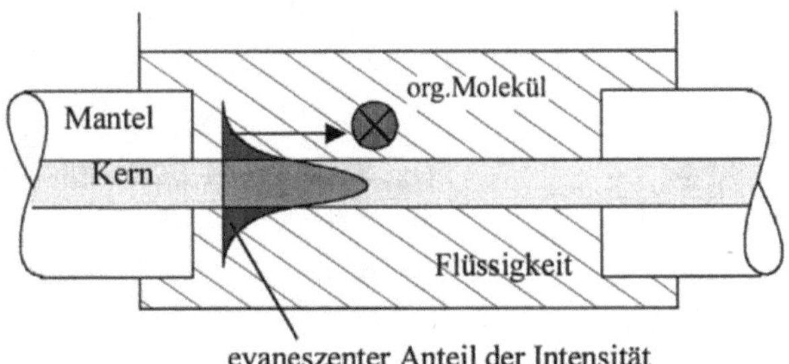

Abb. 14.3 Wirkungsweise des evanescent field Sensors. Nähere Erläuterungen im Text

Wieder wird der Mantel einer Glasfaser entfernt und durch einen Ersatzmantel, üblicherweise eine Flüssigkeit oder ein Gas ersetzt. In der Flüssigkeit ist eine organische Substanz in einer Konzentration gelöst, die die Brechzahl der Flüssigkeit nicht bzw. nur unmeßbar wenig beeinflußt. Entsprechend können diese Substanzen in dem Gasstrom mitgeführt werden. Der evaneszente Ausläufer des geführten Lichtes „sieht" diese Substanz und kann von ihr z.B. absorbiert werden, wenn die Lichtwellenlänge mit einer Absorptionswellenlänge der Substanz übereinstimmt. Letztlich wird dadurch wieder die optische Dämpfung dieses LWL-Streckenteils erhöht, aber nicht wie in Abschn. 14.2 aufgrund einer Brechzahländerung des Mantelmaterials, sondern durch Absorption. Abbildung 14.4 zeigt die optische Leistung am LWL-Ende eines solchen Sensors mit der Lungenflüssigkeit eines an Lungenkrebs erkrankten Patienten als Ersatzmantel. Zum Vergleich ist zusätzlich die entsprechende Messung mit der Lungenflüssigkeit eines Gesunden eingetragen. Man erkennt die deutlichen Unterschiede.

Es ist auch möglich, die Intensitätsänderung quantitativ auszuwerten. Für die bei irgendeiner Wellenlänge am LWL-Ende registrierte Intensität ohne und mit absorbierender Substanz in der Konzentration χ gilt

$$S(\chi) = S_0 \exp(-q\,\chi\,D). \tag{14.1}$$

Darin ist D die Wegstrecke, über die hinweg der LWL-Mantel entfernt und durch den Ersatzmantel ausgetauscht wurde; q ist eine von der Eindringtiefe des evaneszenten Feldes abhängige Proportionalitätskonstante. S_0 ist die Intensität ohne absorbiertende Substanz im Ersatzmantel. Gleichung (14.1) bildet die Sensorkennlinie.

Häufig kann die evaneszente Intensität nicht direkt absorbiert werden, z.B. weil

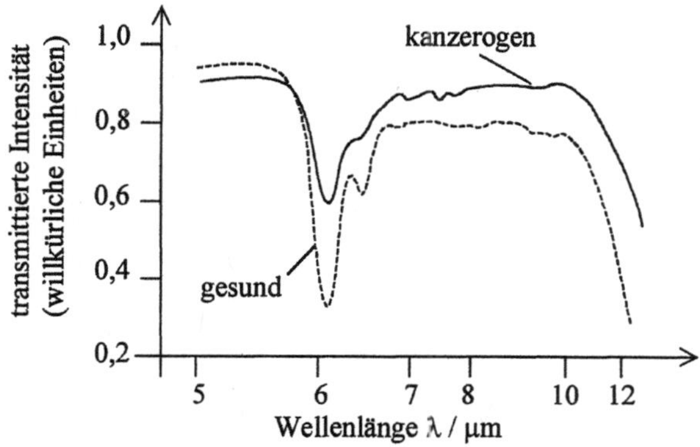

Abb. 14.4.   Meßsignal eines evanescent field Sensors. Untersuchung von gesunder und kanzerogener Lungenflüssigkeit. Beachte die nichtlineare (reziproke) Teilung der Wellenlängenachse. Der hier tatsächlich eingesetzte Sensor war ein integriert-optischer Sensor.

die Absorption bei einer anderen als der im LWL geführten Lichtwellenlänge erfolgt. In einer Modifikation des Sensors wird der LWL mit einem porösen Sol-Gel-Film als Ersatzmantel beschichtet. In diesen Film sind Indikatorstoffe eingebaut, die mit der eigentlich nachzuweisenden Substanz chemisch reagieren, wobei das Reaktionsprodukt das evaneszente Licht absorbiert.

Nachteilig ist die Verwendung von Vielmoden-LWL, da die Eindringtiefe des Feldes bzw. der Intensität und damit der Proportionalitätsfaktor K in der oben aufgeführten Sensorkennlinie modenabhängig ist. Dadurch wird der Meßeffekt von den Einkoppelbedingungen abhängig. Sehr geeignet wären deshalb Einmoden-LWL, deren evaneszentes Feld zudem besonders weit in den Mantelbereich eindringt. Allerdings ist in Einmoden-Faser-LWL der Kern von einem sehr dicken Glasmantel (Durchmesser > 100 µm) überzogen, der durch Polier- und Ätztechniken erst entfernt werden müßte. Dies ist mit der notwendigen Präzision kaum zu erreichen, zudem wäre der verbleibende Kernglasfaden extrem dünn und äußerst zerbrechlich. Wenn evanescent-field-Sensoren mit Einmoden-LWL ausgeführt werden sollen, dann werden deshalb in der Regel nicht Faser-LWL, sondern in integriert-optische LWL verwendet.

14.4
„Verteilte" Intensitätssensoren und OTDR-Auswertung

Die in den vorangegangenen Abschnitten vorgestellten Sensoren haben gemeinsam, daß die zu messende Größe lokal die Dämpfung des LWL erhöht. Gegenüber anderen Sensorprinzipien haben solche Sensoren einen einzigartigen Vorzug: mehrere Sensoren können örtlich hintereinander auf ein- und derselben Faser angeordnet und vergleichsweise einfach unabhängig voneinander ausgelesen werden. Hierzu wird z.B. das im Folgenden vorgestellte OTDR-Verfahren eingesetzt. Der immense Vorteil liegt auf der Hand: ein entlang einer Pipeline verlegter Öl-sensor wie in Abschn. 14.2 beschrieben meldet nicht nur, *daß* Öl austritt, sondern auch, *wo* sich das Leck befindet. Mit mehreren hintereinandergeschalteten Druckmatten nach Abschn. 14.1 können ganze Gebäudekomplexe überwacht werden.

Das OTDR-Auswertekonzept (OTDR: *optical time domain reflectometry*, wörtlich: „zeitaufgelöste optische Reflexionsmeßtechnik"; der Name ist eigentlich falsch, statt *reflectometry* müßte es *backscattering*, d.h. „Rückstreu[meßtechnik]" heißen) nutzt einen eigentlich unerwünschten Effekt aus, nämlich die Rayleigh-steuung. In Abschn. 7.2.1 wurde die Rayleighstreuung besprochen. Anschaulich ausgedrückt wirkt das Volumenelement zwischen z und z−Δz einer lichterfüllten Glasfaser wie eine Lampe, die die optische Leistung $\Delta P_R(z) = \alpha_R \cdot P(z) \cdot \Delta z$ in den umgebenden Raum abstrahlt. Hier ist α_R das mit Gl. (7.8) definierte Dämpfungsmaß für Rayleighstreuung, und P(z) ist die optische Leistung am Faserort z, siehe Abb. 14.5. Der entscheidende Punkt ist, daß die aus dem Volumenelement abgestrahlte Rayleighstreuleistung $\Delta P_R(z)$ proportional zu der am Ort z vorhandenen Gesamtleistung P(z) ist: Messung von $\Delta P_R(z)$ gibt somit Auskunft über P(z).

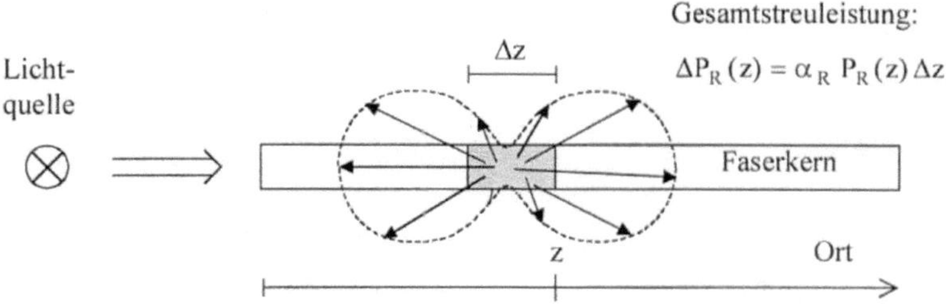

Abb. 14.5. Zur Erläuterung des optischen Rückstreu-Meßprinzipes

Würde man einen Detektor längs der Glasfaser entlangschieben, der das seitlich aus dem LWL austretende Streulicht aus einem immer gleichgroßen Volumenbereich der Länge Δz und unter immer gleichbleibenden Meßbedingungen mißt, dann wäre die Detektoranzeige ein direktes Maß der dort noch vorhandenen Leistung. Bei regulär, d.h. exponentiell mit wachsender Entfernung vom LWL-Anfang abnehmender optischer Leistung nach Gl. (7.6) würde auch das Streulicht exponentiell mit derselben Dämpfungskonstanten abnehmen. Jeder durch z.B. äußere Einflüsse verursachte Leistungseinbruch zeigt sich als Abweichung vom exponentiellen Verhalten.

Das Verschieben des Detektors längs des LWL ist nur eine Prinzipüberlegung. Abbildung 14.6 skizziert das tatsächliche Konzept eines OTDR-Meßplatzes. Statt einer Dauerlichtquelle wird eine gepulste Quelle, üblicherweise ein Halbleiterlaser verwendet. Er erzeugt Lichtpulse der Dauer ΔT. ΔT liegt typisch zwischen 1 ns und 100 ns, es gibt aber auch Geräte, die mit wesentlich kürzeren Pulsbreiten arbeiten. Wir betrachten zunächst nur einen einzelnen Lichtpuls.

Der Puls tritt zum Zeitpunkt t = 0 mit seiner Vorderflanke in den LWL ein und läuft die Faser entlang. Dabei leuchtet er innerhalb des LWL einen Raumbereich der Länge $\Delta z = v_g \cdot \Delta T$ aus; v_g ist die Gruppengeschwindigkeit. Wir vernachlässigen alle Pulsverbreiterungseffekte durch Faserdispersion, der ausgeleuchtete Raumbereich ist dann längs der Faser überall gleichgroß. Zum Zeitpunkt t bzw. nach Ablauf der Zeitspanne t befindet sich die Vorderflanke des Lichtpulses an der Stelle $z = v_g \cdot t$, der Puls belichtet den Bereich zwischen $z-\Delta z$ und z. Nur in diesem wohlabgegrenzten Gebiet wird in *diesem* Moment Streulicht generiert. Die Streuung erfolgt in den gesamten Raum, auch in Rückwärtsrichtung, d.h. in Richtung LWL-Stirnfläche. Der in den Akzeptanzkegel des LWL fallende Bruchteil der Streuleistung wird vom Faserkern wieder eingefangen und zum Faseranfang zurückgeleitet. Für den Rückweg benötigt das Streulicht ebenfalls die Zeitspanne t. Genauere Betrachtung zeigt, daß das Licht aus dem Raumbereich zwischen z und $z - \Delta z/2$ *gleichzeitig* aus der LWL-Stirnfläche austritt, und zwar zum Zeitpunkt $\tau = 2t$. Mit einem Strahlteiler (der in der Abb. 14.6 angedeutete halbdurchlässige Spiegel soll nur die Funktionsweise angeben, in der tatsächlichen Anordnung wird stattdessen ein LWL-Koppler z.B. nach Abb. 13.1 genommen) wird das

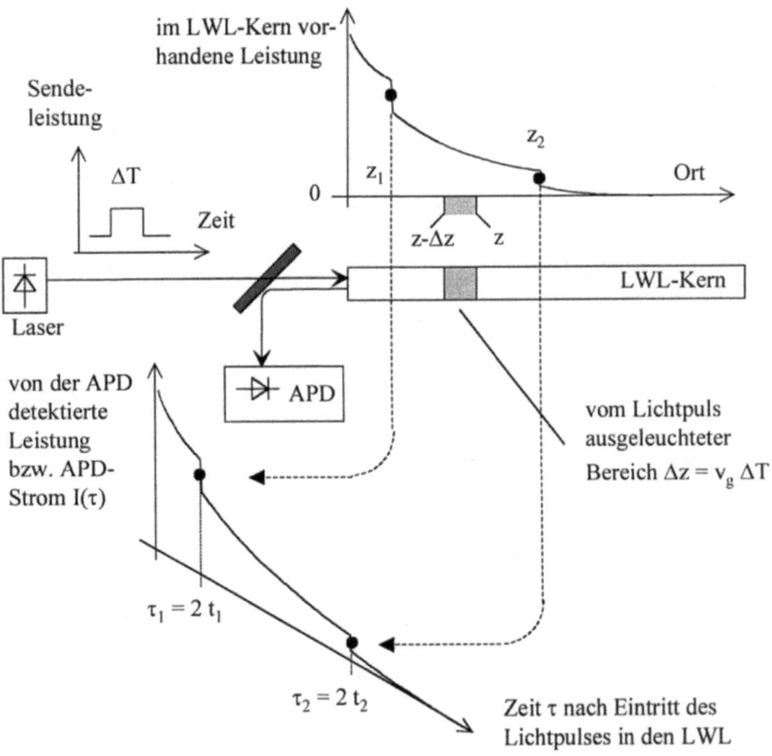

Abb. 14.6. Funktionsweise eines OTDR-Meßplatzes. Nähere Details im Text.

rückgestreute Licht ausgekoppelt und auf eine Photodiode, in der Regel eine Ava-
lanche-Photodiode (APD) gegeben. Die APD wandelt die auftreffende Leistung in
einen proportionalen Strom, der Diodenstrom ist in Abb. 14.6 ebenfalls eingetragen. Das zu irgendeinem Darstellungszeitpunkt $\tau = 2t$ von der APD registrierte
Signal ist so ein Maß für die Originalleistung, die im Ortsbereich [$z-\Delta z/2$; z] mit
$z = v_g \cdot t = \frac{1}{2} \cdot v_g \cdot \tau$ und $\Delta z = v_g \cdot \Delta T$ noch vorhanden war. In umgekehrter Betrachtung wird der in Abb. 14.6 im Ortsbereich [$z_1-\Delta z/2$; z_1] eingetragene Leistungs-
abfall, (hervorgerufen durch irgendeine Sensoreinwirkung), als entsprechender
Stromabfall des APD-Stromes zum Zeitpunkt $\tau_1 = 2t_1 = 2z_1/v_g$ registriert; der
Leistungsabfall aus dem entsprechenden Raumbereich um z_2 herum macht sich
zum Zeitpunkt $\tau_2 = 2t_2 = 2z_2/v_g$ als Stromeinbruch bemerkbar.

Die auf die Photodiode auftreffende Rayleigh-Streuleistung ist äußerst gering;
dies ist letztlich der Grund dafür, daß eine APD eingesetzt wird. Die APD verstärkt durch ihr Funktionsprinzip das elektrische Signal bereits intern, sie überla-

gert es aber auch mit erheblichem Rauschen. Hinzu kommt das Rauschen der nachfolgenden Verstärkerelektronik. Zur Signal-Rausch-Verbesserung wird die Boxcar-Technik eingesetzt. Dazu wird der Anregungslaser gepulst mit einer Wiederholfrequenz im kHz-Bereich. Das verrauschte APD-Stromsignal $I(\tau)$ wird auf eine Torschaltung gegeben, die das Tor zum Zeitpunkt τ für die Dauer $\delta\tau \ll \Delta T$ öffnet. Die Wirkung ist dieselbe, als wenn die APD nur zum Zeitpunkt τ und dann nur für eine Zeitspanne $\delta\tau$ eingeschaltet würde, d.h. als wenn die APD nur das Rückstreulicht aus dem Raumbereich $[z-\Delta z/2, z]$ registrieren würde. Die Messung wird bei unverändertem Toröffnungszeitpunkt τ einige hundertmal bis einige tausendmal wiederholt, die Meßwerte werden aufaddiert. Dabei mittelt sich das überlagerte Rauschen heraus, und das optische Signal bleibt übrig. Erst nach Ablauf einer solchen Meßperiode wird der Toröffnungszeitpunkt τ verändert. Durch schrittweises Verschieben von τ wird so der örtliche Leistungsverlauf längs der Faser abgetastet.

Da zu jedem Meßzeitpunkt τ die Intensität aus einem Faserbereich der Ausdehnung $\Delta z/2 = v_g \cdot \Delta T/2$ registriert wird, legt die Pulsbreite ΔT des Sendepulses die Ortsauflösung eines OTDR-Gerätes fest. Mit $\Delta T = 10$ ns und $v_g = c/n_g \approx 0{,}2$ m/ns ist $\Delta z/2 \approx 1$ m.

Es sollte zumindest erwähnt werden, daß die OTDR-Meßtechnik nicht die einzige Möglichkeit ist, Dämpfungsvariationen lokal aufgelöst zu registrieren. Auf eine Vorstellung anderer Meßtechniken wird hier verzichtet.

14.5
Sensoren mit Bragg-Gitter im Glasfaserkern

GeO_2-dotiertes Quarzglas ist photoempfindlich: durch Belichten mit hinreichend kurzwelliger Strahlung (in der Regel wird UV-Licht eingesetzt) erhöht sich der Brechungsindex an der belichteten Stelle. Der physikalische Mechanismus für die Brechzahländerung ist noch nicht vollständig geklärt, nach dem zur Zeit favorisierten Modell sind hierfür positiv geladene Sauerstoff-Fehlstellen in der GeO_2-Glasstruktur verantwortlich. Durch das Belichten werden zunächst Photoelektronen generiert, ihre Konzentration richtet sich nach der Intensität der Einstrahlung. Die Photoelektronen werden in einem 2. Schritt von den Fehlstellen eingefangen. Es entstehen sog. *Farbzentren*, die ihrerseits die lokale Brechzahl erhöhen. Nach einem anderen Modell müssen neben der Farbzentrenzunahme auch Strukturänderungen im GeO_2 mitberücksichtigt werden.

Eine fertige Glasfaser mit GeO_2-dotiertem Kern und Mantel aus reinem SiO_2 kann seitlich durch den Mantel hindurch belichtet und so die Brechzahl erhöht werden. Die Erhöhung hängt von der im GeO_2 vorhandenen Grundkonzentration an Sauerstoff-Fehlstellen und von der Intensität der Belichtung ab. In Standardfasern mit ihrem geringen GeO_2-Gehalt im Kern sind nur wenige natürlich entstandene Fehlstellen vorhanden, deshalb werden in solchen Fasern nur geringe Brechzahländerungen ($\Delta n_{max} \approx 10^{-5}$) erreicht, selbst wenn viele Photoelektronen vorhanden sind. Mit geeigneten Präparationsmaßnahmen (Eindiffusion von Wasserstoff bei hohem Druck und geringer Temperatur) läßt sich die Grundkonzentration an Fehlstellen vergrößern. Bei entsprechend verstärkter Belichtung steigt dann auch die Konzentration der Fehlstellen bzw. die Brechzahl. Auf diese Weise erreicht man Brechzahländerungen bis zu 10^{-2}. Nach dieser Methode können längs einer Faserstrecke durch unterschiedlich intensives Belichten auch unterschiedlich starke Brechzahländerungen erzeugt werden.

In der Praxis belichtet man den Faserkern mit UV-Licht durch ein transparentes Beugungsgitter hindurch. Die Beugungsfigur erzeugt auf der Faser ein streng periodisches Intensitätsmuster mit einer Periode Λ_B, und entsprechend diesem Muster variiert auch die Brechzahl in der belichteten Zone. Aus optischer Sicht stellt solch eine periodische Brechzahlmodulation ein in den Faserkern „eingeschriebenes" *Phasengitter* dar (Phasengitter, weil der variierende Brechungsindex die Phasenlage des durch den Faserkern laufenden Lichtes beeinflußt).

Wir untersuchen die Auswirkungen eines solchen Phasengitters auf die geführten Moden in einem LWL. Nach Gl. (5.18) sieht jeder geführte Modus die Faser als ein Medium mit einer von Kern und Mantel bestimmten modenspezifischen effektiven Brechzahl n_{eff}, entsprechend äußert sich die Brechzahlvariation als eine Modulation von n_{eff}. Wir wissen, daß Brechzahlschwankungen Lichtstreuung verursachen. Wenn ein Fasermodus in eine solche Phasengitterzone einläuft, wird periodisch Licht gestreut. Stärke und Laufrichtung des Streulichtes hängen ab von der Höhe der Brechzahlmodulation und vom Verhältnis von Lichtwellenlänge λ^* = λ/n_{eff} im Material zur Periodenstrecke Λ_B des Phasengitters. Insbesondere entnimmt man der Abb. 14.7: wenn die Periodenstrecke Λ_B gerade die Hälfte der Materiallichtwellenlänge λ^* beträgt, dann ist der Wegunterschied zwischen zwei an aufeinanderfolgenden Strukturen in *Rückwärts*richtung getreuten Teilwellen gerade wieder λ^*. Das heißt: das an je zwei aufeinanderfolgenden Strukturen in Rückwärtsrichtung gestreute Licht ist genau wieder in Phase, die einzelnen Streubeiträge überlagern sich additiv. Obwohl die Streueffizienz der Einzelstreuung nur gering ist, ist durch die phasenrichtige Addition der Einzelbeiträge die Rückstreuwirkung *insgesamt* sehr hoch, die Anordnung wirkt wie ein wellenlängen selektiver Spiegel. Man bezeichnet die Gesamtstruktur als *Bragg-Reflektor* oder

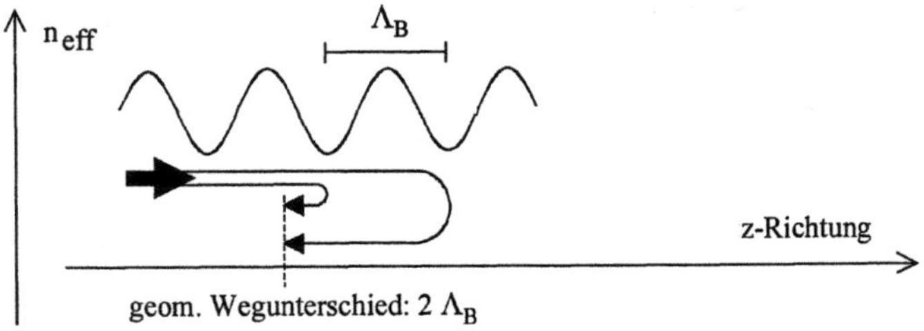

Abb. 14.7. Zur Ableitung der Bragg-Bedingung Gl. (14.2)

als *Bragg-Gitter*; die Selektionsbedingung (Reflexionsbedingung)

$$\lambda_B^* = 2\Lambda_B \quad \Leftrightarrow \quad \lambda_B = 2n_{eff}\,\Lambda_B \; . \tag{14.2}$$

heißt *Bragg-Bedingung*, die durch Gl. (14.2) festgelegte Wellenlänge λ_B ist die *Bragg-Wellenlänge*, Λ_B die *Bragg-Periode*. Je weiter die im LWL laufende Lichtwellenlänge λ von λ_B abweicht, desto geringer ist die Reflexionswirkung.

In Gl. (14.2) ist stillschweigend vorausgesetzt, daß hin- wie rücklaufendes Licht dem gleichen Wellenleitermodus $LP_{\nu\mu}$ angehören. Es ist auch möglich, daß das Streulicht in dem Modus 1 hin- und in einem anderen Modus 2 zurückläuft; die Bragg-Bedingung lautet dann $\lambda_B = (n_{eff,1} + n_{eff,2})\cdot\Lambda_B$. Darin sind $n_{eff,1}$ und $n_{eff,2}$ die effektiven Brechzahlen der Moden 1 und 2. Gleichung (14.2) ist ein Sonderfall dieser allgemeineren Beziehung für $n_{eff,1} = n_{eff,2} = n_{eff}$ (hin-und rücklaufender Modus sind identisch).

Mit Fasern mit eingeschriebenen Bragg-Reflektoren können intrinsische Sensoren gebaut werden. Abbildung 14.8 demonstriert die Meßidee. In die Faser wird Licht aus einer breitbandigen Quelle eingespeist; als „breitbandig" gilt hier bereits die Strahlung einer LED. Wir verwenden eine Einmodenfaser, dann müssen wir auf Modenabhängigkeiten keine Rücksicht nehmen. Insbesondere ist die Bragg-Wellenlänge – wir bezeichnen sie hier als λ_{B0} – eindeutig durch Gl. (14.2) definiert. Wir verlangen, daß das eingespeiste Spektrum λ_{B0} enthält. Vom Bragg-Reflektor wird eine schmale, bei λ_{B0} zentrierte Linie reflektiert, das Restlicht transmittiert. Durch eine Wirkgröße W werden die Bragg-Periode und/oder die effektive Brechzahl geändert. Dadurch ändert sich auch die Bragg-Wellenlänge auf $\lambda_B = \lambda_{B0} + \delta\lambda_B$, in einer spektral aufgelösten Messung verschiebt sich die

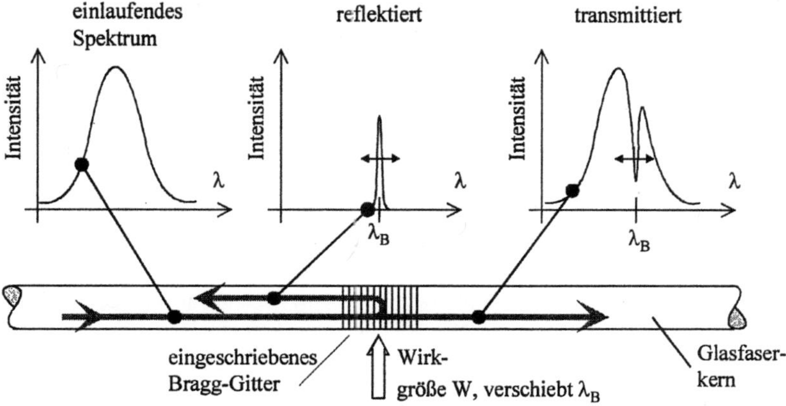

Abb. 14.8. Lichtwellenleiter mit eingeschriebenem Bragg-Gitter. Aus dem breiten einlaufenden Spektrum wird selektiv nur eine einzelne, durch die Gitterperiode festgelegte Wellenlänge λ_B reflektiert, das Restlicht passiert die Braggzone ohne Beeinflussung. Durch eine geeignete Wirkgröße kann λ_B verschoben werden.

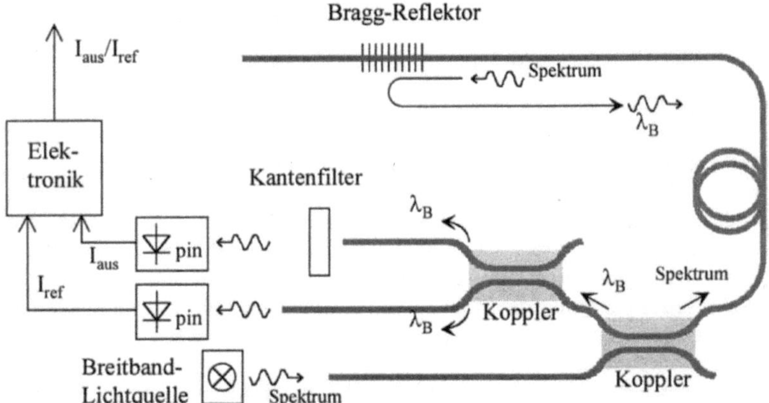

Abb. 14.9.   Aufbau eines auf Bragg-Reflexion beruhenden Sensors. Erläuterungen im Text. Die Aufgabe des Kantenfilters wird mit der nachfolgenden Abb. 14.10 verdeutlicht

reflektierte Linie bzw. die Kerbe im transmittierten Spektrum um $\delta\lambda_B$. Im realen Anwendungsfall beträgt die Verschiebung $\delta\lambda_B$ nur Bruchteile von nm bis allenfalls einige nm. Kennlinie des Sensors ist $\delta\lambda_B$ als Funktion der Wirkgröße W.

Wellenlängenverschiebungen können prinzipiell mit einem Spektrometer registriert werden. Diese Geräte sind relativ groß und teuer. Abbildung 14.9 zeigt in Verbindung mit Abb. 14.10 eine einfache und miniaturisierbare Möglichkeit, die Wellenlängenverschiebung im reflektierten Licht in eine Intensitätsänderung umzuwandeln, die dann mit einer einfachen und vor allem billigen Photodiode gemessen werden kann. Das reflektierte Licht wird mit einem Koppler aus der Sensorfaser ausgekoppelt und mit einem 2. Koppler auf zwei Pfade aufgeteilt. In einem der Pfade passiert das Licht einen Kantenfilter, d.h. ein Filter, das innerhalb eines schmalen Wellenlängenbereiches sein Transmissionsvermögen um Größenordnungen ändert. Das Filter wird so ausgewählt, daß λ_B stets im Bereich der Transmissionskante liegt. Abbildung 14.10 zeigt, wie dadurch eine Wellenlängenverschiebung in eine Intensitätsänderung umcodiert wird. Die Intensität S_{aus} hinter

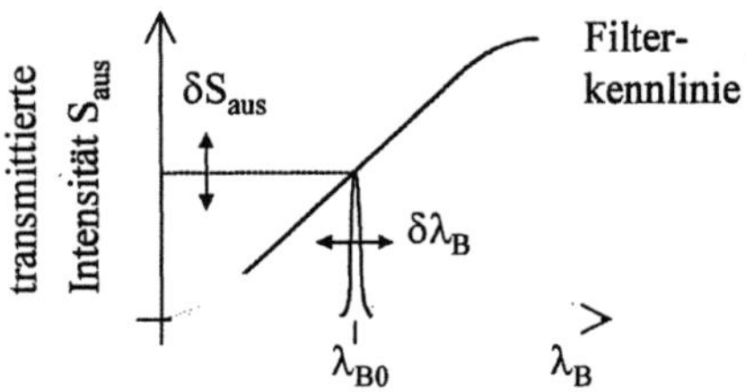

Abb. 14.10.   Wirkungsweise des Kantenfilters in Abb. 14.9

dem Filter ist jetzt ein Maß für die spektrale Lage der Bragglinie. Zur Normierung wird im Parallelpfad ohne Kantenfilter die Intensität S_{ref} gemessen. Sensorsignal ist das von der Sendeintensität unabhängige Stromstärkeverhältnis I_{aus}/I_{ref}.

Am einfachsten kann die Braggwellenlänge durch Dehnen der Faser im Gebiet des Braggreflektors verändert werden. Dabei ändern sich sowohl die Braggperiode Λ_B (der Abstand der Brechzahlmaxima) als auch die Brechzahl n_{eff} des Fasermaterials. Die Dehnung ihrerseits kann direkt oder über Transducer (siehe die Anmerkung am Ende von Abschn. 13.2) erfolgen. In unserem Fall könnte die Braggregion z.B. auf einen Streifen aus elektro- oder magnetostriktivem Werkstoff aufgeklebt werden. Diese Werkstoffe dehnen sich unter dem Einfluß elektrischer oder magnetischer Felder aus und übertragen so elektrische oder magnetische Feldstärke in den vom Sensor registrierbaren Parameter „Dehnung“. Experimentell findet man einen streng linearen Zusammenhang zwischen der relativen Verschiebung $\delta\lambda_B/\lambda_B$ und der Dehnung (relativen Längenänderung) $\delta L/L$ in der Braggzone:

$$\frac{\delta\lambda_B}{\lambda_{B0}} \propto \frac{\delta L}{L} \quad \Rightarrow \quad \delta\lambda_B = C_\varepsilon\,\lambda_{B0}\,\frac{\delta L}{L} \tag{14.3}$$

Der Proportionalitätsfaktor C_ε ist geringfügig wellenlängenabhängig; für Wellenlängen λ_{B0} im Bereich 0,8 µm bis 1,6 µm variiert er nur zwischen $C_\varepsilon = 0{,}69$ und $C_\varepsilon = 0{,}78$. Eine Dehnung $\delta L/L = 10^{-3}$ bewirkt so eine Wellenlängenverschiebung von ca. 1 nm. Die mit dem Meßaufbau nach Abb. 14.9 tatsächlich gemessene Intensitätsänderung δS_{aus} ist ihrerseits wieder proportional zu $\delta\lambda_B$, der Proportionalitätsfaktor ist die Steigung der Filterkante. Mit dieser Technik sind Wellenlängenverschiebungen von 0,1 nm realistisch meßbar. Mit aufwendigeren interferometrischen Auswertetechniken können Verschiebungen bis herab zu 10^{-5} nm noch erkannt werden.

Bei einem Temperaturanstieg um δT im Bragg-Gebiet trägt zur Wellenlängenverschiebung vor allem die Brechzahlzunahme, in geringerem Maße auch die durch thermische Ausdehnung vergrößerte Braggperiode bei. Experimentell wird gefunden (wieder für 0,8 µm $\leq \lambda_{B0} \leq$ 1,6 µm):

$$\delta\lambda_B = C_T\cdot\lambda_{B0}\cdot\delta T \quad \text{mit} \quad C_T = 6{,}7\cdot10^{-6}/K \,...\,7{,}4\cdot10^{-6}/K \tag{14.4}$$

15 Polarisationscharakteristik von Faser-LWL

Anstelle der Intensität ist es auch denkbar, die Polarisation des Lichtes durch die zu messende Größe zu modulieren. Nach diesem Prinzip funktionierende extrinsische Sensoren wurden in Abschn. 13.4 besprochen. Wenn man entsprechend arbeitende intrinsische Allfaser-Sensoren konzipieren will, muß man sicherstellen, daß der zuführende LWL-Teil am Sensoreingang einen genau definierten und zeitlich stabilen Polarisationszustand (SOP) bereitstellt, und daß der durch die Meßgröße modifizierte SOP sich längs der abführenden Restfaserstrecke nicht unkontrolliert ändert. Wir müssen deshalb genauer untersuchen, ob – und wenn ja: wie – eine Faser die Polarisation des in ihr geführten Lichtes verändert. Dazu benötigen wir geeignete physikalische Kenngrößen, mit denen wir eine Einflußnahme auf die Polarisation erfassen können. In Anhang A4 werden diese Kenngrößen besprochen. Sie werden im nachfolgenden Text verwendet, ohne daß jedesmal auf den Anhang A4 verwiesen wird.

15.1
Polarisation in Vielmodenfasern

In Kap. 5 haben wir festgestellt, daß die Moden eines Faser-LWL einheitlich linear polarisiert sind (Modenbezeichnung „LP")und daß jeder Modus in zwei Versionen mit zueinander orthogonalen linearen Polarisationsrichtungen auftritt, s. Abb. 5.4. Als Polarisationsrichtungen der Modenfelder wählen wir die x- und die y-Richtung. Da jeder SOP als eine Überlagerung von zwei aufeinander senkrecht stehenden linearen Polarisationen aufgefaßt werden kann, kann man einen beliebigen SOP auch nach den beiden Polarisationsrichtungen eines Fasermodus zerlegen. Abbildung 15.1 veranschaulicht die Übertragung einer linkselliptischen Polarisation im Modus LP_{11}.

Wir fragen nun danach, ob der in irgendeinen LP-Modus eingespeiste Polarisationszustand bei der Ausbreitung längs des LWL erhalten bleibt, d.h. ob sich an jeder LWL-Stelle die Modenfelder so überlagern, daß ihre Resultierende wieder den urprünglichen SOP liefert. Nach den in Anhang A4 vorgestellten Ergebnissen ist dies ist genau dann der Fall, wenn die beiden Polarisationsversionen des Modus dieselbe Phasengeschwindigkeit haben (dann kommt es nicht zu Phasenverschiebungen) und gleichstark gedämpft werden (dann kommt es nicht zu einer Änderung des Amplitudenverhältnisses).

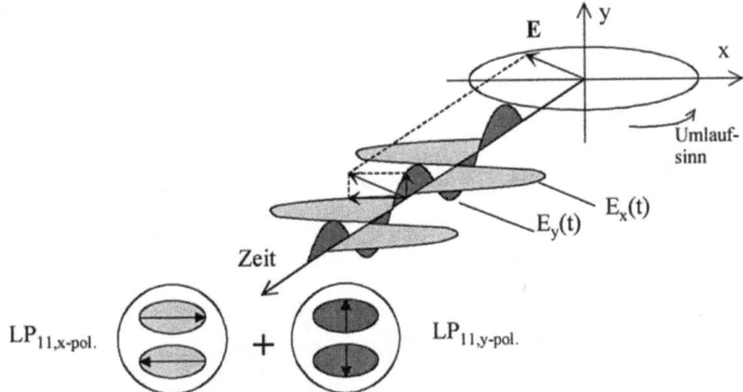

Abb. 15.1. Übertragung einer linkselliptischen Polarisation in den beiden linearen Polarisationsversionen des Modus LP_{11}

In Quarzglasfasern dominieren die Dämpfungsbeiträge „Rayleighstreuung" und „Infrarotabsorption". Beide Beiträge sind polarisationsunabhängig; wir gehen deshalb davon aus, daß die Faserdämpfung den SOP nicht ändert. Damit reduziert sich unser Problem auf die Frage: haben die beiden Polarisationsversionen desselben Modus dieselbe effektive Phasengeschwindigkeit?

Die Antwort lautet: im allgemeinen ist das *nicht* der Fall, die Polarisationsversionen haben *unterschiedliche* Phasengeschwindigkeit. Um dies zu erkennen, gehen wir zunächst einen Schritt zurück zur halbklassischen Stehwellentheorie des Stufenprofil-LWL (Kap. 4). Dort haben wir gefunden: in einem LWL können sich nur Wellen halten, die an der Kern-Mantel-Grenze so totalreflektiert werden, daß sich im Kernbereich stehende Wellen ausbilden. Die Diskussion in Kap. 4 führte auf die „charakteristische Gleichung" (4.16). Bei der Herleitung der Gleichung war zu berücksichtigen, daß bei Totalreflexion einer Welle ein Phasensprung auftritt, und mit Gl. (4.18) wurde der Phasensprung formelmäßig angegeben. Die Lösungen der charakteristischen Gleichung waren diskrete Winkel γ, unter denen die Ausbreitungsrichtung der Wellen gegen die Faserachse geneigt sein muß. Die Lösungen wurden mit einem Laufindex μ durchnumeriert (s. z.B. Abb. 4.5), jeder Laufindex-Zahlenwert repräsentierte einen „Modus", eine längs des Wellenleiters ausbreitungsfähige Stehwelle.

Bereits bei der Diskussion zu Gl. (4.18) wurde festgestellt, daß die Größe des Phasensprunges abhängig ist von den Polarisation des Lichtes. In Folge heißt das: je nach Polarisation des Lichtes ist der Phasensprung unterschiedlich hoch. Damit gibt es unterschiedliche zulässige Richtungswinkel γ bei sonst gleichen Bedingungen, insbesondere bei gleichem Indexwert μ. Mit anderen Worten: ein- und derselbe Modus, hier beschrieben durch den Indexwert μ, kommt in zwei Polarisationsvarianten vor, die im zugrundeliegenden halbklassischen Bild mit unterschiedlichen Richtungswinkeln propagieren. Nach Gl. (4.10) bzw. Abb. 4.3 wiederum bestimmt der Richtungswinkel die effektive Phasengeschwindigkeit der Welle. Also folgt: da sich die beiden Polarisationsversionen in ihren Richtungswinkeln unterscheiden, haben sie auch unterschiedliche Phasengeschwindigkeit. Konsequenz: die Überlagerung der Wellenfelder nach irgendeiner Laufstrecke liefert nicht mehr den ursprünglichen Polarisationszustand.

Welche Aussage macht hierzu die LP-Modentheorie? Nach Kap. 5 besteht kein Geschwindigkeitsunterschied für die beiden Polarisationsversionen ein- und desselben Modus $LP_{\nu\mu}$. Wir wissen allerdings aus Abschn. 5.1.8: die LP-Moden sind nur Näherungslösungen, die eigentlichen Lösungen sind die noch fundamentaleren „Vektor"Moden EH, HE, E,H. In eine Vielmodenfaser eingespeistes Licht wird deshalb in Wirklichkeit nicht in LP-Moden zerlegt, sondern in Vektormoden, wobei jeder Vektormodus seine eigene Phasengeschwindigkeit hat.

Die Vektormoden $HE_{1\mu}$ sind identisch mit den Moden $LP_{0\mu}$, und sie kommen in zwei Polarisationsversionen vor. Die Felder bzw. Intensitäten in diesen Moden sind achsensymmetrisch (s. z.B. Abb. 5.3), so daß es keinen physikalischen Grund gibt, warum die in x-Richtung weisende Polarisationsversion sich mit einer anderen Geschwindigkeit ausbreiten sollte als die in y-Richtung weisende Version. Tatsächlich zeigt auch die exakte Rechnung: die effektiven Phasengeschwindigkeiten der Polarisationsversionen *dieser* Moden sind exakt gleich.

Demgegenüber treten die Felder der anderen Vektormoden *nicht* in zwei unterschiedlichen Polarisationsvarianten auf. Das hat zur Folge, daß ein x-Polarisationszustand in einem anderen Vektormodus und folglich mit anderer Geschwindigkeit transportiert wird als ein y-Polarisationszustand. Als Konsequenz sind die Felder dieser Vektormoden an einer beliebigen Faserstelle gegeneinander phasenverschoben, und ihre Überlagerung liefert nicht mehr den ursprünglichen SOP.

Da man für die praktische Anwendung gerne das Konzept der LP-Moden beibehalten möchte, formuliert man das Resultat um und sagt: in den (nicht achsensymmetrischen) Moden $LP_{(\nu\neq0,\mu)}$ haben die beiden Polarisationsversionen unterschiedliche effektive Phasengeschwindigkeit, in den (achsensymmetrischen) Moden $LP_{0,\mu}$ ist die Phasengeschwindigkeit für beide Versionen gleich.

Wird in eine Vielmodenfaser polarisiertes Licht eingekoppelt, so wird das Licht auf viele (Vektor)Moden aufgeteilt. Der Polarisationszustand insgesamt an einer beliebigen Faserstelle ergibt sich durch Überlagerung aller beteiligter Modenfelder. In der Praxis sind einige hundert bis einige tausend Moden an der Überlagerung beteiligt, die alle mit unterschiedlicher Phasengeschwindigkeit den LWL durchlaufen. Deshalb ist der Gesamt-SOP an einer beliebigen Faserstelle nur theoretisch, aber nicht praktisch vorausberechenbar.

Hinzu kommt, daß durch Modenmischung optische Leistung zwischen den Moden ausgetauscht wird, wobei die Phaseninformation verlorengeht. Dadurch ist in einer realen Vielmodenfaser bereits nach kurzer Laufstrecke der SOP nicht nur nicht vorhersagbar, sondern es ist überhaupt kein kein definierter Gesamt-SOP mehr vorhanden. Anders ausgedrückt: bereits nach kurzer Laufstrecke ist das Licht in einer Vielmodenfaser nicht mehr polarisiert. Eine Vielmodenfaser ist folglich nicht geeignet, am Sensoreingang einen vorgegebenen Polarisationszustand einzustellen oder den am Sensorausgang vorliegenden SOP bis zum LWL-Ende weiterzuleiten.

15.2
Polarisation in Standard-Einmodenfasern

In einer Einmodenfaser wird nur der Modus LP_{01} geführt. Er kommt in zwei Polarisationsversionen vor, die exakt gleiche Ausbreitungsgeschwindigkeit haben. Das gilt auch im Rahmen der genaueren Vektormodentheorie, dort wird der Modus LP_{01} lediglich anders bezeichnet, nämlich als Modus HE_{11}. Zerlegt man einen beliebigen Polarisationszustand in zwei lineare orthogonale Polarisationen und transportiert diese in den beiden Versionen des Modus LP_{01}, so überlagern sich wegen der identischen Geschwindigkeit die Felder an jeder Faserstelle wieder zu dem Eingangs-SOP: ein Einmoden-LWL sollte die eingespeiste Polarisationsform längs der Faser erhalten.

Leider ist dieses Ergebnis nicht praxisgerecht. Es setzt voraus, daß Kern wie Mantel der Faser kreisrund, exakt konzentrisch und aus isotropem Material sind. In realen Fasern sind alle diese Voraussetzungen nicht erfüllt, z.B. weil die Primärbeschichtung ungleichmäßig aufgebracht wurde und deshalb nicht überall gleichstark auf den Glaskörper drückt. Durch solche Einflüsse wird die Achsensymmetrie gestört und die Faser an jedem Ort mehr oder weniger stark deformiert. Die Deformationen erzeugen über den elastooptischen Effekt (s. Abschn. 13.4) Spannungsdoppelbrechung. Anschaulich kann man eine reale Einmodenfaser in viele Segmente unterteilen, in jedem Segment sind die Deformationen anders verteilt. Jedes einzelne Segment bildet einen linearen Retarder, dessen Hauptachsen-

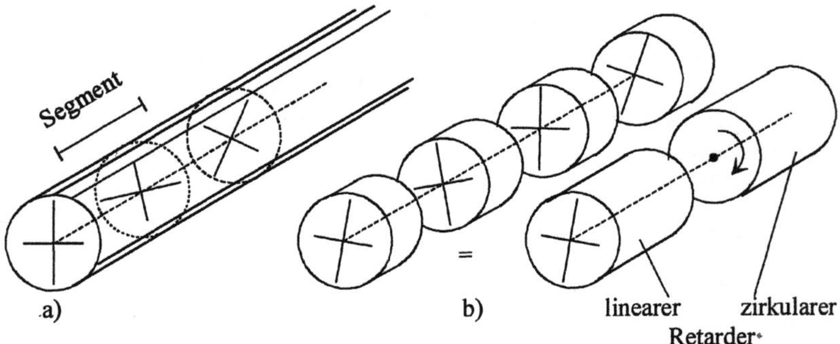

Abb. 15.2.   a) Segmentmodell einer Einmodenfaser. In jedem Segment andere Hauptachsenlage (angedeutet durch die Kreuzbalken) und andere Retardierung
b) Eine beliebige Folge linearer Retarder kann ersetzt werden durch einen einzigen linearen Retarder in Serie mit einem zirkularen Retarder

orientierung, und Retardierung durch die segmentspezifische Lageverteilung der Deformationen festgelegt sind. Die Gesamtfaser wird so zu einer Serienschaltung linearer Retarder mit statistisch variierender Retardierung und Hauptachsenorientierung. In Abb. 15.2a ist dieses Fasermodell skizziert.

Man kann zeigen, daß die Polarisationscharakteristik einer beliebigen Folge linearer Retarder ersetzt werden kann durch einen einzigen linearen Retarder, gefolgt von einem zirkularen Retarder (s. Abb. 15.2b). Beide Ersatzelemente haben jeweils eine definierte (lineare bzw. zirkulare) Doppelbrechung, der lineare Retarder zusätzlich noch definierte Hauptachsenrichtungen. Der lineare Ersatzretarder generiert an seinem Ende irgendeine Polarisationsform, der nachfolgende zirkulare Retarder dreht diese Polarisationsform (s. Abschn. A4.3.2 in Anhang 4). Wenn in die Gesamtanordnung z.B. Licht eingespeist wird, das in eine der Hauptachsen des Ersatz-Linearreatardes linear polarisiert ist, verläßt es diesen Retarderteil ohne SOP-Änderung. Der anschließende Zirkularteil der Ersatzanordnung dreht die Polarisation. Insgesamt wäre das Ausgangssignal linear polarisiert, aber seine Polarisationsrichtung wäre gegenüber der Eingangspolarisation verdreht.

Wir übertragen diese Vorstellung auf die reale Einmodenfaser und beschreiben sie als linearen Retarder (Länge = Faserlänge, Eigen-Anisotropiekoeffizient B_{L0}), gefolgt von einem zirkularen Retarder (Länge ebenfalls = Faserlänge, Eigen-Anisotropiekoeffizient B_{C0}).[1] Für Standard-Einmodenfasern ist $B_{L0} = 10^{-6}\ldots 10^{-7}$. Die Anisotropie B_{C0} des nachfolgende Zirkularteils legt die Drehung der Polarisation nach Betrag und Richtung fest (siehe das Beispiel am Ende von Abschn. A4.2.3).

Das Problem liegt nun nicht darin, *daß* die Einmodenfaser doppelbrechend ist und durch obiges Modell beschrieben werden muß: man könnte am Faseranfang einen SOP so voreinstellen, daß an einer interessierenden Faserstelle ($\cong$ Sensoreingang) der *dort* gewünschte SOP vorliegt. Das Problem ist vielmehr darin zu suchen, daß sich sofort die Gesamtretardierung ändert, wenn nur in einem der Segmente die dortige Retardierung abgewandelt wird. Solche Änderungen sind in der Praxis unvermeidlich, z.B. deformiert jede noch so minimale Bewegung der Faser das bewegte Fasersegment und modifiziert die dortige Retardierung. Ebenfalls führen unregelmäßige und lokal ungleichmäßige Temperaturschwankungen zu Retardierungsfluktuationen. Wir sehen: durch unvermeidbare Umwelteinflüsse ändert sich die Polarisationscharakteristik der Gesamtanordnung drastisch, am Beobachtungsort wechselt der SOP in nicht überschaubarer Weise. Die Faser kann keinen stabilen SOP bereitstellen, sie ist für den Einsatz in intrinsischen polarisationsoptischen Sensoren ungeeignet.

Für die Sensortechnik wurden deshalb Sonderfasern mit besonderen Polarisationsübertragungseigenschaften entwickelt. Wir beschreiben im Folgenden diese Fasern im Rahmen des Fasermodells nach Abb. 15.2b.

---

[1] In Kapitel 16 wird durch Einwirkung von außen zusätzliche Anisotropie in die Faser induziert. Wir müssen dort die vorhandene „Eigen"Anisotropie von der zusätzlich induzierten Anisotropie schreibtechnisch trennen. Deshalb fügen wir vorausschauend bereits hier in B_{L0} und B_{C0} den 2. Index „0" zur Kennzeichnung als *Eigen*-Anisotropie hinzu.

15.3
Fasern mit modifiziertem linearen Polarisationsanteil

15.3.1
Fasern mit reduzierter eigener linearer Anisotropie (LoBi fiber)

LoBi-Fasern sind Fasern mit einem im Vergleich zu den Standard-Einmodenfasern deutlich reduzierten linearen Doppelbrechungsanteil. (*LoBi*: low birefringence, geringe [lineare] Doppelbrechung, $B_{L0} \rightarrow 0$). Man erreicht dies durch perfektionierte Herstellung, die die oben erwähnten Deformationen minimiert. In der Praxis bewährt hat sich das sog. *spun fiber* Herstellungsverfahren. Hierbei wird die Vorform, aus der die Faser gezogen wird, beim Ziehprozeß mit einigen tausend Umdrehungen pro Minute um ihre Längsachse rotiert; daher der Name *spun fiber*. Die Fliehkräfte sorgen für eine wesentlich höhere Konzentrizität und Rundheit von Kern und Mantel. In spun fibers wurden Eigen-Anisotropiekoeffizienten bis herab zu $B_{L0} \approx 10^{-9}$ gemessen. Gleichzeitig wird der zirkulare Eigenanteil B_{C0} auf vernachlässigbar geringe Werte gedrückt.

15.3.2
Fasern mit verstärkter eigener linearer Anisotropie (HiBi fiber)

Ein vollkommen anderer Ansatz verstärkt die lineare Anisotropie einer Faser. Dazu wird in die Faser zusätzliche lineare Doppelbrechung eingebaut, die mehreren Anforderungen genügen muß: sie muß in der Faser quasi „eingefroren" sein (d.h. sie darf längs der Faser weder ihren Betrag noch die Orientierung ihrer Hauptachsen ändern), und ihre Doppelbrechung muß erheblich größer sein als die durch die zufälligen Faserdeformationen verursachte Störungsanisotropie. Die resultierende lineare wie zirkulare Gesamtdoppelbrechung der Faser wird dann ausschließlich durch die Eigenschaften der hohen Zusatzdoppelbrechung bestimmt. Diese überwiegt bei weitem die additiven Effekte der zufälligen Störungen und macht die Störungsanisotropie wirkungslos. In einer solchen Faser verschwindet die zirkulare Eigenanisotropie $B_{C0} = 0$, die Faser ist ein rein linearer Retarder mit 2 längs der gesamten Faserstrecke stabil orientierten Hauptachsen (nämlich den Achsen der zusätzlichen Doppelbrechung) und dem hohen Eigen-Anisotropiekoeffizienten B_{L0} der künstlich eingebrachten Doppelbrechung (*HiBi*: high birefringence, d.h. hohe [lineare] Doppelbrechung, $B_{L0} \rightarrow \infty$). Wir drehen das Koordinatensystem so, daß die Anisotropiehauptachsen in x- und y-Richtung weisen. Die in x- und y-Richtung polarisierten Versionen des LP_{01}-Modus durchlaufen jetzt die Faser mit unterschiedlichen effektiven Phasengeschwindigkeiten bzw. sehen unterschiedliche effektive Brechzahlen $n_{eff,x}$ und $n_{eff,y}$ mit $B_{L0} = |\, n_{eff,x} - n_{eff,y}\,|$.

Wird in eine solche Faser polarisiertes Licht eingespeist, so ist der SOP an irgendeiner Stelle auf der Faser zwar nicht gleich dem Eingangs-SOP, aber dieser SOP bleibt auch bei Bewegung der Faser und trotz thermischer Fluktuationen stabil. Wird als Spezialfall in den LWL Licht eingekoppelt, das in eine der beiden

Hauptachsen der Zusatzdoppelbrechung, nach unserer Koordinatenwahl also in x- oder y-Richtung linear polarisiert ist, so bleibt dieser lineare SOP sogar längs der ganzen Faserstrecke erhalten.

Auf dem Markt sind mehrere HiBi-Faservarianten erhältlich. Im einfachsten Fall wird der Faserkern wie in Abb. 15.3a nicht kreisförmig, sondern elliptisch ausgeformt. Die beiden Halbachsen der Ellipse definieren dabei die polarisationsoptischen Vorzugsrichtungen bzw. Retarderhauptachsen. Die durch die Ellipsenform eingebrachte *Formanisotropie* beträgt näherungsweise [n_1 ist der Kernbrechungsindex, Δ der normierte Brechzahlenunterschied nach Gl. (3.7)]

$$B_{L0} \approx (n_1\,\Delta)^2 \cdot \sqrt{1-e^2} \tag{15.1}$$

Darin ist e das Achsenverhältnis der Ellipsenachsen: $e = \dfrac{\text{Länge kleine Halbachse}}{\text{Länge große Halbachse}} < 1$.

Nach Gl. (15.1) müssen für eine hohe Formanisotropie n_1 und/oder Δ möglichst groß sein. Beide Parameter können gleichzeitig angehoben werden, wenn man den Faserkern hoch mit GeO_2 dotiert. Allerdings bringt diese Maßnahme auch erhebliche Nachteile. Zum einen haben diese Fasern durch den hohen GeO_2-Anteil eine hohe Dämpfung, vgl. Abschn. 7.2.1. Zum anderen beeinflußt das Produkt $n_1 \cdot \Delta$ das Modenspektrum: die Faser ist nur dann einmodig, wenn im Betriebszustand ihr Strukturparameter $V = \frac{2\pi}{\lambda}\,a\,n_1\,\sqrt{2\Delta} < 2{,}405$ ist [Gl. (5.35)]. Ein vergrößertes $n_1 \cdot \Delta$ muß deshalb durch einen verkleinerten Kernradius kompensiert werden mit der Folge: es wird schwieriger, Licht in die Faser einzukoppeln.

Mit $e \approx 0{,}9$ und $n_1 \cdot \Delta \approx 0{,}03$ erzielt man $B_{L0} \approx 4 \cdot 10^{-4}$. Versuchsfasern mit noch kleinerem Achsverhältnis und noch stärkerer GeO_2-Kerndotierung erreichten sogar $B_L > 10^{-3}$, allerdings bei kaum noch akzeptabler Faserdämpfung.

Vergleichbar große Eigen-Anisotropiewerte $B_{L0} = (1\ldots5)\cdot10^{-4}$ erzielt man auch mit sog. *PANDA-Fasern* und mit *bow-tie-Fasern*. Diese beiden Faservarianten haben einen Mantel aus reinem SiO_2, der Kern besteht aus GeO_2-dotiertem SiO_2.

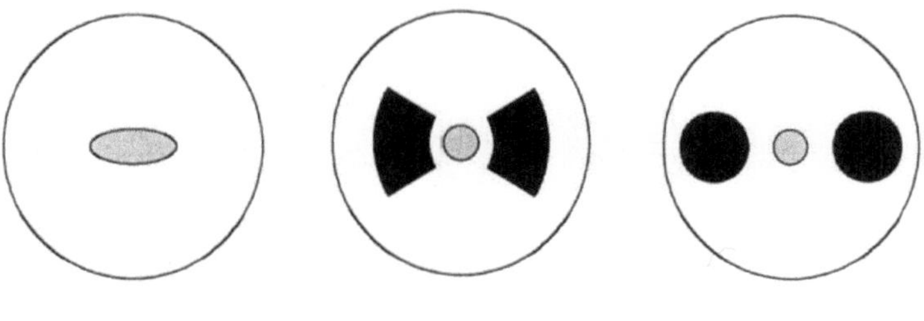

Abb. 15.3. Verschiedene HiBi-Fasertypen. Die grau unterlegten Bereiche sind die Faserkerne, die druckausübenden Bezirke der bow-tie und PANDA-Struktur sind schwarz gehalten

Längs der Faserachse sind auf gegenüberliegenden Seiten des Kernes im Mantel weitere Bezirke hoch mit z.B. B_2O_3 dotiert. B_2O_3-dotiertes Quarzglas hat eine deutlich geringere thermische Ausdehnung als reines SiO_2. Bei der Abkühlung der Faser im Herstellungsprozeß wird dadurch auf den Faserkern lateraler Druck ausgeübt, der in der abgekühlten Faser „eingefroren" ist und der über den elastooptischen Effekt (vgl. Abschn. 13.4) Spannungsdoppelbrechung induziert. Die Verbindungslinie der Druckbezirke gibt die Richtung der schnellen Hauptachse an. Die Druckspannung ist sehr viel größer als die Spannungen, deren Ursache die ungewollten Faserdeformationen sind.

B_2O_3 senkt die Brechzahl des Glasmateriales, in einer Darstellung des Brechzahlprofils über dem Faserquerschnitt kann man die druckausübenden Zonen gut erkennen. Abbildung 15.4 zeigt eine solche Profilskizze einer bow-tie Faser. In interferenzmikroskopischen Aufnahmen eines Faserquerschnittes erscheinen die B_2O_3-Bezirke als dunkle Flecken, wie in Abb. 15.3b,c angedeutet. Von diesen Flecken erhielten die Fasern ihren Namen: sie erinnern an das Gesicht eines Panda-Bären bzw. ähneln einer „Fliege" (Querbinder in der Herrenmode; engl.: „bow-tie"). Kern und Mantel einer solchen Faser sind wie in einer Standard-Einmodenfaser dotiert, so daß die Dämpfungswerte aller dieser Fasern vergleichbar sind. In bow-tie-Fasern reichen die Druckbezirke sehr dicht an den Kern heran. Mit seinem eveneszenten Feld „sieht" das Licht die im Vergleich zum sonstigen Mantel unsauberen Druckbezirke, dadurch entstehen zusätzliche Absorptionsverluste. In PANDA-Fasern haben die Druckbezirke einen größeren Abstand vom Kern. Das hat dazu geführt, die Bezeichnung „PANDA-Faser" umzudeuten in „Polarization maintaining AND Absorption reducing", polarisationserhaltend und absorptionsvermindernd.

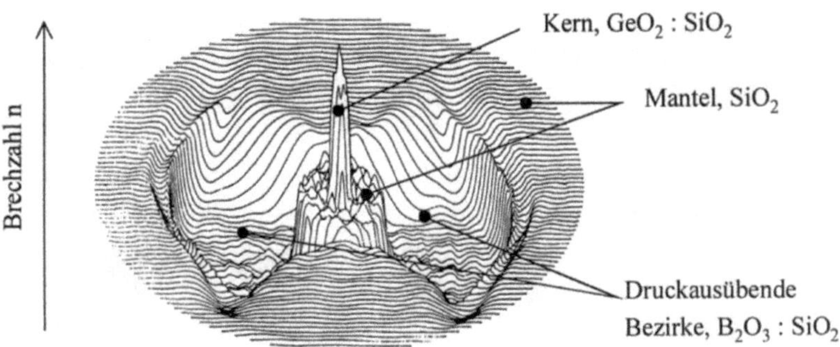

Abb. 15.4. Brechungsindex-Höhenprofil einer bow-tie-Faser mit Kern aus GeO_2-dotiertem Quarzglas und Mantel aus reinem SiO_2. Die Brechzahl ist als Höhe über dem Faserquerschnitt aufgetragen. Zur Druckerzeugung wurden zwei Mantelbereiche mit B_2O_3 dotiert, dadurch sinkt dort die Brechzahl unter die des reinen SiO_2. Die Bereiche sind im Höhenprofil deutlich zu erkennen. Faser: York PMF.

15.3.3
Polarisationsmodenkopplung

Die Deformationen und Abweichungen von der Rotationssymmetrie bewirken nicht nur, daß eine Einmodenfaser doppelbrechend wird, sie koppeln auch optische Leistung von einem linearen Polarisationszustand in den anderen über. Man bezeichnet diesen Leistungsaustausch als *Polarisationsmodenkopplung*. Für die nachfolgende Diskussion betrachten wir sowohl LoBi wie HiBi-Fasern. Die Fasern werden nur durch ihren linearen Anisotropieanteil B_{L0} beschrieben; ihre zirkulare Anisotropie B_{C0} wird vernachlässigt. Die Hauptachsen der linearen Anisotropie werden in die x- und y-Richtung gelegt, B_{L0} ist damit der Unterschied in den effektiven Brechzahlen für die x- und y-polarisierte Version des Modus LP_{01}. Mit B_{L0} verknüpft ist nach Gl. (A4.13b) die *Schwebungslänge* $\Lambda_L = \lambda/B_{L0}$.

Wie effizient ist der Leistungsaustausch? Die Theorie zeigt: ein effektiver Leistungsaustausch findet dann statt, wenn die Faserstörungen längs der Faser periodisch auftreten mit einer Periode, die etwa der Schwebungslänge Λ_L zwischen den beiden Polarisationsversionen entspricht. Da die Störungen statistisch längs der Faser verteilt sind, lassen sich in dieser Verteilung immer auch Störungen finden, die dieser Forderung genügen.

In LoBi-Fasern ist typisch $B_{L0} = 10^{-9}$, die Schwebungslänge somit $\Lambda_L = \lambda/B_{L0}$ = 1km (bei $\lambda = 1\ \mu m$). Wegen ihrer aufwendigen Herstellungstechnik werden LoBi-Fasern nur in Längen bis zu einigen 100 m hergestellt, aus diesem Grunde können keine Störungen mit Periodenstrecken im km-Bereich auftreten. Daraus ergibt sich sofort: in LoBi-Fasern ist Leistungsübertragung durch Polarisationsmodenkopplung vernachlässigbar.

In HiBi-Fasern ist typisch $B_{L0} = (1...5)\cdot10^{-4}$ bzw. $\Lambda_L = (2...10)$ mm. Längs der Faser treten durchaus Störungen mit entsprechender Periodizität auf, effektive Leistungsüberkopplung ist möglich. Die Theorie findet, daß die Leistungsüberkopplung um so kleiner wird, je größer die zusätzlich eingebrachte Doppelbrechung ist im Vergleich zu der Anisotropie durch die inneren Störungen. Das hohe B_{L0} in den HiBi-Fasern stabilisiert nicht nur die Doppelbrechung, es sorgt auch für eine nur geringe Leistungsüberkopplung.

Zur quantitativen Beschreibung der Leistungsüberkopplung speisen wir am Faseranfang z = 0 linear polarisiertes Licht nur in die linear-x-polarisierte Version des LP_{01}-Modus ein. Beim Transport längs der Faser gibt der x-polarisierte Modus durch Polarisationsmodenkopplung optische Leistung an den y-polarisierten Modus ab. Nach der Laufstrecke z befindet sich im x-Modus noch die Leistung $P_x(z)$ und im y-Modus jetzt die Leistung $P_y(z)$; die Gesamtleistung an der Stelle z ist $P_{gesamt}(z) = P_x(z) + P_y(z)$ [$= P_x(z = 0)$], wenn man die Faserdämpfung außer Betracht läßt]. Experimentell findet man

$$\frac{P_y(z)}{P_{gesamt}(z)} \propto z \qquad \Leftrightarrow \qquad \frac{P_y(z)}{P_{gesamt}(z)} = h \cdot z \qquad\qquad (15.2a)$$

Der hiermit eingeführte Proportionalitätsfaktor h mit der Maßeinheit 1/m heißt *Modenkopplungskoeffizient*. Je kleiner h, desto geringer der Leistungsanteil P_y mit der „falschen" y-Polarisation an der Gesamtleistung P_{gesamt}, d.h. desto geringer der Leistungsübertrag. Neben dem Eigen-Anisotropiekoeffizienten B_{L0} ist der Modenkoppelparameter h ein zweites, von B_{L0} unabhängiges und wichtiges Gütemaß zur Beurteilung einer HiBi-Faser. Leider ist h wenig anschaulich. Um uns eine Vorstellung zu machen, nehmen wir hz = 0,01 an, dann ist $P_y(z)/P_{gesamt}(z) = 0,01$. Das heißt: nach der Laufstrecke z = 0,01/h hat 1% der Lichtleistung die falsche Polarisation. In PANDA- und bow-tie Fasern ist typisch $h = 5 \cdot 10^{-7}$/m, für Fasern mit elliptischem Kern ist $h = 3 \cdot 10^{-5}$/m. Erst nach einer Laufstrecke von 20 km hat in einer PANDA-Faser 1% der Leistung die falsche Polarisation.

Gleichung (15.2a) gilt nur für kurze Faserlängen, wie sie in der Sensortechnik üblich sind. HiBi-Fasern werden auch in der optischen Übertragungstechnik bei der Übertragung höchster Datenraten über große Entfernungen eingesetzt. Für diesen Fall muß die Polarisationsüberkopplung aufwendiger analysiert werden. Die Theorie ergibt den etwas komplizierteren Zusammenhang

$$\frac{P_y(z)}{P_{gesamt}} = \frac{1}{2}\left[1 - \exp(2h\,z)\right] \quad . \tag{15.2b}$$

Mit der für 2hz << 1 gültigen Taylorreihenentwicklung $\exp(-2hz) \approx 1-2hz$ geht Gl. (15.2b) in Gl. (15.2a) über.

In Datenblättern wird anstelle von h häufig das in dB gemessene *Polarisationsübersprechen* (polarization crosstalk) $C_C(z)$ für eine Faserstrecke der Länge z angegeben. Bei der Interpretation ist Vorsicht angebracht, denn die Definition ist nicht einheitlich. Bei (kurzen) Sensorfasern greift man auf Gl. (15.2a) zurück und definiert

$$C_C(z) = 10dB\,lg(hz) \tag{15.3a}$$

Bei (langen) Telekomfasern wird Gl. (15.2b) herangezogen mit dem Ergebnis

$$C_C(z) = 10dB\,lg\left[\tanh(hz)\right] \tag{15.3b}$$

An dieser Stelle muß eine Bemerkung nachgetragen werden. HiBi-Fasern werden in der Literatur und von den Herstellern gerne mit dem Attribut *polarisationserhaltende Faser* (polarization maintaining fiber, PMF) belegt. Dieser Begriff bedarf näherer Erläuterung. Er besagt zweierlei:

1. Wenn in eine HiBi-Faser beliebig polarisiertes Licht eingespeist wird, dann stellt sich an einer vorgegebenen Faserstelle irgendein Polarisationszustand ein, der nicht unbedingt dem Eingangs-SOP entspricht, der aber stabil bleibt und sich auch bei (moderater) Bewegung und Biegung der Faser nicht ändert.
2. Wenn in eine HiBi-Faser Licht eingespeist wird, das linear in eine der Faservorzugsrichtungen polarisiert ist, dann bleibt dieser lineare SOP längs der gesamten Faser erhalten.

15.3.4
HiBi-Fasern als Polarisatoren

Nach der LP-Modentheorie (und auch nach der exakteren Vektormodentheorie) hat der Grundmodus LP_{01} keinen cutoff (Abschn. 5.1.7), er ist immer ausbreitungsfähig. Dies gilt für seine beide Polarisationsversionen. Durch axiale Unsymmetrie wie in HiBi-Fasern wird diese Besonderheit beseitigt: jetzt hat auch der Grundmodus einen cutoff, und dieser cutoff liegt für die beiden Polarisationsversionen bei unterschiedlichen V-Parameterwerten $V_{c01,x}$ und $V_{c01,y}$ mit z.B. $V_{c01,x} < V_{c01,y}$. Abbildung 15.5 ist eine Umgestaltung von Abb. 5.5 für HiBi-Fasern. Aufgetragen ist die effektive Phasengeschwindigkeit als Funktion des Strukturparameters V. Je nach Zahlenwert von V kann man zwei Einmoden-Betriebszustände einstellen: für $V_{c01,x} < V < V_{c01,y}$ den Betriebszustand „polarisierend" und für $V_{c01,y} < V < V_{c11}$ den Betriebszustand „polarisationserhaltend". Im Betriebszustand „polarisationserhaltend" sind die beiden Polarisationsversionen mit den effektiven Geschwindigkeiten $v_{eff,x}$ und $v_{eff,y}$ ausbreitungsfähig, der Geschwindigkeitsunterschied ist über $B_{L0} = |\, n_{eff,x} - n_{eff,y}\,| = |\, c/v_{eff,x} - c/v_{eff,y}\,|$ verknüpft mit dem Doppelbrechungskoeffizienten B_{L0}. Im Zustand „polarisierend" ist im skizzierten Beispiel die y-Polarisation nicht mehr ausbreitungsfähig, wohl aber noch die x-Version. Am Ende einer so betriebenen Faser entnimmt man bei beliebigem Eingangs-SOP linear-x polarisiertes Licht.

Bei gegebener Faser ist der V-Wert über die Betriebswellenlänge veränderbar [Gl. (5.29)]. Durch geschickte Dimensionierung der Anisotropie kann die Faser so hergestellt werden, daß sie bei der gewünschten Lichtwellenlänge als Linearpolarisator arbeitet.

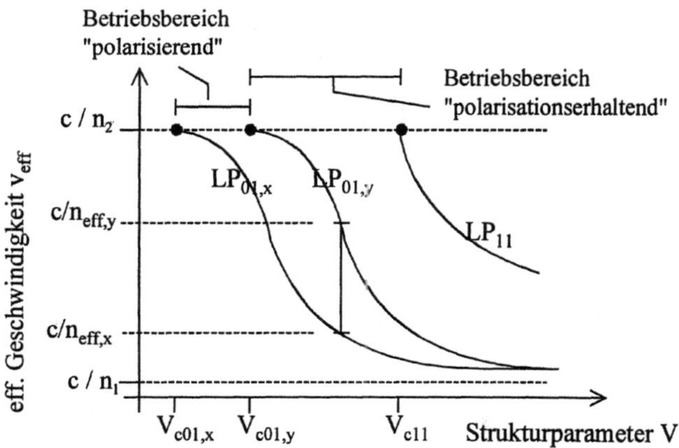

Abb. 15.5. Polarisationsoptische Betriebsbereiche einer HiBi-Faser. Durch die fehlende Achsensymmetrie gibt es auch für den Grundmodus einen cutoff V_c. Im Betriebsbereich „polarisierend" ist nur noch eine der beiden Polarisationsversionen ausbreitungsfähig.

15.4
Fasern mit modifiziertem zirkularen Polarisationsanteil

Im polarisationsoptischen Modell ist jede Einmodenfaser eine Hintereinanderschaltung eines linearen und eines zirkularen doppelbrechenden Elementes
(Abb. 15.2b). Die HiBi-Fasern erhöhten den linearen Anteil und unterdrückten
den zirkularen Beitrag, die Faser wurde zu einem rein linearen Retarder. Es gibt
auch Fasern, bei denen umgekehrt der zirkulare Beitrag stark angehoben wird; der
lineare Anteil wird dann bedeutungslos. Eine solche Faser stellt einen reinen zirkularen Retarder dar. Zirkular doppelbrechende Fasern haben in der Regel einen
Kern, der sich schraubenförmig (helixförmig) um die Faserachse windet, die
Ganghöhe der Windungen liegt im mm-Bereich. Die hiermit eingebrachte zirkulare Anisotropie beträgt typisch $B_{C0} = 10^{-4}$; sie bleibt stabil in der Faser eingefroren, selbst wenn die Faser mit engem Biegeradius aufgewickelt oder in Schleifen
geführt wird. Fasern mit schraubenförmig gewundenem Kern sind sehr schwierig
herzustellen und deshalb nur in kurzen Längen (typisch 10 m) verfügbar.

16 Intrinsische faseroptische Polarimeter

Die grundsätzliche Funktionsweise der intrinsischen faseroptischen Polarimeter ist leicht verständlich. Nach dem in Absschn. 15.2 vorgestellten Fasermodell wirkt eine Einmodenfaser wie ein linearer Retarder mit der Eigen-Anisotropie B_{L0}, gefolgt von einem zirkularen Retarder mit der Eigen-Anisotropie B_{C0}. Die Länge beider Retarder ist jeweils gleich der Faserlänge. Durch spezielle Konstruktion der Faser werden entweder B_{L0} (bei HiBi-Fasern) oder B_{C0} (bei Fasern mit Helixkern) so verstärkt, daß die jeweils andere Doppelbrechungsart vernachlässigbar ist; in LoBi-Fasern werden beide Arten auf verschwindend geringe Werte reduziert.

In einen Faserabschnitt mit der Länge D wird nun durch eine Wirkgröße W *zusätzliche* lineare oder zirkulare Doppelbrechung δB_L bzw. δB_C über die dort in der Faser schon vorhandene Eigen-Anisotropie hinaus eingebracht und so in diesem Abschnitt die Doppelbrechung auf $B_L = B_{L0} + \delta B_L$ bzw. auf $B_C = B_{C0} + \delta B_C$ erhöht. Dadurch ändert sich insgesamt der SOP des durchgeführten Lichtes. Die SOP-Änderung wird in eine Intensitätsänderung umgewandelt und mit Photodetektoren gemessen.

Es gibt eine Reihe von „Effekten", die in Glas zusätzliche Doppelbrechung induzieren. In Tabelle 16.1 sind die Mechanismen und ihre formelmäßige Beschreibung zusammengestellt. Die angegebenen Materialkenngrößen gelten für Quarzglas bei der Wellenlänge des HeNe-Laserlichtes ($\lambda = 0{,}633\ \mu m$).

Tabelle 16.1. Physikalische Effekte, die in Quarzglas Doppelbrechung hervorrufen.

Name	Ursache	induzierte Anisotropie	Materialkenngröße
elastooptischer Effekt	zirkular asymmetrische Deformation mit Hauptspannungsdifferenz $\Delta\sigma$	$\delta B_L = C_\sigma \cdot \Delta\sigma$	elastooptische Konstante C_σ $C_\sigma = 3{,}4 \cdot 10^{-8}\ cm^2\ /N$
Kerr-Effekt (quadratischer elektrooptischer Effekt)	transversales elektrisches Feld der Stärke E	$\delta B_L = K \cdot \lambda \cdot E^2$	Kerr-Konstante K $K = 9 \cdot 10^{-15}\ cm/V^2$
Faraday-Effekt (magnetooptischer Effekt)	longitudinales magnetisches Feld der Stärke H	$\delta B_C = V \cdot (\lambda/\pi) \cdot H$	Verdet-Konstante V $V = 4{,}6 \cdot 10^{-6}\ /A$

Tabelle 16.2.   Weitere Ursachen für induzierte Doppelbrechung in Einmodenfasern.

Ursache	induzierte Anisotropie	Materialkenngröße
lateraler Druck (Querdruck F/ℓ)	$\delta B_L = C_F \cdot \dfrac{\lambda}{r}\dfrac{F}{\ell}$	$C_F = 6{,}8\cdot10^{-4}$ cm/N
Biegen der Faser mit Biegeradius R_b	$\delta B_L = C_b\cdot\lambda\,(r_{KM}/R_b)^2$	$C_b = 2\cdot10^3$ /cm
Verdrillen der Faser um ihre Längsachse mit τ Umdrehungen pro Streckeneinheit ℓ	$\delta B_C = G\cdot\lambda\cdot\tau$	$G = 0{,}15$

r_{KM}: Außenradius (Kern+Mantel) der Faser; F: Kraft, die längs einer Strecke der Länge ℓ quer zur Faser ausgeübt wird z.B. dadurch, daß die Faser zwischen zwei parallelen Platten gequetscht wird

Elastooptischer und Kerr-Effekt induzieren lineare Anisotropie, diese beiden Effekte wurden bereits in Abschn. 13.4 näher erläutert. Der Faraday-Effekt liefert zusätzliche zirkulare Anisotropie; wir werden die zugehörige Physik weiter unten in Abschn. 16.2 kurz besprechen. Neben diesen „reinen" Effekten gibt es noch Nebenmechanismen, die ebenfalls Anisotropie bewirken und zum Teil Sonderfälle der reinen Effekte sind. Sie sind in Tabelle 16.2 aufgelistet.

In den beiden nachfolgenden Abschnitten wird der prinzipielle Aufbau faseroptischer Polarimeter vorgestellt, zunächst ohne auf die Retardierungsursache selbst einzugehen. Dadurch werden die Ergebnisse effektunabhängig. Erst nachträglich wird der eigentliche Sensoreffekt hinzugenommen.

16.1
Einbringen zusätzlicher linearer Anisotropie

Abbildung 16.1 zeigt die Allfaser-Ausführung eines Polarimeters, bei dem die zu messende Größe zusätzliche lineare Anisotropie induziert. Der Aufbau entspricht in seinem optischen Konzept dem extrinsischen Polarimeter nach Abschn. 13.4, Abb. 13.9. Wir erzeugen durch eine Hintereinanderschaltung eines Linearpolarisators und einer $\lambda/4$-Platte zirkular polarisiertes Licht und speisen dieses Licht in eine polarisationserhaltende Faser (HiBi-Faser) ein. Am Ende der Faser wird das Licht mit einem polarisationsselektiven Koppler auf zwei Pfade aufgeteilt, an deren Ausgang jeweils eine Photodiode die ankommende optische Leistung mißt und in die Ströme I_1 und I_2 wandelt. Der polarisationsselektive Koppler ist eine Spezialausführung eines optischen Viertores. Er zerlegt beliebig polarisiertes Eingangslicht in zwei zueinander senkrechte lineare Polarisationen, wirkt also wie der Strahlteilerwürfel mit den beiden nachfolgenden Linearpolarisatoren in Abb. 13.9 bzw. ist die Allfaser-Variante eines Wollastonprismas. Polarisationsselektive

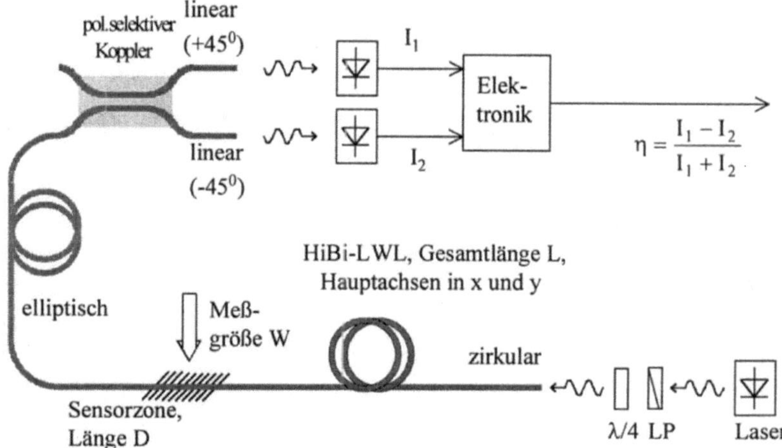

Abb. 16.1.   Grundaufbau eines Allfaser-Polarimeters. Mit der Kombination Linearpolari-sator LP und λ/4-Platte wird zirkular polarisiertes Licht erzeugt

Koppler können mit der in Abb. 13.1 vorgestellten Tapertechnik mit HiBi-Fasern realisiert werden, wobei die Fasern in der Betriebsart „polarisierend" arbeiten. In der Praxis jedoch werden zumeist integriert-optische Ausführungen verwendet. Die genaue physikalische Gestaltung und Wirkungsweise eines solchen Kopplers soll hier nicht weiter diskutiert werden.

Die verwendete HiBi-Faser ist auch ohne Einwirkung von außen ein linearer Retarder mit zwei Hauptachsen und der Eigen-Anisotropie B_{L0}. Wir wählen die „schnelle" Hauptachse als die x-Koordinatenrichtung und beziehen alle Orientierungsangaben auf die x-Richtung.

Ein Teilstück der Faser von der Länge D ist der eigentliche Sensor. Nur in diesem Teilstück wird durch die Wirkgröße W die dortige Doppelbrechung um δB_L auf jetzt $B_L = B_{L0} + \delta B_L$ abgeändert. Wir verlangen, daß die Wirkgröße nur den Betrag der Anisotropie selbst modifiziert, die Orientierung der Retarder-Hauptachsen aber unverändert läßt.

Die Gesamtfaser zwischen Einkoppelstelle und dem polarisationsselektiven Koppler zerfällt in drei hintereinander angeordnete Abschnitte: dem zuführenden Faserstück, der Sensorzone, dem abführenden Fasersegment. Jeder Abschnitt für sich ist ein Retarder mit der Besonderheit, daß in allen diesen drei Retardern die Hauptachsen gleiche Orientierung haben. Dies gilt auch für die Sensorzone, denn nach Voraussetzung darf die Wirkgröße die Achsenorientierung nicht verändern. Man überzeugt sich mit der Anhang A4 angegebenen Rechentechnik leicht, daß unter diesen Umständen die Gesamtretardierung R_L gleich der Summe der Einzelretardierungen der einzelnen Abschnitte ist:

$$R_L = R_L^{\text{zuführender Abschnitt}} + R_L^{\text{Sensorzone}} + R_L^{\text{abführender Abschnittt}} \quad . \tag{16.1}$$

Für die Retardierung des Meßabschnittes setzen wir mit Gl. (A4.12) an:

$$R_L^{\text{Sensorzone}} = \frac{2\pi}{\lambda}(B_{L0} + \delta B_L) \cdot D \quad . \tag{16.2}$$

Hier sind B_{L0} und δB_L die Eigenanisotropie und die durch die Wirkgröße induzierte Anisotropie. Wenn wir berücksichtigen, daß die Retardierung des zu- und des abführenden Fasersegmentes nur durch die Eigenanisotropie B_{L0} verursacht sind, dann können wir Gl. (16.1) umgestalten in

$$R_L = R_{L0} + \delta R_L \quad , \tag{16.3}$$

mit $\qquad R_{L0} = \frac{2\pi}{\lambda} B_{L0} \cdot L \tag{16.4a}$

und $\qquad \delta R_L = \frac{2\pi}{\lambda} \delta B_L \cdot D \quad . \tag{16.4b}$

L ist die Gesamtlänge der Faser.

Ergebnis: Wenn die Größe W auf den Sensorabschnitt einwirkt, dann ist die Gesamtretardierung der Anordnung $R_L = R_{L0} + \delta R_L$. Unser Allfaser-Meßsystem unterscheidet sich in dieser Schreibweise nicht mehr von dem in Abschn. 13.4 vorgestellten extrinsischen Polarisationsmeßsystem. Wir können deshalb die dort durchgeführten mathematischen Berechnungen mit dem Resultat Gl. (13.8) vollständig zu übernehmen [vorausgesetzt, die Auswertung ist die gleiche wie dort zugrundegelegt und vorausgesetzt, der polarisationsselektive Koppler wird so orientiert, daß seine Ausgangspolarisationen unter $\pm 45^0$ zu den Hauptachsen der HiBi-Faser erscheinen; diese Orientierung der Polarisatoren ging in die Herleitung von Gl. (13.8) ein]. Wir erhalten als Sensorausgangssignal $\eta = (I_1 - I_2)/(I_1 + I_2)$:

$$\begin{aligned}
\eta = \sin(R_L) &= \sin(R_{L0} + \delta R_L) \\
&= \sin(R_{L0})\cos(\delta R_L) + \cos(R_{L0})\sin(\delta R_L)
\end{aligned} \tag{16.5}$$

Der Eigenanteil R_{L0} ist nach Gl. (16.4a) proportional zur Gesamtlänge L der Faser. Gleichung (16.5) legt nahe, L so zu wählen, daß $\sin(R_{L0}) = 0$ ist. Gleichzeitig ist dann $\cos(R_{L0}) = 1$, und Gl. (16.5) geht über in $\eta = \sin(\delta R_L)$. Leider ist diese Idee nicht realisierbar. In HiBi-Fasern ist typisch $B_{L0} = (1...5) \cdot 10^{-4}$, daraus ergibt sich eine Schwebungslänge $\Lambda_L = (2...10)\,\text{mm}$. Das heißt: auf einer Strecke von wenigen mm ändert sich die Retardierung R_{L0} um 2π. Ein definierter R_{L0}-Wert am Faserende verlangt, die Faserlänge mit Sub-mm-Präzision einzustellen. Das ist in der Praxis nicht möglich.

Als Abhilfe wird der Eingangs-SOP „vorverzerrt": im Gegensatz zur Rechnung wird kein zirkular polarisiertes Licht in die Faser gegeben, sondern elliptisch polarisiertes. Der SOP des Eingangslichtes wird so gewählt, daß *ohne* Einwirkungsgröße kein Ausgangssignal gemessen wird ($I = 0$ bei $\delta R_L = 0$).

Verglichen mit der extrinsischen Ausführung nach Abb. 13.9 müssen beim Allfaser-Sensor weitere Effekte berücksichtigt werden. Die beiden Polarisationsversionen des übertragenen Grundmodus laufen mit unterschiedlichen Geschwindigkeiten $v_{eff,x} \neq v_{eff,y}$ und benötigen deshalb zum Durchlaufen einer Faserstrecke der Länge L unterschiedliche Zeiten $t_x = L/v_{eff,x} = (L/c)n_{eff,x}$ und $t_y = (L/c)n_{eff,y}$ an. Die für die Überlagerung zum definierten Ausgangs-SOP benötigte starre Phasenbeziehung zwischen den Polarisationsversionen besteht nur, solange der Laufzeitunterschied $\delta t = |\,t_x - t_y\,| = (L/c)\,|\,n_{eff,x} - n_{eff,y}\,| = (L/c)\cdot B_{L0}$ deutlich geringer ist als die Kohärenzzeit T_{coh} der verwendeten Lichtquelle. δt kann bei großen Längen L erhebliche Werte annehmen: bei z.B. $B_{L0} = 4\cdot10^{-4}$ und L = 300 m ist δt = 400 ps. Derart lange Kohärenzzeiten haben nur teure monofrequente Laser, die eine spektral schmale Einzellinie emittieren (z.B. DFB-Laser oder DBR-Laser). Man kann die teuren Laser vermeiden, wenn man die Sensorfaser in zwei möglichst gleichlange Teile zerschneidet. Eines der Teilstücke wird um 90^0 gegen das andere Stück verdreht, dann werden die beiden Faserstrecken wieder zusammengefügt, s. Abb. 16.2. Die Auswirkung erkennt man am einfachsten, wenn man linear-x polarisiertes Licht in die in x-Richtung weisende Hauptachse des 1. Teilstückes einspeist: es durchläuft dieses Stück mit der Geschwindigkeit $v_{eff,x}$, das anschließende, um 90^0 gedrehte 2. Teilstück gleicher Länge mit der Geschwindigkeit $v_{eff,y}$. Insgesamt benötigt die x-Polarisation dieselbe Zeit wie die y-Polarisation, die die 1. Faserstrecke mit $v_{eff,y}$ und die 2. Strecke mit $v_{eff,x}$ durchläuft. Anders formuliert: die doppelbrechende Wirkung der HiBi-Faser wurde aufgehoben, sie wirkt *als Ganzes* (und ohne äußere Einwirkung) nicht mehr als Eigenretarder: R_{L0} = 0. Bei nicht exakt gleichlangen Faserstücken bleibt ein Laufzeitunterschied δt bestehen, der durch den Längenunterschied δL der Teilstücke bestimmt ist: $\delta t = (\delta L/c)\cdot B_{L0}$. Die hiermit deutlich verringerten Kohärenzanforderungen können von Billiglasern (z.B. FP-Lasern), eventuell sogar von Super-LED's erfüllt werden.

Das vorgestellte Verfahren bietet noch zwei weitere Vorteile: wenn irgendeine unerwünschte Störung auf beide Faserstücke *gleichartig* Einfluß nimmt (z.B. die Temperatur), dann wirkt sich die Störung am Faserende nicht aus, es liegt wieder *optische Gleichtaktunterdrückung* vor. Weiterhin kann man zeigen, daß das Stromrauschen, das im Photodetektor durch das Phasenrauschen der Lichtquelle entsteht, durch diese Maßnahme eliminiert wird.

Die Zusatzretardierung selbst kann durch Längenänderung oder durch die in Tabelle 16.1 oder Tabelle 16.2 aufgelisteten Effekte induziert werden. Wichtig ist,

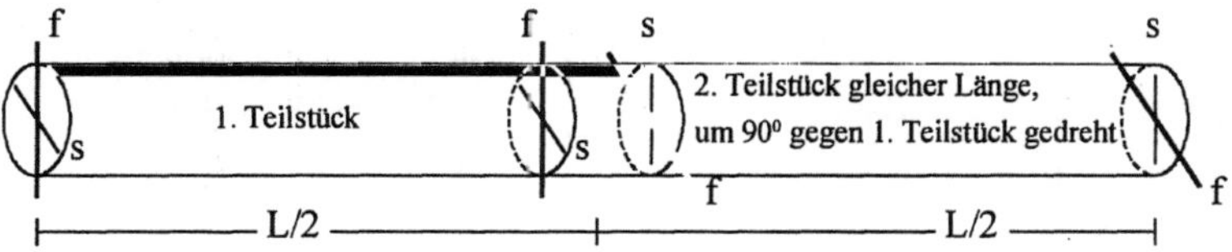

Abb. 16.2. Optische Gleichtaktunterdrückung durch Aufteilen der HiBi-Sensorfaser in zwei gleichlange, aber um 90^0 gegeneinander verdrehte Teilstücke. Die schnelle Achse „f" des 2. Teilstückes hat dieselbe Orientierung wie die langsame Achse „s" des 1. Segmentes

daß die Einwirkungsgrößen nur die Retardierung selbst, nicht aber die Orientierung der Faserhauptachsen verändern. Ein nach obigem Prinzip arbeitender und den Kerr-Effekt ausnutzender elektrischer Feldstärkesensor muß deshalb so aufgebaut werden, daß das zu messende elektrische Feld in Richtung einer der Faserhauptachsen gerichtet ist. Ebenso muß ein Drucksensor so konzipiert werden, daß der Druck als Querdruck in Richtung einer der Hauptachsen wirkt. Wenn diese Bedingung nicht eingehalten wird, ist zwar auch ein Meßsignal vorhanden, die Auswertung kann aber nicht mehr mit den angegebenen Gleichungen erfolgen.

16.2
Einbringen zusätzlicher zirkularer Anisotropie

Abbildung 16.3 zeigt den Prinzipaufbau eines Allfaser-Sensors, bei dem in ein Faserabschnitt zusätzliche zirkulare Anisotropie eingebracht wird. Die eigentliche Sensorfaser ist eine LoBi-Faser, in die eine HiBi-Faser (HiBi-1) Licht einspeist. Eine zweite HiBi-Faser (HiBi-2) nimmt das austretende Licht auf. In beiden HiBi-Fasern liegen die schnellen Hauptachsen in x- und die langsamen in y-Koordinatenrichtung.

In HiBi-1 wird Licht eingekoppelt, das linear in eine ihrer Hauptachsenrichtungen, z.B. in die schnelle Richtung (x-Richtung) polarisiert ist. Die HiBi-Faser ändert diesen speziellen SOP nicht, der LoBi-Sensorfaser wird linear-x polarisiertes Licht zugeführt. Wir vernachlässigen die Eigen-Doppelbrechungen der LoBi-Faser: $B_{L0}^{LoBi\text{-}Faser} = B_{C0}^{LoBi\text{-}Faser} = 0$. In der LoBi-Faser bleibt deshalb jeder beliebige eingespeiste SOP erhalten, der von HiBi-1 übernommene linear-x-SOP wird unverändert an die schnelle Hauptachse der Faser HiBi-2 weitergereicht und von dieser zum Ende der Gesamtfaserstrecke übertragen. Ohne Einwirkung von außen liegt somit am Ende der Gesamtfaserstrecke immer noch linear-x Polarisation vor.

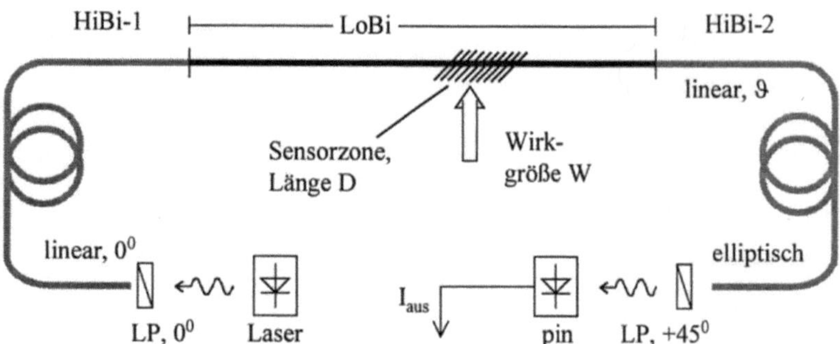

Abb. 16.3.   Grundaufbau eines Sensors durch Einbringen zirkularer Doppelbrechung in eine LoBi-Faser. Die einwirkende Größe W ist typisch ein magnetisches Feld und induziert die zirkulare Doppelbrechung über den Faraday-Effekt. LP (Winkel) : Linearpolarisator mit Angabe seiner Orientierung

Die einwirkende Größe bringt längs eines Teilstückes der LoBi-Faser (Länge D; meist wird die gesamte Faserlänge als Sensorzone verwendet) zirkulare Doppelbrechung δB_C ein, die eine zirkulare Retardierung δR_C bewirkt. Nach der in Abschn. A4.2.3 in Anhang A4 durchgeführten Beispielsrechnung wird dadurch der lineare Polarisationszustand um den Winkel $\vartheta = \delta R_C/2$ gegen die ursprüngliche x-Richtung gedreht, siehe auch Abb. A4.4 im Anhang. Das eigentlich noch zu berücksichtigende Vorzeichen der Drehung bleibt hier unbeachtet, weil nur der Effekt an sich besprochen werden soll. Mit diesem Polarisationszustand tritt das Licht in die Faser HiBi-2 ein. Beim Durchlaufen dieser Faser wird sein SOP durch die Eigenretardierung der Faser geändert (das eingelieferte Licht ist zwar linear polarisiert, aber seine Polarisationsrichtung fällt i.A. nicht mehr mit der schnellen Hauptachse von HiBi-2 zusammen). Hinter HiBi-2 passiert das Licht einen unter $(+45^0)$ orientierten Linearpolarisator (oder eine entsprechend orientierte polarisierende Faser). Hier wird die SOP-Änderung in eine Intensitätsänderung umgesetzt. Die Intensität wird mit einem Photodetektor in einem dazu proportionalen Strom der Stärke I gewandelt. Als Sensorsignal verwenden wir diesen Strom I, normiert auf irgendeinen Referenzstrom I_{ref}.

Wir berechnen mit dem Jones-Formalismus den Jones-Vektor $\mathbf{J}_{aus}$ und die Intensität S_{aus} an der Photodiode. Der Jones-Vektor der Eingangspolarisation sei $\mathbf{J}_{ein}$. Wir wissen bereits, daß die Faser HiBi-1 den Polarisationszustand nicht ändert, deshalb können wir diese Faser in der Rechnung unberücksichtigt lassen. Die Sensorzone der LoBi-Faser wird als zirkularer Retarder $\mathbf{Z}(\delta R_C)$ beschrieben, der Rest der LoBi-Faser ändert die Polarisation nicht und bleibt ebenfalls unberücksichtigt. Die nachfolgende Faser HiBi-2 ist ein linearer Retarder $\mathbf{L}(0,R_{L0})$ mit der Eigenretardierung R_{L0} und schneller Hauptachse in x-Richtung, der folgende unter $(+45^0)$ orientierte Linearpolarisator wird mit $\mathbf{P}(\pi/4)$ erfaßt:

$$\mathbf{J}_{aus} = \underbrace{\begin{pmatrix} 1/2 & 1/2 \\ 1/2 & 1/2 \end{pmatrix}}_{\mathbf{P}(\pi/4)} \cdot \underbrace{\begin{pmatrix} e^{jR_{L0}} & 0 \\ 0 & 1 \end{pmatrix}}_{\mathbf{L}(0,R_{L0})} \cdot \underbrace{\begin{pmatrix} \cos(\delta R_C/2) & \pm\sin(\delta R_C/2) \\ \mp\sin(\delta R_C/2) & \cos(\delta R_C/2) \end{pmatrix}}_{\mathbf{Z}(\delta R_C)} \underbrace{\hat{E}_x \begin{pmatrix} 1 \\ 0 \end{pmatrix}}_{\mathbf{J}_{ein}} \tag{16.6}$$

$$= \tfrac{1}{2}\hat{E}_x \left[\sin(\mp\delta R_C/2) + \cos(\pm\delta R_C/2)\cdot e^{jR_{L0}} \right] \begin{pmatrix} 1 \\ 1 \end{pmatrix}$$

Daraus bestimmen wir die Ausgangsintensität bei Vernachlässigung der Dämpfungen sämtlicher Fasern und der Polarisationsmodenkopplung zu

$$S_{aus} = \kappa \cdot |\mathbf{J}_{aus}|^2 = \tfrac{1}{2}\cdot\kappa\cdot\hat{E}_x^2\cdot[1 + \sin(\mp\,\delta R_C)\cdot\cos(R_{L0})] \quad , \tag{16.7}$$

und mit der Eingangsintensität $S_{ein} = \kappa \cdot |\mathbf{J}_{ein}|^2 = \kappa\cdot\hat{E}_x^2$ wird

$$S_{aus} = \tfrac{1}{2}\cdot S_{ein}\cdot[1 + \sin(\mp\,\delta R_C)\cdot\cos(R_{L0})] \quad . \tag{16.8}$$

Die Intensität S_{aus} wird von der Photodiode in einen Strom I_{aus} umgesetzt. Wir wählen als Referenzstrom I_{ref} den bei $\delta R_C = 0$ (also bei Abwesenheit der Wirkgröße) von der Photodiode gelieferten Strom und erhalten als Sensorkennlinie

$$I_{aus}/I_{ref} = [1 + \sin(\mp \delta R_C)\cdot\cos(R_{L0})] \ . \tag{16.9}$$

Die Kennlinie Gl. (16.9) hat mehrere Nachteile:

- Sie wird bezogen auf den von der Photodiode bei $\delta R_C = 0$ gelieferten Strom I_{ref}. I_{ref} ist von der eingespeisten optischen Leistung und von den Dämpfungseigenschaften der Faser abhängig. Schwankungen der Senderleistung oder sonstige Leistungsfluktuationen werden so unmittelbar auf die Kennlinie übertragen.
- Ihre mathematische Form „1+sin(...)" ist ungünstig. Üblicherweise ist die induzierte Retardierung δR_C nur sehr klein, so daß $\sin(\delta R_C) \approx \delta R_C$ ist. Der kleine Meßbeitrag ($\mp \delta R_C$) sitzt in diesem Fall auf einem hohen Untergrund, der „1".
- Der den Meßeffekt enthaltende Term wird mit dem Faktor $\cos(R_{L0})$ multipliziert. Meßeffekt bzw. Sensorempfindlichkeit hängen damit von der Eigenretardierung R_{L0} von HiBi-2 ab. R_{L0} ist proportional zur Länge dieser Faser, bei ungeschickter Länge kann $\cos(R_{L0})$ sehr klein oder sogar = 0 werden. Das heißt: trotz Einwirkung von außen ist keinerlei Meßsignal zu beobachten.

Die Nachteile der Kennlinie können durch verbesserte Gestaltung des Meßaufbaus aufgefangen werden. Im ersten Schritt eliminieren wir den hohen Untergrund „1". Dazu messen wir nicht nur den unter ($+45^0$) orientierten linearen Anteil an der elliptischen Ausgangspolarisation von HiBi-2, sondern auch den unter (-45^0) orientierten Anteil. Meßtechnisch spalten wir das Ausgangslicht von HiBi-2 mit einem geeignet orientierten polarisationsselektiven Koppler in diese beiden Beiträge auf, s. Abb. 16.4. Gemessen werden die jeweiligen Intensitäten S_1 und S_2. Die Berechnung der Intensitäten erfolgt analog zu der Analyse oben. Man erhält die Detektor-Ausgangsströme I_1 und I_2 zu

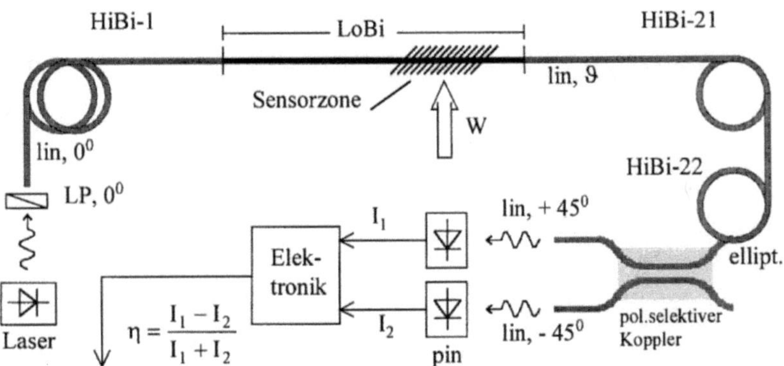

Abb. 16.4. Verbesserter Aufbau der Sensoranordnung von Abb. 16.3. Die Faserstücke HiBi-21 und HiBi-22 sind gleichlange Stücke derselben Faser, aber um 90^0 gegeneinander verdreht. Dadurch verschwindet die Eigenretardierung der HiBi-2-Faserstrecke

$$I_1 = \tfrac{1}{2} \cdot I_{ref} \cdot [1 + \sin(\mp \delta R_C) \cdot \cos(R_{L0})] \quad , \tag{16.10a}$$

$$I_2 = \tfrac{1}{2} \cdot I_{ref} \cdot [1 - \sin(\mp \delta R_C) \cdot \cos(R_{L0})] \quad . \tag{16.10b}$$

Eine Auswerteelektronik bildet das Verhältnis $\eta = (I_1 - I_2)/(I_1 + I_2)$ mit dem Ergebnis

$$\eta = \sin(\mp \delta R_C) \cdot \cos(R_{L0}) = \mp \sin(\delta R_C) \cdot \cos(R_{L0}) \quad . \tag{16.11}$$

Gleichung (16.11) enthält den Untergrund nicht mehr, gleichzeitig ist η nicht mehr von der Referenzleistung, also der Sendeleistung und den Dämpfungseigenschaften der Strecke abhängig. Zur Beseitigung des verbliebenen Faktors $\cos(R_{L0})$ setzen wir im 2.Schritt die HiBi-2-Faserstrecke wie in Abb. 16.2 beschrieben und in Abb. 16.4 angedeutet aus zwei exakt gleichlangen und um 90^0 gegeneinander verdrehten Stücken HiBi-21 und HiBi-22 zusammen. Dadurch verschwindet die Eigenretardierung der HiBi-2-Strecke: $R_{L0} = 0$ bzw. $\cos(R_{L0}) = 1$, und Gl. (16.11) geht über in

$$\eta = \mp \sin(\delta R_C) \quad . \tag{16.12}$$

Die Kennlinie hat jetzt eine (fast) optimale Gestalt. Die Empfindlichkeit ist größtmöglich, und man kann zwischen positiven und negativen Werten für δR_C unterscheiden (Richtungserkennung).

Anwendungsbeispiel: Faradayeffekt-Stromsensor

Nach dem vorgestellten Funktionsprinzip werden vor allem Sensoren gebaut, bei denen die zirkulare Doppelbrechung durch ein externes magnetisches Feld der Stärke H in den Glaskörper induziert eingebracht wird. Das Magnetfeld muß dabei parallel zur Lichtausbreitungsrichtung orientiert werden, aus der Sicht der Lichtfortbewegung also ein longitudinales Feld sein. Für die induzierte Doppelbrechung δB_C finden wir in Tabelle 16.1:

$$\delta B_C = \tfrac{\lambda}{\pi} V H \quad . \tag{16.13}$$

Bei einer Länge D der Einwirkungsstrecke erreichen wir analog zu Gl. (16.4b) eine durch das Magnetfeld verursachte zirkulare Retardierung von

$$\delta R_C = \tfrac{2\pi}{\lambda} D \, \delta B_C = 2 V H D \quad . \tag{16.14}$$

In Gl. (16.13) und Gl. (16.14) ist V der Proportionalitätsfaktor (und nicht etwa der Strukturparameter der Faser!). V heißt *Verdet*-Konstante, der Effekt selbst wird *Faraday-Effekt* genannt.

Am Ende von Abschn. A4.3.2 ist anhand einer Beispielsrechung gezeigt, daß ein zirkularer Retarder mit Retardierung δR_C die Polarisationsfigur des durchlaufenden Lichtes um den Winkel $\vartheta = \mp \delta R_C/2$ dreht. Das gilt selbstverständlich auch hier. Der Faraday-Effekt wird deshalb in vielen Büchern *Faraday-Rotation* genannt: durch ein longitudinales Magnetfeld der Stärke H dreht sich die Polarisation um den Winkel

$$\vartheta = \mp\, \delta R_C/2 = \mp\, V \cdot H \cdot D \quad . \tag{16.15}$$

Das Vorzeichen der Drehung hängt von der Richtung des magnetischen Vektors **H** relativ zur Lichtlaufrichtung ab. $\vartheta < 0$, wenn **H** in Lichtlaufrichtung zeigt (d.h. bei Blickrichtung dem Licht entgegen Drehung gegen den Uhrzeigersinn), und $\vartheta > 0$, wenn **H** antiparallel zur Lichtlaufrichtung steht.

Zur anschaulichen physikalischen Erklärung des Faradayeffektes strahlen wir in den Quarzglaskörper zirkular polarisiertes Licht ein. Bei zirkularen Polarisationen bewegt sich an einem festen Ortspunkt der elektrische Feldstärkevektor des Lichtfeldes im Kreis und zwingt die frei beweglichen Festkörperelektronen im Quarz dazu, sich mit einer Bahngeschwindigkeit **v** ebenfalls auf Kreisbahnen zu bewegen. Wird jetzt zusätzlich in Lichtlaufrichtung ein magnetisches Feld mit der Stärke **H** bzw. mit der magnetischen Induktion **B** angelegt, so wirkt auf ein sich bewegendes Elektron die Lorentzkraft $\mathbf{F} \sim \mathbf{v} \times \mathbf{B}$. Je nach Umlaufrichtung des Elektrons, d.h. je nachdem, ob das Licht links- oder rechtszirkular polarisiert ist, ist **F** radial nach außen oder nach innen gerichtet und vergrößert oder verkleinert den Radius der Elektronenkreisbahn. Dies äußert sich in unterschiedlichen Brechzahlen für das links- oder rechtszirkular polarisierte Licht, d.h. zu zirkularer Anisotropie.

Kommerziell angebotene Allfaser-Faradaysensoren nutzen den Meßeffekt zur Gleichstrommessung. Abb. 16.5 zeigt zwei mögliche Gestaltungsformen des Sensorkopfes. In der Konfiguration a) wird der gleichstromführende Leiter zu einer langen Spule gewickelt. Das Magnetfeld auf der Spulenachse ist weitgehend homogen, seine Feldstärke beträgt nach dem Ampère'schen Gesetz $H = I_{ext} \cdot w$; darin ist w die Windungsdichte (Anzahl der Windungen pro Längeneinheit) und I_{ext} der Betrag der Stromstärke; der Index „ext" soll Verwechslungen mit den Detektor-

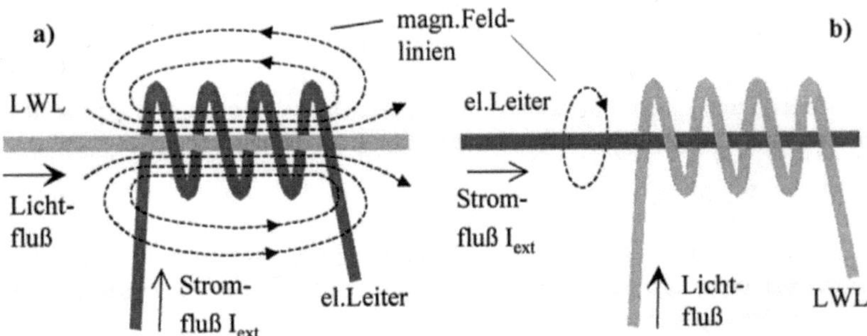

Abb. 16.5.   Gestaltungsformen des Sensorkopfes eines Faraday-Stromsensors. **a)** Der stromführende elektrische Leiter wird um die Sensorfaser gewickelt. **b)** Die Sensorfaser wird um den stromführenden Leiter gewickelt. Beachte, daß in beiden Ausführungsformen das magnetische Feld in Richtung der Faserachse weist

signalströmen vermeiden. Die Sensorfaser wird auf der Spulenachse geführt, damit ist die Spulenlänge gleich der Feldeinwirkungslänge D. Mit Gl. (16.13) finden wir $\delta R_C = V \cdot H \cdot D = V \cdot I_{ext} \cdot w \cdot D = V \cdot I_{ext} \cdot N$; mit $N = wD =$ Windungszahl. Einsetzen in Gl. (16.12) ergibt

$$\eta = \mp \sin(\delta R_C) = \mp \sin(2 \, V \, N \, I_{ext}) \approx \mp 2 \, V \, N \, I_{ext} \tag{16.16}$$

Das Vorzeichen richtet sich nach der Relativrichtung von Lichtlauf und magnetischem Feld und damit nach der Fließrichtung des externen Stromes (beachte, daß I_{ext} nur der Betrag der Stromstärke ist). Der Sensor mißt somit die Stromstärke nach Betrag und Vorzeichen.

In der Konfiguration b) wird die Sensorfaser mit gleichbleibendem Abstand r um den stromdurchflossenen elektrischen Leiter gewickelt. Die magnetischen Feldlinien bilden Kreisbahnen, damit liegen Magnetfeld und Lichtlaufrichtung wieder parallel. Die Feldstärke im Abstand ρ vom Leiter ist $H = I_{ext}/(2\pi\rho) = I_{ext}/U$ mit U: Kreisumfang. Die Einwirkungslänge je Glasfaserwindung ist ebenfalls gleich dem Kreisumfang U, die Gesamt-Einwirkungslänge D bei N Windungen somit $D = N \cdot U$. Daraus ergibt sich $H_{ext} \, D = (I_{ext}/U) \cdot (N \cdot U) = N \cdot I_{ext}$. Die Kennlinien der beiden Konfigurationen sind folglich identisch.

Durch das Aufwickeln des elektischen Leiters zur Spule in Ausführung a) wird in den elektrischen Kreis eine meist unerwünschte Induktivität eingefügt. In vielen anderen Anwendungsfällen (z.B. bei der Starkstromübertragung via Überlandleitungen) ist es gar nicht möglich, den elektrischen Leiter aufzuspulen. Deshalb wird aus elektrotechnischen Gründen meist die Ausführung b) eingesetzt. Man bezahlt aber das günstigere elektrische Verhalten mit ungünstigeren optischen Eigenschaften. Nach Tabelle 16.2 wird durch das Biegen der Faser mit Biegeradius R_b zusätzliche lineare Doppelbrechung $\delta B_L = C_b \cdot \lambda \, (r_{KM}/R_b)^2$ induziert, die Sensorfaser zeigt jetzt gleichzeitig lineare (durch das Biegen) wie zirkulare (durch den zu messenden Effekt) Doppelbrechung. Zahlenmäßig ist der Biegeradius R_b gleich dem Abstand ρ vom stromführenden elektrischen Leiter in der Sensorausführung a). Die Rechnung liefert für diesen Fall anstelle von Gl. (16.12):

$$\eta = \frac{\delta R_C}{\sqrt{(\delta R_C)^2 + (\delta R_L)^2}} \sin\left(\sqrt{(\delta R_C)^2 + (\delta R_L)^2} \right) \tag{16.17}$$

mit (die Länge der Biegestrecke ist gleich der Einwirkungslänge D des Feldes)

$$\delta R_L = \tfrac{2\pi}{\lambda} D \, \delta B_L = 2\pi \, D \, C_b \, (r_{KM} / R_b)^2 = 2\pi \, D \, C_b \, (r_{KM} / \rho)^2 \quad . \tag{16.18}$$

Meist ist $\delta R_C \ll \delta R_L$, und Gl. (16.18) reduziert sich auf $\eta = \frac{\delta R_C}{\delta R_L} \sin(\delta R_L)$. Beim Faraday-Rotator ist $\delta R_C = \pm 2VNI_{ext}$, Einsetzen liefert

$$\eta = \frac{\sin(\delta R_L)}{\delta R_L} \cdot \left(\pm 2 \, V \, N \, I_{ext} \right) = \pm 2 \, V_{eff} \, N \, I_{ext} \tag{16.19a}$$

$$\text{mit} \qquad V_{\text{eff}} = \frac{\sin(\delta R_L)}{\delta R_L} V \qquad\qquad (16.19b)$$

Gleichung (16.19a) ist formal identisch mit Gl. (16.16). Die durch das Aufwickeln der Faser zur Spule eingebrachte lineare Doppelbrechung wird dadurch berücksichtigt, daß die tatsächliche Verdet-Konstante V durch eine „effektive" Verdet-Konstante V_{eff} nach Gl. (16.19b) ersetzt wird. Ohne Faserbiegung, d.h. für $\delta R_L = 0$, geht V_{eff} in V über. In der Praxis aber ist $\delta R_L \gg 0$ (Zahlenwerte können mit Hilfe der in Tabelle 16.2 angegebenen Formel für die Biegedoppelbrechung errechnet werden), und V_{eff} ist deutlich kleiner als V.

Der meßtechnische Vorteil der Allfaser-Stromsensoren zeigt sich vor allem in der Starkstromtechnik. Meßort und Auswerteort sind nur über die dielektrische Glasfaser und nicht galvanisch miteinander verbunden, Sicherheitsprobleme können nicht auftreten.

17 Interferometrische Sensoren: Grundlagen

17.1
Sensorik durch Änderung optischer Weglängen

Nach Gl. (1.5) in Verbindung mit Gl. (1.31) ist die Phase einer sich mit Phasen-geschwindigkeit v in einem Medium mit Brechzahl n in (+z)-Richtung ausbreiten-den Welle in der Ebene z zum Zeitpunkt t gegeben durch

$$\Phi(z, t) = \omega t - \frac{\omega}{v} z + \varphi = \omega t - \frac{2\pi}{\lambda} n z + \varphi \ . \tag{17.1a}$$

Diese Beziehung ist so nur richtig, wenn die Geschwindigkeit bzw. die Brechzahl längs des gesamten Laufweges konstant sind: $v \neq v(z)$ bzw. $n \neq n(z)$. Wenn dies nicht der Fall ist, müssen wir Gl. (1.5) verallgemeinern zu

$$\Phi(\ell, t) = \omega t - \frac{2\pi}{\lambda} \int_{\text{Weg}} n \, d\ell + \varphi = \omega t - \frac{2\pi}{\lambda} \ell_{\text{opt}} + \varphi \tag{17.1b}$$

$$\text{mit} \qquad \ell_{\text{opt}} = \int_{\text{Weg}} n \, d\ell \ . \tag{17.2}$$

$\Phi(\ell, t)$ ist die Phase zum Zeitpunkt t im Endpunkt eines beliebig gelegten Licht-weges mit der geometrischen Länge $\ell = \int d\ell$. Längs dieses Weges darf die Brech-zahl variieren, $n = n(\ell)$. Die Phase am Weganfang $\ell = 0$ zum Zeitpunkt t = 0 ist $\Phi(\ell = 0, t = 0) = \varphi$. Die mit Gl. (17.2) definierte Größe ℓ_{opt} wird als *optische Weglänge* bezeichnet. Wenn die Brechzahl längs des gesamten geometrischen Weges konstant = n ist, dann ist $\ell_{\text{opt}} = n \cdot \ell$.

   Gleichung (17.1) liefert die Grundidee für eine neue Klasse optischer Sensoren. Wir leiten eine Lichtwelle durch einen Block aus transparentem Material und ver-ändern („modulieren") mit irgendeiner Einwirkung W die optische Weglänge in diesem Block. Mathematisch können wir die Wegänderung darstellen als

$$\delta\ell_{\text{opt}} = n \cdot \delta\ell + \ell \cdot \delta n \ . \tag{17.3}$$

In Gl. (17.3) ist $n \cdot \delta\ell$ die Änderung von ℓ_{opt} dadurch, daß die *geometrische* Län-ge ℓ des Materialblockes bei unveränderter Brechzahl n um $\delta\ell$ geändert wurde; $\ell \cdot \delta n$ erfaßt die Modulation von ℓ_{opt} durch Änderung der Brechzahl n über ein Stück der geometrischen Länge ℓ hinweg. ℓ kann, aber muß nicht notwendig die gesamte Länge des Materialblockes sein. Mit der optischen Wegänderung ver-küpft ist eine Phasenänderung von

$$\delta\Phi = \frac{2\pi}{\lambda} \delta\ell_{\text{opt}} = \frac{2\pi}{\lambda} \left(n \cdot \delta\ell + \ell \cdot \delta n \right) \ . \tag{17.4}$$

Wenn es eine Möglichkeit gibt, die Wellenphase und damit auch Änderungen der Wellenphase zu messen, dann wären alle physikalischen Wirkgrößen detektierbar, die die Länge L oder die Brechzahl n (oder beides) abändern.

17.2
Messung von Phasendifferenzen mit Zweistrahlinterferometern

Die Phase einer optischen Welle läßt sich nur indirekt durch Vergleich mit der Phase einer Referenzwelle messen. Dazu überlagern wir die zu messende Welle mit der Referenzwelle, dabei addieren sich vektoriell deren Felder. Diesen Vorgang nennt man in der Optik *Interferenz*. Wir werden gleich anschließend zeigen, daß im Überlagerungspunkt die Amplitude der resultierenden Welle eindeutig von der *Differenz* der beiden Wellenphasen abhängig. Eine Messung der Amplitude zeigt (bis auf ein additives ganzzzahliges Vielfaches von 2π) die Phasen*differenz* und so bei bekannter und festgehaltener Phase der Referenzwelle auch die Phase der Meßwelle an. Wenn wir jetzt noch zusätzlich verlangen, daß beide Wellen ab dem Zusammenführungspunkt mit derselben (Phasen)geschwindigkeit in dieselbe Richtung laufen, dann bleibt die Amplitude der resultierenden Welle zeitlich konstant und längs des gemeinsamen Weges hinter dem Zusammenführungsort überall gleich. Die Amplitude – und damit die Phasendifferenz – kann so jederzeit an einer beliebigen entfernten Stelle abgefragt werden. Zur Amplitudenabfrage bietet sich die Intensitätsmessung an; sie liefert zwar nicht die Amplitude selbst, ist aber nach Gl. (1.21) ein Maß für deren Betragsquadrat.

Die technische Durchführung erfolgt in sog. *Zweistrahlinterferometern*. Ein Zweistahlinterferometer ist ein optischer Aufbau, in dem eine Eingangslichtwelle auf zwei Pfade, den *Meßpfad* und den *Referenzpfad*, aufgeteilt wird. Durch die Teilung der Eingangswelle ist sichergestellt, daß beide Teilwellen dieselbe Wellenlänge bzw. Kreisfrequenz haben. Weiterhin verlangen wir, daß der Strahlteiler polarisationsneutral arbeitet; damit wird garantiert, daß beide Teilwellen auch dieselbe Eingangspolarisation haben. Die Teilwellen legen räumlich getrennte optische Wege zurück und werden dann wieder zu einer resultierenden Interferenzwelle überlagert (s. Abb. 17.1).

Wir gehen davon aus, daß in beiden Pfaden Frequenz und Polarisationszustand nicht geändert werden. Insbesondere die Forderung nach unveränderter Polarisation garantiert, daß die elektrischen Feldvektoren in beiden Pfaden stets parallel sind, unabhängig von der Art der Polarisation. Die Felder am Überlagerungsort notieren wir in komplexer Schreibweise: $E_I = \hat{E}_I \cdot \exp(j\Phi_I)$, $E_{II} = \hat{E}_{II} \cdot \exp(j\Phi_{II})$.

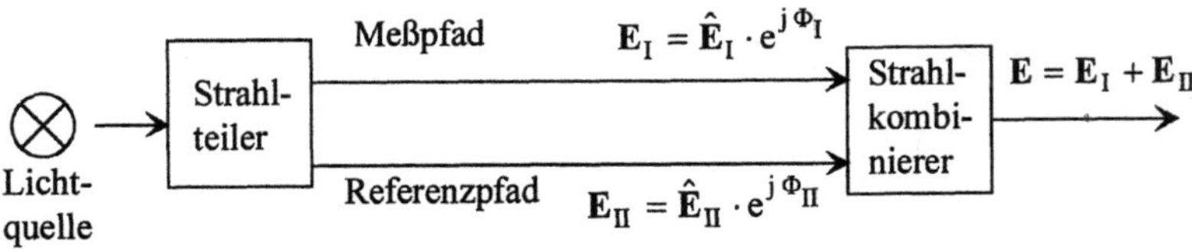

Abb. 17.1. Schematische Darstellung eines Zweistrahlinterferometers

Darin sind Φ und $\hat{E}$ die Phasen und die komplexen Amplitudenzeiger der beiden durch römische Indices „I" (für den Meßpfad) und „II" (für den Referenzpfad) markierten Wellen. $\hat{E}_I$ und $\hat{E}_{II}$ unter scheiden sich nur in ihrem Betrag, aber nicht in ihrer Richtung.

Die Intensität S der resultierenden Welle berechnen wir aus dem Betragsquadrat des Summenfeldes zu

$$
\begin{aligned}
S &= \kappa \left| E_I + E_{II} \right|^2 = \kappa \left| \hat{E}_I \cdot \exp(j\Phi_I) + \hat{E}_{II} \cdot \exp(j\Phi_{II}) \right|^2 \\
&= \kappa \left[\hat{E}_I \cdot \exp(j\Phi_I) + \hat{E}_{II} \cdot \exp(j\Phi_{II}) \right]\left[\hat{E}_I \cdot \exp(-j\Phi_I) + \hat{E}_{II} \cdot \exp(-j\Phi_{II}) \right] \\
&= \underbrace{\kappa \left| \hat{E}_I \right|^2}_{S_I} + \underbrace{\kappa \left| \hat{E}_{II} \right|^2}_{S_{II}} + \kappa \hat{E}_I \cdot \hat{E}_{II} \{\exp[j(\underbrace{\Phi_{II} - \Phi_I}_{\Delta\Phi})] + \exp[-j(\Phi_{II} - \Phi_I)]\}
\end{aligned}
$$

$$(17.5)$$

S_I ist die Intensität, die man bei unterbrochenem Referenzpfad registrieren würde (mathematisch: für $\hat{E}_{II} = 0$ ist $S = S_I$). Man kann auch formulieren: S_I ist die Intensität im Meßpfad am Ort der Zusammenführung. Entsprechend ist S_{II} die beobachtete Intensität bei abgeblocktem Meßstrahl bzw. die Intensität im Referenzpfad im Überlagerungspunkt.

Nach unseren Voraussetzungen sind die beiden Vektoren $\hat{E}_I$ und $\hat{E}_{II}$ parallel. Damit können wir schreiben:

$$
S_I \cdot S_{II} = [\kappa\, \hat{E}_I \cdot \hat{E}_I] \cdot [\,\kappa\, \hat{E}_{II} \cdot \hat{E}_{II}] = [\kappa\, \hat{E}_I \cdot \hat{E}_{II}] \cdot [\kappa\, \hat{E}_I \cdot \hat{E}_{II}] = [\kappa\, \hat{E}_I \cdot \hat{E}_{II}]^2 \ ,
$$

so daß

$$
\kappa\, \hat{E}_I \cdot \hat{E}_{II} = \sqrt{S_I\, S_{II}}
\tag{17.6}
$$

gesetzt werden kann. Mit der Identität $e^{jx} + e^{-jx} = 2 \cdot \cos(x)$ erhalten wir schließlich

$$
S = S_I + S_{II} + 2\sqrt{S_I S_{II}}\,\cos(\Delta\Phi)
\tag{17.7}
$$

mit der Phasendifferenz [1]

$$
\Delta\Phi = (\Phi_{II} - \Phi_I) \ .
\tag{17.8}
$$

In Abb. 17.2 ist der Verlauf von S als Funktion von $\Delta\Phi$ aufgetragen. Das Ergebnis verwundert zunächst: je nach Phasendifferenz ist die Gesamtintensität größer oder kleiner als die Summe $S_I + S_{II}$ der in den beiden Pfaden angelieferten Einzel-Intensitäten. Wie verträgt sich dies mit dem Energieerhaltungssatz?

Die Antwort findet man bei einer genauen Analyse des tatsächlichen Interfero-

---

[1] Wir müssen hier und im Folgenden streng unterscheiden zwischen der mit Gl. (17.8) definierten Phasen*differenz* $\Delta\Phi$ im Strahlkombinierer am Ende der beiden Interferometerpfade und der Phasen*änderung* $\delta\Phi$ nach Gl. (17.4), die in *einem* der Arme (dem Meßarm) durch Einwirken von außen induziert werden wird.

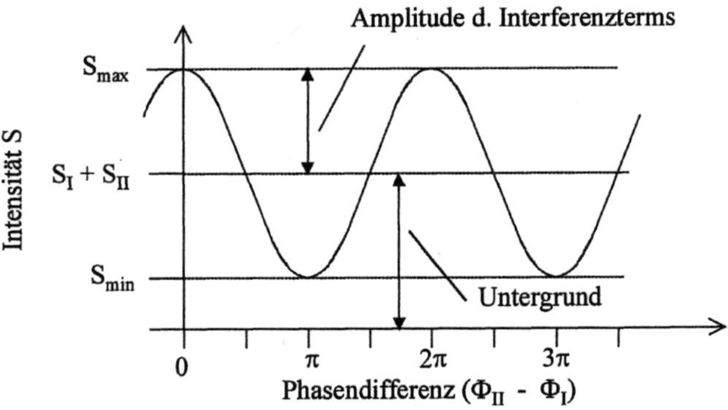

Abb. 17.2.   Intensitätsverlauf am Ausgang eines Zweistrahlinterferometers als Funktion der Differenz der Phasen in Meßarm und Referenzarm im Zusammenführungspunkt

meteraufbaus. Sie zeigt: bei der Strahlzusammenführung entstehen grundsätzlich *zwei* Ausgänge, deren Signale gegeneinander um π verschoben sind. Das heißt: wenn an dem einen Ausgang eine Welle mit dem oben angegebenen *Interferenzterm* $2\sqrt{S_I S_{II}}\,\cos(\Delta\Phi)$ erscheint, dann liefert der andere Ausgang gleichzeitig eine 2.Interferenzwelle mit dem Interferenzterm $2\sqrt{S_I S_{II}}\,\cos(\Delta\Phi + \pi)$. Wegen $\cos(\alpha + \pi) = -\cos(\alpha)$ sind die Vorzeichen der beiden Interferenzterme genau entgegengesetzt, und in beiden Ausgängen zusammengenommen ist die Gesamtintensität $S_I + S_{II}$; damit ist die Energieerhaltung gewährleistet. Allerdings sind nicht immer beide Interferometerausgänge meßtechnisch voll zugänglich; es gibt Interferometertypen – hierzu gehören die in den nächsten Kapiteln beschriebenen Michelson- und Sagnac-Interferometer – , bei denen man vollen Zugriff nur auf einen der Ausgänge hat.

Gleichung (17.7) zeigt das vorhergesagte Ergebnis: die Gesamtintensität ist von der Differenz $\Delta\Phi$ der beiden Wellenphasen abhängig, wobei $\Delta\Phi$ als Argument einer Cosinus-Funktion auftritt. Durch Messung von S kann $\Delta\Phi$ deshalb bis auf ein additives Vielfaches von 2π genau bestimmt werden. Wenn eine Wirkgröße W nur die Phase in dem Meßzweig modifiziert, aber keinen Einfluß auf die Phase der Referenzwelle hat, dann ist S letztlich von der Wirkgröße abhängig: S = S(W), und wir können durch Messung von S auf W zurückrechnen.

Nach Gl. (17.7) besteht S aus einem „Untergrund" $S_I + S_{II}$, auf den der die eigentliche Information enthaltende Term $\pm 2\sqrt{S_I S_{II}}\,\cos(\Delta\Phi)$ aufgesetzt ist. Damit sich $\Delta\Phi$ mit hinreichender Genauigkeit aus der gemessenen Intensität berechnen läßt, muß sich der Interferenzterm ausreichend stark vom Untergrund abhebt, mit anderen Worten: die Amplitude $2\sqrt{S_I S_{II}}$ des Interferenztermes muß groß genug im Vergleich zum Untergrund sein. Wir definieren

$$V := \frac{\text{Amplitude d. Interferenzterms}}{\text{Untergrund}} = \frac{(S_{max} - S_{min})/2}{(S_{max} + S_{min})/2} = \frac{S_{max} - S_{min}}{S_{max} + S_{min}} \leq 1 \quad . \quad (17.9)$$

S_{max} und S_{min} sind die Extremwerte, die S einnehmen kann. V wird als *Kontrast* (engl. visibility, „Sichtbarkeit") bezeichnet.

Die Definition (17.9) ist eine verallgemeinerte Definition, sie gilt auch, wenn mit unserem obigen Ansatz nicht erfaßte Effekte berücksichtigt werden müssen. Physikalisch kann man den Kontrast darstellen als Produkt von 3 Einzelbeiträgen:

$$V = V_i \cdot V_{pol} \cdot V_{coh} . \tag{17.10}$$

Unter den eingangs dieses Abschnittes gemachten Voraussetzungen hängt V nur von den eventuell unterschiedlichen Intensitäten S_I und S_{II} in den beiden Armen ab. Dieser Teilaspekt heißt *Intensitätskonstrast* V_i. Wenn die Feldstärkevektoren im Gegensatz zu unserer Voraussetzung nicht parallel gehalten werden, kommt ein *Polarisationskontrast* V_{pol} hinzu. Weiter unten werden wir den Einfluß der Kohärenz der Lichtquelle mit einem *Kohärenzkontrast* V_{coh} erfassen.

Aus Gl. (17.9) errechnen wir für unseren Spezialfall

$$V = V_i = \frac{2\sqrt{S_I \, S_{II}}}{S_I + S_{II}} \tag{17.11}$$

und schreiben Gl. (17.7) um in

$$S = (S_I + S_{II})\left[1 \pm V \cos(\Delta\Phi)\right] \quad . \tag{17.12}$$

Diese Schreibweise ist eine allgemeingültige Formulierung, die Intensität an einem Ausgang eines Zweistrahlinterferometers kann immer durch eine Beziehung der Art S ~ [1 + V·cos($\Delta\Phi$)] beschrieben werden.

17.3
Zweistrahlinterferometer als Sensor

Für den Einsatz des Interferometers als Sensor ist eine weitere Umformung sinnvoll. Wir schreiben die Phasendifferenz $\Delta\Phi$ mit Gl. (17.1) als

$$
\begin{aligned}
\Delta\Phi &= \Phi_{II} - \Phi_I \\
&= \left[\omega t - \frac{2\pi}{\lambda} \ell_{opt}^{Ref.pfad} + \varphi^{Ref.pfad}\right] - \left[\omega t - \frac{2\pi}{\lambda} \ell_{opt}^{Me\ss pfad} + \varphi^{Me\ss pfad}\right] \\
&= \frac{2\pi}{\lambda} \underbrace{\left(\ell_{opt}^{Me\ss pfad} - \ell_{opt}^{Ref.pfad}\right)}_{\Delta L_{opt}} - \underbrace{\left(\varphi^{Me\ss pfad} - \varphi^{Ref.pfad}\right)}_{\Delta\varphi} \\
&= \frac{2\pi}{\lambda} \Delta\ell_{opt} - \Delta\varphi
\end{aligned}
\tag{17.13}
$$

In Gl. (17.13) sind $\varphi^{\text{Meßpfad}}$ bzw. $\varphi^{\text{Ref.Pfad}}$ die Phasen am Anfang der jeweiligen Pfade (Nullphasen). Da das Licht letztlich aus derselben Quelle kommt, sollte man meinen, daß diese Nullphasen gleichgroß sind. Dies ist aber nicht korrekt, beispielsweise verschiebt der Eingangs-Strahlteiler bei der Teilung die Wellenphasen gegeneinander. In $\Delta\varphi$ können auch all die anderen Phasendifferenzen einbezogen werden, die nicht auf die Unterschiede der optischen Weglängen zurückzuführen sind. Deshalb verschwindet in Gl. (17.13) die Differenz $\Delta\varphi$ u.U. nicht.

$\Delta\ell_{\text{opt}}$ ist der Unterschied in den optischen Weglängen der beiden Pfade und setzt sich seinerseits wieder zusammen aus zwei Anteilen:

- einem eventuell schon vorhandenen optischen Wegunterschied G_0, weil die Interferometerarme von vornherein nicht exakt optisch gleichlang sind. Im folgenden Text werden wir G_0 als „Balancefehler" des Interferometers bezeichnen. Ursache für einen Balancefehler sind Unzulänglichkeiten in der Interferometerherstellung; wir werden aber gleich sehen, daß ein Balancefehler sogar von Vorteil sein kann, solange er ein bestimmtes Maß nicht überschreitet.
- einer zusätzlichen, nur im Meßpfad von der Wirkgröße W induzierten optischen Weglängenänderung $\delta\ell_{\text{opt}}^{\text{Meß}}(W)$, wobei die Wirkgröße nach Gl. (17.3) entweder die geometrische Länge des Meßpfades oder seinen Brechungsindex (oder beides) modifiziert.

Gemäß dieser Aufteilung schreiben wir

$$\Delta\ell_{\text{opt}} = G_0 + \delta\ell_{\text{opt}}^{\text{Meß}} \quad , \tag{17.14}$$

und erhalten die Phasendifferenz Gl. (17.13) zu

$$\Delta\Phi = \frac{2\pi}{\lambda}\left(G_0 + \delta\ell_{\text{opt}}^{\text{Meß}}\right) - \Delta\varphi = \underbrace{\frac{2\pi}{\lambda}G_0 - \Delta\varphi}_{\Psi_0} + \underbrace{\frac{2\pi}{\lambda}\delta\ell_{\text{opt}}^{\text{Meß}}}_{\delta\Phi^{\text{Meß}}} = \Psi_0 + \delta\Phi^{\text{Meß}} \quad . \tag{17.15}$$

Darin faßt der *Phasenfehler* Ψ_0 den vom Balancefehler G_0 herrührenden Phasenunterschied sowie die Nullphasendifferenz $\Delta\varphi$ zusammen. $\delta\Phi^{\text{Meß}}$ ist die zusätzliche, durch die einwirkende Größe W induzierte Phasenänderung im Meßzweig; letztlich ist $\delta\Phi^{\text{Meß}}$ durch Gl. (17.4) gegeben. Mit diesen Beziehungen formen wir Gl. (17.11) um in

$$S = (S_{\text{I}} + S_{\text{II}})\left\{1 \pm V\cos(\Psi_0 + \delta\Phi^{\text{Meß}}(w))\right\} \quad . \tag{17.16}$$

Zur Notation wird an die Fußnote auf S. 255 erinnert: $\Delta\Phi$ ist die Phasen*differenz* zwischen den beiden Interferometerarmen im Zusammenführungspunkt, $\delta\Phi^{\text{Meß}}$ die im Meßarm durch die Wirkgröße W induzierte *Änderung* der dortigen Phase.

Bei der Detektion der optischen Leistung liefert die Photodiode einen zu S proportionalen Strom. Gleichung (17.16) kann so interpretiert werden als Kennlinie des interferometrischen Sensors. In Abb. 17.3 ist die Kennlinie graphisch für zwei verschiedene Vorgaben für Ψ_0 aufgetragen. Man sieht, daß durch geschickte Wahl des Phasenfehlers Ψ_0 die Empfindlichkeit deutlich verbessert werden kann.

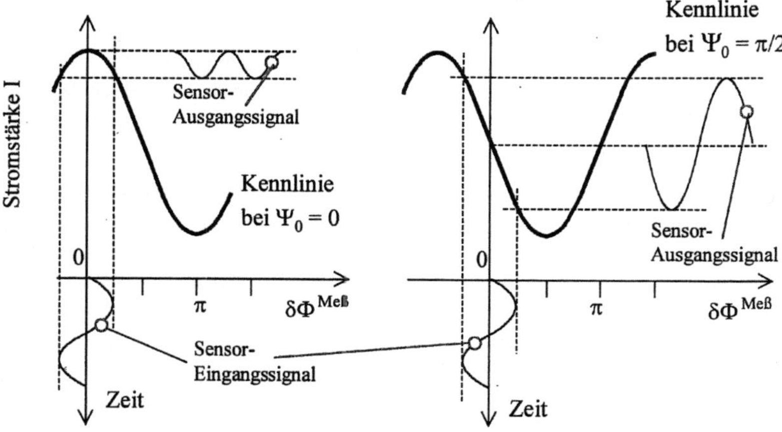

Abb. 17.3.   Kennlinie eines Sensors auf der Basis eines Zweistrahl-Interferometers als Funktion der durch Einwirken im Meßpfad verursachten Phasenverschiebung $\delta\Phi^{Meß}$. Je nach Wahl der Balancefehlerphase Ψ_0 ist der Sensor unempfindlich (linkes Teilbild) oder empfindlich (rechtes Teilbild).

17.4
Anforderungen an die Lichtquelle

In Gl. (17.15) steht im Nenner die Lichtwellenlänge λ, die Phasendifferenz $\Delta\Phi$ ist also eine Funktion von λ. Wenn wir wollen, daß sich $\Delta\Phi$ nur durch den Einfluß der Wirkgröße W ändert, dann müssen wir Wellenlängenschwankungen verhindern. Jede Instabilität der Wellenlänge ändert sonst auch $\Delta\Phi$ und täuscht das Vorhandensein der Wirkgröße W vor. Der durch Wellenlängenfluktuationen verursachte Phasenfehler ψ_0 ist um so größer, je größer der Balancefehler G_0 ist. Man ist deshalb in der Praxis darum bemüht, den Balancefehler klein zu halten.

Neben der Wellenlängenstabilität muß die *Kohärenz* der Lichtquelle beachtet werden. Für die nachfolgende Diskussion schalten wir die Wirkgröße W ab, der dann noch vorhandene Phasenunterschied Ψ_0 ist nach Gl. (17.15) rein durch den Balancefehler und die strahlteilerbedingte Anfangsphasendifferenz $\Delta\varphi$ gegeben:
$\Delta\Phi(W = 0) = \psi_0 = \frac{2\pi}{\lambda} G_0 - \Delta\varphi$. Wir untersuchen den Einfluß des Balancefehlers (also letzlich der Interferometerkonstruktion), wenn das Interferometer mit Licht aus einer realen Lichtquelle betrieben wird.

Nach Abschn. 1.3.4 bildet das von einer realen Lichtquelle emittierte Licht keinen unendlich langen Wellenzug; nach Ablauf der Kohärenzzeit bricht der Wellenzug ab und wird durch einen neuen Wellenzug mit statistisch anderer Nullphase ersetzt. Die in der Kohärenzzeit zurückgelegte Wegstrecke ist die

Kohärenzlänge der Lichtquelle. Dieses Quellenlicht wird vom Eingangsstrahlteiler auf die beiden Interferometerarme aufgeteilt. Der Einfachheit halber nehmen wir an, daß der Strahlteiler keine Phasenverschiebung [$\Delta\varphi = 0$ in Gl.(17.15)] zwischen den Armen hervorruft. Unter dieser Voraussetzung starten die beiden Wellen gleichphasig ihren Durchgang durch die Interferometerarme, und im Zusammenführungspunkt haben sie die Phasendifferenz $\Psi_0 = \frac{2\pi}{\lambda} G_0$.

In ausbalancierten Interferometern, $G_0 = 0$, sind die Interferometerarme optisch gleichlang und folglich die Laufzeiten der Wellenzüge bis zu ihrer Überlagerung zur Interferenzwelle gleichgroß. Die Wellenzüge brechen deshalb im Zusammenführungspunkt gleichzeitig ab und werden gleichzeitig von neuen Wellenzügen mit neuer Quellen-Phasenlage ersetzt. (Abb. 17.4 links). Die Phasendifferenz zwischen den beiden interferierenden Wellen ist stets $\Psi_0 = \frac{2\pi}{\lambda} G_0 = 0$, die Intensität S hat den maximal möglichen Wert.

In nicht-ausbalancierten Interferometern, $G_0 \neq 0$, brechen die Wellenzüge am Zusammenführungsort nicht gleichzeitig ab, sondern wegen der unterschiedlichen Laufzeiten zeitlich versetzt. (Abb. 17.4 rechts) Wenn z.B. der Wellenzug der Teilwelle I abbricht und als neuer Wellenzug mit neuer Anfangsphasenlage weiterpropagiert, die Teilwelle II aber zu diesem Zeitpunkt ihre Anfangsphasenlage *nicht* ändert, so sind ab diesem Moment die Phasen der beiden Teilwellen nicht mehr identisch. Die Phasendifferenz Ψ_0 errechnet sich mit Gl. (17.15).

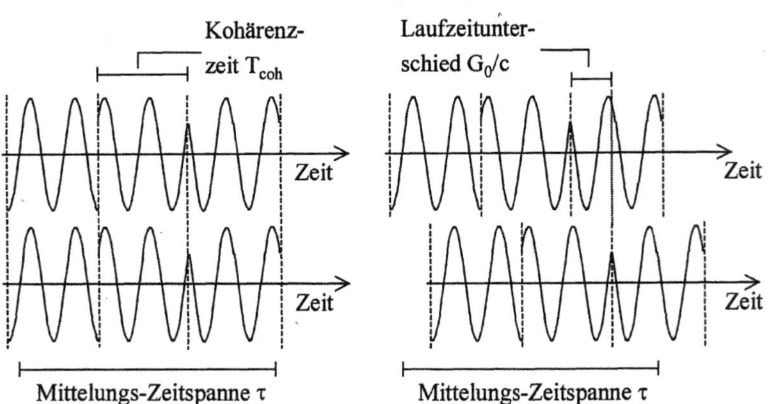

Abb. 17.4.   Einfluß der endlichen Kohärenzlänge. Die Bilder zeigen den Feldstärkeverlauf in den beiden Interferometerarmen im Überlagerungspunkt als Funktion der Zeit. Links: ausbalanciertes Interferometer. Trotz mehrerer Phasensprünge innerhalb der Mittelungszeit ist die Phasendifferenz im Zusammenführungspunkt stets $\Psi_0 = 0$, die Intensität maximal. Rechts: nicht-ausbalanciertes Interferometer. Die Wellenzüge sind gegeneinander zeitversetzt. Innerhalb der Mittelungszeit ändert sich mehrfach statistisch die Phasendifferenz, die tatsächlich gemessene Intensität verschmiert

Wir wissen aus Abschn. 1.2.4, daß Intensitäten nur Zeitmittelwerte sind, gemittelt über eine Zeitspanne τ. Die Kohärenzzeit in Verbindung mit dem Laufzeitunterschied G_0/c unterteilt τ in kleinere Zeitbereiche. (Abb. 17.4 rechts). Innerhalb eines jeden dieser kleineren Zeitbereiche ist Ψ_0 konstant, aber von Teilzeitbereich zu Teilzeitbereich unterschiedlich. Die Mittelung verschmiert die Einzelbeiträge zu einem resultierenden Intensitätswert, der sich immer weniger von der Summenintensität $S_I + S_{II}$ unterscheidet, je größer der Laufzeitunterschied im Vergleich zur Kohärenzzeit des Lichtes ist. Anders formuliert: je größer der Balancefehler G_0 im Vergleich zu der Kohärenzlänge L_{coh} des Lichtes, desto weniger hebt sich der Interferenzterm vom Untergrund ab. Eine neue Intensitätsberechnung erfaßt den Kohärenzeinfluß mit einem *Kohärenzkontrast* $V_{coh} \leq 1$ als multiplikativen Faktor innerhalb des Gesamtkontrastes V: $V = V_i \cdot V_{coh}$. Zahlenmäßig ist V_{coh} identisch mit dem sog. „Kohärenzgrad" der Lichtwelle. Aus hier nicht diskutierten Überlegungen leitet die Physik ab:

$$V_{coh} = e^{-|G_0/L_{coh}|} \ . \tag{17.17}$$

Gleichung (17.17) zeigt, daß V_{coh} bereits auf $1/e = 37\%$ seines Maximalwertes gesunken ist, wenn $G_0 = L_{coh}$ ist. Eine unabdingbare Forderung ist deshalb, Lichtquellen mit möglichst großen Kohärenzlängen einzusetzen bzw. bei gegebener Lichtquelle dafür Sorge zu tragen, daß der Balancefehler nicht wesentlich größer wird als die Kohärenzlänge des Lichtes.

17.5
Lichtwellenleiter in Zweistrahlinterferometern

Interferometer können vollständig mit LWL-Bauelementen aufgebaut werden. Die beiden Lichtpfade sind zwei LWL-Strecken, die Aufteilung und Zusammenführung der Lichtwellen geschieht in LWL-Kopplern. Insbesondere mit Faser-LWL lassen sich so optisch sehr lange Lichtwege aufbauen. Da die zu detektierende Wirkgröße W längs der gesamten Faserstrecke einwirken kann, sind hochempfindliche Sensoranordnungen möglich. In der Sprechweise von Abschn. 12.2 sind alle diese Interferometer intrinsische Sensoren auf LWL-Basis.

Die interferometrische Meßtechnik stellt sehr hohe Anforderungen, die bei der Auswahl der Bauelemente zu berücksichtigen sind:

- Der Einsatz von Fasern birgt die Gefahr, daß die optischen Längen der beiden Interferometerpfade sehr unterschiedlich werden. Nach Gl. (17.17) darf der Balancefehler nicht wesentlich größer sein als die Kohärenzlänge, sonst wird der Kontrast zu gering, und der Einfluß der Wirkgröße ist nicht mehr erkennbar. LED`s und FP-Laser haben nach Tabelle 1.2 nur Kohärenzlängen von einigen 10 bis einigen 100 Mikrometern, also darf bei solchen Lichtquellen auch der Balancefehler ebenfalls nur von dieser Größenordnung sein. Es ist illusorisch, Fasern mit dieser Präzision gleichlang machen zu wollen. Somit scheiden in faseroptischen Interferometern in der Regel LED`s und FP-Laser als Lichtquellen aus, es sollten monochromatische (und teure) DFB- oder DBR-Laser mit Kohärenzlängen im Meter-Bereich eingesetzt werden. In integriert-optischen Interferometern allerdings kann der Balancefehler durchaus auf Werte im µm-Bereich gedrückt werden, hier lassen sich dann auch (preiswerte) FP-Laser als Lichtquelle verwenden.

- Weil Interferometer letztlich Phasenvergleicher sind, dürfen grundsätzlich nur LWL-Bauteile verwendet werden, bei denen die Phase an jedem Ort eindeutig definiert ist. Dies ist nur bei Einmodensystemen der Fall; Vielmodenfasern oder vielmodige integriert-optische LWL sind in Zweistrahlinterferometern nicht einsetzbar.

- Die gemessene Intensität einer Lichtwelle ist ein Zeitmittelwert. Bereits oben bei der Diskussion der Kohärenzeinflüsse wurde darauf hingewiesen, daß während dieser Mittelung sämtliche Wellenparameter stabil bleiben sollten. Dies gilt auch für die Polarisation der Lichtwellen. Die Herleitung von Gl. (17.7) setzt stillschweigend voraus, daß die beiden überlagerten Feldvektoren E_I und E_{II} stets parallel sind, insbesondere darf ihre Relativlage zeitlich nicht schwanken. Aus der Diskussion in Abschn. 15.2 wissen wir, daß in Standard-Einmodenfasern die Polarisation nicht stabil gehalten werden kann, sie ändert sich unvorhersehbar, der Winkel zwischen den Feldvektoren fluktuiert statistisch. Dies äußert sich in einem sich zeitlich ständig ändernden Interferenzterm, die Interferometeranzeige ist nicht mehr aussagekräftig. Aus diesem Grunde scheiden Standard-Einmodenfasern als Interferometerfasern aus.[2]

  In Interferometern verwendbar sind unter dieser Voraussetzung ausschließlich LoBi- oder HiBi-Fasern, in der Praxis werden meist HiBi-Fasern eingesetzt und linear polarisiertes Licht in eine ihrer Hauptachsenrichtungen eingekoppelt. Dadurch liegt längs der gesamten Faserstrecke ein definierter linearer SOP vor, und insbesondere sind am Faserende die beiden Feldstärkevektoren immer noch parallel. Das infolge der Polarisationsüberkopplung (s. Abschn. 15.3.3) mit „falscher" Polarisation am LWL-Ende vorhandene Licht schwankt regellos in seiner Phasenlage zum „richtig" polarisierten Licht. Es trägt deshalb zur Interferenz selbst nicht bei, sondern bildet einen zusätzlichen Intensitätsuntergrund, auf den die eigentlichen Interferenzerscheinungen aufgesetzt sind. Bei nicht allzu langen Faserstrecken und angesichts der kleinen Modenkopplungskoeffizienten h der HiBi-Fasern ist dieser Beitrag vernachlässigbar.

In jedem Interferometer spielen die Koppler eine Schlüsselrolle. Sie müssen polarisationsneutral sein, d.h.sie dürfen keinen Einfluß nehmen auf die Polarisation der zu überlagernden Felder. In der Regel werden keine verschweißten Taperkoppler nach Abb. 13.1 eingesetzt, sondern integriert-optische Koppler. Eine ver-

---

[2] Diese Aussage ist so nicht ganz korrekt. Man kann auch mit Standard-Einmodenfasern Interferometer bauen, wenn man mit aktiven Polarisationsregelsystemen den Polarisationszustand auf den Fasern stabil hält. Diese Variante wird hier nicht diskutiert.

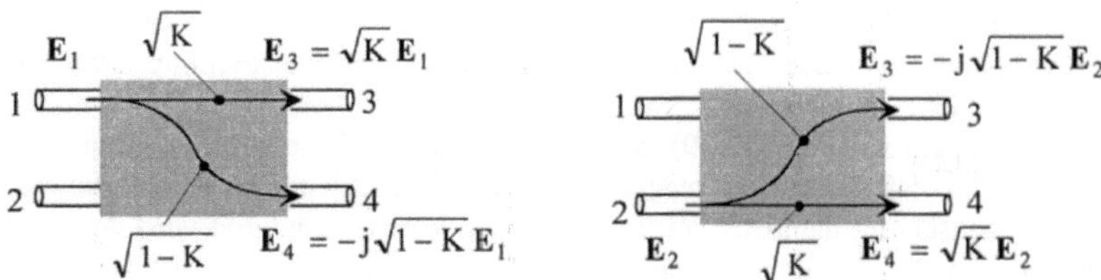

Abb. 17.4. Schematische Darstellung eines optischen Viertores mit Eintragung der elektrischen Feldstärken an den Toren. Der Vorfaktor (–j) zeigt eine Phasenverschiebung um $\pi/2 = -90^0$ relativ zum jeweils anderen Ausgangsstor an. K ist der Leistungskoppelfaktor.

einfachte theoretische Behandlung solcher Koppler ist in Anhang A5 gegeben. Die wesentlichen Ergebnisse sind (s. Abb. 17.5): speist man in einen der Eingänge, z.B. in Eingang 1 eine linear polarisierte optische Welle mit dem elektrischen Feld E_1 ein, so sind die Wellen an den beiden Ausgängen 3 und 4 ebenfalls linear polarisiert in die Richtung von E_1, sie haben aber in der Regel ungleiche Feldstärken $E_3 \neq E_4$, und – und das ist wichtig! – sie sind zu jedem Zeitpunkt um $\Delta\varphi = \pi/2$ gegeneinander phasenverschoben. (Es wurde bereits bei der Diskussion zu Gl. (17.13) erwähnt, daß durch den Eingangs-Strahlteiler des Interferometers die Anfangsphasen φ in den Interferometerarmen nicht unbedingt gleich sind!) Mathematisch können wir die Koppler am einfachsten mit komplexer Rechentechnik beschreiben:

$$E_3 = \sqrt{K}\, E_1 \, ; \qquad E_4 = e^{-j\pi/2}\, \sqrt{1-K}\, E_1 = -j\sqrt{1-K}\, E_1 \quad . \qquad (17.18a)$$

Darin ist K der *Leistungskoppelfaktor* [wenn man durch Betragsquadratbildung die Intensitäten berechnet, wird $S_3 = KS_1$; $S_4 = (1-K)S_1$; $S_3 + S_4 = S_1$]; der Vorfaktor $e^{-j\pi/2} = -j$ zeigt an, daß die Welle 4 um $\pi/2 = 90^0$ hinter der Welle 3 herläuft. Entsprechend gilt, wenn man eine Welle E_2 in Eingang 2 einspeist:

$$E_3 = e^{-j\pi/2}\, \sqrt{1-K}\, E_2 = -j\sqrt{1-K}\, E_2 \, ; \qquad E_4 = \sqrt{K}\, E_2 \quad . \qquad (17.18b)$$

Die Gleichungen (17.18a,b) werden vorteilhaft zu einer Matrizengleichung zusammengefaßt:

$$\begin{pmatrix} E_3 \\ E_4 \end{pmatrix} = \begin{pmatrix} \sqrt{K} & -j\sqrt{1-K} \\ -j\sqrt{1-K} & \sqrt{K} \end{pmatrix} \begin{pmatrix} E_1 \\ E_2 \end{pmatrix} \quad . \qquad (17.19)$$

Wir werden diese Matrixgleichung in den nachfolgenden Kapiteln zur Berechnung spezieller Interferometer auf LWL-Basis einsetzen.

Aus Abb. 17.5 können wir zusätzlich entnehmen, daß durch die Technik der Lichtzusammenführung im Koppler immer *zwei* Ausgangspfade entstehen: wenn die beiden zu überlagernden Wellen in die Tore 1 und 2 eingespeist werden, dann erhält man Interferenzsignale sowohl an Tor 3 wie an Tor 4. Auch hierauf wurde bereits bei der Diskussion der Energieerhaltung in einem Zweistrahlinterferometer in Abschn. 17.2 hingewiesen.

Die Koppelmatrix Gl. (17.19) idealisiert den Koppler, sie berücksichtigt nicht die Tatsache, daß die beiden integriert-optischen Wellenleiter im Kopplerinneren niemals vollständig identisch hergestellt werden können. Dadurch wird der Koppler unsymmetrisch: der durchgehende Pfad $1 \rightarrow 3$ hat andere Eigenschaften als der durchgehende Pfad $2 \rightarrow 4$; ebenso hat der abzweigende Pfad $1 \rightarrow 4$ andere Eigenschaften als der abzweigende Pfad $2 \rightarrow 3$. Als Konsequenz ist die Leistungsaufteilung bei Einspeisung in Tor 1 anders als bei Einspeisung in Tor 2, und zudem treten Phasenabweichungen auf: bei z.B. Einspeisung in Tor 1 sind die Wellen an den Ausgangstoren 3 und 4 nicht mehr wie in Gl. (17.19) exakt um $\pi/2$ gegeneinander verschoben, entsprechendes gilt bei Einspeisung in Tor 2. In Präzisionsanwendungen müssen diese Imperfektionen berücksichtigt werden, die Koppelmatrix muß entsprechend modifiziert werden.

ebenfalls polarisationsneutralen 3-dB-Koppler parallel zueinander liegen. Mit dieser Maßnahme wird erzwungen, daß die beiden in diesen Koppler eingespeisten linear polarisierten Wellen gleiche Polarisationsrichtung haben (Polarisationskontrast $V_{pol} = 1$). Leistungsdämpfungen in den Fasern werden nicht berücksichtigt.

Für die Rechnung verwenden wir die Koppelmatrix Gl. (17.18) mit den in der Abb. 18.2 eingetragenen Feldstärkebezeichnungen. Die Indexangaben sind an unsere Aufgabe angepaßt: der 1. Index numeriert das Kopplertor, der 2. Index den Koppler selbst. Wir speisen das Feld E_0 in das Tor 1 des ersten Kopplers ein, der zweite Eingang bleibt offen. Die Felder an den beiden Eingängen des 1. Kopplers sind somit $E_{11} = E_0$, $E_{21} = 0$. In komplexer Schreibweise sind die Felder an seinen Ausgängen

$$E_{31} = \tfrac{1}{\sqrt{2}}\left(E_{11} - jE_{21}\right) = \tfrac{1}{\sqrt{2}}E_0 \ , \tag{18.1a}$$

$$E_{41} = \tfrac{1}{\sqrt{2}}\left(-jE_{11} + E_{21}\right) = \tfrac{1}{\sqrt{2}}(-j)E_0 \ . \tag{18.1b}$$

Nach Voraussetzung müssen die Haupachsen der beiden HiBi-Fasern am Eingang des 2. Kopplers parallel liegen. Dann werden beim Durchgang durch die Fasern lediglich die Wellenphasen um Φ_I bzw. Φ_{II} verschoben, s. Gl. (17.1). Die räumliche Orientierung der Feldvektoren wird nicht geändert, also ist

$$E_{21} = e^{j\Phi_I} \cdot E_{13} \ , \tag{18.2a}$$

$$E_{22} = e^{j\Phi_{II}} \cdot E_{14} \ . \tag{18.2b}$$

Im 2. Koppler werden die Eingangsfelder E_{21} und E_{22} auf die Ausgänge verteilt:

$$E_{32} = \tfrac{1}{\sqrt{2}}\left(E_{12} - jE_{22}\right) \ , \tag{18.3a}$$

$$E_{42} = \tfrac{1}{\sqrt{2}}\left(-jE_{12} + E_{22}\right) \ . \tag{18.3b}$$

Die Gleichungen lassen sich zusammenfassen zu der Matrizengleichung

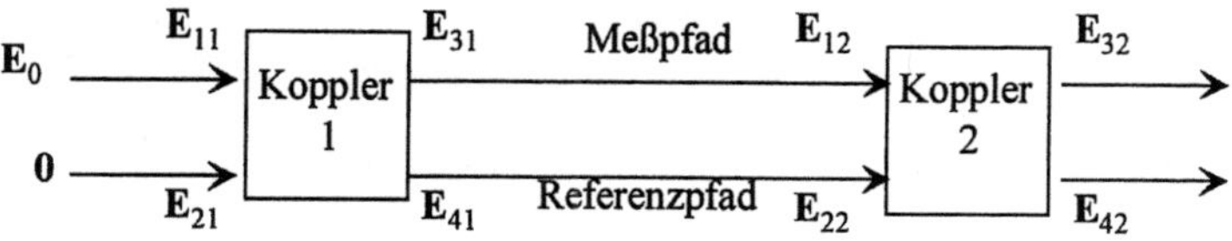

Abb. 18.2. Schematisierte Darstellung des Mach-Zehnder-Interferometers mit Torbezeichnungen für die Intensitätsberechnung. Einspeisung erfolgt nur in das Tor 11 von Koppler 1. Die Koppler sind ideale 3-dB-Koppler. In jedem der Koppler wird auf einem abzweigenden Pfad (z.B. Tor 11 ↘ Tor 41) die Phase um $-\pi/2$ gegenüber dem jeweiligen durchgehenden Pfad (Tor 11 → Tor 31) verschoben

18 Sensoren mit LWL-Interferometern nach Mach-Zehnder und nach Michelson

18.1
Mach-Zehnder-Interferometer als Sensor

18.1.1
Interferometeraufbau und Sensorkennlinie

Abbildung 18.1 zeigt ein vollständig in LWL-Technik aufgebautes Zweistrahl-interferometer. Das Licht eines Halbleiterlasers wird mit einem Koppler auf zwei Faser-LWL aufgeteilt. Die beiden Fasern bilden Meßarm und Referenzarm des Interferometers. Mit einem 2. Koppler werden die Lichtfelder wieder zusammengeführt, an den beiden Ausgängen des Kopplers stehen zwei komplementäre Intensitätssignale zur Verfügung, die mit Photodioden registiert werden können. Man bezeichnet diese Interferometerkonzeption als *Mach-Zehnder*-Konfiguration.

Wir berechnen zunächst die Felder und Intensitäten an den Photodioden. Der verwendete Laser sei monochromatisch und habe eine hinreichend große Kohärenzlänge (Kohärenzkontrast V_{coh} = 1). Das linear polarisierte Licht wird in eines der beiden Eingangstore des 1. Kopplers eingespeist, der 2. Eingang bleibt offen. Der Koppler ist polarisationsneutral, der Einfachheit halber nehmen wir zunächst an, daß es sich um einen 3-dB-Koppler handelt [Leistungskoppelgrad K = ½ in Gl. (17.18)]. An die beiden Ausgänge werden HiBi-Fasern so angeschlossen, daß das eingespeiste Licht jeweils in die Richtung der schnellen (oder alternativ der langsamen) Hauptachse linear polarisiert ist; dadurch bleibt das Licht auch längs des gesamten Durchgangs durch die Fasern linear polarisiert. Die Fasern werden so geführt, daß ihre Hauptachsen spätestens an der Ankoppelstelle am zweiten,

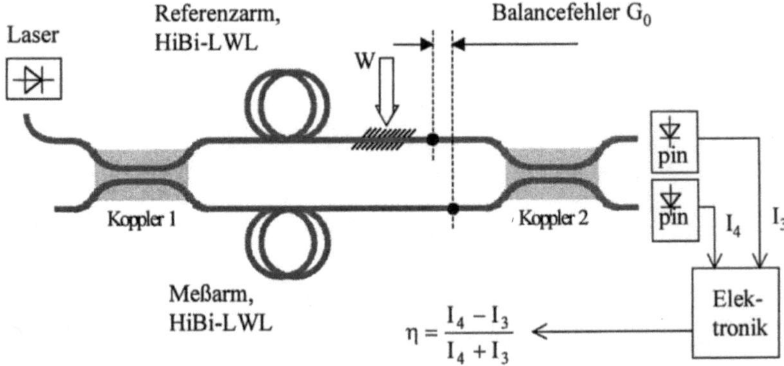

Abb. 18.1. Aufbau eines faseroptischen Interferometers in Mach-Zehnder-Konfiguration

$$\begin{pmatrix} \mathbf{E}_{32} \\ \mathbf{E}_{42} \end{pmatrix} = \underbrace{\frac{1}{\sqrt{2}} \begin{pmatrix} 1 & -j \\ -j & 1 \end{pmatrix}}_{\text{Koppler 2}} \underbrace{\begin{pmatrix} \exp(j\Phi_I) & 0 \\ 0 & \exp(j\Phi_{II}) \end{pmatrix}}_{\text{Fasern}} \underbrace{\frac{1}{\sqrt{2}} \begin{pmatrix} 1 & -j \\ -j & 1 \end{pmatrix}}_{\text{Koppler 1}} \begin{pmatrix} \mathbf{E}_0 \\ 0 \end{pmatrix} \ . \tag{18.4}$$

Nach Ausführung der Multiplikationen findet man mit $(\Phi_{II} - \Phi_I) = \Delta\Phi$:

$$\mathbf{E}_{32} = \frac{1}{2}\left[e^{j\Phi_I} - e^{j\Phi_{II}} \right]\mathbf{E}_0 \qquad = \frac{1}{2}e^{j\Phi_I} \cdot \left[1 - e^{j\Delta\Phi} \right]\mathbf{E}_0 \ , \tag{18.5a}$$

$$\mathbf{E}_{42} = (-j)\frac{1}{2}\left[e^{j\Phi_I} + e^{j\Phi_{II}} \right]\mathbf{E}_0 \quad = (-j)\frac{1}{2}e^{j\Phi_I} \cdot \left[1 + e^{j\Delta\Phi} \right]\mathbf{E}_0 \ . \tag{18.5b}$$

Betragsquadratbildung liefert die Intensitäten S_3 und S_4 an den jeweiligen Kopplertoren bzw. an den Photodioden:

$$S_3 = \kappa \left| \mathbf{E}_{32} \right|^2 = \tfrac{1}{2}S_0 \left[1 - \cos(\Delta\Phi) \right] = \tfrac{1}{2}S_0 \left[1 + \cos(\Delta\Phi - \pi) \right] \ , \tag{18.6a}$$

$$S_4 = \kappa \left| \mathbf{E}_{42} \right|^2 = \tfrac{1}{2}S_0 \left[1 + \cos(\Delta\Phi) \right] \ . \tag{18.6b}$$

Darin ist $S_0 = \kappa |\mathbf{E}_0|^2$ die Intensität des in das Tor 11 eingespeisten Eingangslichtes. Beachte, daß die Summe der an den Ausgangstoren vorliegenden Intensitäten stets gleich der Eingangsintensität ist (Energieerhaltung!): $S_3 + S_4 = S_0$.

Die Gleichungen (18.6a,b) entsprechen beide der „$1 + V\cdot\cos$"-Grundform der Zweistrahlinterferenz mit $V = V_i\cdot V_{pol}\cdot V_{coh} = 1$ (die Intensitäten in den beiden Armen sind gleichgroß, deshalb ist der Intensitätskontrast $V_i = 1$; die beiden überlagerten Felder sind parallel, somit ist der Polarisationskontrast $V_{pol} = 1$. Wir nehmen hinreichend kohärentes Licht, so daß auch der Kohärenzkontrast $V_{coh} = 1$ ist.) Der Vorzeichenunterschied in den Interferenzterm kommt folgendermaßen zustande (s. hierzu auch Abb. 18.2):

Auf der Strecke 11 $\searrow$ 41 $\rightarrow$ 22 $\nearrow$ 32 fügen die Koppler auf den abzweigenden Pfaden 11 $\searrow$ 41 und 22 $\nearrow$ 32 jeweils eine Phasenverschiebung $-\pi/2$ ein, während auf der Parallelstrecke 11 $\rightarrow$ 31 $\rightarrow$ 12 $\rightarrow$ 32 nur durchgehende Kopplerpfade ohne Phasenversatz auftreten. Dadurch entsteht an Tor 3 insgesamt ein kopplerbedingter Phasenunterschied $\Delta\varphi = -\pi$ in der Schreibweise nach Gl. (17.13). Dagegen verschiebt auf dem Weg 11 $\searrow$ 41 $\rightarrow$ 22 $\rightarrow$ 42 der 1. Kopper auf dem abzweigenden Pfad 11 $\searrow$ 41 die Phase um $-\pi/2$, und der 2. Koppler ändert auf dem Parallelweg 11 $\rightarrow$ 41 $\rightarrow$ 22 $\searrow$ 42 auf dem abzweigenden Pfad 22 $\searrow$ 42 die Phase ebenfalls um $-\pi/2$. Die beiden überlagerten Felder erfahren deshalb relativ zueinander keinen kopplerinduzierten Phasenunterschied an ihrem Ausgangstor 4, $\Delta\varphi = 0$.

Da wir diese kopplerbedingten Phaseneinflüsse bereits in den Vorzeichen des Interferenztermes berücksichtigen können, ist der in Gl. (18.6) verbleibende Phasenunterschied $\Delta\Phi$ nur noch durch die unterschiedlichen optischen Weglängen in den beiden Interferometerarmen bedingt: $\Delta\Phi = \frac{2\pi}{\lambda}\Delta L_{opt}^{Meß}(W)$.

Wir haben bereits in Absch. 17.3 angesprochen, daß die „$1 + V\cdot\cos$"-Ausgangskennline ungünstig ist. Wir listen ihre Nachteile noch einmal auf:

- Leistungsfluktuationen der Lichtquelle machen sich in voller Höhe als Intensitätsschwankungen des registrierten Interferenzsignales S bemerkbar und werden eventuell als Sensoreingangssignal interpretiert
- der die Information enthaltende Term $V \cdot \cos(\Delta\Phi)$ sitzt auf einem hohen Untergrund, der „1".
- das Sensorausgangssignal hängt cosinusförmig vom Sensoreingangssignal $\Delta\Phi$ ab. Für kleine Werte von $\Delta\Phi$ ist das Ausgangssignal wegen $\cos(x) \approx 1 - \frac{1}{2} \cdot x^2$ eine quadratische und keine lineare Funktion von $\Delta\Phi$
- wegen $\cos(-x) = \cos(x)$ kann nicht zwischen positiven und negativen Werten von $\Delta\Phi$ unterschieden werden
- $\Delta\Phi$ kann wie in Gl. (17.15) wieder ausgedrückt werden durch den balancefehlerbedingten Phasenunterschied $\Psi_0 = \frac{2\pi}{\lambda} G_0$ und eine darauf aufgesetze, von der Wirkgröße W im Meßpfad induzierte Phase $\delta\Phi^{\text{Meß}}(W)$. Je nach Vorgabe des Balancefehlers[1] ist die Empfindlichkeit des Sensores groß oder klein, siehe Abb. 17.3.

Alle diese nachteiligen Aspekte müssen behoben werden.

Zur Eliminierung des Untergrundes und der Leistungsschwankungen der Lichtquelle nützen wir aus, daß beide Ausgangstore meßtechnisch ohne weitere Maßnahmen zugänglich sind, d.h. beide Intensitäten S_3 und S_4 können mit Photodetektoren direkt gemessen werden, sie liefern die Ströme $I_3 \sim S_3$ und $I_4 \sim S_4$. Wir bilden elektronisch $\eta = (I_4 - I_3)/(I_4 + I_3)$ mit dem Ergebnis

$$\eta = \cos(\Delta\Phi) \ . \tag{18.7}$$

Gleichung (18.7) enthält den Untergrund nicht mehr, und auch keinen Term, der mit der Intensität S_0 der Ursprungswelle korreliert ist. Leistungsschwankungen der Quelle haben also auf die Kennlinie keinen Einfluß. Bestehen geblieben ist aber die cosinusförmige Abhängigkeit mit all ihren Nachteilen (nichtlinear, keine Richtungserkennung, eventuell geringe Empfindlichkeit).

Zur weiteren Verbesserung zerlegen wir mit Gl. (17.15) die Phasendifferenz $\Delta\Phi$ in den Balancefehler Ψ_0 und den wirkgrößeninduzierten Phasenbeitrag $\delta\Phi^{\text{Meß}}$ und erhalten

$$\eta = \cos\left(\Psi_0 + \delta\Phi^{\text{Meß}}\right) \ . \tag{18.8}$$

Gleichung (18.8) ist die Sensorkennlinie $\eta = \eta(\delta\Phi^{\text{Meß}})$. Mit Gl. (12.1) berechnen wir durch Differenzieren die Empfindlichkeit ε:

$$\varepsilon = \left| \frac{d\eta}{d(\delta\Phi^{\text{Meß}})} \right| = \left| -\sin\left[\Psi_0 + \delta\Phi^{\text{Meß}}\right] \right|$$

$$= \left| \sin(\Psi_0) \cdot \cos(\delta\Phi^{\text{Meß}}) + \sin(\delta\Phi^{\text{Meß}}) \cdot \cos(\Psi_0) \right| \tag{18.9}$$

---

[1] Wir werden im Folgenden auch Ψ_0 und nicht nur G_0 als „Balancefehler" bezeichnen, um die Herkunft von ψ_0 deutlich zu machen

ε ändert sich periodisch mit Ψ_0, je nach Zahlenwert von Ψ_0 kann ε verschwinden oder maximal sein. Wenn

$$\Psi_0 = (2\mu + 1)\tfrac{\pi}{2} \qquad\qquad \mu = 0,1,2,\ldots \qquad\qquad (18.10)$$

ist, dann hat die Empfindlichkeit den größtmöglichen Wert $\varepsilon = |\cos(\delta\Phi^{Meß})|$. Man sagt in diesem Fall: der Sensor „befindet sich in *Quadratur*", und nennt die Gl. (18.10) „Quadraturbedingung". Bei Quadratur hat die Kennlinie selbst die Gestalt [Einsetzen von $\Psi_0 = (2\mu + 1)\tfrac{\pi}{2}$ in Gl. (18.9)]

$$\eta = \pm\sin[\,\delta\Phi^{Meß}\,] \overset{\delta\Phi^{Meß}\ \text{klein}}{\approx} \pm\delta\Phi^{Meß}\ . \qquad\qquad (18.11)$$

Für hinreichend kleine Werte von $\delta\Phi^{Meß}$ ist die Kennlinie linear, die Empfindlichkeit konstant. Außerdem ist es wegen $\sin(-x) = -\sin(x)$ jetzt auch möglich, zu erkennen, ob der Wirkgrößenbeitrag positiv oder negativ ist.

Die hergeleiteten Beziehungen gehen von idealen 3-dB-Kopplern aus. Reale Koppler teilen die Intensität nicht exakt 50:50 auf, und insbesondere haben die beiden beteiligten Koppler nicht vollständig gleiche Koppelfaktoren. Wenn wir für die Koppelfaktoren beliebige Werte K_1 und K_2 zulassen, erhalten wir nach einigem Rechnen als Detektorströme:

$$I_3 = a_3\,I_0\left[1 - V_3\cos(\Delta\Phi)\right]\ , \qquad I_4 = a_4\,I_0\left[1 + V_4\cos(\Delta\Phi)\right]\ . \qquad (18.12)$$

a_3 und a_4 sind Vorfaktoren, V_3 und V_4 Kontrastwerte. Alle diese Koeffizienten können durch K_1 und K_2 ausgedrückt werden. Im allgemeinen Fall ist $a_3 \neq a_4$ und $V_3 \neq V_4$. Wegen der ungleichen Vorfaktoren ist es jetzt nicht mehr möglich, durch einfache Differenzbildung den Untergrund zu eliminieren. Erst wenn durch unterschiedlich hohe elektronische Nachverstärkung a_3 und a_4 auf einen gemeinsamen Wert a_0 abgeglichen sind, erhalten wir wie bei der Herleitung von Gl. (18.7) mit $\eta = (I_4 - I_3)/(I_4 + I_3)$ als Kennlinie:

$$\eta = \tilde{V}\cdot\cos(\Delta\Phi) \qquad\qquad \text{mit} \qquad\qquad \tilde{V} < 1\ . \qquad\qquad (18.13)$$

Der Vergleich mit Gl. (18.7) zeigt: ungleiche und nicht-ideale Koppler reduzieren insgesamt den Kontrast und damit die Empfindlichkeit des Sensors. Wir ignorieren im weiteren die nichtidealen Koppler und rechnen mit Gl. (18.8) weiter.

18.1.2
Linearisierung der Kennlinie durch aktive Rückkoppelung

Der Hauptnachteil des Sensors mit der Kennlinie Gl. (18.8) ist seine nichtlineare und vom Balancefehler Ψ_0 abhängige Empfindlichkeit. Zwar ist bei Quadratur die Kennlinie für kleine Argumentwerte linear [Gl. (18.11)], aber es ist unrealistisch, a priori das Interferometer so auslegen zu wollen, daß die Quadraturbedingung $\Psi_0 = (2\mu + 1)\tfrac{\pi}{2}$ erfüllt ist: wegen $\psi_0 = \tfrac{2\pi}{\lambda}G_0$ kann die Quadraturbedingung auch geschrieben werden als $G_0 = (2\mu + 1)\tfrac{\lambda}{4}$. Quadratur erfordert so eine Längenkontrolle der Interferometerarme mit sub-µm-Präzision. Darüberhinaus ist zu berücksichtigen, daß beide Fasern externen Einflüssen ausgesetzt sind, insbesondere Temperaturschwankungen („Drift"). In beiden Armen steigt die Brechzahl mit zunehmender Temperatur an; wenn die Arme von vornherein geometrisch ungleich lang waren, wachsen die optischen Längen unterschiedlich stark, und der optische Balancefehler wird größer. Gegenüber diesem Effekt ist die tatsächliche *geometrische* Längenabhängigkeit von der Temperatur vernachlässigbar. Experimentell findet man $\Psi_0(\vartheta) = \Psi_0(\vartheta = 0^0) \cdot [1 + 10^{-5}\, \vartheta/\,^0C]$. Selbst wenn es gelänge, bei einer Temperatur ϑ_1 die Quadraturbedingung zu erfüllen, würde der Sensor mit steigender Temperatur aus der Quadratur herauslaufen, um dann mit weiter steigender Temperatur bei ϑ_2 die Quadratur erneut, jetzt mit einem um 1 vergrößerten Wert für μ zu erreichen, s. Abb. 18.3. Der Temperaturanstieg führt so zu einer periodisch zwischen den Extremwerten $\varepsilon = 1$ und $\varepsilon = 0$ pendelnden Empfindlichkeit.

Beispiel: Bei einem realistischen geometrischen Längenunterschied der beiden Fasern $\Delta L = 1$ cm, Brechzahl n = 1,5 des LWL und $\lambda = 0,75$ µm ist der Balancefehler $\Psi_0 = \frac{2\pi}{\lambda} G_0 = \frac{2\pi}{\lambda} n \cdot \Delta L = 20000 \cdot (2\pi)$ rad. Ein Temperaturanstieg um 10 ^{0}C ergibt eine Zunahme von Ψ_0 um $20000 \cdot (2\pi) \cdot 10^{-5} \cdot 10$ rad $= 4\pi$ rad. Dies entspricht 4 Empfindlichkeitszyklen (wegen der Betragsbildung ist die Empfindlichkeitsperiode π und nicht 2π).

Ein Sensor, dessen Empfindlichkeit von dem zufälligen Balancefehler bei der Interferometerkonstruktion abhängt und mit der Temperatur driftet, ist nicht sehr praxistauglich. Es müssen Maßnahmen ergriffen werden, die die Empfindlichkeit auf einem festen Wert stabilisieren und temperaturunabhängig zu machen. Diese Aufgabe kann mit einer aktiven Regelschaltung gelöst werden. Abbildung 18.4 zeigt eine mögliche Ausführungsform. Die Grundidee ist: Im Referenzpfad wird die Faser mehrere Male um einen Hohlzylinder aus piezoelektrischer Keramik ge-

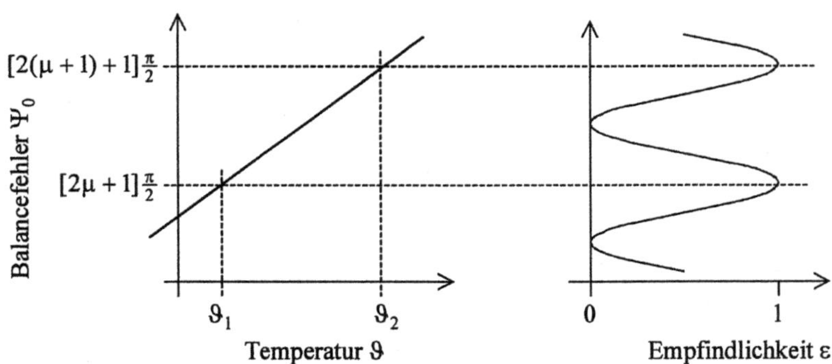

Abb. 18.3.   Auswirkungen der Temperaturdrift in einem Interferometer mit ungleich langen Armen. Mit steigender Temperatur steigt auch der Phasenfehler Ψ_0. Das bei der Temperatur ϑ_1 abgeglichene Interferometer verläßt den Quadraturpunkt, die Empfindlichkeit ε sinkt auf 0 ab. Bei weiter wachsender Temperatur wird bei ϑ_2 ein neuer Quadraturpunkt erreicht.

wickelt. Bei Anlegen einer Gleichspannung u_p vergrößert der Zylinder proportional zu u_p seinen Radius und damit auch seinen Umfang, entsprechend wird die Faser gedehnt. Damit ändert sich die Gesamt-Faserlänge im Referenzzweig, der Gesamt-Balancefehler ist $\Psi_0 = \Psi_0(u_p{=}0) + \alpha \cdot u_p$; α ist ein Proportionalitätsfaktor. Der Piezo wirkt so als Phasenschieber, mit dem wir Ψ_0 auf ein ungerades Vielfaches von $\pi/2$ schieben und den Sensor in Quadratur bringen. Mit einem Servomechanismus soll dann der Arbeitspunkt stabilisiert werden, d.h. auch bei Temperaturänderung darf der Sensor den Quadraturpunkt nicht verlassen.

Wir gehen von idealen 3-dB-Kopplern im Interferometer aus. Die Wirkgröße ist ausgeschaltet, in der Schreibweise nach Gl. (18.8) ist $\delta\Phi^{\text{Meß}} = 0$. Zu einem Zeitpunkt t liegt am Piezo die Spannung $u_p(t)$ an. Den in diesem Augenblick vorhandenen Balancefehler können wir aufspalten in $\Psi_0(t) = \Psi_0(u_p{=}0) + \alpha \cdot u_p(t)$. Darin ist $\Psi_0(u_p{=}0)$ der Balancefehler ohne Spannung am Piezo, $\alpha \cdot u_p(t)$ der durch die Piezospannung induzierte zuzügliche Fehler infolge Faserdehnung. Die beiden Detektoren liefern die Ströme $I_3(t) \sim S_3(t)$ und $I_4(t) \sim S_4(t)$ mit S_3 und S_4 nach Gl. (18.6). Sie werden in Spannungen u_3, u_4 umgewandelt (in Abb. 18.4 nicht eingetragen), die Spannungen elektronisch voneinander subtrahiert mit dem Ergebnis $u_d = u_4(t) - u_3(t) = \frac{1}{2}\, u_0 \cdot \cos(\Delta\Phi)$. $u_d(t)$ hat die Gestalt (beachte, daß wegen $\delta\Phi^{\text{Meß}} = 0$ hier $\Delta\Phi = \Psi_0$ ist)

$$u_d(t) = \hat{u}_d \cdot \cos[\Psi_0(t)] \quad . \tag{18.14}$$

Anschließend wird u_d auf den Eingang eines Integrators gegeben. Elektronische Integratoren integrieren nach der Zeit. Das bedeutet: wenn $u_d(t) \neq 0$ sein sollte, dann bewegt sich die Ausgangsspannung des Integrierers zeitlich; sie steigt, solange $u_d > 0$ ist, und sie fällt, solange $u_d < 0$ ist. Die Ausgangsspannung des Integrierers wird verstärkt, die verstärkte Spannung u_p ist das Stellsignal für den Piezo.

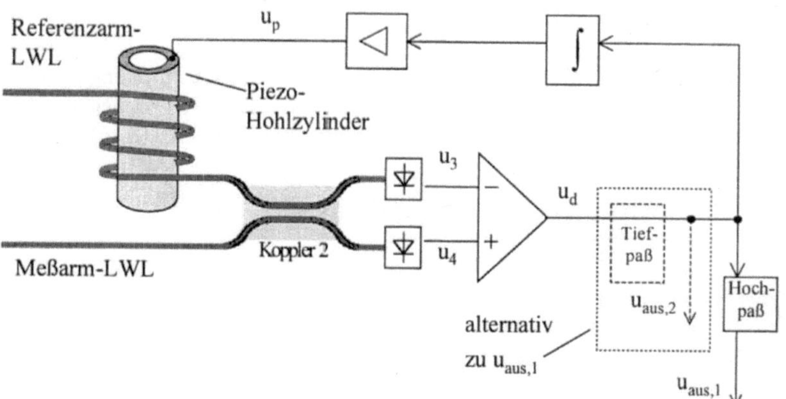

Abb. 18.4. Interferometer mit aktiver Stabilisierung des Quadraturpunktes. Nähere Erläuterungen im Text

Wir analysieren das Verhalten der Schaltung unter der Annahme, daß zum Einschaltzeitpunkt $t = t_1$ dem Integratoreingang irgendeine Spannung $u_d > 0$ angeboten wird. Dadurch steigt monoton die Integratorausgangsspannung an, in gleichem Maße die Spannung u_p am Piezo. Der Balancefehler Ψ_0 ändern sich ebenfalls monoton, die Spannungsdifferenz $u_d = (u_4 - u_3)$ durchläuft als Funktion der Zeit die mit Gl. (18.14) gegebene cos-Kurve. Schließlich erreicht u_d zum Zeitpunkt t_2 den Wert 0, am Integratoreingang liegt keine Spannung mehr an. Damit bleibt auch die Ausgangsspannung auf dem in diesem Augenblick erreichten Wert stehen. Sämtliche zu diesem Zeitpunkt erreichten Strom-, Spannungs- und Intensitätswerte bleiben zeitstabil erhalten.

Die Anordnung stellt also einen geschlossenen Regelkreis (*closed loop*) dar, der die Spannung am Integratoreingang auf den Wert $u_d(t) \equiv 0$ für $t > t_2$ einregelt. Wegen $u_d(t) = \hat{u}_d \cos[\Psi_0(t)]$ kann u_d nur verschwinden, wenn das Argument des Cosinus ein ungerades Vielfaches von $\pi/2$ ist: zu jedem Zeitpunkt nach Ablauf der Einstellzeit ist

$$\Psi_0(t) \equiv (2\mu + 1)\tfrac{\pi}{2} \quad . \tag{18.15}$$

Gleichung (18.15) ist nichts anderes als die Quadraturbedingung Gl. (18.10). Der Regelmechanismus steuert so den Gesamtkreis ungeachtet irgendwelcher äußerer Einflüsse stets in Quadratur. Dies gilt auch dann, wenn sich die Temperatur ändert. Formal ändert sich mit der Temperatur zunächst $\Psi_0(u_p{=}0)$; durch eine der neuen Temperatur angepaßte Piezospannung wird der Piezobeitrag $\alpha{\cdot}u_p$ so nachjustiert, daß der Gesamt-Balancefehler Ψ_0 wieder zu $(2\mu + 1)\tfrac{\pi}{2}$ wird.

Die Regelung kann nicht erkennen, aus welcher Ursache sich der optische Wegunterschied zwischen den Interferometerarmen ändert. Wenn wir jetzt wieder die Wirkgröße W einschalten und eine zusätzliche, wirkgrößenbedingte Phasenänderung $\delta\Phi^{\text{Meß}}(W)$ induzieren, regelt sich das System so ein, daß

$$\Psi_0(u_p{=}0) + \alpha{\cdot}u_p + \delta\Phi^{\text{Meß}} = (2\mu + 1)\tfrac{\pi}{2} \tag{18.16}$$

wird; in diesem Zustand ist wie vorhin $u_d = 0$. Konsequenz: die Spannung u_d taugt nicht mehr als Sensorausgangssignal, da ständig =0. Stattdessen ziehen wir die Piezospannung u_p als Sensorausgangssignal heran. Wir lösen Gl. (18.16) nach u_p auf und erhalten

$$u_p = \underbrace{\tfrac{1}{\alpha}(2\mu + 1)\tfrac{\pi}{2} - \tfrac{1}{\alpha}\Psi_0(u_p = 0)}_{\text{konst}} - \tfrac{1}{\alpha}\delta\Phi^{\text{Meß}} = \text{konst} - \tfrac{1}{\alpha}\delta\Phi^{\text{Meß}} \quad . \tag{18.17}$$

u_p hängt – auch ohne Kleinsignalnäherung – linear von $\delta\Phi^{\text{Meß}}$ ab. Die Kennlinie ist wie gewünscht eine Gerade, die Empfindlichkeit des Sensors ist $= 1/\alpha$.

Allerdings enthält u_p in „konst" noch den Beitrag Ψ_0 des konstruktionsbedingten und driftabhängigen Balancefehlers und den Quadraturbeitrag $\tfrac{1}{\alpha}(2\mu + 1)\tfrac{\pi}{2}$. Man kann Abhilfe schaffen unter der Voraussetzung, daß die Wirkgröße W sich sehr rasch ändert und deshalb ihre Wegänderungen $\delta\Phi^{\text{Meß}}$ hochfrequent ablaufen;

gleichzeitig soll $\Psi_0(u_p=0)$ nur langsam mit der Temperatur driften, so daß die hierdurch induzierte Wegänderung nur niederfrequent ist. Wenn das Gesamtsystem eine ausreichend hohe Dynamik besitzt; d.h. wenn die Bandbreite der Regelung deutlich höher ist als die Bandbreite der hochfrequenten Beiträge, dann gelingt es der Regelung, wie oben dargestellt die Spannung u_d stets auf 0 zu halten. Die unter diesen Umständen am Piezo anliegende Spannung u_p ist ein Gemisch aus hochfrequenten (wirkgrößenbedingten) und niederfrequenten (temperaturdriftbedingten) Anteilen sowie einer vom Term $\frac{1}{\alpha}(2\mu+1)\frac{\pi}{2}$ herrührenden Gleichspannung. Die hochfrequenten Anteile werden über ein Hochpaßfilter in einem zusätzlichen Abzweig hinter dem Integrator abgegriffen und als Ausgangssignal $u_{aus,1}$ herangezogen, für das jetzt gilt:

$$u_{aus,1} = -\frac{1}{\alpha}\delta\Phi^{Meß} \quad . \tag{18.18}$$

Alternativ dazu kann man zwischen Differenzverstärker und Integrator einen Tiefpaß schalten. Der Tiefpaß läßt nur die niederfrequenten Spannungsanteile zum Integrator durch, der seinerseits nur diese Spannungsbeiträge zu u_p auf 0 ausregelt bzw. nur den temperaturabhängige Balancefehler Ψ_0 auf den Quadraturwert $(2\mu+1)\frac{\pi}{2}$ zieht. Das gesamte Rückführungssystem kommt so mit einer wesentlich geringeren Bandbreite aus. Die hochfrequenten Spannungskomponenten werden vor dem Tiefpaß abgegriffen und bilden das Ausgangssignal $u_{aus,2}$. $u_{aus,2}$ ist entsprechend Gl. (18.11)

$$u_{aus,2} = \pm\hat{u}_{aus,2}\sin(\delta\Phi^{Meß}) \quad . \tag{18.19}$$

Jetzt sind zwar die Temperaturdrift und der Balancefehler des Interferometers eliminiert, aber das Ausgangssignal ist weiterhin nichtlinear; nur für kleine Werte von $\delta\Phi^{Meß}$ ist die Empfindlichkeit konstant.

Die Ausgangsspannung eines Integrators kann nicht beliebig hoch ansteigen. Konsequenz: die Gesamtschaltung kann nicht über beliebig lange Zeit das Interferometer in einem Quadraturpunkt halten; je häufiger die Regelung Temperaturschwankungen kompensieren muß, desto schneller erreicht die Spannung am Integratorausgang ihren Maximalwert. Sobald die Ausgangsspannung an diesem Maximalwert angekommen ist, muß sie auf Null zurückgesetzt, das System „resettet" werden. Dies macht die Regelung insgesamt ungenau, wenn Langzeitstabilität gefordert ist. Für Kurzzeitmessungen ist die Regelung aber durchaus ausreichend.

Das beschriebene Verfahren verändert die geometrische Länge der Referenzstrecke, damit die Phase im Referenzarm und so letztlich die Phasendifferenz zwischen Referenzarm und Meßarm am Ort der Zusammenführung (Koppler 2). Es gibt andere, hier nicht vorgestellte Möglichkeiten, die Phasendifferenz zu verändern und den Sensor mit einer aktiven Regelung langzeitstabil in Quadratur zu fahren. Welches Verfahren eingesetzt wird, hängt letztlich von der Meßaufgabe des Sensors ab.

Ein driftunabhängiges Ausgangssignal kann man auch mit rein passiven Methoden, d.h. ohne Rückkoppelung eines aufbereiteten Ausgangssignales auf ein aktives Element im Referenzzweig generieren. Ein prominentes Verfahren ersetzt den Ausgangskoppler in Abb. 18.1 durch einen Koppler mit je drei Eingängen und Ausgängen. Es werden weiterhin nur zwei der drei Eingänge benutzt, aber die Intensitätssignale aller Ausgänge weiterverwertet. Die Grundidee ist: bei zwei Ausgängen sind die elektrischen Felder um $\pi/2$ gegeneinander phasenverschoben [siehe die Kopplergleichungen Gl. (17.18)], bei 3 Ausgängen um $2\pi/3$. Aus den sich dadurch ergebenden Stromsignalen kann mit geeigneten mathematischen Manipulationen ein Signal I geformt werden, das wie gewünscht direkt proportional zu $\Delta\Phi$ ist: $I \sim \Delta\Phi = (\Psi_0 + \delta\Phi^{Meß})$. Die „mathematischen Manipulationen" müssen natürlich elektronisch nachgebildet werden. Das weitere Auswerteverfahren ist analog zu dem im Text zu Gl. (18.18) beschriebenen Verfahren: mit einem Tiefpaßfilter wird der (niederfrequente) driftabhängige Beitrag Ψ_0 abgeblockt, das (hochfrequent angenommene) letztlich verwendete Ausgangssignal ist unabhängig von Ψ_0 und zudem linear in $\delta\Phi^{Meß}$.

18.1.3
Einsatzmöglichkeiten

LWL-Sensoren mit Mach-Zehnder-Interferometer messen die Änderung $\delta\Phi^{Meß}$ der Phase im Meßzweig aufgrund irgendeiner Wirkgröße W. Mit Gl. (17.4) führen wir die Phasenänderungen zurück auf Änderungen der geometrischen Länge der Meßfaser und/oder auf lokale Brechzahländerungen. Tabelle 18.1 listet Wirkgrößen zur direkten Einflußnahme auf und benennt den jeweiligen physikalioschen „Effekt". Zu berücksichtigen ist, daß Temperatur und Zug gleichzeitig *sowohl* die LWL-Länge *als auch* die Brechzahl ändern.

Weiterhin besteht die Möglichkeit, die Faser über Transducer geometrisch zu dehnen oder zu stauchen; in Tabelle 18.2 sind geeignete Wirkgrößen und Effekte angegeben. Hierfür wird ein Stück der Faser entweder auf einen Streifen aus dem

Tabelle 18.1. Wirkgrößen zur Veränderung optischer Weglängen

Wirkgröße	Änderung der geom. Länge	Änderung der Brechzahl
Temperatur	thermische Ausdehnung	thermooptischer Effekt
Zugspannung	Dehnung	elastooptischer Effekt
magnetisches Feld		magnetooptischer Effekt
elektrisches Feld		elektrooptische Effekte (linear und quadratisch)[a]

[a] Der lineare elektrooptische Effekt (*Pockels-Effekt*) tritt nur in einer bestimmten Klasse von Kristallen auf. Dieser Kristallklasse gehören auch die Materialien GaAs, InP und $LiNbO_3$ an. Der Pockels-Effekt kann deshalb in integriert-optischen LWL aus diesen Materialien beobachtet werden, aber nicht in Faser-LWL aus Glas oder Kunststoff. Der Effekt wird ausführlich in Anhang A6 besprochen.

Tabelle 18.2. Wirkgrößen zur geometrischen Weglängenveränderung über Transducer

Wirkgröße	Effekt	Transducermaterial z.B.
magnetisches Feld	Magnetostriktion	Ni; $Fe_{80}B_{20}$
elektrisches Feld	Elektrostriktion	Piezokeramik; Elektretfolien
akustisches Feld	Dehnung	Nylon
thermisches Feld	Dehnung	Metall

jeweiligen Transducermaterial geklebt oder um einen Zylinder aus diesem Material gewickelt. Es gibt auch speziell präparierte Sensorfasern, bei denen auf der Primärbeschichtung der Faser einen weiteren Überzug aus Transducermaterial abgeschieden wurde. In dem jeweiligen Feld verlängert sich der Überzug; damit sich die die Faser mitdehnt, müssen Primärbeschichtung und Transducerüberzug zueinander passen.

Generell sind Phasenänderungsmessungen bis herab zu 10^{-7} rad pro Meter Einwirkungslänge meßbar, wenn die Temperaturdrift eliminiert werden kann.

18.2
Michelson-Interferometer als Sensor

18.2.1
Interferometeraufbau und Sensorkennlinie

Abbildung 18.5 zeigt schematisch ein vollständig in integriert-optischer Technik aufgebautes Michelson-Zweistrahlinterferometer. Das Licht eines Halbleiterlasers wird mit einem integriert-optischen Koppler auf zwei Arme aufgeteilt, die Meß- arm und Referenzarm des Interferometers bilden. An den Enden der Arme wird das Licht sofort mit einem direkt am Armende angebrachten Spiegel im Referenz- arm bzw. mit einem externen Spiegel im Meßarm in denselben LWL wieder re- flektiert (in der Bezeichnungsweise von Abschn. 12.2 führt ein solches Konzept zu einem extrinsischen Sensor). Die beiden Lichtfelder werden in demselben Koppler wieder zusammengeführt. Die beiden Eingangstore des Kopplers werden so gleichzeitig zu den Ausgängen des Interferometers. Man bezeichnet diese Inter- ferometerkonzeption als *Michelson*-Konfiguration.

Im Gegensatz zum Mach-Zehnder-Interferometer ist bei der Michelson-Anord- nung nur ein Ausgang meßtechnisch direkt zugänglich. Das Licht in dem anderen Ausgang läuft zur Lichtquelle zurück und müßte mit einem 2. Koppler ausgeblen- det werden, was immer nur teilweise möglich ist. Damit das Licht nicht auf den Laser zurückfällt und diesen stört, muß ein optischer Isolator eingebaut werden.

Wir berechnen zunächst die Felder und die Intensität an der Photodiode. Der verwendete Laser sei monochromatisch und habe eine hinreichend große Kohä-

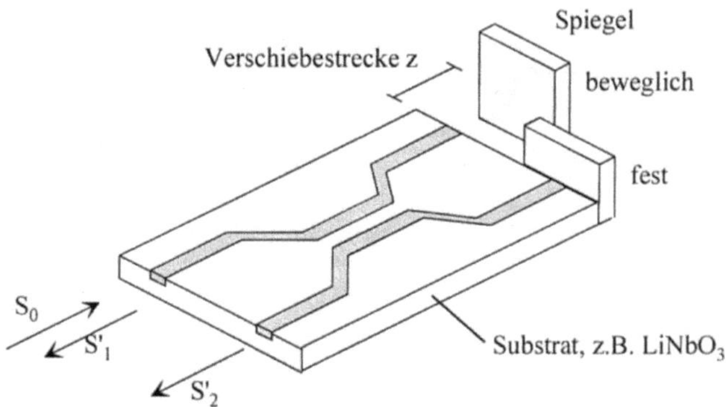

Abb. 18.5. Interferometer in Michelson-Konfiguration zur Abstandsmessung. Das gesamte Interferometer ist in integriert-optischer Technik auf einem Substratchip (Chiplänge einige cm) aus z.B. LiNbO$_3$ ausgeführt

renzlänge (Kohärenzkontrast V_{coh} = 1). Das Licht wird in eines der beiden Eingangstore des Kopplers eingespeist, an den 2. Eingang wird die Photodiode angeschlossen. Der Koppler ist ein polarisationsneutraler 3-dB-Koppler (Leistungskoppelgrad K = ½). Die Spiegel sind 100%-Spiegel; auch die Linsen-Spiegel-Kombination im Meßarm soll alles austretende Licht wieder in den Meßarm zurückkoppeln. Unter diesen Voraussetzungen sind die Felder E_1' und E_2' in komplexer Matrixschreibweise bei Einspeisung des Feldes E_0:

$$\begin{pmatrix} E'_1 \\ E'_2 \end{pmatrix} = \underbrace{\frac{1}{\sqrt{2}}\begin{pmatrix} 1 & -j \\ -j & 1 \end{pmatrix}}_{\text{Koppler, Rückweg}} \underbrace{\begin{pmatrix} \exp(j\Phi_I) & 0 \\ 0 & \exp(j\Phi_{II}) \end{pmatrix}}_{\substack{\text{Lichtlauf zu den} \\ \text{Spiegeln und zurück}}} \underbrace{\frac{1}{\sqrt{2}}\begin{pmatrix} 1 & -j \\ -j & 1 \end{pmatrix}}_{\text{Koppler, Hinweg}} \begin{pmatrix} E_0 \\ 0 \end{pmatrix} \qquad (18.20)$$

Darin sind Φ_I und Φ_{II} die Phasenverschiebungen in den Laufstrecken bis zu den Spiegeln und wieder zurück zum Koppler. Gleichung (18.20) ist mathematisch identisch mit Gl. (18.4), deshalb können wir die dortigen Ergebnisse übernehmen: $S'_1 = \kappa |E'_1|^2 = \frac{1}{2}S_0\left[1 - \cos(\Delta\Phi)\right]$ und $S'_2 = \kappa |E'_2|^2 = \frac{1}{2}S_0\left[1 + \cos(\Delta\Phi)\right]$. Nur S_2' ist direkt mit einer Photodiode meßbar und liefert den Strom

$$I = \tfrac{1}{2}I_0\left[1 + \cos(\Delta\Phi)\right] \quad . \qquad (18.21)$$

Wie bei jedem anderen Zweistrahlinterferometer setzt sich die Phasenverschiebung wieder zusammen aus dem Beitrag Ψ_0 des Balancefehlers und dem Wirkgrößenbeitrag $\delta\Phi^{Meß}$: $\Delta\Phi = \Psi_0 + \delta\Phi^{Meß}$. In der hier betrachteten integriert-optischen Ausführung können die optischen Wege auf dem Substratchip mit hoher Präzision gleichlang gemacht werden, der Balancefehler verschwindet: Ψ_0 = 0. Der Wirkgrößenbeitrag ist dann nichts anderes als die Phasenverschiebung längs der Strecke vom Chip zum Spiegel im Meßarm und zurück. Wir bezeichnen die optische Länge dieses Weges wie in Gl. (17.3) mit $\delta\ell_{opt}$ und erhalten

$$\eta = \frac{I}{I_0/2} = 1 + \cos\left(\delta\Phi^{Meß}\right) = 1 + \cos\left(\tfrac{2\pi}{\lambda}\delta\ell_{opt}\right) \quad . \tag{18.22}$$

Gleichung (18.22) ist die Sensorkennlinie des Michelson-Interferometers. Sie hat alle oben bereits für das Mach-Zehnder-Interferometer aufgeführten Nachteile. Wenn die Spiegel unterschiedlich stark reflektieren, oder im Meßarm nicht alles austretende Licht wieder zurückgespeist wird, oder der Koppler kein 3-dB-Koppler ist, dann muß der Cosinusterm noch mit einem Kontrastfaktor V < 1 multipliziert werden.

18.2.2
Linearisierung der Kennlinie durch Phasenmodulation

Michelson-Interferometer werden sehr häufig zur Präzisions-Abstandsmessung eingesetzt. In diesem Fall ist Luft das Material zwischen Interferometerchip und Spiegel, der optische Wegunterschied δL_{opt} in Gl. (18.22) wird gleich dem Doppelten des geometrischen Abstandes. Wir bezeichen der Einfachheit halber diesen Abstand mit z (s. Abb. 18.5), so daß $\delta\ell_{opt} = 2z$ bzw. $\delta\Phi^{Meß} = \tfrac{4\pi}{\lambda} z$ gesetzt werden kann. Das Detektorausgangssignal

$$\eta = 1 + \cos\left(\tfrac{4\pi}{\lambda}z\right) \tag{18.23}$$

oszilliert cos-förmig mit dem Spiegelabstand. Bei weiten Spiegelbewegungen können einfach die Intensitätsmaxima gezählt werden; je zwei aufeinanderfolgende Maxima markieren eine Verschiebung des Spiegels um $\lambda/2$. Für Bewegungen um Bruchteile von Wellenlängen ist die Kennlinie untauglich, weil die Empfindlichkeit ε verschwindend klein wird. Wir müssen wieder die Kennlinie linearisieren und die Empfindlichkeit maximieren. Grundsätzlich kann man dies dadurch erreichen, daß man in das Argument des Cosinus in Gl. (18.23) eine zusätzliche Phasenverschiebung um $\pi/2$ einbringt. Die Kennlinien-Gleichung wird mit dieser Maßnahme zu

$$\eta = 1 + \cos\left(\tfrac{4\pi}{\lambda}z + \tfrac{\pi}{2}\right) = 1 - \sin\left(\tfrac{4\pi}{\lambda}z\right) \approx 1 - \tfrac{4\pi}{\lambda}z \quad . \tag{18.24}$$

Sie ist jetzt zwar linear, aber wegen des hohen Untergundes „1" immer noch nicht optimal. Im Folgenden wird eine Möglichkeit vorgestellt, die Kennlinie zu linearisieren und gleichzeitig den Untergrund zu beseitigen. Wir bauen dazu unser Interferometer auf einem Substrat aus $LiNbO_3$ auf und integrieren direkt in den Interferometeraufbau einen auf dem *transversalen Pockels-Effekt* beruhenden Phasenmodulator. Die physikalischen Hintergründe des Phasenmodulators sind in Anhang A6 zusammengefaßt. Wir benützen hier die dort abgeleiteten Ergebnisse und verweisen zu deren Herleitung auf den Anhang.

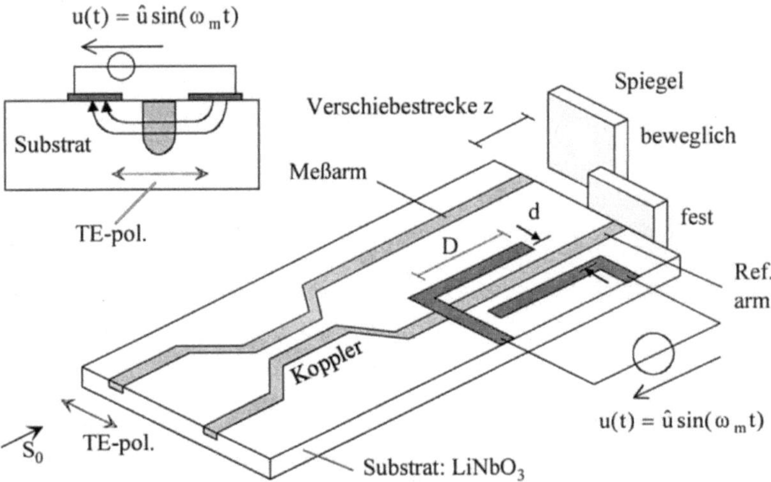

Abb. 18.6. Integriert-optisches Michelson-Interferometer mit Phasenmodulation im Referenzzweig.

Abbildung 18.6 zeigt den modifizierten Aufbau. Das Substratmaterial ist kristallographisch so geschnitten, daß die integrierten Wellenleiter wie in Abb. A6.1 in Anhang A6 Retarder sind, deren Hauptachsen parallel und senkrecht zur Substratoberfläche zeigen, die Brechzahlen in den Hauptachsen sind n_e und n_0. Wir speisen linear polarisiertes Licht ein, die Polarisationsrichtung sei parallel zur Substratoberfläche (TE-Polarisation, s. Abb. 5.10). Der Koppler ist polarisationsneutral ausgelegt, also läuft sowohl im Referenz- wie im Meßzeig TE-polarisiertes Licht.

Im Referenzzweig des Interferometers sind beidseitig des LWL Elektroden aufgebracht. Mit einer elektrischen Spannung u zwischen den Elektroden generiert man ein elektrisches Feld der Stärke $E = u/d$ parallel zur Oberfläche des LiNbO$_3$-Chips durch den eindiffundierten LWL hindurch; d ist der Elektrodenabstand. Das Feld verändert die Brechzahlen n_e auf n_x und n_0 auf n_y (Bezeichnungen siehe Anhang A6), läßt die Lagen der Retarder-Hauptachsen aber unverändert. Da wir nach Voraussetzung linear TE-polarisiertes Licht einspeisen, ist nur die Änderung $(\Delta n)_x$ der Brechzahl n_e für uns von Belang. Sie modifiziert die Phasengeschwindigkeit des durch den LWL laufenden Lichtes, beeinflußt aber nicht seinen Polarisationszustand: das Licht bleibt linear TE-polarisiert. Wenn D die Länge der Elektrodenstrecke ist, bewirkt nach Gl. (1.6) die Brechzahländerung um $(\Delta n)_x$ eine Phasenverschiebung des Lichtes im Referenzzweig um $\psi = -\frac{2\pi}{\lambda} D (\Delta n)_x$, wobei ψ je nach angelegter Spannung unterschiedlich hoch eingestellt werden kann.

Wir legen eine hochfrequente Wechselspannung $u(t) = \hat{u} \cdot \sin(\omega_m t)$ an die Elektroden an und erzeugen damit ein Wechselfeld $E(t) = \hat{E} \cdot \sin(\omega_m t)$ mit $\hat{E} = \hat{u}/d$. Dadurch ändert sich im Elektrodenbereich die Brechzahl $(\Delta n)_x$ harmonisch:

$$(\Delta n)_x = \Delta \hat{n} \sin(\omega_m t) \overset{(A6.3a)}{=} -\frac{1}{2} n_e^3 \, r_{33} \, \frac{\hat{u}}{d} \sin(\omega_m t) \quad , \tag{18.25}$$

r_{33} ist ein Proportionalitätsfaktor (*elektrooptischer Koeffizient*), s. hierzu Anhang A6. Die Phasenverschiebung ψ oszilliert ebenfalls harmonisch:

$$\psi = \frac{2\pi}{\lambda} D \cdot \Delta \hat{n} \cdot \sin(\omega_m t) = \underbrace{\frac{2\pi}{\lambda} \cdot D \cdot \frac{1}{2} n_e^3 \, r_{33} \, \frac{\hat{u}}{d}}_{\hat{\psi}} \cdot \sin(\omega_m t) = \hat{\psi} \sin(\omega_m t) \tag{18.26}$$

$$\text{mit} \qquad \hat{\psi} = \frac{\pi}{\lambda} \frac{D}{d} n_e^3 \, r_{33} \, \hat{u} \quad . \tag{18.27}$$

Zu beachten ist, daß $\hat{\psi}$ direkt über die Spannungsamplitude $\hat{u}$, indirekt über die Elektrodenlänge D und den Elektrodenabstand d verändert werden kann. Gleichung (18.22) geht über in eine jetzt zeitabhängige Kennlinie[2]

$$\eta = \eta(t) = 1 + \cos\left[\delta\Phi^{\text{Meß}} + \hat{\psi}\sin(\omega_m t)\right] \qquad \text{mit} \qquad \delta\Phi^{\text{Meß}} = \frac{4\pi}{\lambda} z \tag{18.28}$$

Die Funktion $\sin(\omega_m t)$ ist zeitperiodisch mit der Periodendauer $T = 2\pi/\omega_m$. Sie tritt in Gl. (18.28) als Argument einer anderen Funktion, der Cosinus-Funktion auf. Dadurch wird diese Funktion ebenfalls zeitperiodisch mit der Periode T. Wie jede andere periodische Funktion können wir sie in eine Fourierreihe entwickeln, sie zerfällt dann in einen linearen Anteil („Gleichanteil") und je eine Reihe aus sin- und cos-Termen, deren Kreisfrequenzen ganzzahlige Vielfache („Harmonische") der Grundkreisfrequenz ω_m sind. Die Entwicklung ist mathematisch nicht einfach. Speziell bei der hier gesuchten Reihe wechseln sich sin- und cos-Terme ab, die Reihe hat das Aussehen

$$\cos\left[\delta\Phi^{\text{Meß}} + \hat{\psi}\sin(\omega_m t)\right] \\ = c_0 + c_1 \sin(\omega_m t) + c_2 \cos(2\omega_m t) + c_3 \sin(3\omega_m t) + c_4 \cos(4\omega_m t) + \ldots \tag{18.29}$$

Die Entwicklungskoeffizienten c_ν sind von $\delta\Phi^{\text{Meß}}$ und $\hat{\psi}$ abhängig, die Rechnung ergibt

$$c_\nu = \begin{cases} J_0(\hat{\psi}) \cos(\delta\Phi^{\text{Meß}}) & \text{für } \nu = 0 \\ 2J_\nu(\hat{\psi}) \sin(\delta\Phi^{\text{Meß}}) & \text{für } \nu = 1, 3, 5\ldots \\ 2J_\nu(\hat{\psi}) \cos(\delta\Phi^{\text{Meß}}) & \text{für } \nu = 2, 4, 6\ldots \end{cases} \tag{18.30}$$

---

[2] Strenggenommen müssen wir bis auf Gl. (18.20) zurückgehen und dort im Referenzzweig die Phase Φ_{II} durch $\Phi_{II} + \psi$ ersetzen, mit ψ nach Gl. (18.26). Das Ergebnis wäre dann Gl. (18.28).

J_v sind die schon in Abschn. 5.1.3 aufgetretenen "Besselfunktionen 1.Art v-ter Ordnung". $J_v(\hat{\psi})$ berechnet den Funktionswert an der Stelle $\hat{\psi}$, ist also bei gegebenem $\hat{\psi}$ eine feste Zahl. Eingesetzt in Gl. (18.28) erhalten wir

$$\eta(t) = 1 + c_0 + \underbrace{2J_1(\hat{\psi})\sin(\delta\Phi^{Me\beta})}_{c_1} \cdot \sin(\omega_m t) + c_2\cos(2\omega_m t) + ... \qquad (18.31)$$

In Gl.(18.31) ist nur die Grundschwingung $c_1 \cdot \sin(\omega_m t) = 2J_1(\hat{\psi}) \cdot \sin(\Delta\Phi) \cdot \sin(\omega_m t)$ der Fourierentwicklung vollständig angeschrieben. Es ist ohne Schwierigkeiten mit Bandpaßfilterung oder besser mit Lock-In-Technik möglich, speziell diese Grundschwingung herauszugreifen und ihre Amplitude $c_1 = 2J_1(\hat{\psi})\sin(\Delta\Phi)$ zu messen. Wir erklären diese Amplitude zum neuen Sensorausgangssignal $\tilde{\eta}$ und finden nach Einsetzen

$$\tilde{\eta} = c_1 = 2J_1(\hat{\psi})\sin(\delta\Phi^{Me\beta}) = 2J_1(\hat{\psi})\sin(\tfrac{4\pi}{\lambda}z) \overset{z\ klein}{\approx} 2J_1(\hat{\psi})\cdot\tfrac{4\pi}{\lambda}z \quad .(18.32)$$

Die Sensorkennlinie ist für kleine Meßwege z jetzt wie gewünscht eine Gerade, die Empfindlichkeit beträgt $\varepsilon = \frac{8\pi}{\lambda}J_1(\hat{\psi})$. Durch geschickte Wahl von $\hat{\psi}$ kann die Empfindlichkeit maximiert werden: die Funktion $J_1(x)$ erreicht bei $x = 1,841$ ihr absolutes Maximum 0,582 (s. Abb. 5.2 und Abb. 18.7) und damit der Sensor seine maximale Empfindlichkeit. Nach Gl. (18.27) läßt sich $\hat{\psi}$ über die Elektrodenspannung $\hat{u}$ einstellen, wir müssen sie so wählen, daß

$$1,841 = \frac{\pi}{\lambda}\frac{D}{d}n_e^3\,r_{33}\,\hat{u} \quad \Rightarrow \quad \varepsilon = \frac{8\pi}{\lambda}J_1(\hat{\psi} = 1,841\,\text{rad}) = \frac{8\pi}{\lambda}\cdot 0,582 \qquad (18.33)$$

ist. Mit einer Regelungsschaltung kann man $\hat{u}$ so steuern, daß $\hat{\psi}$ automatisch den den optimalen Wert 1,841 rad anfährt. Dazu müssen aber noch weitere Komponenten der Fourierreihe Gl. (18.29), insbesondere der Gleichanteil und die 2. Harmonische ausgewertet und in die Regelung einbezogen werden. Ebenso ist es möglich, durch simultane Auswertung von Grundwelle und 2. Harmonischer mit einer Folge von elektronisch auszuführenden Rechenprozeduren (Differentiation $\rightarrow$ Multiplikation über Kreuz $\rightarrow$ Subtraktion $\rightarrow$ Integration) ein Signal zu erzeugen, das für alle (und nicht nur für kleine) Abstände z direkt proportional zu z ist.

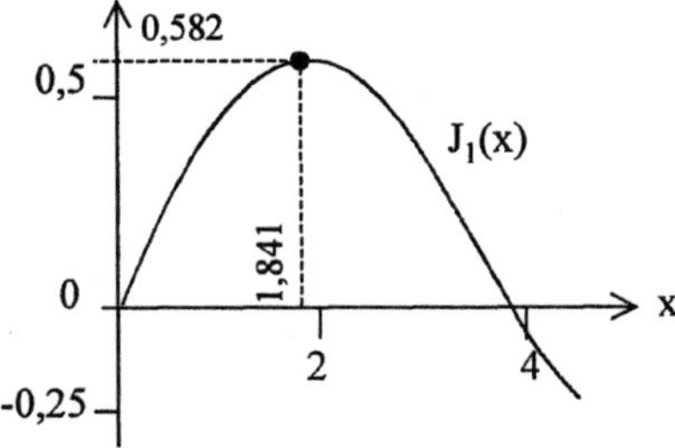

Abb. 18.7. Verlauf und absolutes Maximum der Funktion $J_1(x)$

Mit dem vorgestellten Linearisierungsverfahren werden hochpräzise Abstands-
messungen möglich, es wurden Auflösungen von 10 nm bei einem Meßabstand
im cm-Bereich erreicht. Eingesetzt werden solche Geräte in der Oberflächenmeß-
technik, der in Abb. 18.6 gezeichnete Spiegel im Meßarm ist die Oberfläche des
zu untersuchenden Werkstücks. Die Reflexion ist diffus, es wird nicht alles reflektierte Licht wieder vom LWL eingefangen. Daduch verringert sich der Kontrast.
Zudem muß das austretende Licht mit Linsen auf die Oberfläche fokussiert werden, diese Optik ist in Abb. 18.6 nicht eingezeichnet. Die Lateralausdehnung des
fokussierten Lichtfleckes ist typisch ca. 10 µm. In diesem Meßraster können die
Oberflächenprofile untersucht werden. Es ist auch möglich, an beide Chipausgän-
ge des integriert-optischen Chips Einmoden-LWL anzuschließen und den Meßort
vom Chip weg zu verlegen. Dann müssen aber wieder eventuelle Balancefehler
des Interferometers berücksichtigt werden.

Zu erwähnen ist noch, daß der Pockels-Effekt auch in GaAs und in InP auftritt.
Man kann das Interferometer deshalb grundsätzlich auch auf geeignet orientiertem
GaAs- oder InP-Substrat aufbauen und dadurch eventuell sogar noch die Licht-
quelle selbst auf dem Chip unterbringen.

19 Faseroptisches Sagnac-Interferometer als Drehratensensor

19.1
Aufbau des Interferometers

Abbildung 19.1 skizziert den grundsätzlichen Aufbau eines Interferometers in *Sagnac*-Konfiguration mit LWL-Fasern. Das Licht einer LED wird linear polarisiert und anschließend – meist über eine kurze LWL-Strecke – in Tor 1 eines polarisationsneutralen Kopplers eingespeist. Der Koppler teilt das Licht auf seine beiden Ausgangstore, die wiederum über eine polarisationserhaltende HiBi-Faser miteinander verbunden sind. Die Polarisationsrichtung des Lichtes wird in eine der beiden Hauptachsen der HiBi-Faser gelegt, der Polarisationszustand bleibt beim Durchlaufen der Faser unverändert. Licht, das aus Tor 3 des Kopplers austritt, wird zu Tor 4 des Kopplers zurückgeführt; Licht aus Tor 4 zu Tor 3. Die Ausgangstore 3 und 4 werden so zu neuen Eingangstoren 1' und 2'. Das zurückgespeiste Licht wird im Koppler gemischt und tritt an dessen ursprünglichen Eingangstoren 1 und 2 wieder aus; die Tore 1 und 2 werden zu Ausgangstoren 3' und 4'. Das aus Tor 3' ($\equiv$ Tor 1) austretende Licht fließt zur Lichtquelle zurück, steht also ohne zusätzliche Ausblendemaßnahmen für eine Auswertung nicht zur Verfügung. Direkt gemessen werden kann nur die Intensität des aus Tor 4' ($\equiv$ Tor 2) austretenden Lichtes.

Die Gesamtanordnung ist ein Zweistrahlinterferometer, dessen Arme physisch identisch sind, aber in gegenläufiger Richtung durchlaufen werden: Meßarm ist die Faser mit Lichtdurchlauf im Uhrzeigersinn, Referenzarm dieselbe Faser mit Lichtdurchlauf im Gegenuhrzeigersinn (oder umgekehrt). Das Interferometer ist aufgrund seines Konstruktionsprinzips ideal ausbalanciert, die optischen Wege von Referenzarm und Meßarm sind stets exakt gleichlang, Balancefehler $G_0 = 0$

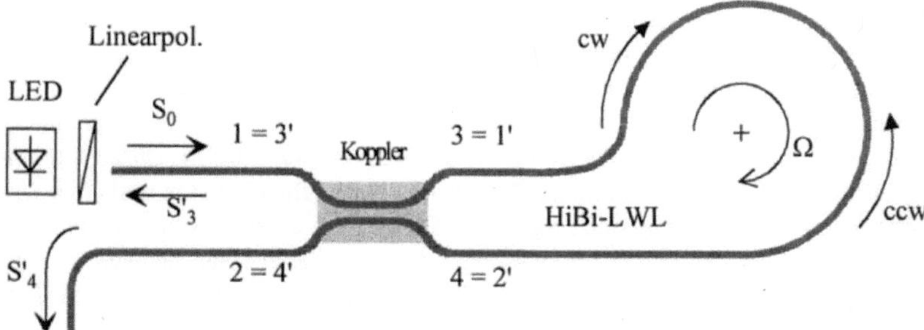

Abb. 19.1. Grundaufbau eines Sagnac-Inerferometers. Die Zahlenangaben am Koppler bezeichnen die Kopplertore. Die Zahlen ohne Beistrich gelten für den Hinweg (Kopplerdurchlauf von links nach rechts), die Zahlen mit Beistrich für den Rückweg

bzw. $\Psi_0 = 0$. Wenn – aus welchen Gründen auch immer – die Wellenphasen der beiden entgegengesetzt umlaufenden Wellen nach ihrem Faserdurchlauf unterschiedlich sind, dann muß der Phasenunterschied von irgendwelchen Einwirkungen von außen verursacht sein.

Wir berechnen zunächst wieder die Felder und Intensitäten an den Interferometerausgängen. Die Rechnung ist völlig analog zur Berechnung des Michelson-Interferometers in Abschn. 18.2; lediglich in Gl. (18.20) müssen wir in der Koppelmatrix des Rückweges Zeilen und Spalten vertauschen. Damit erfassen wir, daß das Licht nicht - wie bei Michelson - in *denselben* Kopplerausgang zurückgeführt wird, sondern „über Kreuz" in den jeweils anderen:

$$\begin{pmatrix} \mathbf{E}_3{'} \\ \mathbf{E}_4{'} \end{pmatrix} = \underbrace{\frac{1}{\sqrt{2}} \begin{pmatrix} -j & 1 \\ 1 & -j \end{pmatrix}}_{\text{Koppler, Rückweg}} \underbrace{\begin{pmatrix} \exp(j\Phi_{cw}) & 0 \\ 0 & \exp(j\Phi_{ccw}) \end{pmatrix}}_{\text{Lichtlauf durch Faser}} \underbrace{\frac{1}{\sqrt{2}} \begin{pmatrix} 1 & -j \\ -j & 1 \end{pmatrix}}_{\text{Koppler, Hinweg}} \begin{pmatrix} \mathbf{E}_0 \\ 0 \end{pmatrix}$$

$$= \frac{1}{2} \begin{pmatrix} -j\left[\exp(j\Phi_{cw}) + \exp(j\Phi_{ccw})\right] \\ \exp(j\Phi_{cw}) - \exp(j\Phi_{ccw}) \end{pmatrix} \mathbf{E}_0 \qquad (19.1)$$

Die Indices „ccw" und „cw" markieren den Lichtlauf entgegen dem Uhrzeigersinn (ccw: <u>c</u>ounter-<u>c</u>lock<u>w</u>ise) und im Uhrzeigersinn (cw: <u>c</u>lock<u>w</u>ise) durch die Faser. Die Betragsquadratbildung liefert die zugeordneten Intensitäten

$$S_3{'} = \kappa \left| \mathbf{E}_3{'} \right|^2 = \tfrac{1}{2} S_0 \left[1 + \cos(\delta\Phi^{\text{Meß}}) \right] \quad , \qquad (19.2a)$$

$$S_4{'} = \kappa \left| \mathbf{E}_4{'} \right|^2 = \tfrac{1}{2} S_0 \left[1 - \cos(\delta\Phi^{\text{Meß}}) \right] \quad , \qquad (19.2b)$$

mit $\qquad \delta\Phi^{\text{Meß}} = \Phi_{ccw} - \Phi_{cw} \quad . \qquad (19.3)$

Die Schreibweise der Phasendifferenz als $\delta\Phi^{\text{Meß}}$ drückt bereits aus, daß die Phasendifferenz nur auf Einwirkungen von außen beruht; Phasenfehler durch nicht gleichlange Interferometerarme (Balancefehler) können nicht auftreten.

Das Ergebnis Gl. (19.2) ist nur dann interessant, wenn es überhaupt einen Phasenunterschied $\delta\Phi^{\text{Meß}} \neq 0$ gibt, d.h. wenn die Phase Φ_{cw} des im Uhrzeigersinn umlaufenden Lichtes von der Phase Φ_{ccw} des im Gegenuhrzeigersinn umlaufenden Lichtes abweicht. Gesucht sind folglich Einflußgrößen, deren Auswirkung auf die Wellenphase von der *Laufrichtung* (!) des Lichtes abhängt. Man bezeichnet von der Laufrichtung unabhängige Effekte als *reziproke* Effekte, entsprechend heißen die von der Laufrichtung abhängigen Effekte *nichtreziproke* Effekte.

Alle die in Tabelle 18.1 aufgeführten Wirkgrößen sind reziproke Wirkgrößen: Brechzahländerungen oder geometrische Längenveränderungen sind unabhängig vom Umlaufsinn, sie ergeben *dieselben* Phasenänderungen. Die Phasen*differenz* ist stets = 0, so daß gleichbleibend $S_3' = S_0$ und $S_4' = 0$ ist. Lediglich der *Sagnac-Effekt* und der hier nicht näher betrachtete Faradayeffekt [1] wirken sich auf die Wellenphase je nach Laufrichtung unterschiedlich aus, sie sind nichtreziproke Effekte.

19.2
Sagnac-Effekt

In Abb. 19.2 ist der Lichtumlauf in einer Sagnac-Schleife nochmals schematisch dargestellt. Der Ort, an dem sich der Koppler befindet, wird durch eine Positionsmarkierung gekennzeichnet. Das gesamte Interferometer sei drehbar gelagert. Der Einfachheit halber nehmen wir an, daß die Faser und damit der Lichtweg einen perfekten Kreis mit Radius R bildet, und wir drehen den Aufbau mit konstanter Drehrate Ω um den Mittelpunkt dieses Kreises. Die Faser wandert dann mit der Bahngeschwindigkeit $u = \Omega R$ auf einer Kreisbahn, als Drehrichtung der Faser nehmen wir willkürlich die Drehung im Uhrzeigersinn (cw-Richtung) an. Unter diesen Voraussetzungen bewegen sich die beiden in der Faser entgegengesetzt umlaufenden Lichtwellen genau *in* Drehrichtung bzw. genau *entgegen* der Drehrichtung. Untersucht werden die Zusammenhänge zwischen Laufzeiten und Laufstrecken für jeweils einen vollen Lichtumlauf vom Koppler durch die Schleife bis wieder zum Koppler. Es muß ausdrücklich betont werden: wir analysieren die Bewegung von Faser, Koppler und Licht in einem äußeren, ortsfesten Bezugssystem („Laborsystem"), ebenso messen wir die Zeiten im Laborsystem. Sämtliche im Folgenden abgeleiteten Ergebnisse beziehen sich ausschließlich auf das Laborsystem.

1. Variante: Lichtwelle läuft *in* Drehrichtung

Zum Zeitpunkt $t = 0$ befindet sich der Koppler in der Position „ein", das Licht beginnt seinen Umlauf. Es benötigt zum Durchlaufen der Faserstrecke eine gewisse Zeit und kommt zum Zeitpunkt t_{cw} wieder am Koppler an. In dieser Zeit hat sich der Koppler in die Position „aus(cw)" gedreht und die Bogenstrecke d_{cw} zurückgelegt. Im Laborsystem betrachtet ist deshalb die gesamte, vom Licht zurückgelegte geometrische Distanz L_{cw} um diese Bogenstrecke länger als ein voller Kreisumfang: $L_{cw} = 2\pi R + d_{cw}$. d_{cw} ergibt sich aus der *Bahn*geschwindigkeit u der Rotationsbewegung zu $d_{cw} = u \cdot t_{cw}$. L_{cw} und t_{cw} sind über die Phasengeschwindigkeit v_{cw} des Lichtes miteinander verbunden:

---

[1] Der Faraday-Effekt wurde in Abschn. 16.2 besprochen: ein longitudinales Magnetfeld macht eine Glasfaser zu einem zirkularen Retarder und verursacht eine Drehung der Polarisationsebene linear polarisierten Lichtes, s. Anhang A4. Die Dreh*richtung* hängt davon ab, ob das Licht parallel oder antiparallel zum Magnetfeld läuft, ist bei gegebenem Magnetfeld also laufrichtungsabhängig. Mit anderen Worten: der Faradayeffekt ist ein nichtreziproker Effekt.

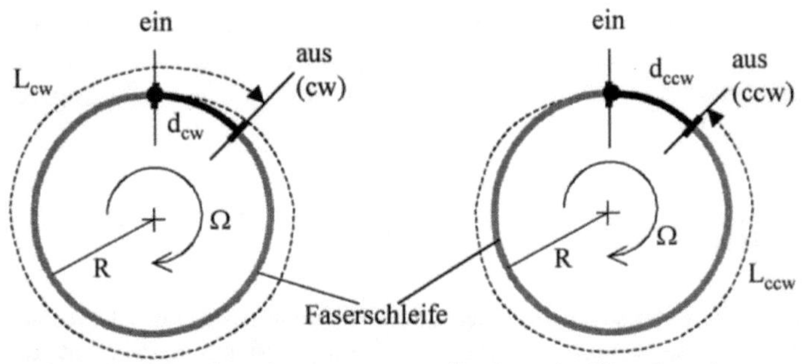

Abb. 19.2.   Zur Berechnung der Laufzeitdifferenzen in einer Sagnac-Anordnung

$$v_{cw} \cdot t_{cw} = L_{cw} = 2\pi R + d_{cw} = 2\pi R + u \cdot t_{cw} \; , \tag{19.4a}$$

und daraus

$$t_{cw} = 2\pi R/(v_{cw} - u) \; . \tag{19.5a}$$

2. Variante: Lichtwelle läuft *entgegen* der Drehrichtung

Das Licht beginnt seinen Umlauf wieder zum Zeitpunkt t = 0 am Koppler in dessen Position „ein" und kommt zum Zeitpunkt t_{ccw} erneut am Koppler an. In dieser Zeit hat sich der Koppler in die Position „aus(ccw)" gedreht und die Bogenstrecke d_{ccw} zurückgelegt. Im Laborsystem betrachtet ist die gesamte, vom Licht zurückgelegte geometrische Distanz L_{ccw} um diese Bogenstrecke kürzer als ein voller Kreisumfang: $L_{ccw} = 2\pi R - d_{ccw} = 2\pi R - u \cdot t_{ccw}$. Die Verknüpfung von Laufstrecke L_{ccw} und Laufzeit t_{ccw} führt zu

$$v_{ccw} \cdot t_{ccw} = L_{ccw} = 2\pi R - d_{ccw} = 2\pi R - u \cdot t_{ccw} \; , \tag{19.4b}$$

und daraus

$$t_{ccw} = 2\pi R/(v_{ccw} + u) \; . \tag{19.5b}$$

Zwischen den Laufzeiten besteht die Zeitdifferenz $\delta t = t_{cw} - t_{ccw}$:

$$\delta t = 2\pi R \left(\frac{1}{v_{cw} - u} - \frac{1}{v_{ccw} + u} \right) = 2\pi R \frac{(v_{ccw} - v_{cw}) + 2u}{(v_{cw} - u)(v_{ccw} + u)} \neq 0 \; . \tag{19.6}$$

Ergebnis: die Wellenphasen kommen um δt zeitversetzt und damit auch in ihrer Phasenlage gegeneinander verschoben am Koppler an. Die Drehbewegung hebt die Unabhängigkeit der Phasen vom Umlaufsinn auf, man kann auch formulieren:

die Rotation induziert eine Phasenverschiebung zwischen den beiden Armen des Sagnac-Interferometers. Man nennt diesen Effekt den *Sagnac*-Effekt- er ist ein nichtreziproker Effekt. Die Phasenverschiebung selbst berechnet sich aus der Zeitdifferenz δt und der Kreisfrequenz ω bzw. der Wellenlänge λ der Lichtwelle nach Gl. (1.7) zu

$$\delta\Phi^{\text{Meß}} = \omega\,\delta t = \frac{2\pi c}{\lambda}\delta t \quad . \tag{19.7}$$

Dieser Wert ist in die Intensitätsergebnisse Gl. (19.2) einzufügen. Da δt und damit auch $\delta\Phi^{\text{Meß}}$ abhängig sind von der Bahngeschwindigkeit u, die ihrerseits durch die Winkelgeschwindigkeit Ω der Rotation bestimmt wird gemäß $u = \Omega R$, ist letztlich $\delta\Phi^{\text{Meß}}$ eine Funktion der Winkelgeschwindigkeit Ω, das Interferometer als Ganzes also ein Winkelgeschwindigkeitssensor.

19.3
Berechnung des Phasenversatzes infolge Rotation

Wie groß ist der infolge Rotation entstehende Phasenversatz? Für die Berechnung benötigen wir die Geschwindigkeiten v_{cw} und v_{ccw}. Diese Geschwindigkeiten sind die Phasengeschwindigkeiten der umlaufenden Wellen. Nach Gl. (1.28) und allen bisherigen Gewohnheiten sollten wir $v_{cw} = v_{ccw} = c/n$ erwarten, mit n: Brechzahl der Faser (strenggenommen müßte hier die effektive Brechzahl im Sinne von Gl. (5.33) genommen werden, auf diese Feinheit wird verzichtet). Es ist von Bedeutung, daß dieser Ansatz hier nicht korrekt ist. Die Aussage „v = c/n" ist nur gültig in einem Bezugssystem, das mit der durch die Brechzahl charakterisierten Materie fest verbunden ist, in unserem Fall also in einem mit der Faser mitrotierenden Bezugssystem. Wir haben demgegenüber ausdrücklich vereinbart, alle Raum-Zeit-Zusammenhänge in einem ortsfesten Laborsystem zu beschreiben. Für v_{cw} und v_{ccw} sind deshalb die Geschwindigkeiten in diesem Laborsystem einzusetzen. Wir erhalten v_{cw} bzw. v_{ccw} durch relativistische Addition.

In einem Bezugssystem „I" bewegt sich ein Punkt mit der Geschwindigkeit c_I. Das System „I" selbst bewegt sich in einem Bezugssystem „II" mit der Geschwindigkeit u in dieselbe Richtung oder in die Gegenrichtung. Dann hat nach den Gesetzen der Speziellen Relativitätstheorie der Punkt im System „II" die Geschwindigkeit

$$v_{II} = \frac{v_I \pm u}{1 \pm \dfrac{v_I\,u}{c^2}} \quad . \tag{19.8}$$

Dabei steht in Zähler wie Nenner das obere Rechenzeichen (+) für den Fall, daß Punkt und System „I" sich in dieselbe Richtung bewegen. Bei entgegengesetzter Bewegung ist das untere Zeichen (−) zu nehmen.

Wir übertragen dieses Ergebnis auf unseren Fall [2] der in Drehrichtung laufenden Lichtwelle. Die Lichtwelle ($\hat{=}$ Punkt) bewegt sich in der Faser ($\hat{=}$ System „I") mit der Geschwindigkeit c/n, die Faser rotiert mit der Bahngeschwindigkeit u im Uhrzeigersinn im Laborsystem ($\hat{=}$ System „II"), und die Welle hat im Laborsystem die Geschwindigkeit

$$v_{cw} = \frac{\frac{c}{n} + u}{1 + \frac{\frac{c}{n}u}{c^2}} = \frac{\frac{c}{n} + u}{1 + \frac{1}{n}\frac{u}{c}} \quad . \tag{19.9a}$$

Ebenso erhalten wir die Geschwindigkeit v_{ccw} der im Gegenuhrzeigersinn und damit entgegen der Drehrichtung laufenden Welle im Laborsystem zu

$$v_{ccw} = \frac{\frac{c}{n} - u}{1 - \frac{1}{n}\frac{u}{c}} \quad . \tag{19.9b}$$

Resultat: die Geschwindigkeiten weichen von c/n ab, die Abweichung ist je nach Umlaufrichtung positiv oder negativ! Mit Gl. (19.9) berechnen wir

$$v_{ccw} - v_{cw} + 2u = \frac{-2u + 2u\frac{1}{n^2}}{1 - \frac{1}{n^2}\frac{u^2}{c^2}} + 2u = \frac{2u}{n^2} \cdot \frac{1 - \frac{u^2}{c^2}}{1 - \frac{1}{n^2}\frac{u^2}{c^2}} \quad . \tag{19.10a}$$

Weiterhin leiten wir mit einigen einfachen Umformungen ab:

$$(v_{cw} - u)(v_{ccw} + u) = \frac{c^2}{n^2} \cdot \frac{\left(1 - \frac{u^2}{c^2}\right)^2}{1 - \frac{1}{n^2}\frac{u^2}{c^2}} \tag{19.10b}$$

Wir setzen Gl. (19.10a,b) in Gl. (19.6) ein und erhalten

$$\delta t = 2\pi R \frac{(v_{ccw} - v_{cw}) + 2u}{(v_{cw} - u)(v_{ccw} + u)} = 2\pi R \frac{2u/n^2}{c^2/n^2} \cdot \frac{1}{1 - u^2/c^2} \quad .$$

Den Term mit u^2/c^2 dürfen wir wegen u $\ll$ c als Fehler höherer Ordnung vernachlässigen; damit ergibt sich

$$\delta t = 4\pi R \frac{u}{c^2} > 0 \quad . \tag{19.11}$$

---

[2] Gleichung (19.8) ist ein Ergebnis der Speziellen Relativitätstheorie. Diese Theorie setzt voraus, daß sich die beiden Bezugssysteme *gleichförmig* gegeneinander bewegen. Bei unserer Rotationsbewegung handelt es sich dagegen um eine beschleunigte Bewegung. Strenggenommen müßte die Allgemeine Relativitätstheorie herangezogen werden. Eine hierauf beruhende genauere Rechnung liefert ebenfalls das Resultat Gl. (19.11).

Gleichung (19.11) ist die gesuchte Nichtreziprokität zwischen den entgegengesetzt umlaufenden Wellen. Sie zeigt an, daß die *in* Rotationsrichtung laufende Welle die längere Zeit benötigt: $t_{cw} = t_{ccw} + \delta t$. Das Ergebnis ist ebenfalls in einem anderen Zusammenhang erstaunlich: die Brechzahl n des Transportmediums tritt nicht mehr auf, der Zeitversatz ist unabhängig von n. Derselbe Versatz stellt sich auch ein, wenn man das Licht im Vakuum mit einem geeigneten Spiegelsystem im Kreis herumführt. Man hätte dieses (Vakuum-)Resultat auch aus Gl. (19.6) erhalten können: im Vakuum ist $n = 1$ und $v_{cw} = v_{ccw} = c$.

Wir ersetzen jetzt die Bahngeschwindigkeit u durch die Winkelgeschwindigkeit (Drehrate) Ω gemäß $u = \Omega R$. Einfügen in Gl. (19.11) ergibt (πR^2 ist die von der Umlaufbahn umschlossene Fläche A)

$$\delta t = 4\pi R \frac{u}{c^2} = \frac{4\pi R^2}{c^2}\Omega = \frac{4A}{c^2}\Omega \quad . \tag{19.12}$$

In dieser Schreibweise gilt das Ergebnis auch dann, wenn die Faserschleife keine exakte Kreisbahn formt. Es ist üblich, die Faser spulenförmig aufzuwickeln, wobei A die Querschnittsfläche einer Spulenlage ist, und N Lagen übereinander gewickelt werden. In diesem Falle ist in Gl. (19.12) A durch N·A zu ersetzen, und wir erhalten

$$\delta t = N \frac{4}{c^2} A \cdot \Omega \quad . \tag{19.13}$$

Gleichung (19.13) zeigt, daß δt mit großen Spulenflächen A und bei hoher Windungszahl N vervielfacht werden kann. Diese Besonderheit ist ein großer Vorzug der Sagnac-Interferometer mit LWL.

Wie groß ist die Zeitverschiebung? Als Beispiel nehmen wir eine Faser der Länge $L = 314$ m, die zu einer Spule mit Radius $R = 5$ cm aufgewickelt wurde. Das ergibt bei einer Spulenfläche $A = 25\pi$ cm^2 insgesamt $N = 1000$ Wickelschleifen. Damit wird $N \cdot (4/c^2) \cdot A = 3{,}5 \cdot 10^{-16}$ s^2. Bei einer Winkelgeschwindigkeit $\Omega = 7{,}3 \cdot 10^{-5}$ rad/s (das entspricht der Erddrehung, 15^0/h) ist $\delta t \approx 2{,}5 \cdot 10^{-20}$ s; bei $\Omega = 1 \cdot 10^{-1}$ rad/s (das entspricht einer Drehrate von 6^0/s; Bewegung des Sekundenzeigers einer Uhr) ist $\delta t \approx 3{,}5 \cdot 10^{-17}$ s. Die Zeitverschiebungen sind also trotz des geometrisch langen Lichtweges extrem klein. (Das hat andererseits den Vorzug, daß als Lichtquelle im Interferometer nur eine Quelle mit dieser kurzen Kohärenzzeit benötigt wird. Dies ist der Grund, warum wir in unserem Aufbau nur eine LED vorgesehen haben. Mit einem Laser hätten wir zwar auch die Kohärenzanforderungen erfüllt, aber ein Laser bringt neue Nachteile: der im Sagnac-Aufbau unvermeidliche Rückfluß von Licht zum Laser kann den Laser stören. Es müßten (teure) optische Isolatoren eingebaut werden, um den Rückfluß zu verhindern. Bei einer LED ist der Rückfluß unkritisch, sie arbeitet dennoch weiter).

Mit der Zeitverschiebung δt verknüpft ist die Phasenverschiebung $\delta\Phi^{Meß}$, die wir aus Gl. (19.7) erhalten:

$$\delta\Phi^{\text{Meß}} \overset{(19.7)}{=} \frac{2\pi}{\lambda}\,c\,\delta t \overset{(19.13)}{=} \frac{2\pi}{\lambda}\,c\,N\,\frac{4}{c^2}\,A\,\Omega = \frac{8\pi}{\lambda\,c}\,N\,A\,\Omega \quad . \tag{19.14}$$

Dieses Resultat ist in Gl. (19.2) einzusetzen. Durch Messung der Intensität S_4' oder S_3' können wir damit die Drehrate Ω detektieren.

19.4
Technische Realisierung; Linearisierung der Kennlinie

Nach Gl. (19.2) macht sich der Phasenversatz $\delta\Phi^{\text{Meß}}$ sowohl in der Intensität S_3' des in Richtung LED zurückfließenden Lichtes als auch in der Intensität S_4' am freien Kopplerarm bemerkbar. Als Ausgangssignal bietet sich vordergründig die Intensität $S_4' = \frac{1}{2}S_0\cdot[1 - \cos(\delta\Phi^{\text{Meß}})]$ an, sie ist im Gegensatz zu S_3' direkt der Messung zugänglich (s. Abb. 19.1). In der Praxis erweist sich der Ausgang 4' aber als weniger geeignet.

Wir haben bereits am Ende von Abschn. 17.5 erwähnt, daß der reale Koppler unsymmetrisch ist und Eigenschaften hat, die mit der Koppelmatrix Gl. (17.19) nicht erfaßt werden. Berechnet man die Intensitäten neu mit der Koppelmatrix eines realen Kopplers, so findet man anstelle von Gl. (19.2):

$$S_3' \sim [1 + \cos(\delta\Phi^{\text{Meß}})] \quad , \tag{19.15a}$$

$$S_4' \sim [1 - V\cdot\cos(\delta\Phi^{\text{Meß}} + \phi)] \quad \text{mit } V < 1 \quad . \tag{19.15b}$$

Das Ergebnis ist erstaunlich: die nicht-perfekten Eigenschaften des realen Kopplers zeigen sich nur an Kopplertor 4': dort wird der Interferenzkonstrast auf $V < 1$ reduziert, und zu der Meßphase $\delta\Phi^{\text{Meß}}$ tritt ein kopplerverursachter Phasenfehler ϕ hinzu. Dieses Resultat läßt sich anschaulich verstehen. Wir analysieren dazu die Lichtwege innerhalb des Kopplers, die zu der Interferenz am Ausgang Tor 3' bzw. am Ausgang Tor 4' führen (jeweils bei Lichteinspeisung in Tor 1; vergleiche hierzu die Abb. 19.1). Die Ergebnisse sind symbolisch in der nachfolgenden Wegbeschreibung zusammengestellt; in der Beschreibung symbolisiert → den durchgehenden Pfad innerhalb des Kopplers und ↘ den abzweigenden Pfad.

	Uhrzeigersinn (cw):	Gegenuhrzeigersinn (ccw):
bei Interferenz an Ausgang 3'	Hinweg: Tor 1 → Tor 3; Rückweg: Tor 2' ↘ Tor 3' Bilanz: einmal "→", einmal "↘"	Hinweg: Tor 1 ↘ Tor 4; Rückweg: Tor 1' → Tor 3' Bilanz: einmal "→", einmal "↘"
bei Interferenz an Ausgang 4'	Hinweg: Tor 1 → Tor 3; Rückweg: Tor 2' → Tor 4' Bilanz: zweimal "→"	Hinweg: Tor 1 ↘ Tor 4; Rückweg: Tor 1' ↘ Tor 4' Bilanz: zweimal "↘"

Der Vergleich macht deutlich: bei der Interferenz am Ausgang 3' hat jede der beiden Wellen je einmal einen durchgehenden und einen abzweigenden Pfad durchlaufen. Der Koppler hat insgesamt beide Wellen gleichartig beeinflußt, er kann weder eine zusätzliche Phasendifferenz noch eine Kontraständerung verursachen. Dagegen ist bei der Interferenz am Ausgang 4' die cw-Welle zweimal den durchgehenden Pfad, die ccw-Welle dagegen zweimal den abzweigenden Pfad gegangen. Da im realen Koppler diese Pfade ungleiche Eigenschaften haben, ist ein kopplerverursachter Zusatz ϕ zur Phase und ein Kontrast $V < 1$ in diesem Interferenzbild verständlich.

Tor 4' wäre dennoch weiter als Meßtor tauglich, wenn V und insbesondere ϕ zeitlich konstant blieben. Bei den äußerst kleinen, mit einem Sagnac-Interferometer zu messenden Phasenverschiebungen sind aber bereits winzigste Änderungen von ϕ nicht mehr zu tolerieren. Zu solchen Änderungen kommt es durch Schwankungen im Polarisationszustand der Wellen und/oder durch Schwankungen in der transversalen Feldverteilung des Modenfeldes z.B. bei mechanischer Instabilität der Einkopplung. In der Praxis wird deshalb nicht die Intensität S_4' an Tor 4' als Sensorsignal herangezogen, sondern die Intensität am komplementären Kopplertor 3'. Abbildung 19.3 skizziert den modifizierten Aufbau des Interferometers.

Mit dem neu eingebauten Koppler 2 wird ein Teil der in Richtung Lichtquelle zurücklaufenden Intensität S_3' ausgeblendet. Das Faserstück zwischen den beiden Kopplern ist eine HiBi- Einmodenfaser im Betriebszustand „polarisierend" (siehe Abschn. 15.3.4). Sie erfüllt zwei Aufgaben: zum einen garantiert sie einen definierten linearen Polarisationszustand des in die Interferometerschleife eingebrachten Lichtes, zum anderen legt sie die transversale Feldverteilung der in Koppler 1

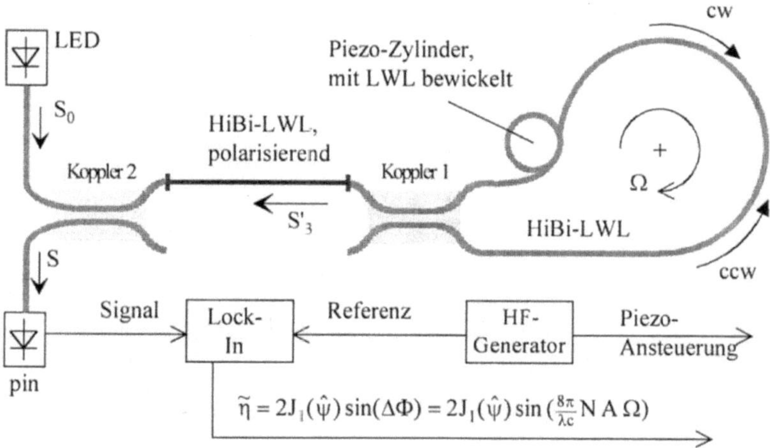

Abb. 19.3. Erweiterter Interferometeraufbau mit nichtreziproker Phasenmodulation

eingespeisten Modenfelder fest. Die Rechnung ergibt als die vom Detektor registrierte Intensität $S \sim S_0 \cdot [1 + \cos(\delta\Phi^{\text{Meß}})]$; durch Normierung erhalten wir die Sensorkennlinie

$$\eta = 1 + \cos(\delta\Phi^{\text{Meß}}) \quad \text{mit} \quad \delta\Phi^{\text{Meß}} = \frac{8\pi}{\lambda c} N A \Omega \quad . \tag{19.16}$$

Sie hat wieder die ungünstige „1 + cos…"-Form mit den schon mehrfach erwähnten Nachteilen: die Kennlinie ist nichtlinear, die Empfindlichkeit $\varepsilon = |\sin(\delta\Phi^{\text{Meß}})|$ verschwindet bei den kleinen zu erwartenden Phasenverschiebungen $\delta\Phi$, und es ist keine Dreh*richtungs*erkennung möglich (für positive wie negative Werte von $\delta\Phi^{\text{Meß}}$, d.h. für positive wie negative Werte von Ω ist die Sensoranzeige wegen $\cos(-x) = \cos(x)$ identisch).

Als Verbesserung bietet sich zunächst wieder das Einbringen einer zusätzlichen Phasenverschiebung um $\pi/2$ an mit dem Ergebnis.

$$\eta = 1 + \cos(\delta\Phi^{\text{Meß}} + \tfrac{\pi}{2}) = 1 - \sin(\delta\Phi^{\text{Meß}}) \quad \overset{\Delta\Phi \text{ klein}}{\approx} \quad 1 - \delta\Phi^{\text{Meß}} \quad . \tag{19.17}$$

Die Kennlinie ist jetzt zwar linear, aber enthält immer noch den hohen Untergrund „1". Mathematisch ist Gl. (19.17) identisch mit der Kennlinie Gl. (18.24) des Michelson-Interferometers. Es ist deshalb zumindest vom mathematischen Gesichtspunkt aus möglich, die Sagnac-Kennlinie nach demselben Konzept zu optimieren, nach dem wir in Abschn. 18.2.2 die Michelson-Kennlinie verbessert haben:

- Einfügen einer zeitperiodischen Phasenverschiebung $\psi(t) = \hat{\psi} \sin(\omega_m t)$ additiv zur Meßphase $\delta\Phi^{\text{Meß}}$, so daß Gl. (19.17) übergeht in

$$\eta = \eta(t) = 1 + \cos\left[\delta\Phi^{\text{Meß}} + \psi(t)\right] = 1 + \cos\left[\delta\Phi^{\text{Meß}} + \hat{\psi} \sin(\omega_m t)\right] \quad . \tag{19.18}$$

- Entwicklung von $\eta(t)$ in eine Fourierreihe analog zu Gl. (18.29)
- Messen der Amplitude $c_1 = 2J_1(\hat{\psi}) \cdot \sin(\delta\Phi^{\text{Meß}})$ der 1. Grundschwingung in der Fourierreihenentwicklung von Gl. (19.18) mit Lock-In-Technik. Wir erhalten analog zu Gl. (18.32) die verbesserte Kennlinie

$$\tilde{\eta} = 2J_1(\hat{\psi}) \sin(\delta\Phi^{\text{Meß}}) = 2J_1(\hat{\psi}) \sin(\tfrac{8\pi}{\lambda c} N A \Omega) \quad \overset{\Omega \text{ klein}}{\propto} \quad \Omega \quad . \tag{19.19}$$

- Optimieren der Empfindlichkeit durch geeignete Wahl von $\hat{\psi}$: mit $\hat{\psi} = 1{,}841$ wird $J_1(\hat{\psi}) = 0{,}582$ (Maximalwert von J_1).

Physikalisch stößt das skizzierte Konzept aber auf Schwierigkeiten. In der Kennlinie Gl. (18.28) des Michelson-Interferometers war $\delta\Phi^{\text{Meß}}$ der Phasenunterschied zwischen zwei in geometrisch verschiedenen LWL laufenden Lichtwellen, und $\hat{\psi} \sin(\omega_m t)$ war eine in einen der beiden Arme eingebrachte Zusatzphase. In der

Kennlinie Gl. (19.16) des Sagnac-Interferometers ist $\delta\Phi^{Meß}$ der Phasenunterschied zwischen zwei in demselben LWL, allerdings in entgegengesetzter Richtung laufenden Wellen, und dementsprechend muß $\hat{\psi}\sin(\omega_m t)$ jetzt eine zusätzliche Phasenverschiebung zwischen den beiden einander entgegenlaufenden Wellen sein. Benötigt wird deshalb eine Maßnahme, die sich je nach Umlaufsinn unterschiedlich auf die Phasen der entgegengesetzt laufenden Wellen auswirkt. Mit anderen Worten: gesucht wird ein nichtreziproker Phaseneffekt.

Wir lösen diese Aufgabe mit einem Piezo-Hohlzylinder, um den wir die Faser mehrfach wickeln (vgl. Abschn. 18.1.2) und an den wir eine harmonische Wechselspannung $u(t) = \hat{u}\cdot\sin(\omega_m t)$ anlegen. Die Durchmesserzunahme des Piezo-Rohres dehnt die Faser und verlängert so die optische Wegstrecke und damit die Phase der Welle. Der Piezozylinder wird nicht in der Mitte, sondern möglichst weit von der Mitte entfernt, am besten am Anfang oder Ende der Faserschleife installiert. Die Grundidee ist: wenn die Lichtwelle im Koppler geteilt und auf ihre entgegengesetzten Umlaufwege geschickt wird, dann sieht eine der Wellen, in Abb. 19.3 die im Uhrzeigersinn laufende Welle cw, sofort (zum Zeitpunkt t) den Piezo und erfährt in der Piezoschleife einen Phasenbeitrag

$$\varphi_{cw}(t) = \tfrac{1}{2}\,\hat{\psi}\,\sin[\omega_m t] \quad . \tag{19.20a}$$

Die Amplitude $\tfrac{1}{2}\hat{\psi}$ wird durch die Maximalspannung $\hat{u}$ am Piezo vorgegeben, der Vorfaktor ½ wurde aus mathematischen Gründen hinzugefügt, dann werden spätere Ergebnisse einfacher formulierbar.

Die andere Welle dagegen, in Abb. 19.3 die im Gegenuhrzeigersinn laufende Welle ccw, muß erst die gesamte Faserstrecke durchlaufen und benötigt dazu eine Laufzeit τ. Sie kommt deshalb um diese Zeitspanne zeitversetzt, also zum Zeitpunkt $t + \tau$ am Piezo an. Da am Piezo eine Wechselspannung anliegt, hat sich der Spannungswert in der Zwischenzeit geändert, die Dicke des Piezo und in Folge die Länge des optischen Weges innerhalb der Piezoschleife ist für die ccw-Welle geringfügig anders als für die cw-Welle. Der Phasenbeitrag der Piezoschleife ist jetzt

$$\varphi_{ccw}(t) = \tfrac{1}{2}\,\hat{\psi}\,\sin[\omega_m(t-\tau)] \quad . \tag{19.20b}$$

Beachte: die Verschiebung einer Zeitfunktion $f(t)$ um die Zeitspanne τ zu einem späteren Zeitpunkt wird mathematisch erfaßt durch $f(t-\tau)$, s. Abb. 19.4.

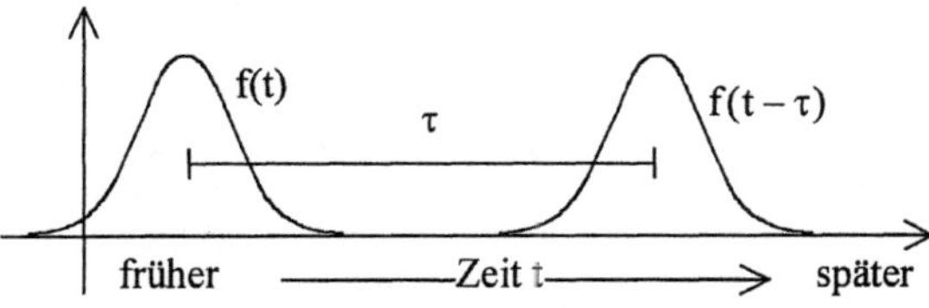

Abb. 19.4.   Zeitverschiebung

Das Ergebnis zeigt: die mit der wechselspannungsbetriebenen Piezoschleife induzierte Zusatzphase ist umlaufsinnabhängig, also wie erwünscht nichtreziprok.

Am Summationspunkt der Wellen (Koppler 1) ist nur die Differenz zwischen den beiden Zusatzphasen maßgebend. Diese *Differenz* entsteht zusätzlich zur rotationsbedingten Meßphase $\delta\Phi^{\text{Meß}}$ und entspricht in ihrer Bedeutung einer additiven Zusatzphase ψ. Die Kennliniengleichung (19.16) geht damit über in

$$\eta = 1 + \cos(\delta\Phi^{\text{Meß}} + \psi) \quad . \tag{19.21}$$

Für ψ errechnen wir

$$\begin{aligned}
\psi &= \varphi_{cw}(t) - \varphi_{ccw}(t) \\
&= \tfrac{1}{2}\,\hat\psi\,\sin[\omega_m t] - \tfrac{1}{2}\,\hat\psi\,\sin[\omega_m(t-\tau)] \\
&= \tfrac{1}{2}\,\hat\psi\,\sin[\omega_m t] - \tfrac{1}{2}\,\hat\psi\,\sin(\omega_m t)\cdot\cos(\omega_m\tau) + \tfrac{1}{2}\,\hat\psi\,\cos(\omega_m t)\cdot\sin(\omega_m\tau)
\end{aligned} \tag{19.22}$$

Über die Modulationskreisfrequenz wurde noch nicht verfügt. Wir wählen sie so, daß $\omega_m\tau = \pi$ ist. Dann ist $\cos(\omega_m\tau) = -1$ und $\sin(\omega_m\tau) = 0$, und Gl. (19.22) geht über in

$$\psi = \tfrac{1}{2}\,\hat\psi\,\sin(\omega_m t) + \tfrac{1}{2}\,\hat\psi\,\sin(\omega_m t) = \hat\psi\,\sin(\omega_m t) \quad . \tag{19.23}$$

Einfügen in Gl. (19.21) ergibt

$$\eta = 1 + \cos\left[\delta\Phi^{\text{Meß}} + \hat\psi\,\sin(\omega_m t)\right] \quad .$$

Dies ist genau das erwünschte Ergebnis Gl. (19.18). Das vorgeschlagene Verfahren liefert also nach der oben skizzierten Auswertung die mit Gl. (19.19) beschriebene modifizierte Kennlinie $\tilde\eta$, die wir für kleine Drehraten schreiben können als

$$\tilde\eta = \varepsilon\cdot\Omega \quad \text{mit} \quad \varepsilon = \tfrac{16\pi}{\lambda c}\,N\,A\,J_1(\hat\psi) \quad . \tag{19.24}$$

Die Konstante ε ist die Empfindlichkeit des Sensors.

Das Resultat Gl. (19.24) war nur möglich, weil wir die Modulationsfrequenz so gewählt haben, daß $\omega_m\tau = \pi$ ergibt. τ ist die durch die Geschwindigkeit c/n des Lichtes und die Länge L des LWL sich ergebende Zeitverzögerung: $\tau = n\cdot L/c$. Einsetzen liefert

$$f_m = \frac{\omega_m}{2\pi} = \frac{\pi/\tau}{2\pi} = \frac{1}{2\tau} = \frac{c}{2nL} \quad . \tag{19.25}$$

Bei einer Faserlänge von z.B. $L = 1$ km ist $f_m = 100$ kHz. Diese Frequenz liegt in der Regel oberhalb der akustischen Resonanzfrequenz des Piezozylinders. (Für Hohlzylinder aus PZT-Piezokeramik ist das Produkt aus Resonanzfrequenz und Zylinderdurchmesser typisch 100 kHz·cm; bei einem üblichen Durchmeser von 1 cm liegt die Resonanz somit bei 50 kHz). Beim Betrieb oberhalb der Resonanzfrequenz sind die Amplituden der Durchmesserschwingung und damit der Phasenhub $\hat{\psi}$ nur klein. Es ist nicht möglich, $\hat{\psi}$ auf den optimalen Wert 1,841 (Maximierung der Empfindlichkeit, siehe oben) einzustellen. Üblicherweise wird deshalb rückwärts die Faserlänge so gewählt, daß sich eine Modulationsfrequenz in der Nähe der Piezoresonanz errechnet. Jetzt wird der Piezozylinder in Resonanz betrieben, seine Schwingungsamplitude und damit auch $\hat{\psi}$ sind erheblich größer.

Anstelle des Piezozylinders werden auch integriert-optische Phasenmodulatoren eingesetzt, solche den Pockels-Effekt ausnutzenden Modulatoren wurden in Abschn. 18.2.2 beschrieben. Der Modulator wird wie bei der Michelson-Anordnung Abb. 18.6 zusammen mit Koppler 2 auf einem einzigen Chip integriert; es ist sogar möglich, auch noch den vorgeschalteten Linearpolarisator mitzuintegrieren. Integriert-optische Modulatoren können bei wesentlich höheren Modulationsfrequenzen (bis GHz) betrieben werden. Bei höheren Modulationsfrequenzen kann nach Gl. (19.24) die Faserlänge L entsprechend angehoben werden. Mit der längeren Faser wiederum wächst die Windungszahl w der Sensorspule, wodurch nach Gl. (19.24) die Empfindlichkeit ε steigt.

19.5
Einsatz von Sagnac-Drehratensensoren

Mit heutigen Sagnac-Drehratensensoren auf LWL-Basis können Drehraten im Bereich zwischen etwa 250^0/s ($= 10^6$ Grad/h) bis $0,1^0$/h gemessen werden, zukünftige Ausführungen sollen $0,001^0$/h erreichen (dazu müssen Phasendifferenzen $\delta\Phi^{Meß} < 1$ µrad fehlerfrei gemessen werden!). Sie treten damit in ernsthafte Konkurrenz zu den besten mechanischen Drehratensensoren (Kreiseln), die ebenfalls eine Auflösung von ca. $0,001^0$/h haben. Diese Genauigkeiten können nicht mit dem einfachen, oben in Abb. 19.3 vorgestellten Aufbau erzielt werden. Hauptproblem ist die Langzeitstabilität unter Normalbedingungen; unter Laborbedingungen wurden die $0,001^0$/h bereits erreicht. Auf dem Markt erhältlich und industriell eingesetzt werden Sagnac-Fasersensoren in der Robotersteuerung, in Kfz-Stzandortanzeigern und auch schon in Instrumentennavigationssystemen in Flugzeugen. Vorteile gegenüber den mechanischen Kreiseln sind ihre Unempfindlichkeit gegen Vibrationen und Beschleunigungen, kurze Aufwärmzeit, Wartungsfreiheit und ihr niedriger Energieverbrauch.

A1 Anhang: Sellmeier-Beschreibung der Wellenlängenabhängigkeit der Brechzahl

Für viele numerische Berechnungen wird eine analytische Beschreibung der Wellenlängenabhängigkeit $n = n(\lambda)$ der Brechzahl benötigt. Üblicherweise setzt man hierzu an:

$$n^2(\lambda) - 1 = a_1 \cdot \frac{\lambda^2}{\lambda^2 - \lambda_1^2} + a_2 \cdot \frac{\lambda^2}{\lambda^2 - \lambda_2^2} + a_3 \cdot \frac{\lambda^2}{\lambda^2 - \lambda_3^2}$$

$$= \sum_{i=1}^{3} \frac{a_i \cdot \lambda^2}{\lambda^2 - \lambda_i^2} \tag{A1.1}$$

Eine solche Beschreibung heißt (dreigliedrige) *Sellmeier-Reihe*; die Koeffizienten a_i sind die Oszillatorenstärken der bei den Wellenlängen λ_i liegenden atomaren Resonanzstellen.

In Tabelle A1.1 sind die Sellmeier-Koeffizienten für typische Glassorten zur Glasfaserherstellung aufgeführt (GeO_2-Dotierung erhöht die Brechzahl, F-Dotierung erniedrigt sie). Die a_i und λ_i wurden durch Anfitten der obigen Formel an experimentelle Daten ermittelt. Für SiO_2 mit geringeren als den angegebenen Beimischungen von GeO_2 bzw. F erhält man die Koeffizienten mit hinreichender Genauigkeit durch lineare Interpolation.

Die für die Berechnung der Gruppenbrechzahl und der Materialdispersion benötigten Ableitungen $dn/d\lambda$ und $d^2n/d\lambda^2$ können mit Hilfe der Sellmeier-Reihenbeschreibung ausgedrückt werden durch:

$$\frac{dn}{d\lambda} = -\frac{\lambda}{n} \sum_{i=1}^{3} \frac{a_i \cdot \lambda_i^2}{\left(\lambda^2 - \lambda_i^2\right)^2} \tag{A1.2}$$

$$\frac{d^2n}{d\lambda^2} = \frac{1}{\lambda} \frac{dn}{d\lambda} - \frac{1}{n} \left(\frac{dn}{d\lambda}\right)^2 + \frac{4\lambda^2}{n} \sum_{i=1}^{3} \frac{a_i \cdot \lambda_i^2}{\left(\lambda^2 - \lambda_i^2\right)^3} \tag{A1.3}$$

Die nachfolgenden Diagramme wurden mit den Koeffizienten aus Tabelle A1.1 berechnet. Ebenso basieren alle Rechnungen in den Kapiteln 8 und 9 auf diesen Beschreibungen.

Tabelle A1.1. Sellmeier-Koeffizienten für reines und dotiertes Quarzglas

	SiO_2 (100%)	$SiO_2 : GeO_2$ (86,5% : 13,5%)	$SiO_2 : F$ (99,0% : 1,0%)
a_1	0,696750	0,711040	0,691116
a_2	0,408218	0,451885	0,399166
a_3	0,890815	0,704048	0,890423
$\lambda_1/\mu m$	0,069066	0,064270	0,068227
$\lambda_2/\mu m$	0,115662	0,129408	0,116460
$\lambda_3/\mu m$	9,900559	9,425478	9,993707

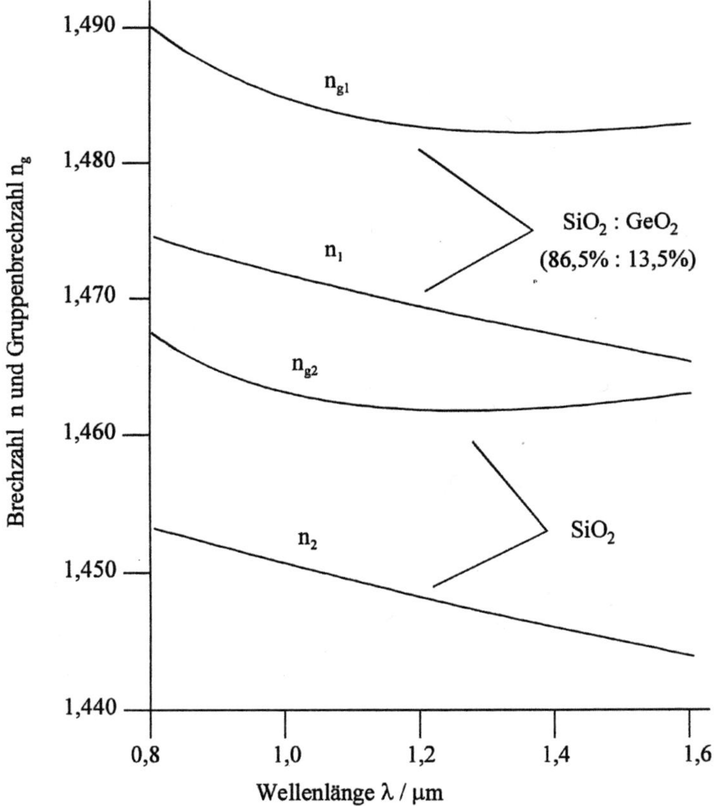

Abb. A1.1. Brechzahl $n_1(\lambda)$ und Gruppenbrechzahl $n_{g1}(\lambda)$ von $SiO_2 : GeO_2$ (Mischverhältnis 86,5% : 13,5%) sowie Brechzahl $n_2(\lambda)$ und Gruppenbrechzahl $n_{g2}(\lambda)$ von SiO_2

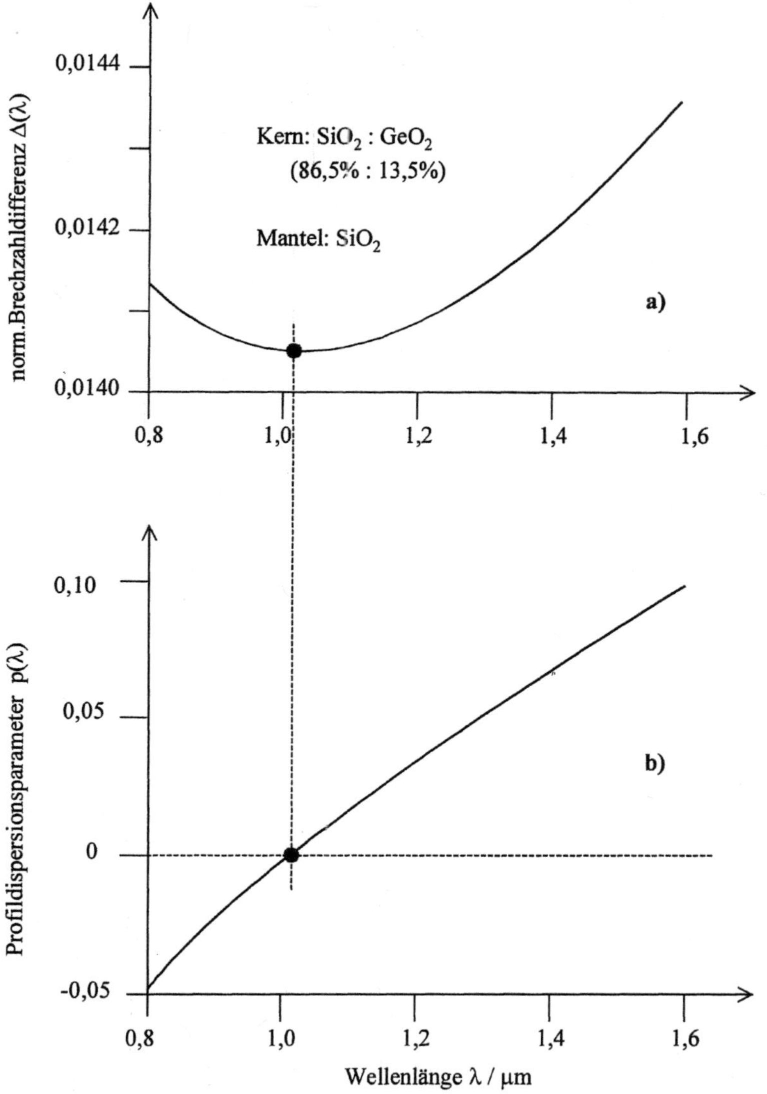

Abb. A1.2. **a)** Wellenlängenabhängigkeit der normierten Brechzahldifferenz $\Delta(\lambda)$ einer Faser mit Kern aus SiO_2 : GeO_2 (Mischverhältnis 86,5% : 13,5%) und Mantel aus SiO_2 **b)** Wellenlängenabhängigkeit des Profildispersionsparameters $p(\lambda)$ in einer Faser mit der obigen Kern-Mantel-Materialkombination

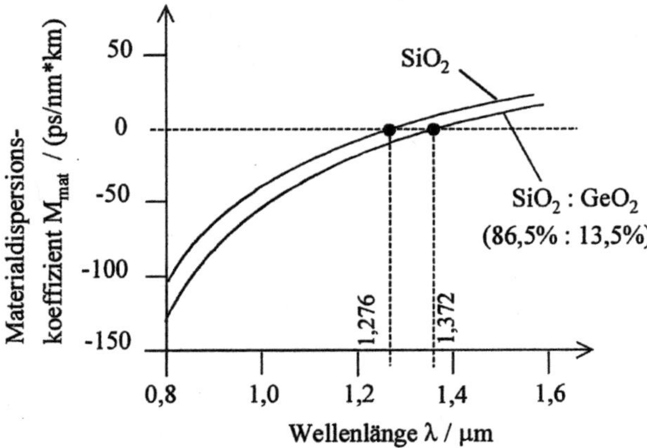

Abb. A1.3. Materialdispersionskoeffizienten $M_{mat} = -\dfrac{\lambda}{c}\dfrac{d^2n}{d\lambda^2}$ von GeO$_2$-dotiertem SiO$_2$ (Mischverhältnis 86,5% : 13,5%) und von reinem SiO$_2$

A2 Anhang: Zentrum und effektive Breite eines Zeitpulses bzw. einer Spektrallinie

Bei vielen im Rahmen dieses Buches vorgestellten Berechnungen hängt das Ergebnis von der „Breite" einer pulsartigen Einflußgröße ab. Als Beispiele seien genannt die Pulsbreite eines Zeitpulses und die spektrale Breite einer Lichtquelle. Damit stellt sich die Frage nach der zahlenmäßigen Festlegung der „Breite". Bei rechteckförmigen Kurvenverläufen ist die Rechteckbreite ein natürliches Breitenmaß, bei nicht-rechteckförmigen Verläufen ist es eine Definitionsfrage, was man als „Breite" der Kurve angibt. Abbildung A2.1 zeigt ein unsymmetrisches pulsförmiges Signal y = f(x) und einige mögliche Breitendefinitionen:

- Halbwertsbreite w_{FWHM}: volle Breite, genommen bei der Hälfte des Maximalwertes (daher auch die Bezeichnung FWHM: full width at half maximum)
- 1/e-Breite $w_{1/e}$: volle Breite, genommen zwischen Punkten 1/e = 36,8% des Maximalwertes
- Breite des flächengleichen Rechtecks mit einer Höhe gleich der Kurvenhöhe

In diesem Buch wird als „Breite" immer die *effektive* Breite w_{rms} (*rms-Breite*, root mean square width) angegeben, sie ist definiert durch

$$w_{rms}^2 := \frac{\int x^2 f(x)\,dx}{\int f(x)\,dx} - \left[\frac{\int x f(x)\,dx}{\int f(x)\,dx}\right]^2 \tag{A2.1}$$

Die Integrationen erstrecken sich jeweils von $-\infty$ bis $+\infty$. Vorsicht: in manchen Büchern wird w_{rms} als **halbe** effektive Breite bezeichnet, und $2 \cdot w_{rms}$ als effektive Breite!

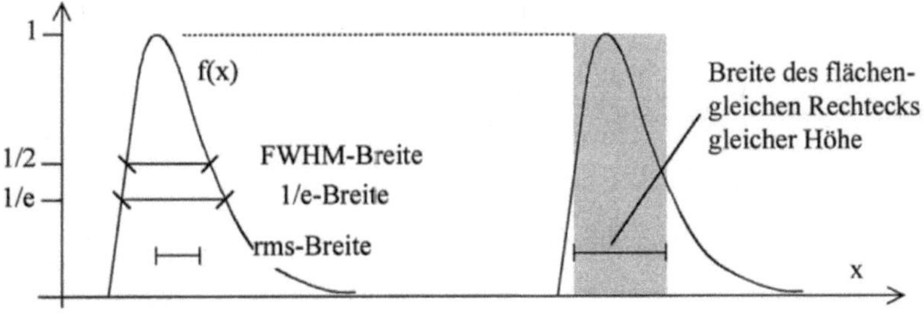

Abb. A2.1. Verschiedene Definitionsmöglichkeiten der „Breite" eines Kurvenverlaufes

Bei Zeitsignalen ist $f(x)$ durch den Zeitverlauf der optischen Leistung $P(t)$ zu ersetzen, bei Emissionsspektren entspricht $f(x)$ der Spektraldichtefunktion $\Theta(\lambda)$ der Lichtquelle. Die rms-Breite eines Zeitpulses bezeichnen wir im Textteil dieses Buches mit τ, die rms-Spektrallinienbreite mit w_λ.

Auf ähnliche Weise wird als *Zentrum* Z des Kurvenverlaufes $f(x)$ definiert:

$$Z := \frac{\int x\, f(x)\, dx}{\int f(x)\, dx} \tag{A2.2}$$

Bei einem Zeitpuls gibt Z eine Zeitmitte t_0 des Pulses an, bei Spektrallinien ist Z die Nennwellenlänge λ_{nenn} der Emissionslinie.

Die Definitionen Gl. (A2.1) und Gl. (A2.2) kommen aus der Statistik. Wenn $f(x)$ eine Wahrscheinlichkeitsdichtekurve ist, dann ist Z der statistische Mittelwert der Verteilung $f(x)$, w_{rms}^2 deren Varianz und w_{rms} die Standardabweichung. So gesehen wird der Zeitverlauf $P(t)$ eines optischen Leistungspulses uminterpretiert: $P(t)dt$ wird aufgefaßt als Wahrscheinlichkeit dafür, daß im Zeitintervall $[t, t + dt]$ ein optisches Signal registriert wird.

Im allgemeinen sind Z und insbesondere die rms-Breite w_{rms} keine anschaulich aus dem Kurvenverlauf von $f(x)$ entnehmbaren Maße, sondern müssen berechnet werden. Für spezielle Funktionen kann man Z und w_{rms} direkt aus der mathematischen Beschreibung des Verlaufes $f(x)$ ablesen. In Tabelle A2.1 sind die Umrechnungen für gaußförmige und für rechteckförmige Kurven zusammengestellt. Wegen ihrer Symmetrie läßt sich speziell bei gaußförmigen Verläufen die rms-Breite w_{rms} auch in andere vielverwendete Breitenbeschreibungen umrechnen:

$$w_{rms} = \frac{w_{1/e}}{2\sqrt{2}} = 0,353 \cdot w_{1/e}$$

$$w_{rms} = \frac{w_{FWHM}}{\sqrt{8 \cdot \ln(2)}} = 0,425 \cdot w_{FWHM} \tag{A2.3}$$

Tabelle A2.1. Zentrum und rms-Breite bei speziellen Kurvenverläufen

Verlauf	mathematische Beschreibung	Zentrum, rms-Breite
Gauß	$f(x) = \text{const} \cdot \exp\left(-\dfrac{(x-x_0)^2}{2\tau^2}\right)$	$Z = x_0$ $w_{rms} = \tau$
Rechteck	$f(x) = \begin{cases} \text{const} & \text{für } x_1 \leq x \leq x_2 \\ 0 & \text{sonst} \end{cases}$	$Z = (x_2 + x_1)/2$ $w_{rms} = \dfrac{x_2 - x_1}{\sqrt{12}}$

A3   Anhang: Polarisation von Licht

Vorbemerkung: wir werden in diesem Anhang eine Reihe von Formelsätzen ableiten, die die Polarisationseigenschaften der Welle beschreiben. Diese Formelsätze
enthalten unter anderem Zahlenangaben für die weiter unten mit Gl. (A3.3) definierte Phasendifferenz $\delta\Phi$. Sämtliche derartige Angaben sind modulo 2π zu verstehen, d.h. zu $\delta\Phi$ kann jeweils ein beliebiges ganzzahliges Vielfaches von 2π
hinzuaddiert werden.

Wir gehen von einer Lichtwelle aus, die sich als ebene harmonischen Welle in
(+z)-Richtung ausbreitet. Wir zerlegen das elektrische Feld $\mathbf{E}$ der Welle in seine
transversalen und longitudinalen Anteile: $\mathbf{E} = \mathbf{E}_T + \mathbf{E}_z$, der Vektor $\mathbf{E}_T$ faßt die
Transversalkomponenten $\mathbf{E}_x$ und $\mathbf{E}_y$ zusammen. Die bisherige verwendete Wellenbeschreibung [Gl. (1.14) bzw. Gl. (1.15)] setzte stillschweigend voraus, daß $\mathbf{E}_x$
und $\mathbf{E}_y$ *dieselbe* Nullphasenlage φ und *dieselbe* Phasengeschwindigkeit v bzw.
dieselbe Ausbreitungskonstante β haben. Dies muß nicht unbedingt so sein: die
Komponenten ein-und derselben Welle können durchaus unterschiedliche Nullphasenlagen φ_x, φ_y und durchaus unterschiedliche Phasengeschwindigkeiten $v^{(x)}$,
$v^{(y)}$ haben.[1] Letzteres ist der Fall in sog. *optisch anisotropen* Medien (doppelbrechenden Medien), mit denen wir uns in der optischen Sensorik beschäftigen, sowie in bestimmten Ausbreitungsformen in Lichtwellenleitern. In einem isotropen
Material ist $v^{(x)} = v^{(y)} = v$.

Wir berücksichtigen diese Verallgemeinerung und setzen für $\mathbf{E}_T$ analog zu
Gl. (1.17) an:

$$
\mathbf{E}_T(x,y,z,t) = \begin{pmatrix} \hat{E}_x(x,y)\cos[\omega t - \beta^{(x)} z + \varphi_x] \\[2ex] \hat{E}_y(x,y)\cos[\omega t - \beta^{(y)} z + \varphi_y] \end{pmatrix} = \begin{pmatrix} \hat{E}_x \cos[\Phi_x] \\[2ex] \hat{E}_y \cos[\Phi_y] \end{pmatrix} \quad . \qquad (A3.1)
$$

$\beta^{(x)}$ und $\beta^{(y)}$ sind die jetzt unterschiedlichen Ausbreitungskonstanten der Wellenkomponenten; sie sind nach Gl. (1.9) mit den Phasengeschwindigkeiten verbunden durch $\beta^{(x)} = \omega/v^{(x)}$ und $\beta^{(y)} = \omega/v^{(y)}$. ω ist die Kreisfrequenz. Die Phase

$$
\Phi_x = \Phi_x(z,t) = \omega t - \beta^{(x)} z + \varphi_x \qquad (A3.2)
$$

---

[1] Es werden bewußt nicht die zunächst naheliegenden Bezeichnungen v_x und v_y gewählt:
dadurch soll vermieden werden, daß versehentlich v_x als eine x-Richtungs-Komponente
eines Geschwindigkeits*vektors* v aufgefaßt wird. Nach unserer Vorgabe erfolgt die Ausbreitung in z-Richtung, der Geschwindigkeitsvektor hat nur eine z-Komponente.

ist die Phase der x-Komponente der Welle in allen Punkten (x,y,z) der Ebene z zum Zeitpunkt t; Entsprechendes gilt für Φ_y. Während die Wellenphasen selbst Funktionen der Zeit sind, ist der – von z abhängige und deshalb lokale – Phasen*unterschied*

$$\Phi_y(z,t) - \Phi_x(z,t) = \left(\omega t - \beta^{(y)}z + \varphi_y\right) - \left(\omega t - \beta^{(x)}z + \varphi_x\right)$$
$$= -\left(\beta^{(y)} - \beta^{(x)}\right)z + \left(\varphi_y - \varphi_x\right) \tag{A3.3}$$
$$= \delta\Phi(z)$$

von t unabhängig: am festen Ort ändert sich die lokale Phasen*differenz* im Laufe der Zeit nicht.

A3.1
Polarisationsformen: elliptische, zirkulare, lineare Polarisation

Für die Bestimmung möglicher Polarisationsformen analysieren wir das Zeitverhalten des Transversalanteils $\mathbf{E}_T$ der Welle in einem beliebigen Beobachtungspunkt der Ebene z. Um die nachfolgenden Formeln nicht unübersichtlich werden zu lassen, werden in ihnen die Ortskoordinaten (x,y,z) des Beobachtungspunktes nicht mehr mitgeführt. Mit Gl. (A3.3) wird Gl. (A3.1) umgeformt in

$$\mathbf{E}_T(t) = \begin{pmatrix} \hat{E}_x \cos[\Phi_x(t)] \\[2mm] \hat{E}_y \cos[\Phi_y(t)] \end{pmatrix} = \begin{pmatrix} \hat{E}_x \cos[\Phi_x(t)] \\[2mm] \hat{E}_y \cos[\Phi_x(t) + \delta\Phi] \end{pmatrix} . \tag{A3.4}$$

Unter der Voraussetzung $\hat{E}_x \neq 0$, $\hat{E}_y \neq 0$ läßt sich aus den Feldkomponenten mit einigem mathematischem Aufwand ableiten:

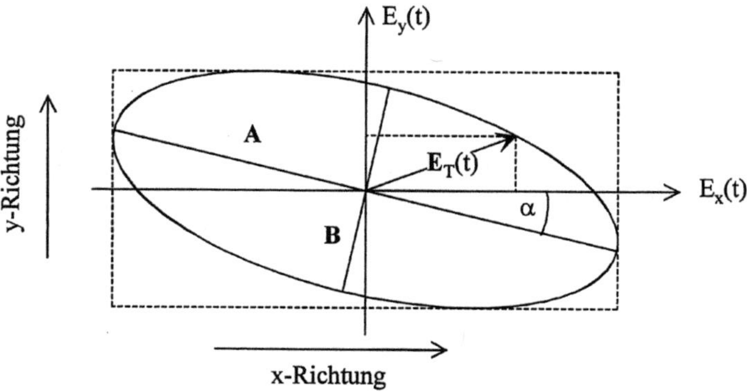

Abb. A3.1. Polarisationsellipse

$$\left(\frac{E_x(t)}{\hat{E}_x}\right)^2 + \left(\frac{E_y(t)}{\hat{E}_y}\right)^2 - 2\left(\frac{E_x(t)}{\hat{E}_x}\right)\left(\frac{E_y(t)}{\hat{E}_y}\right)\cos(\delta\Phi) = \sin^2(\delta\Phi) \quad . \qquad (A3.5)$$

Zu jedem beliebigen Zeitpunkt t müssen die transversalen Feldkomponenten die obige Gleichung erfüllen. In einem E_x-E_y-Koordinatensystem markiert Gl. (A3.5) eine Ellipse mit den Halbachsen A und B, die große Halbachse ist um einen Winkel α gegen die E_x-Achse gekippt (Abb. A3.1). Da die E_x-Komponente definitionsgemäß in x-Richtung zeigt (und entsprechend die E_y-Komponente in y-Richtung), sind die E_x-E_y-Koordinatenachsenrichtungen in Abb. A3.1 identisch mit den x-y-Ortskoordinatenrichtungen. Das heißt: die Spitze des Transversalvektors E_T bewegt sich auf einer ellipsenförmigen Kurve in der z-Ebene senkrecht zur Ausbreitungsrichtung.

Man nennt eine elektromagnetische Welle, deren elektrischer Transversalvektor E_T dieses Verhalten zeigt, eine *elliptisch polarisierte* Welle. Der Neigungswinkel α der Ellipse nimmt einen Wert im Bereich $-\frac{\pi}{2} \le \alpha \le +\frac{\pi}{2}$ ein. Für sein Vorzeichen gilt (s. Abb. A3.2):

Blickt man in der Ebene z der Welle **entgegen**, so ist α *dann* negativ, *wenn* die große Halbaches im Uhrzeigersinn (mathematisch negativer Drehsinn) aus der x-Achse herausgedreht ist.

Auf Formelangaben zur Berechnung von α sowie der Längen der Halbachsen wird verzichtet, weil sie für das Weitere nicht gebraucht werden.

Mit zunehmender Zeit durchfährt der Endpunkt des Vektors $E_T(t)$ die Ellipse in einem bestimmten Umlaufsinn. Wir setzen wieder voraus, daß man am Beobachtungsort der Welle entgegenblickt, und unterteilen die elliptische Polarisation je nach Drehrichtung in linkselliptisch (rechtselliptisch) polarisierte Wellen gemäß der folgenden Aufstellung:

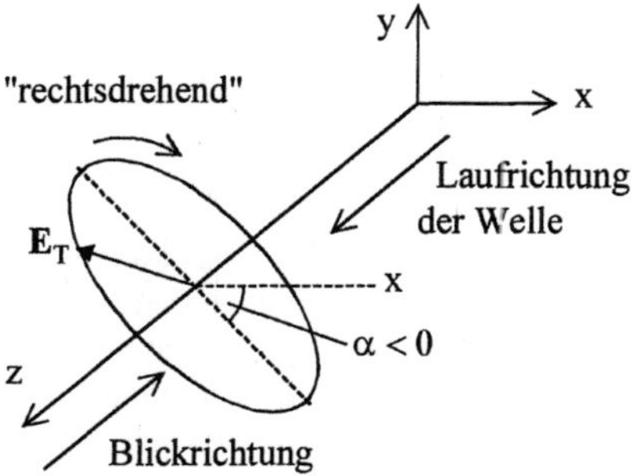

Abb. A3.2. Lage und Umlaufsinn der Polarisationsellipse. Die Polarisation ist rechtsdrehend, wenn sich der Transversalanteil des Feldvektors bei Blickrichtung „der Welle entgegen" nach rechts dreht

Drehrichtung aus Sicht der Beobachters bei Blickrichtung der Welle entgegen	im Gegenuhrzeigersinn, linksdrehend	im Uhrzeigersinn, rechtsdrehend
Bezeichnung der Polarisation	*linkselliptisch* polarisiert	*rechtselliptisch* polarisiert

Mathematisch erhält man: die Welle ist

linkselliptisch polarisiert, wenn $\qquad -\pi < \delta\Phi < 0$; $\qquad\qquad$ (A3.6a)

rechtselliptisch polarisiert, wenn $\qquad 0 < \delta\Phi < \pi$. $\qquad\qquad$ (A3.6b)

An dieser Stelle sollen gleich zwei Warnungen ausgesprochen werden:

1. Die Bezeichnungen „linksdrehend" und „rechtsdrehend" sind verwirrend. Man erhält den angesprochenen Umlaufsinn nur, wenn man der Welle **entgegen**blickt, s. Abb. A3.2. Blickt man **in** Laufrichtung, so läuft eine linkselliptisch polarisierte Welle im Uhrzeigersinn um, ist also aus der Sicht des Betrachters dann eigentlich rechtsdrehend.
2. Vorsicht ist geboten bei der Handhabung von Gl. (A3.6). Alternativ zu der hier benutzten Form $E = \hat{E} \cdot \cos(\omega t - \beta z + \varphi)$ kann eine in (+z)-Richtung laufende Welle auch mit $E = \hat{E} \cdot \cos(\beta z - \omega t + \tilde{\varphi})$ beschrieben werden. Wären wir von diesem Alternativansatz ausgegangen, hätten wir eine andere Verknüpfung der Phasendifferenz $\delta\Phi$ mit „links" bzw. „rechts" erhalten. Dies ist insbesondere dann zu berücksichtigen, wenn die Aussagen verschiedener Bücher miteinander verglichen werden. Es ist deshalb grundsätzlich zuvor zu prüfen, mit welchem Ansatz der jeweilige Autor die Welle beschrieben hat!

Sonderform: zirkular polarisierte Wellen

Wenn am Beobachtungsort

$$\hat{E}_x = \hat{E}_y \qquad \text{**und gleichzeitig**} \quad \delta\Phi = \pm \frac{\pi}{2} \ , \qquad\qquad \text{(A3.7a)}$$

dann sind $\sin(\delta\Phi) = \pm 1$ und $\cos(\delta\Phi) = 0$, und Gl. (A3.5) geht über in

$$E_x^2(t) + E_y^2(t) = \hat{E}_x^2 \ . \qquad\qquad \text{(A3.8)}$$

Dies ist die Gleichung eines Kreises mit Radius $\hat{E}_x$, d.h. der Feldstärkevektor durchläuft periodisch einen in der xy-Ebene liegenden Kreis. Wellen dieser Polarisationsform werden *zirkular polarisierte* Wellen genannt. Wie die elliptischen Polarisationen werden auch die zirkular polarisierten Wellen je nach Umlaufsinn in linkszirkulare und rechtszirkulare Wellen eingeteilt. Der Umlaufsinn richtet sich wie oben nach dem Zahlenwert von $\delta\Phi$:

linkszirkular polarisiert: $\qquad\qquad \delta\Phi = -\frac{\pi}{2}$; $\qquad\qquad$ (A3.7b)

rechtszirkular polarisiert : $\qquad\qquad \delta\Phi = +\frac{\pi}{2}$. $\qquad\qquad$ (A3.7c)

Sonderform: linear polarisierte Wellen

Wenn am Beobachtungsort

$$\delta\Phi = 0 \qquad \textbf{oder} \qquad \delta\Phi = \pi \ , \qquad\qquad (A3.9)$$

dann sind $\sin(\delta\Phi) = 0$ und $\cos(\delta\Phi) = \pm 1$, und für $\hat{E}_x \neq 0$ geht Gl. (A3.5) über in

$$E_y(t) = \tan(\alpha)\,E_x(t) \qquad\qquad (A3.10a)$$

$$\text{mit} \qquad \tan(\alpha) = \pm\frac{\hat{E}_y}{\hat{E}_x} \quad \left\{ \begin{array}{l} (+) \text{ für } \delta\Phi = 0 \\[2mm] (-) \text{ für } \delta\Phi = \pi \end{array} \right. . \qquad\qquad (A3.10b)$$

Dies ist bei beliebigen Werten für $\hat{E}_x \neq 0$ und $\hat{E}_y$ die Gleichung einer Geraden im E_x-E_y-Koordinatensystem, d.h. der Feldstärkevektor durchläuft in der xy-Ebene periodisch eine Gerade, die um den Winkel α gegen die x-Achse geneigt ist. Wellen in diesem Polarisationszustand heißen *linear polarisierte Wellen*. Eine linear polarisierte Welle erhält man auch, wenn

entweder $\quad \hat{E}_x \neq 0$ und $\hat{E}_y = 0$ (lineare Polarisation in x-Richtung)
oder $\qquad \hat{E}_y \neq 0$ und $\hat{E}_x = 0$ (lineare Polarisation in y-Richtung)

ist. Man kann die erhaltenen Ergebnisse zusammenfassen zu:

Der lokale Polarisationszustand einer Welle in einem beliebigen Punkt der Ebene z wird festgelegt durch das Amplitudenverhältnis $\hat{E}_y/\hat{E}_x$ sowie die lokale Phasendifferenz $\delta\Phi(z)$.

In der Tabelle A3.1 sind deren Werte für die möglichen Polarisationszustände zusammengefaßt; in Abb. 1.5 sind sie graphisch dargestellt.

Tabelle A3.1. Kenndaten von Polarisationszuständen

Polarisationszustand	$\hat{E}_y/\hat{E}_x$	$\delta\Phi$
linear, aber nicht x oder y	beliebig, aber nicht 0 oder ∞	0 oder π
linear-x	0	nicht anzugeben
linear-y	∞	nicht anzugeben
zirkular links rechts	1 1	$-\pi/2$ $+\pi/2$
elliptisch links rechts	beliebig, aber nicht 0 oder ∞	$-\pi < \delta\Phi < 0$ $0 < \delta\Phi < \pi$

A3.2
Basispolarisationen

Es läßt sich zeigen: jeder beliebige Polarisationszustand kann zerlegt werden in eine Überlagerung bzw. er kann gebildet werden aus einer Überlagerung zweier

- aufeinander senkrecht stehender linearer Polarisationen
- entgegengesetzt umlaufender zirkularer Polarisationen
- bestimmter Formen elliptischer Polarisationen

Wir bezeichnen zwei aufeinander senkrecht stehende oder zwei entgegengesetzt umlaufende zirkulare Polarisationen oder diese bestimmten elliptischen Polarisationen deshalb als *Basispolarisationen*. Es genügt, das Ausbreitungsverhalten von Wellen für zwei Basispolarisationen zu kennen, daraus läßt sich das Ausbreitungsverhalten für jeden beliebigen SOP ableiten.

A3.3
Änderung der Polarisationsform mit der Laufstrecke der Welle

Wir haben in unserem Ansatz Gl. (A3.1) nicht ausgeschlossen, daß die beiden Transversalkomponenten der Welle unterschiedliche Phasengeschwindigkeiten haben könnten. Es ist von großer Bedeutung, sich klarzumachen:

Falls sich die beiden Komponenten E_x und E_y der Welle mit *derselben* Phasengeschwindigkeit $v^{(x)} = v^{(y)}$ ausbreiten, so bleibt die Phasen*differenz* $\delta\Phi$ längs des gesamten Lichtweges stets dieselbe. Damit muß auch die durch $\delta\Phi$ festgelegte Polarisationsform längs des Lichtweges erhalten bleiben (sofern die beiden Feldkomponenten nicht unterschiedlich stark gedämpft werden). Mit anderen Worten: die Welle behält bei ihrer Ausbreitung ihre Polarisationsform bei, der SOP ist unabhängig von der Lage der Beobachtungsebene. Mathematisch ist bei $v^{(x)} = v^{(y)}$ auch $\beta^{(x)} = \beta^{(y)}$, und aus Gl. (A3.3) entnehmen wir

$$\delta\Phi \equiv \varphi_y - \varphi_x \qquad \Rightarrow \qquad \delta\Phi \neq \delta\Phi(z) \ .$$

Der SOP ist jetzt nur noch von der Nullphasendifferenz bestimmt.

Wenn sich jedoch die beiden Komponenten mit unterschiedlicher Phasengeschwindigkeit $v^{(x)} \neq v^{(y)}$ und demzufolge auch $\beta^{(x)} \neq \beta^{(y)}$ bewegen, dann laufen die Phasen auseinander, in jeder Ebene z besteht ein anderer („lokaler") Phasenunterschied: $\delta\Phi = \delta\Phi(z) = $ Gl. (A3.3). Die Welle ändert jetzt längs ihres Weges ständig ihren SOP, je nach Lage der Beobachtungsebene registriert man einen anderen Polarisationszustand! Ein solches Verhalten liegt in den linearen Retardern vor, die in Absch. A4.2.2 in Anhang A4 besprochen werden. Abbildung 3.3 zeigt die Polarisationsentwicklung längs einer Lichtlaufstrecke. Als Eingangspolarisation wurde eine elliptische Polarisation gewählt. Sie wird in zwei lineare, in x- und y-Richtung orientierte Basispolarisationen zerlegt. Unter der Annahme $v^{(x)} > v^{(y)}$ ändert sich mit wachsender Laufstrecke die Phasendifferenz $\delta\Phi$, man

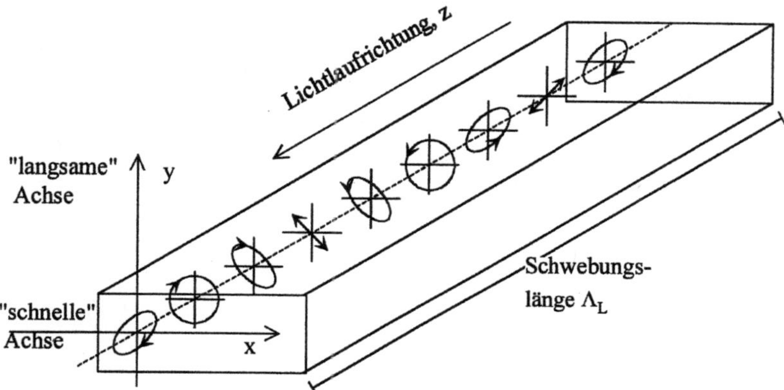

Abb. A3.3.   Polarisationsentwicklung bei $v^{(x)} > v^{(y)}$. Die Bezeichnungen „schnelle" und „langsame" Achse werden in Anhang A4 erläutert.

erhält die gezeichneten Polarisationsformen. Nach einer bestimmten Laufstrecke hat sich die ursprüngliche Phasendifferenz um 2π vergrößert, diese Laufstrecke wird als *Schwebungslänge* Λ_L bezeichnet. Nach dieser Strecke wiederholt sich die Abfolge der Polarisationsformen periodisch mit Λ_L als Periodenlänge Λ_L. Für Λ_L findet man mit Gl. (A3.3):

$$\delta\Phi(z+\Lambda_L) = \delta\Phi(z) + 2\pi \overset{(A3.3)}{\Rightarrow} \Lambda_L = \frac{2\pi}{\left|\beta^{(x)} - \beta^{(y)}\right|} \quad . \tag{A3.11}$$

Formal läßt sich die unterschiedliche Ausbreitungsgeschwindigkeit auch durch angepaßte Brechzahlen n_x bzw. n_y ausdrücken: $v^{(x)} = c/n_x$; $v^{(y)} = c/n_y$. In dieser Sicht scheint die Materie für die beiden Wellenkomponenten E_x und E_y unterschiedliche Brechzahlen zu haben. Die Schwebungslänge ergibt sich jetzt zu

$$\Lambda_L = \lambda \cdot \left| n_x - n_y \right| \quad . \tag{A3.12}$$

A4 Anhang: Mathematische Beschreibung der Polarisation mit dem Jones-Formalismus

A4.1
Jones-Vektoren

In einem Punkt (x,y,z) wird das Zeitverhalten des Transversalanteils $\mathbf{E}_T$ des elektrischen Feldes einer sich in (+z)-Richtung ausbreitenden optischen Welle nach Gl. (A3.4) beschrieben durch

$$\mathbf{E}_T(t) = \begin{pmatrix} \hat{E}_x \cos[\Phi_x(t)] \\[2mm] \hat{E}_y \cos[\Phi_y(t)] \end{pmatrix} = \begin{pmatrix} \hat{E}_x \cos[\Phi_x(t)] \\[2mm] \hat{E}_y \cos[\Phi_x(t) + \delta\Phi] \end{pmatrix} \; . \tag{A4.1}$$

Darin sind $\Phi_x(t)$ und $\Phi_y(t)$ die sich am festen Ort zeitlich ändernden Phasen der Feldkomponenten, und

$$\delta\Phi(z) = -\left(\beta^{(y)} - \beta^{(x)}\right)z + \left(\varphi_y - \varphi_x\right) = -\left(\tfrac{\omega}{v^{(y)}} - \tfrac{\omega}{v^{(x)}}\right)z + \left(\varphi_y - \varphi_x\right) \tag{A4.2}$$

ist die zeitunabhängige, aber von der z-Koordinate des Beobachtungspunktes abhängige Phasendifferenz. $\beta^{(x)}$ und $\beta^{(y)}$ sind die Ausbreitungskonstanten der Wellenkomponenten, $v^{(x)}$ und $v^{(y)}$ deren Phasengeschwindigkeiten. Mit den Amplituden $\hat{E}_x$, $\hat{E}_y$ und der lokalen Phasendifferenz $\delta\Phi = \delta\Phi(z)$ definieren wir einen symbolischen Vektor $\mathbf{J}$ mit komplexen Komponenten durch

$$\mathbf{J} = \begin{pmatrix} \hat{E}_x \\[2mm] \hat{E}_y \cdot e^{j\delta\Phi} \end{pmatrix} \; . \tag{A4.3}$$

$\mathbf{J}$ heißt *Jones-Vektor*. Für $\hat{E}_x \neq 0$ können wir $\mathbf{J}$ umformen in (der Fall $\hat{E}_x = 0$ wird weiter unten besprochen)

$$\mathbf{J} = \hat{E}_x \begin{pmatrix} 1 \\[2mm] \dfrac{\hat{E}_y}{\hat{E}_x} e^{j\delta\Phi} \end{pmatrix} \; . \tag{A4.4}$$

In dieser Schreibweise enthält der Vektorteil von $\mathbf{J}$ nur noch das Amplitudenverhältnis $\hat{E}_y/\hat{E}_x$ und die Phasendifferenz $\delta\Phi$. In Anhang A3 wurde gezeigt, daß diese Kenngrößen den Polarisationszustand (SOP) einer Welle festgelegen. Der Jones-Vektor $\mathbf{J}$ liefert somit über seinen Vektoranteil alle Informationen über den SOP der Welle. Das Mitführen des Vorfaktors $\hat{E}_x$ ermöglicht es, zusätzlich zum Polarisationszustand auch die Intensität S der Welle mit **J** zu erfassen (sofern der Transversalanteil $\hat{E}_T$ den Longitudinalbeitrag $\hat{E}_z$ überwiegt, was in der Praxis immer der Fall ist). Durch Nachrechnen erhält man aus Gl. (1.22) sofort:

$$S = \kappa \cdot \left| \hat{E} \right|^2 = \kappa \cdot \left(\hat{E}_T^{\ 2} + \hat{E}_z^{\ 2} \right) \overset{\hat{E}_T \gg \hat{E}_z}{\approx} \kappa \cdot \hat{E}_T^{\ 2} \tag{A4.5}$$

$$= \kappa \cdot \left| \mathbf{J} \right|^2 = \kappa \cdot \mathbf{J} \cdot \mathbf{J}^* = \kappa \cdot (J_x J_x^* + J_y J_y^*) \quad .$$

Darin ist $\mathbf{J}^*$ der Vektor, dessen Komponenten J_x^*, J_y^* die Konjugiert-Komplexen der Komponenten J_x, J_y von **J** sind. κ ist der in Gl. (1.21) angegebene Proportionalitätsfaktor

Nach dem in Anhang A3 Gesagten ist bei beliebigen Werten von $\hat{E}_y/\hat{E}_x$, und $\delta\Phi$ die Polarisation elliptisch. Für besondere Kombinationen von $\hat{E}_y/\hat{E}_x$ und $\delta\Phi$ entartet die elliptische Polarisation zur zirkularen bzw. linearen Polarisation. Wir erhalten mit Hilfe der Tabelle A3.1 in Anhang A3:

Zirkulare Polarisation

Wegen $\hat{E}_y/\hat{E}_x = 1$ und $\delta\Phi = \pm \pi/2$ ist $e^{j\delta\Phi} \cdot \hat{E}_y/\hat{E}_x = \pm j$, so daß

$$\mathbf{J} = \hat{E}_x \begin{pmatrix} 1 \\ \pm j \end{pmatrix} \quad \text{mit} \quad \begin{cases} +j: \text{ rechtszirkular} \\ -j: \text{ linkszirkular} \end{cases} \tag{A4.6}$$

Lineare Polarisation, Polarisationswinkel α:

Wegen $\delta\Phi = 0, \pi$ und bei $\hat{E}_x \neq 0$ ist $e^{j\delta\Phi} \cdot \hat{E}_y/\hat{E}_x = \pm \hat{E}_y/\hat{E}_x = \tan(\alpha)$, so daß

$$\mathbf{J} = \hat{E}_x \begin{pmatrix} 1 \\ \tan(\alpha) \end{pmatrix} \quad \text{für } \alpha \neq 90^0 \quad . \tag{A4.7}$$

Die Gleichungen (A4.4) bzw. (A4.7) schließen den Fall $\hat{E}_x = 0$ bzw. $\alpha = 90^0$ aus. Licht mit $\hat{E}_x = 0$ ist linear in y-Richtung polarisiert ($\alpha = 90^0$). Nach Gl. (A3.9) ist für linear polarisiertes Licht stets $\delta\Phi = 0$ oder π, also $e^{j\delta\Phi} = \pm 1$. Wenn wir diese Resultate in die Definition Gl. (A4.3) einsetzen, erhalten wir als Jones-Vektor dieser Polarisationsform

$$\mathbf{J} = \hat{E}_y \begin{pmatrix} 0 \\ 1 \end{pmatrix} \tag{A4.8}$$

und vervollständigen so die Beschreibung.

A4.2
Polarisationsoptische Bauelemente und Jones-Matrizen

Optische Bauelemente können das Amplitudenverhältnis $\hat{E}_y/\hat{E}_x$ und/oder die Phasendifferenz $\delta\Phi$ des durch sie hindurchtretenden Lichtes verändern. Dadurch ändert sich der Polarisationszustand des Lichtes: $J_{aus} \neq J_{ein}$. Zur mathematischen Beschreibung wird dem polarisationsoptischen Bauelement eine (2x2)-Matrix N zugeordnet. N wird *Jones-Matrix* des Bauelementes genannt. Man erhält den Ausgangszustand J_{aus}, indem man den Vektor J_{ein} des Eingangszustandes nach

den Regeln der Matrizenmultiplikation mit der Jones-Matrix $N = \begin{pmatrix} N_{11} & N_{12} \\ N_{21} & N_{22} \end{pmatrix}$

des Bauelementes multipliziert:

$$\begin{pmatrix} J_{aus,x} \\ J_{aus,y} \end{pmatrix} = \begin{pmatrix} N_{11} & N_{12} \\ N_{21} & N_{22} \end{pmatrix} \cdot \begin{pmatrix} J_{ein,x} \\ J_{ein,y} \end{pmatrix} = \begin{pmatrix} N_{11} \cdot J_{ein,x} + N_{12} \cdot J_{ein,y} \\ N_{21} \cdot J_{ein,x} + N_{22} \cdot J_{ein,y} \end{pmatrix} . \quad (A4.9)$$

Werden mehrere polarisationsoptische Bauelemente hintereinandergeschaltet, so ist bei der Matrizenmultiplikation deren Reihenfolge zu beachten (Multiplikation in *umgekehrter* Reihenfolge des Lichtdurchtritts): (Abb. A4.1)
Im Folgenden werden die N-Matrizen der wichtigsten polarisationsoptischen Bauelemente angegeben.

A4.2.1
Linearpolarisator

Ein Linearpolarisator ist ein Bauelement mit einer „eingebauten" Vorzugsrichtung, der *Polarisationsrichtung*, die um einen Winkel α gegen eine Referenzrichtung gedreht ist. Als Referenzrichtung wird üblicherweise die x-Richtung gewählt. α ist positiv, wenn bei Blickrichtung „dem Licht entgegen" die Vorzugsrichtung *gegen* den Uhrzeigersinn aus der Referenzrichtung gedreht ist, s. Abb. A4.2. Der Polarisator zerlegt das auftreffende Licht in zwei linear polarisierte Anteile: einen Anteil *in* seiner Vorzugsrichtung und einen weiteren Anteil in der dazu senkrechten Richtung (dies ist immer möglich, da jeder SOP in zwei aufeinander senkrecht stehende lineare Polarisationen aufgespalten werden kann) und läßt nur den in sei-

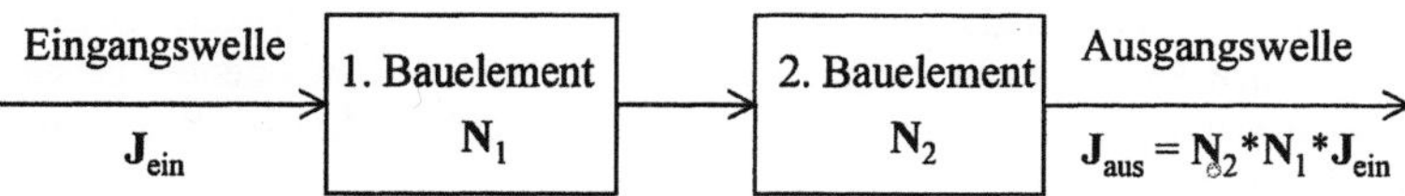

Abb. A4.1. Berechnung der Ausgangspolarisation mit dem Jones-Formalismus. Die Reihenfolge der Matrizen ist umgekehrt zur Reihenfolge des Lichtdurchtritts

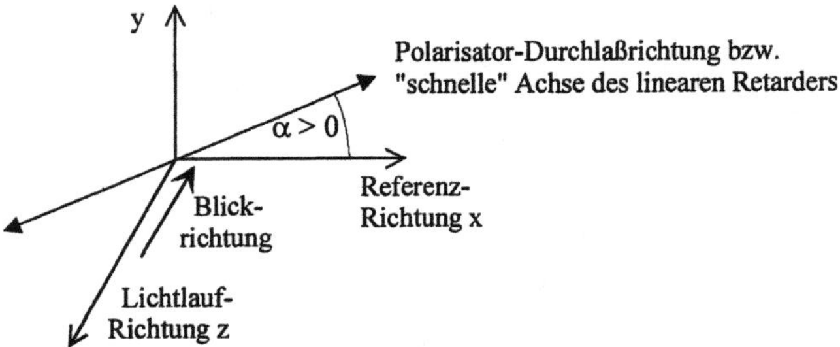

Abb. A4.2. Festlegung des Orientierungswinkels α beim Polarisator und beim linearen Retarder

ner Vorzugsrichtung linear polarisierten Anteil hindurchtreten. Wir bezeichen die Jones-Matrix eines derartig orientierten Polarisators mit $\mathbf{P}(\alpha)$. Die Theorie liefert

$$\mathbf{P}(\alpha) = \begin{pmatrix} \cos^2(\alpha) & \frac{1}{2}\sin(2\alpha) \\ \frac{1}{2}\sin(2\alpha) & \sin^2(\alpha) \end{pmatrix} . \qquad (A4.10)$$

Unabhängig von dem SOP des auftreffenden Lichtes ist hinter dem Linearpolarisator das Licht stets linear in der Polarisator-Vorzugsrichtung polarisiert. Außerdem hat es in der Regel eine geringere Intensität; lediglich wenn das auftreffende Licht bereits linear in der Polarisator-Vorzugsrichtung polarisiert war, erfolgt der Lichtdurchgang ohne Intensitätsverlust.

A4.2.2
Linearer Retarder (lineare Doppelbrechung, lineare opt. Anisotropie)

Ein *linearer Retarder* ist ein Bauelement, in dem die Phasengeschwindigkeiten für *linear* polarisiertes Licht polarisationsabhängig ist. In dem Retarder sind zwei aufeinander senkrecht stehende Vorzugsrichtungen ausgezeichnet, die sog. *Hauptachsen*. Auftreffendes Licht mit beliebigem SOP wird in dem Retarder in zwei Komponenten (im Folgenden mit „1" und „2" indiziert) zerlegt, die in die Richtungen seiner Hauptachsen linear polarisiert sind. Diese beiden Komponenten durchlaufen dann das Bauelement mit *unterschiedlichen* Phasengeschwindigkeit v_1 und $v_2 \neq v_1$ bzw. unterschiedlichen Ausbreitungskonstanten $\beta_1 = \omega/v_1$ und $\beta_2 = \omega/v_2$. Diejenige Hauptachse, in deren Polarisationsorientierung das Licht die höhere Phasengeschwindigkeit hat, wird als „schnelle" Achse bezeichnet. Wegen der ungleichen Phasengeschwindigkeit werden die beiden Komponenten gegeneinander verschoben, nach einer Laufstrecke z im Retarder haben sie eine andere Phasendifferenz zueinander als am Retardereingang bei $z = 0$. Abbildung A4.3 illustriert die Zusammenhänge. Die *zusätzliche*, zu der am Retardereingang eventuell schon vorhandenen Phasendifferenz $\delta\Phi_{ein} = \Phi_2 - \Phi_1$ hinzukommende

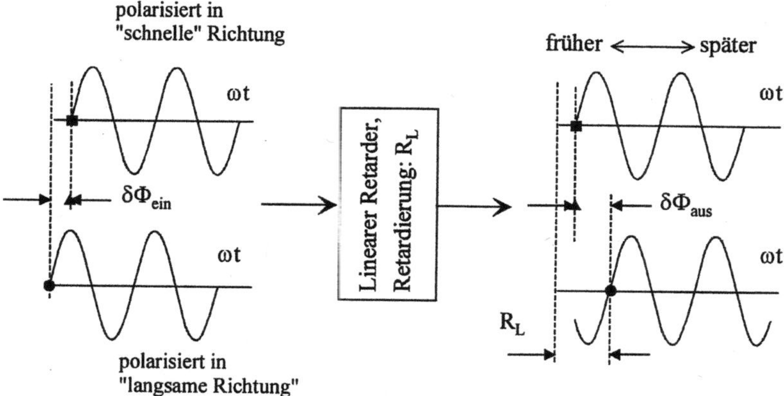

Abb. A4.3. Zusammenhang zwischen dem Phasenunterschied $\delta\Phi_{ein}$ am Retardereingang, $\delta\Phi_{aus}$ am Retarderausgang und der Retardierung R_L. Vor und hinter dem Retarder haben die Wellenkomponenten gleiche Geschwindigkeit, im Retarder selbst ist sie unterschiedlich

Phasenverschiebung läßt sich mit Gl. (1.5) berechnen:

Phasendifferenz am Eingang: $\quad \delta\Phi_{ein}$,

Phasendifferenz am Ausgang: $\quad \delta\Phi_{aus} = \delta\Phi_{ein} + \left(\dfrac{\omega}{v_2} z - \dfrac{\omega}{v_1} z \right)$.

Am Retarderausgang überlagern sich die beiden Feldkomponenten wieder zu einem resultierenden Transversalfeld. Wegen der jetzt anderen Phasendifferenz liefert die Überlagerung eine Welle, deren Polarisationszustand im Allgemeinen nicht mit dem Eingangs-SOP übereinstimmt. Da nur die Relativphasenlagen, nicht aber die Wellenamplituden verändert wurden, ist die Intensität vor und hinter dem Retarder gleich.

Zahlenmäßig wird die Phasenverschiebung erfaßt durch die ortsabhängige *lineare Retardierung* $R_L(z)$. $R_L(z)$ ist der Betrag (!) der zusätzlichen Phasenverschiebung nach der Laufstrecke z im Retarder. Physikalisch gesehen gibt $R_L(z)$ an, um wieviel die Phase der „langsamen" Komponente gegenüber der Phase der „schnellen" Komponente durch das Bauelement verzögert (=„retardiert") wurde. $R_L(z)$ ist gegeben durch

$$ R_L(z) = z \cdot \left| \frac{\omega}{v_2} z - \frac{\omega}{v_1} z \right| = z \cdot \left| \beta_2 - \beta_1 \right| \quad . \tag{A4.11}$$

In der Optik wird die Phasengeschwindigkeit in einem Medium ersetzt durch die Vakuumlichtgeschwindigkeit c in Verbindung mit der Brechzahl n des Mediums. In dieser Beschreibung hat das Retardermaterial für Licht mit unterschiedlicher linearer Polarisation unterschiedliche Brechzahlen $n_1 = c/v_1$ und $n_2 = c/v_2$. Mit $\beta = (2\pi/\lambda)\cdot n$ können wir Gl. (A4.11) umschreiben in

$$R_L(z) = \frac{2\pi}{\lambda} z \cdot \underbrace{|n_2 - n_1|}_{B_L} = \frac{2\pi}{\lambda} B_L z = \frac{2\pi}{\Lambda_L} z \quad , \tag{A4.12}$$

worin

$$B_L = |n_2 - n_1| \quad . \tag{A4.13a}$$

$$\Lambda_L = \lambda/B_L \tag{A4.13b}$$

gesetzt wurde. B_L heißt *Koeffizient der linearen Polarisationsanisotropie*, Λ_L ist die in Gl. (A3.11) eingeführte *Schwebungslänge*. Formal ist Λ_L diejenige Laufstrecke z, die zu einer Retardierung 2π führt: $R_L(z = \Lambda_L) = 2\pi$. Bei einer derartigen Retardierung ist die Phasenlage der langsamen Komponente zwar um 2π verzögert, der SOP des Ausgangslichtes wegen der 2π-Periodizität der harmonischen Funktionen aber wieder identisch mit dem des Eingangslichtes. B_L wie Λ_L sind charakteristische, von der Laufstrecke z unabhängige Kenngrößen des Retarders; bei Retardern variabler Länge wird üblicherweise B_L im Datenblatt angegeben. Zu beachten ist weiterhin, daß in üblichen Retardermaterialien B_L zwar nur schwach von der Wellenlänge abhängt, die Retardierung R_L aber wegen $R_L \sim B_L/\lambda$ stark wellenlängenabhängig ist. Retarder sind deshalb in der Regel nur in einem engen Wellenlängenbereich spezifikationsgemäß einsetzbar

Innerhalb des Retarders variiert infolge der unterschiedlichen Phasengeschwindigkeiten der beiden Komponenten der Polarisationszustand kontinuierlich mit wachsender Laufstrecke, an jedem Ort liegt eine andere Polarisation vor. In der Abb. A3.3 wurde die SOP-Entwicklung demonstriert. Nach der Laufstrecke Λ_L ist der Zustand wieder identisch mit dem Eingangszustand, bei noch längeren Retarderstrecken wiederholt sich die Abfolge der SOP-Zustände periodisch mit der Periodenstrecke Λ_L.

Zur mathematischen Beschreibung in Form einer Jones-Matrix muß neben dem Betrag R_L der Retardierung auch noch angegeben werden, um welchen Winkel α die *schnelle* Hauptachse gegenüber der x-Richtung geneigt ist. α ist positiv, wenn bei Blickrichtung „dem Licht entgegen" die schnelle Hauptachse *gegen* den Uhrzeigersinn aus der x-Richtung gedreht ist, s. Abb. A4.2. Wir bezeichnen die Jones-Matrix eines derart orientierten Retarders der Retardierung R_L mit $L(\alpha, R_L)$:

$$L(\alpha, R_L) = \begin{pmatrix} \sin^2(\alpha) + e^{jR_L}\cdot\cos^2(\alpha) & \frac{1}{2}(e^{jR_L} - 1)\sin(2\alpha) \\ \frac{1}{2}(e^{jR_L} - 1)\sin(2\alpha) & \cos^2(\alpha) + e^{jR_L}\cdot\sin^2(\alpha) \end{pmatrix} \tag{A4.14}$$

Anwendungsbeispiel:

Linear unter 45^0 polarisiertes Licht $\{$ Jones: $\mathbf{J}_{ein} = \hat{E}_x \begin{pmatrix} 1 \\ \tan(45^0) \end{pmatrix} = \hat{E}_x \begin{pmatrix} 1 \\ 1 \end{pmatrix} \}$ tritt

durch einen linearen Retarder mit Retardierung $R_L = \pi/2$ hindurch, dessen schnelle Achse in x-Richtung zeigt ($\alpha = 0^0$). Der Jones Vektor des Ausgangslichtes ist dann

$$\mathbf{J}_{aus} = \mathbf{L}(\alpha = 0, R_L = \pi/2) \cdot \mathbf{J}_{ein}$$

$$= \begin{pmatrix} e^{j\pi/2} & 0 \\ 0 & 1 \end{pmatrix} \hat{E}_x \begin{pmatrix} 1 \\ 1 \end{pmatrix} = \hat{E}_x \begin{pmatrix} e^{j\pi/2} \\ 1 \end{pmatrix} = \hat{E}_x \begin{pmatrix} j \\ 1 \end{pmatrix} = \hat{E}_x \, j \begin{pmatrix} 1 \\ -j \end{pmatrix} \, .$$

Ergebnis: das Ausgangslicht ist – bei unveränderter Intensität (!) – linkszirkular polarisiert.

Bemerkung:
Ein Phasenunterschied von $\pi/2$ zweier Wellen entspricht (im Vakuum) einem Gangunterschied der beiden Wellen von $\lambda/4$. Ein Linearretarder mit $R_L = \pi/2$ wird deshalb häufig als *$\lambda/4$-Platte* bezeichnet.

A4.2.3
Zirkularer Retarder (zirkulare Doppelbrechung, zirkulare optische Anisotropie)

Ein *zirkularer Retarder* ist ein Bauelement, in dem die Phasengeschwindigkeiten für *zirkular* polarisiertes Licht abhängig ist vom Umlaufsinn der Polarisation. Auftreffendes Licht mit beliebigem SOP wird in dem Retarder in zwei zirkular polarisierte Komponenten mit entgegengesetztem Umlaufsinn zerlegt (dies ist immer möglich). Diese beiden Komponenten durchlaufen dann das Bauelement mit *unterschiedlicher* Phasengeschwindigkeit v_{links} und v_{rechts}. Darin bezeichnen v_{links} (v_{rechts}) die Geschwindigkeit der linkspolarisierten (rechtspolarisierten) zirkularen Komponente. Je nach Ausführungsform des Retarders kann v_{links} größer oder kleiner als v_{rechts} sein. Die beiden Komponenten werden beim Durchgang durch den Retarder wegen der ungleichen Phasengeschwindigkeit gegeneinander phasenverschoben, wobei der Betrag der Phasenverschiebung vom Geschwindigkeitsunterschied und von der Laufstrecke, also der Dicke des Retarders abhängt. Am Ausgang des Retarders haben die beiden Komponenten eine andere Phasendifferenz zueinander als am Eingang, ihre Überlagerung liefert deshalb Licht, dessen Polarisationszustand im allgemeinen nicht mit dem Eingangs-SOP übereinstimmt, aber die gleiche Intensität hat.

Zahlenmäßig wird die Phasenverschiebung erfaßt durch die ortsabhängige *zirkulare Retardierung* $R_C(z)$. $R_C(z)$ ist eine positive (!) Zahl, die angibt, um wieviel die Phase der langsamen Komponente gegenüber der Phase der schnellen Komponente nach der Laufstrecke z im Bauelement verzögert (=„retardiert") wurde. Analog zu den Gleichungen (A4.11) bis (A4.13) des linearen Retarders finden wir

$$R_C(z) = z \left| \frac{\omega}{v_{links}} - \frac{\omega}{v_{rechts}} \right| = \frac{2\pi}{\lambda} z \underbrace{\left| n_{links} - n_{rechts} \right|}_{B_C} = \frac{2\pi}{\lambda} z B_C = \frac{2\pi}{\Lambda_C} z$$

(A4.15)

mit

$$B_C = \left| n_{links} - n_{rechts} \right| \quad ,$$

(A4.16a)

$$\Lambda_C = \lambda / B_C \quad .$$

(A4.16b)

Darin wurden die beiden Phasengeschwindigkeiten durch fiktive Brechzahlen n_{links}, n_{rechts} ersetzt. Die Brechzahldifferenz B_C heißt *Koeffizient der zirkularen Polarisationsanisotropie*, die Größe Λ_C ist die *Schwebungslänge* des Retarders. Formal ist Λ_C diejenige Laufstrecke, die zu einer Retardierung $R_C = 2\pi$ führt. Bei einer derartigen Retardierung ist die Phasenlage der langsamen Komponente zwar um 2π verzögert, der Polarisationszustand des Ausgangslichtes wegen der 2π-Periodizität der harmonischen Funktionen aber wieder identisch mit dem des Eingangslichtes.

Wir bezeichnen die Jones-Matrix eines zirkularen Retarders der Retardierung R_C mit $\mathbf{Z}(R_C)$. Die Theorie ergibt

$$\mathbf{Z}(R_C) = \begin{pmatrix} \cos(R_C/2) & \pm \sin(R_C/2) \\ \mp \sin(R_C/2) & \cos(R_C/2) \end{pmatrix} \quad .$$

(A4.17)

Darin ist das obere Vorzeichen zu wählen, wenn $v_{rechts} > v_{links}$ ist, anderenfalls das untere.

Anwendungsbeispiel:
In einen zirkularen Retarder mit der Retardierung R_C tritt Licht ein, das linear in die durch $\alpha > 0$ charakterisierte Richtung polarisiert ist: $\mathbf{J}_{ein} = \hat{E}_x \begin{pmatrix} 1 \\ \tan(\alpha) \end{pmatrix}$. Nach einiger Rechnung und geeigneten trigonometrischen Umformungen erhalten wir den Jones-Vektor des Ausgangslichtes zu

$$\mathbf{J}_{aus} = \mathbf{Z}(R_C) \cdot \mathbf{J}_{ein}$$

$$= \begin{pmatrix} \cos(R_C/2) & \pm \sin(R_C/2) \\ \mp \sin(R_C/2) & \cos(R_C/2) \end{pmatrix} \hat{E}_x \begin{pmatrix} 1 \\ \tan(\alpha) \end{pmatrix} = \frac{\hat{E}_x}{\cos(\alpha)} \begin{pmatrix} \cos(\alpha \mp R_C/2) \\ \sin(\alpha \mp R_C/2) \end{pmatrix}$$

$$J_{aus} = \frac{\hat{E}_x}{\cos(\alpha)} \cos(x \mp R_C/2) \begin{pmatrix} 1 \\ \tan(\alpha \mp R_C/2) \end{pmatrix} .$$

Das Ausgangslicht ist – bei gleicher Intensität – weiterhin linear polarisiert, allerdings jetzt in die durch $\gamma = \alpha \mp R_C/2$ beschriebene Richtung (Abb. A4.4). Ein zirkularer Retarder der Retardierung R_C dreht also die Polarisationsrichtung des linear polarisierten Eingangslichtes um den Winkel $\vartheta = \mp R_C/2$. Die Drehung erfolgt bei Blickrichtung „dem Licht entgegen"

– im Uhrzeigersinn, nach rechts, Drehung um $-R_C/2$, wenn $v_{rechts} > v_{links}$ ist
– gegen den Uhrzeigersinn, nach links, Drehung um $+R_C/2$, wenn $v_{links} > v_{rechts}$ ist.

Die Eigenschaft: „ein zirkularer Retarder der Retardierung R_C dreht die Polarisationsrichtung des eintretenden Lichtes um den Winkel $R_C/2$; dabei ändert sich die Lichtintensität nicht" gilt nicht nur für linear polarisiertes Eingangslicht. Wenn das Eingangslicht elliptisch polarisiert ist, werden beim Durchgang durch den Retarder beide Ellipsenachsen um jeweils $R_C/2$ gedreht, ihre Längen bleiben unverändert. Dies bedeutet, daß die Ellipse als Ganzes um $R_C/2$ gedreht wird. Wegen dieser Eigenschaft wird ein zirkularer Retarder auch als „Rotator" bezeichnet.

A4.2.4
Eigenzustände polarisationsoptischer Bauelemente

Zu jedem polarisationsoptischen Bauelement lassen sich besondere Polarisationsformen finden, die beim Durchgang nicht verändert werden (mathematisch: für die $J_{aus} = \mu \cdot J_{ein}$ ist mit $|\mu| = 1$). Diese Polarisationszustände werden als die *Eigenzustände* des Einzelelementes bezeichnet. Die Eigenzustände der hier besprochenen Bauelemente sind nachfolgend aufgelistet.

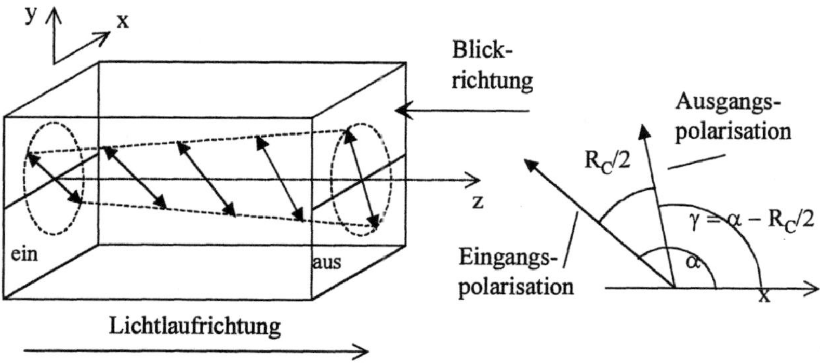

Abb. A4.4. Drehung der Polarisation in einem zirkularen Retarder

Bauelement	Eigenzustand
Linearpolarisator mit Durchlaßrichtung unter dem Winkel α	linear unter dem Winkel α polarisiertes Licht
Linearer Retarder	linear polarisiertes Licht, dessen Polarisationsrichtung mit entweder der schnellen oder der langsamen Achse des Retarders zusammenfällt
Zirkularer Retarder	zirkular polarisiertes Licht

A5 Anhang: Vereinfachte Beschreibung von Kopplern mit Einmoden-LWL

Wir wissen: die Felder der in einem LWL geführten Moden ragen über den Kernbereich des LWL hinaus und erstrecken sich als *evaneszente* Felder in den Mantelbereich hinein. Wenn in hinreichender Nähe eines LWL-Kernes A ein zweiter Kern B verläuft, dann „sieht" das evaneszente Feld der in A geführten Welle auch noch den Kern B. Grundsätzlich verändert die bloße Existenz des LWL B die Ausbreitungsbedingungen für das in A laufende Wellenfeld, und man muß in einer strengen Theorie das Fortpflanzungsverhalten von den Maxwell-Gleichungen ausgehend neu berechnen. In diesem Anhang wird eine Theorie vorgestellt, mit deren Hilfe auch ohne vollständige Neuberechnung einige Besonderheiten der Wellenführung nur aus Symmetrieüberlegungen abgeleitet werden können. Allerdings geht diese Theorie von einem Spezialfall aus: die beiden benachbarten LWL sind Einmoden-LWL und in ihren optischen Eigenschaften völlig identisch; weiterhin müssen sie perfekt parallel geführt werden. In der Praxis lassen sich diese Anforderungen mit ausreichender Genauigkeit nur mit integriert-optischen LWL auf einem gemeinsamen Substrat erfüllen.

Die Grundidee ist: das System aus den beiden parallelgeführten Einmoden-LWL A und B wirkt in seiner Gesamtheit wie ein einzelner „Super-LWL", in dem zwei „Supermoden" ausbreitungsfähig sind. Die Felder der Supermoden müssen die Symmetrieeigenschaften der Anordnung widerspiegeln: sie müssen symmetrisch sein zu einer zwischen den beiden LWL senkrecht stehenden Mittelebene oder zu einer zwischen den beiden LWL liegenden Mittelachse, s. Abb. A5.1. Außerdem verlangen wir, daß die Supermoden so kombinieren lassen, daß man mit ihnen sowohl die Feldverteilung einer nur in LWL A laufenden Welle als

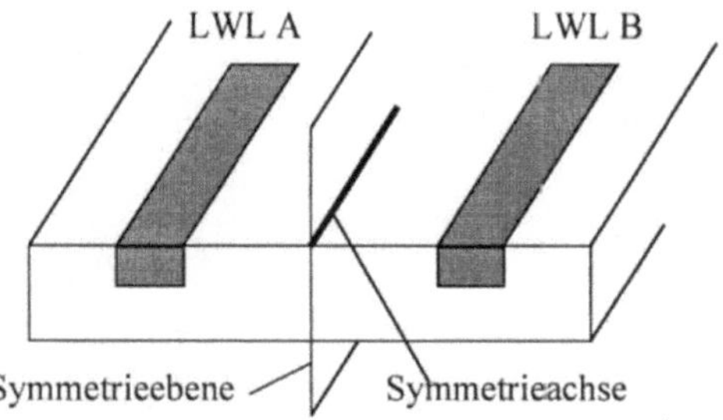

Abb. A5.1. Symmetrie der parallelgeführten LWL

auch die Feldverteilung einer nur in LWL B laufenden Welle nachbilden kann. Abbildung A5.2 zeigt die Gestalt der Modenfelder der Supermoden, die diesen Anforderungen genügen. Für eine mathematische Beschreibung benutzen wir folgende Bezeichnungen: $\hat{E}_A$ und $\hat{E}_B$ sind die auf den Maximalwert 1 normierten transversalen Felder der „Normalmoden" in LWL A bzw. LWL B (mit „normal" ist hier das Feld des Grundmodus gemeint, wie es sich auf dem LWL einstellen würde, wenn der parallele LWL nicht vorhanden wäre). $\hat{E}^{(+)}$ und $\hat{E}^{(-)}$ markieren die Feldverteilungen der beiden Supermoden. Aus den Symmetrieeigenschaften leiten wir ab (s. Abb. A5.2):

$$\hat{E}^{(+)} + \hat{E}^{(-)} = 2\hat{E}_A \tag{A5.1a}$$

$$\hat{E}^{(+)} - \hat{E}^{(-)} = 2\hat{E}_B \tag{A5.1b}$$

Der Faktor 2 gibt an, daß ein durch Überlagerung der Supermoden entstehendes Normalfeld eine doppelt so hohe Amplitude hat wie ein Supermodenfeld.

Wir wissen, daß sich in einem „normalen" LWL die Moden mit modenindividueller Phasengeschwindigkeit ausbreiten. Wir gehen davon aus, daß das auch für die Supermoden des Super-LWL gilt und schreiben deren wellenhafte Ausbreitung in z-Richtung an als

$$E^{(+)}(z,t) = \hat{E}^{(+)} \exp\left[j(\omega t - \beta^{(+)}z)\right] \tag{A5.2a}$$

$$E^{(-)}(z,t) = \hat{E}^{(-)} \exp\left[j(\omega t - \beta^{(-)}z)\right] \tag{A5.2b}$$

In Gl. (A5.2) berücksichtigen wir die unterschiedlichen Geschwindigkeiten der Supermoden mit unterschiedlichen Ausbreitungskonstanten $\beta^{(+)}$ und $\beta^{(-)}$. Ihre Zahlenwerte werden durch den Abstand und die genaue geometrische Form der

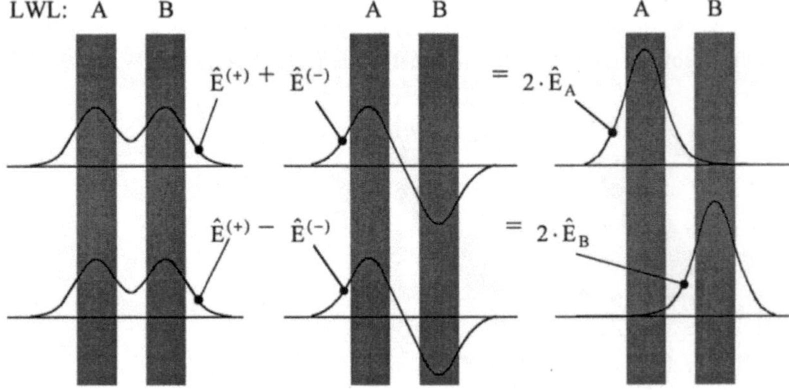

Abb. A5.2. Feldverteilung der „Normalmoden" und der „Supermoden". Addition und Subtraktion der Supermoden liefern der Gestalt nach Normalmoden, aber mit doppelt so hoher Amplitude. Die dunklen Streifen sollen die beiden parallelliegenden LWL repräsentieren.

beiden LWL festgelegt. Den Unterschied in den Fortpflanzungskonstanten können wir auch charakterisieren mit

$$\Delta\beta = \beta^{(+)} - \beta^{(-)} = \tfrac{2\pi}{\lambda}(n^{(+)} - n^{(-)}) = \tfrac{2\pi}{\lambda}\Delta n \tag{A5.3}$$

Darin sind $n^{(+)}$ und $n^{(-)}$ die effektiven Brechzahlen, unter denen der Super-LWL den Supermoden erscheint. Stets ist $\beta^{(+)} > \beta^{(-)}$ bzw. $n^{(+)} > n^{(-)}$, der Supermodus „+" ist langsamer als der Supermodus „–". Der physikalische Grund hierfür ist: das Feld des „–"-Modus reicht tiefer in das Mantelgebiet, und dort ist die tatsächliche Brechzahl geringer als im Kern.

Für die weitere Diskussion speisen wir optische Leistung nur in den LWL A ein, dem LWL B wird keine Welle zugeführt. Das heißt: am Beginn der Parallelstrecke, bei $z = 0$, befindet sich im LWL A ein normales Feld $\hat{E}_A$ mit der Amplitude 1, im LWL B kein Feld, d.h. ein Normalfeld $\hat{E}_B$ mit der Amplitude 0. Das Gesamtfeld ist

$$E_{\text{gesamt}}(0,t) = 1 \cdot \hat{E}_A \exp(j\omega t) + 0 \cdot \hat{E}_B \exp(j\omega t) = \hat{E}_A \exp(j\omega t) \tag{A5.4}$$

Diesen Eingangszustand kann man mit Hilfe von Gl. (A5.1) auch beschreiben als Überlagerung von Supermoden mit passend gewählter Amplitude:

$$
\begin{aligned}
E_{\text{gesamt}}(0,t) &= \hat{E}_A \exp(j\omega t) = \tfrac{1}{2}\underbrace{\left\{\hat{E}^{(+)} + \hat{E}^{(-)}\right\}}_{2\hat{E}_A} \exp(j\omega t) \\
&= \tfrac{1}{2}\hat{E}^{(+)}\exp(j\omega t) + \tfrac{1}{2}\hat{E}^{(-)}\exp(j\omega t) \\
&= \tfrac{1}{2}E^{(+)}(0,t) + \tfrac{1}{2}E^{(-)}(0,t)
\end{aligned}
\tag{A5.5}
$$

Das Einleiten der Normalwelle mit Amplitude 1 in LWL A entspricht in dieser Darstellung der gleichzeitigen Anregung beider Supermoden am Ort $z = 0$ jeweils mit Amplitude 1/2. Wir benutzen diese Überlegung zur Berechnung des Gesamtfeldes nach der Laufstrecke z: die beiden Supermoden durchlaufen den Super-LWL mit ihren modenindividuellen Geschwindigkeiten und überlagern sich wieder zu einem Gesamtfeld $E_{\text{gesamt}}(z,t)$. Da wir nur am örtlichen Feldverlauf zu einem beliebigen festen Zeitpunkt interessiert sind, können wir den Zeitbeitrag $\exp(j\omega t)$ unterdrücken und erhalten mit Gl. (A5.2):

$$
\begin{aligned}
E_{\text{gesamt}}(z) &= \tfrac{1}{2}E^{(+)}(z) + \tfrac{1}{2}E^{(-)}(z) \\
&= \tfrac{1}{2}\hat{E}^{(+)}\exp(-j\beta^{(+)}z) + \tfrac{1}{2}\hat{E}^{(-)}\exp(-j\beta^{(-)}z)
\end{aligned}
\tag{A5.6}
$$

Wir ersetzen $\beta^{(+)}$ und $\beta^{(-)}$ durch ihren Mittelwert $\bar{\beta}$ und die Abweichung vom Mittelwert

$$\beta^{(+)} = \bar{\beta} + \tfrac{1}{2}\Delta\beta \tag{A5.7a}$$

$$\beta^{(-)} = \bar{\beta} - \tfrac{1}{2}\Delta\beta \tag{A5.7b}$$

Zusammen mit der Euler-Identität $\exp(\pm jx) = \cos(x) \pm j \cdot \sin(x)$ wird

$$E_{gesamt}(z) = \tfrac{1}{2}\hat{E}^{(+)}\exp(-j\overline{\beta}\,z)\exp(-j\tfrac{1}{2}\Delta\beta\,z)$$
$$+ \tfrac{1}{2}\hat{E}^{(-)}\exp(-j\overline{\beta}\,z)\exp(+j\tfrac{1}{2}\Delta\beta\,z)$$

$$= \tfrac{1}{2}\hat{E}^{(+)}\exp(-j\overline{\beta}\,z)\left\{\cos(\tfrac{1}{2}\Delta\beta\,z) - j\sin(\tfrac{1}{2}\Delta\beta\,z)\right\}$$
$$+ \tfrac{1}{2}\hat{E}^{(-)}\exp(-j\overline{\beta}\,z)\left\{\cos(\tfrac{1}{2}\Delta\beta\,z) + j\sin(\tfrac{1}{2}\Delta\beta\,z)\right\}$$

$$= \tfrac{1}{2}\exp(-j\overline{\beta}\,z)\cos(\tfrac{1}{2}\Delta\beta\,z)\left\{\hat{E}^{(+)} + \hat{E}^{(-)}\right\}$$
$$- j\tfrac{1}{2}\exp(-j\overline{\beta}\,z)\sin(\tfrac{1}{2}\Delta\beta\,z)\left\{\hat{E}^{(+)} - \hat{E}^{(-)}\right\}$$

$$= \exp(-j\overline{\beta}\,z)\left\{\hat{E}_A\cos(\tfrac{1}{2}\Delta\beta\,z) + (-j)\hat{E}_B\sin(\tfrac{1}{2}\Delta\beta\,z)\right\} \qquad (A5.8)$$

Ergebnis: nach der Laufstecke z ist das Gesamtfeld zusammengesetzt aus einem Normalfeld im Wellenleiter A mit Amplitude $\cos(\tfrac{1}{2}\Delta\beta\,z)$ und einem Normalfeld im Wellenleiter B mit Amplitude $\sin(\tfrac{1}{2}\Delta\beta\,z)$. Der Vorfaktor $(-j)$ vor dem Normalfeld in B gibt an, daß dieses Feld gegenüber dem Normalfeld in A um $\pi/2$ phasenverschoben ist, die Phase in B eilt wegen $\Delta\beta > 0$ nach. Schon die Tatsache, daß wir in LWL A *und* LWL B ein Normalfeld errechnen, zeigt an, daß Intensität von A nach B übergekoppelt wurde. Aus dem Betragsquadrat der Felder erhalten wir die Intensitäten und daraus wieder die in den LWL A und B geführten optischen Leistungen $P_A(z)$ und $P_B(z)$ nach der Strecke z zu

$$\frac{P_A(z)}{P_A(0)} = \cos^2(\tfrac{1}{2}\Delta\beta\,z) := K(z) \qquad (A5.9a)$$

$$\frac{P_B(z)}{P_A(0)} = \sin^2(\tfrac{1}{2}\Delta\beta\,z) := 1 - K(z) \qquad (A5.9b)$$

Die mit Gl. (A5.9) definierte Größe K(z) heißt *Leistungskoppelfaktor.* K(z) gibt an, wieviel der in den LWL A eingespeisten Leistung nach der Laufstrecke z noch im LWL A zu finden ist. Abbildung A5.3 zeigt rechts den Verlauf der Leistungsentwicklung als Funktion der Laufstrecke z nach Gl. (A5.9) Man erkennt, daß die Leistung periodisch zwischen den beiden LWL hin- und herwandert; jeweils nach der *Koppellänge* L_c

$$L_c = \frac{\pi}{\Delta\beta} = \frac{\lambda}{2\,\Delta n} \qquad (A5.10)$$

erfolgt eine *vollständige* Überkopplung in den anderen Wellenleiter, s. Abb. A5.3. Bei gegebener Anordnung und Geometrie der LWL, d.h. bei gegebenem $\Delta\beta$ bzw. Δn kann man über die Länge der Parallelführung den Koppelfaktor K auf jeden

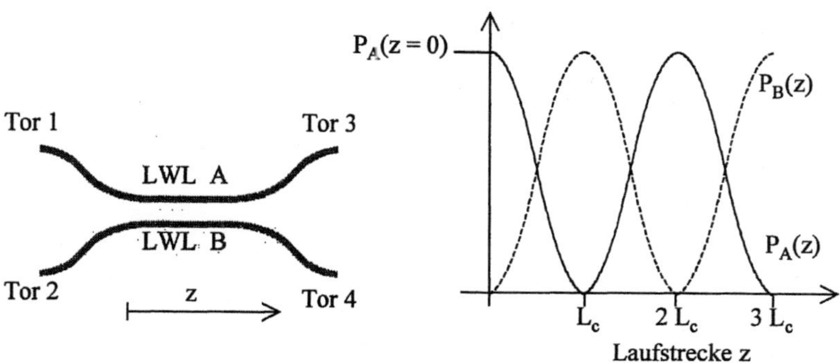

Abb. A5.3. Links: Torzuordnung. Die Laufstrecke z ist die Parallelstrecke innerhalb des Kopplers. Rechts: Leistungsaufteilung zwischen den Wellenleitern A und B als Funktion der Laufstrecke z ; Einspeisung bei z = 0 in den Wellenleiter A. Jeweils nach der Strecke L_c ist die Leistung vollständig in den jeweils anderen LWL übergetreten

gewünschten Wert einstellen. Für einen 3-dB-Koppler muß $P_A(z) = P_B(z)$ bzw $K(z) = \frac{1}{2}$ sein; daraus läßt sich mit Gl. (A5.9) die notwendige Länge der Parallelstrecke berechnen: $K(z = L) = \frac{1}{2}$ für $L = (2\mu + 1)\cdot L_c$, also für jedes ungerade Vielfache von L_c. Man sieht auch sofort, daß bei einem fertigen Koppler K wellenlängenabhängig ist. Ein 3-dB-Koppler hat ein 50:50-Teilverhältnis nur bei einer einzigen Wellenlänge.

Anmerkung:
Durch geschickte Wahl der Länge z der Parallelstrecke kann man erreichen, daß bei dieser Länge Licht der Wellenlänge λ_1 gerade vollständig in den anderen Wellenleiter überkoppelt, während Licht der Wellenlänge λ_2 vollständig im Einspeis-Wellenleiter verbleibt. Der Koppler wirkt dadurch wie ein Wellenlängenfilter.

Wir ändern geringfügig die Beschreibung. Abbildung A5.3 skizziert links ein optisches Viertor mit den Eingangstoren 1 und 2 und den Ausgangstoren 3 und 4. Im Inneren des Viertores erfolgt die Kopplung wie oben beschrieben durch enge Parallelführung von zwei LWL. Wir können den LWL zwischen den Toren 1 und 3 als LWL A in obiger Darstellung identifizieren, den LWL zwischen den Toren 2 und 4 als LWL B. Weiterhin bezeichnen wir mit E_1 das Feld an Tor 1 (Stelle z = 0 auf dem LWL A) und mit E_2 das Feld an Tor 2 (Stelle z = 0 auf dem LWL B). Das Feld in LWL A an der Stelle z = L nennen wir E_3 (Feld am Ausgangstor 3), das Feld in LWL B an der Stelle z = L wird E_4 genannt. Mit dieser Bezeichnungsweise können wir das obige Ergebnis in Matrixform zusammenfassen zu (der gemeinsame Phasenfaktor $\exp(-j\overline{\beta}L)$ wird unterdrückt):

$$\begin{pmatrix} E_3 \\ E_4 \end{pmatrix} = \begin{pmatrix} \cos(\tfrac{1}{2}\Delta\beta L) & -j\sin(\tfrac{1}{2}\Delta\beta L) \\ -j\sin(\tfrac{1}{2}\Delta\beta L) & \cos(\tfrac{1}{2}\Delta\beta L) \end{pmatrix} \begin{pmatrix} E_1 \\ E_2 \end{pmatrix}$$

$$= \begin{pmatrix} \sqrt{K} & -j\sqrt{1-K} \\ -j\sqrt{1-K} & \sqrt{K} \end{pmatrix} \begin{pmatrix} E_1 \\ E_2 \end{pmatrix}$$

$$\text{(A5.11)}$$

Gleichung (A5.11) ist die als Gl. (17.19) im Textteil des Buches verwendete Koppelmatrix.

Die hier zugrundegelegte vereinfachte Theorie berücksichtigt nicht, daß in realen Kopplern die Geometrie der beiden LWL niemals exakt gleich gemacht werden kann. Dies führt zu Abweichungen: die Leistung koppelt nicht vollständig über, und gleichzeitig ist die Phasenverschiebung nicht mehr exakt $\pi/2$: der Koppler zeigt einen *Phasenfehler*. Bei Präzisionsanwendungen wie z.B dem Sagnac-Interferometer sind diese Abweichungen nicht mehr vernachlässigbar.

A6 Anhang: Transversaler Pockels-Effekt (transversaler linearer elektroopt. Effekt)

Viele Kristalle haben durch die Besonderheiten ihres kristallinen Aufbaus auch besondere optische Eigenschaften. In einer bestimmten Klasse von Kristallen beeinflussen äußere elektrische Felder die Brechzahl, hierfür gibt es mehrere physikalische Ursachen. Wir diskutieren in diesem Anhang am Beispiel des in der integrieren Optik vielverwendeten Substratmaterials $LiNbO_3$ den *Pockels-Effekt* (linearen elektrooptischen Effekt). Ein Problem entsteht für uns dadurch, daß die Kristalloptik eine besondere Nomenklatur entwickelt hat, um die optischen Effekte zu beschreiben. Insbesondere benutzt sie ein eigenes Koordinatensystem, das sich an der sog. kristallographischen c-Achse orientiert. Leider stimmen die Koordinatenbezeichnungen dieser Systematik nicht mit den sonst in diesem Buch verwendeten Koordinatenbezeichnungen überein. Um keine Verwirrung zu stiften, wird das auch sonst in diesem Buch benutzte Koordinatensystem beibehalten, insbesondere läuft das Licht weiterhin in (+z)-Richtung. Es soll aber ausdrücklich darauf hingewiesen werden, daß Vorsicht geboten ist beim Vergleich der Koordinatenbezeichnungen mit denen in Literatur zur Kristalloptik.

Durch seine kristallographische Struktur ist $LiNbO_3$ von Hause aus linear doppelbrechend (eigen-doppelbrechend) bzw. ein linearer Retarder mit einer schnellen und einer langsamen Hauptachse. Die Kristalloptik führt neue Bezeichnungen

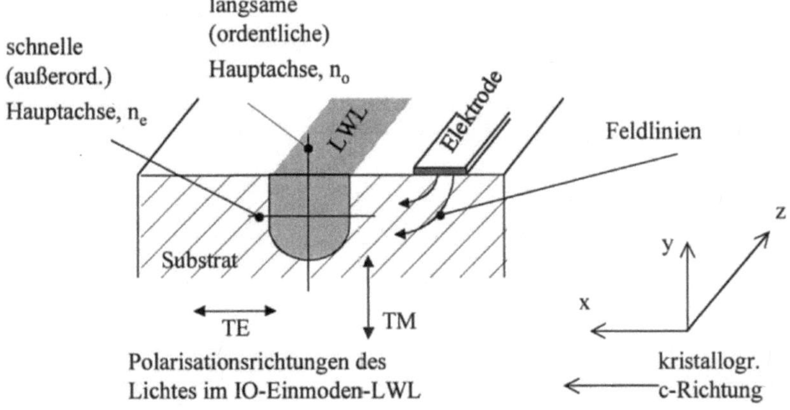

Abb. A6.1. Geometrie und Koordinatenzuordnungen. Näheres im Text

ein: sie nennt die Brechzahl der langsamen Hauptachse hier *ordentliche* Brechzahl n_o (o: „ordinary") und die Brechzahl der schnellen Hauptachse *außerordentliche* Brechzahl n_e (e: „extraordinary"). Für die Anwendung in der integrierten Optik wird aus dem $LiNbO_3$-Kristall eine Substratscheibe so herausgeschnitten, daß die kristallographische c-Achse parallel zur Substratoberfläche liegt. Dadurch liegt die schnelle Hauptachse mit Brechzahl n_e ebenfalls parallel zur Substratoberfläche, die langsame Hauptachse mit Brechzahl n_0 senkrecht dazu. In Abb. A6.1 ist die Geometrie angegeben. Die Wellenleiterbahnen werden in die Richtung der verbliebenen 3. kartesischen Komponenten in die Substratscheibe eindiffundiert. Da wir dieLichtlaufrichtung weiterhin als (+z)-Richtung bezeichnen wollen, ergeben sich die in Abb. A6.1 angeführten Koordinatenzuordnungen: schnelle Hauptachse in x-Richtung, langsame Hauptachse in y-Richtung.

In integriert-optischen LWL breitet sich der Grundmodus in zwei linearen Polarisationsversionen aus: in der TE-Version liegt das elektrische Feld parallel, in der TM-Version senkrecht zur Substatfläche, vgl. Abb. 5.10. Abbildung A6.1 zeigt, daß durch unsere Kristallorientierung das im LWL laufende Licht parallel zu einer der Retarderhauptachsen des Substratmaterials polarisiert ist. Das bedeutet zweierlei:

1. Für Licht, das in x-Richtung linear polarisiert ist (TE-Welle), bestimmt die außerordentliche Brechzahl n_e die Phasengeschwindigkeit, während n_0 die Phasengeschwindigkeit einer in y-Richtung (TM) linear polarisierten Welle festlegt
2. Der Polarisationszustand von Licht, das entweder in x- (TE) oder in y- (TM) Richtung linear polarisiert ist, wird beim Durchlaufen des LWL nicht geändert.

Wir legen jetzt zusätzlich ein elektrisches Feld an. Wirkt das Feld speziell in Richtung der kristallographischen c-Achse bzw. der x-Koordinatenrichtung in der Bezeichnungsweise nach Abb. A6.1, dann werden durch feldinduzierte Gitterverschiebungen sowohl die ordentliche als auch die außerordentliche Brechzahl abgeändert, allerdings in unterschiedlichem Maße. Beide Brechzahlen sind jetzt feldstärkeabhängig. Diesen Effekt nennt man den *transversalen Pockels-Effekt* (transversal, weil das Feld quer zur Lichtlaufrichtung orientiert ist). Wir bezeichnen die Brechzahl für linear-x-polarisiertes Licht (TE-Polarisation) jetzt mit n_x;

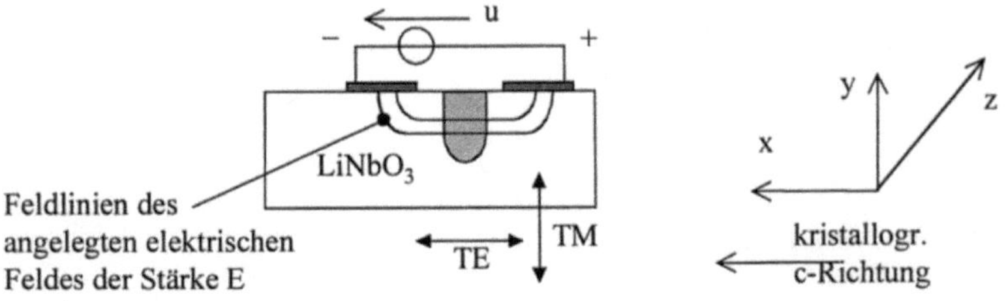

Abb. A6.2.   Orientierung des angelegten elektrischen Feldes

die Kristalloptik errechnet für die mit dem Feld der Stärke $|E|$ erzwungene Brechzahländerung von n_e auf n_x:

$$\frac{1}{n_x^2} = \frac{1}{n_e^2} \pm r_{33} \cdot |E| \quad . \tag{A6.1}$$

Dabei gilt das obere Rechenzeichen (+), wenn wie in Abb. A6.2 der Feldstärkevektor in (+x)-Richtung weist, sonst ist das untere Rechenzeichen (–) zu setzen. r_{33} ist ein Proportionalitätsfaktor, er wird *elektrooptischer Koeffizient* genannt. Die Indexbezeichnung „33" stammen aus der Nomenklatur der Kristalloptik. Zahlenmäßig ist $r_{33} = 30{,}8 \cdot 10^{-10}$ cm/V. Wir lösen nach n_x auf:

$$n_x = \frac{1}{\sqrt{1/n_e^2 \pm r_{33}|E|}} = \frac{n_e}{\sqrt{1 \pm n_e^2\, r_{33}|E|}} \approx n_e \left(1 \mp \tfrac{1}{2} n_e^2\, r_{33}|E| \right) = n_e \mp \tfrac{1}{2} n_e^3\, r_{33}|E|$$

$$\tag{A6.2}$$

Dabei wurde die Taylorreihenentwicklung $1/\sqrt{1 \pm x} \approx 1 \mp x/2$ verwendet. Auch hier gilt das obere Rechenzeichen (–), wenn der Feldstärkevektor in (+x)-Richtung weist, sonst das untere Rechenzeichen (+). Die durch das Feld induzierte Abänderung der Brechzahl

$$(\Delta n)_x = n_x - n_e = \mp \tfrac{1}{2} n_e^3\, r_{33}|E| \tag{A6.3a}$$

ist proportional zum Betrag $|E|$ der Feldstärke, dies erklärt die Bezeichnung „linearer" elektrooptischer Effekt (im Gegensatz zum „quadratischen" Kerr-Effekt).

Analog hierzu erhält man die feldinduzierte Brechzahländerung in y-Richtung von n_0 auf n_y, zu

$$(\Delta n)_y = n_y - n_0 = \mp \tfrac{1}{2} n_0^3\, r_{13}|E| \tag{A6.3b}$$

mit dem elektrooptischen Koeffizienten $r_{13} = 9{,}6 \cdot 10^{-10}$ cm/V. Diese Brechzahländerung wird von einer in y-Richtung linear polarisierten Welle (TM-Welle) gesehen.

Das elektrische Feld ändert zwar die Brechzahlen und damit die Retardierung der Anordnung, aber nicht die Orientierung der Hauptachsen. Daraus folgt: wenn in den LWL Licht eingespeist wird, das in eine der Hauptachsen linear polarisiert ist, (also TE- oder TM-polarisiertes Licht), so bleibt der Polarisationszustand auch bei angelegtem Feld erhalten, es ändert sich mit dem Feld lediglich die Phasengeschwindigkeit der Welle und damit die Wellenphase am Ende der LWL-Strecke. Darauf beruht die in Abschn. 18.22. und Abschn. 19.4 vorgestellte Verwendung der Anordnung als Phasenmodulator. Weiterhin überlegt man: soll eine den LWL durchlaufende Welle möglichst stark in ihrer Phase beeinflußt werden, so muß man die Welle als TE-Polarisation in den LWL einspeisen, denn dann wird die durch Gl. (A6.3a) beschriebene Brechzahländerung mit dem höheren Koeffizienten $r_{33} > r_{13}$ wirksam.

Der Vollständigkeit halber sollte noch erwähnt werden, daß es auch einen *longitudinalen Pockels-Effekt* gibt. Hierbei wirkt das elektrische Feld *in* Lichtlaufrichtung. Die zugehörigen elektrooptischen Koeffizienten sind kleiner als beim transversalen Effekt. Deshalb - und auch aus herstellungstechnischen Gründen - ist der longitudinale Effekt in $LiNbO_3$ weniger praxisbedeutend.

Der Pockels-Effekt tritt auch in GaAs und in InP auf, allerdings mit viel kleineren elektrooptischem Koeffizienten. Man kann den Phasenmodulator deshalb grundsätzlich auch auf geeignet orientiertem GaAs- oder InP-Substrat aufbauen und dadurch eventuell sogar noch die Lichtquelle selbst auf dem Chip unterbringen. Da die Steuerung über ein elektrisches Feld und somit weitgehend leistungslos erfolgt, kann die Wellenphase bis zu sehr hohen Modulationsfrequenzen moduliert werden.

Literatur

Barabas U. (1993): Optische Signalübertragung. Oldenbourg, München Wien

Bergmann L., Schäfer Cl. (1993): Lehrbuch der Experimentalphysik. Band 3: Optik , Hrsg. H. Niedrig. Walter de Gruyter, Berlin

Börner M., Trommer G. (1989): Lichtwellenleiter. Teubner, Stuttgart Leipzig

Börner M., Müller R., Schiek R., Trommer G. (1990): Elemente der integrierten Optik. Teubner, Stuttgart Leipzig

Culshaw B., Dakin J., eds. (1989): *Optical Fiber Sensors. Vol.1:. Principles and Components.* Artech House Boston London

Culshaw B., Dakin J., eds. (1989): *Optical Fiber Sensors. Vol.2: Systems and Applications.* Artech House Boston London

Culshaw B., Dakin J., eds. (1996): *Optical Fiber Sensors. Vol.3: Components and Subsystems.* Artech House Boston London

Culshaw B., Dakin J., eds. (1997): *Optical Fiber Sensors. Vol.4: Applications, Analysis, and Future Trends.* Artech House Boston London

Ebeling K.J. (1992): Integrierte Optoelektronik. Springer, Berlin Heidelberg New York Tokio

Faßhauer P. (1984): Optische Nachrichtensysteme. Hüthig, Heidelberg

Fouckhard H. (1994): Photonik. Teubner, Stuttgart Leipzig

Geckeler S. (1990): Lichtwellenleiter für die optische Nachrichtentechnik. Springer, Berlin Heidelberg New York Tokio

Grau G., Freude W. (1991): Optische Nachrichtentechnik. Eine Einführung. Springer, Berlin Heidelberg New York Tokio

Grimm E., Nowack W. (1989): Lichtwellenleitertechnik. Hüthig, Heidelberg

Haist W., (1989): Optische Telekommunikationssysteme. Band 1: Physik und Technik. Damm, Gelsenkirchen

Haist W., (1989): Optische Telekommunikationssysteme. Band 2: Anwendungen. Damm, Gelsenkirchen

Hecht E. (1994): Optik. Addison-Wesley, Bonn Paris Reading

Hentschel Ch. (1988): Fiber Optics Handbook. Hewlett-Packard, Böblingen

Heinlein W. (1985): Grundlagen der faseroptischen Übertragungstechnik. Teubner, Stuttgart

Hering E., Martin R., Stohrer M. (1997): Physik für Ingenieure. Springer, Berlin Heidelberg New York Tokio

Herter E., Graf M. (1994): Optische Nachrichtentechnik. Hanser, München Wien

Hilleringmann U. (1995): Mikrosystemtechnik auf Silizium. Teubner, Stuttgart Leipzig

Hölzler, E., Holzwarth, H. (1982): Pulstechnik. Band 1: Grundlagen. Springer, Berlin Heidelberg New York Tokio

Hunsperger R.G. (1995): Integrated Optics: Theory and Technology. Springer, Berlin Heidelberg New York Tokio

Kersten R.Th. (1983): Einführung in die optische Nachrichtentechnik. Springer, Berlin Heidelberg New York Tokio

Lüke H.D. (1995): Signalübertragung. Springer, Berlin Heidelberg New York Tokio

Lutzke D. (1986): Lichtwellenleitertechnik. Pflaum, München

Opielka D. (1995): Optische Nachrichtentechnik. Vieweg, Braunschweig Wiesbaden

Rorcks M., Kliemseh (1996): Optische Telekommunikationssysteme. Damm, Gelsenkirchen

Strobel O. (1992): Lichtwellenleiter-Übertragungs-und Sensortechnik. vde-Verlag, Berlin Offenbach

Tamir T., ed. (1979): *Integrated Optics.* Springer, Berlin Heidelberg New York Tokio

Udd E., ed. (1991): *Fiber Optic Sensors: An Introduction for Engineers and Scientists.* Wiley, New York

Unger H.G. (1993): Optische Nachrichtentechnik. Band 1: Optische Wellenleiter. Hüthig, Heidelberg

Unger H.G. (1992): Optische Nachrichtentechnik. Band 2: Komponenten, Systeme, Meßtechnik. Hüthig, Heidelberg

Weinert A. (1997): Kunststoff-Lichtwellenleiter. Grundlagen, Komponenten, Installation. Publicis MCD, Weinheim

Anmerkungen:

1. Dieses Literaturverzeichnis ist eine Zusammenstellung der mir bekannten deutschsprachigen Lehrbücher, deren Hauptthema die physikalischen Grundlagen und die Anwendung von Lichtwellenleitern sind. Da zu den Teilgebieten „Integriert-optische Lichtwellenleiter" und „Sensorik mit Lichtwellenleitern" kaum deutschsprachige Fachbücher existieren, sind auch einige englischsprachige Bücher (Culshaw/Dakin, Hunsperger, Tamir, Udd) mit aufgenommen.

2. Das Wirkprinzip vieler Sensoren sind spezielle physikalische „Effekte", die aber nicht lichtwellenleiterspezifisch sind. Hier wird auf einschlägige physikalischen Lehrbücher, insbesondere auf Lehrbücher zur Optik verwiesen. Als Vertreter dieser Literaturgruppe sind drei Bücher (Bergmann/Schäfer, Hering/Martin/Stohrer, Hecht) angeführt. Diese Bücher können auch als ergänzende Literatur zur Ausbreitung optischer Wellen angesehen werden.

3. Zur Abrundung sind auch zwei Fachbücher zur allgemeinen Nachrichtenübertragung angegeben (Lüke, Hölzler/Holzwarth).

Sachverzeichnis

Springer und Umwelt

Als internationaler wissenschaftlicher Verlag sind wir uns unserer besonderen Verpflichtung der Umwelt gegenüber bewußt und beziehen umweltorientierte Grundsätze in Unternehmensentscheidungen mit ein. Von unseren Geschäftspartnern (Druckereien, Papierfabriken, Verpackungsherstellern usw.) verlangen wir, daß sie sowohl beim Herstellungsprozess selbst als auch beim Einsatz der zur Verwendung kommenden Materialien ökologische Gesichtspunkte berücksichtigen.
Das für dieses Buch verwendete Papier ist aus chlorfrei bzw. chlorarm hergestelltem Zellstoff gefertigt und im pH-Wert neutral.